住房和城乡建设行业专业人员知识丛书

土建质量员专业知识

《住房和城乡建设行业专业人员知识丛书》编委会　编

中国环境出版集团·北京

图书在版编目（CIP）数据

土建质量员专业知识 /《住房和城乡建设行业专业人员知识丛书》编委会编. —北京：中国环境出版集团，2019.4（2021.7 重印）

（住房和城乡建设行业专业人员知识丛书）

ISBN 978-7-5111-4016-6

Ⅰ.①土… Ⅱ.①住… Ⅲ.①土木工程—工程质量—质量控制—基本知识 Ⅳ.①TU712

中国版本图书馆 CIP 数据核字（2019）第 106820 号

出 版 人 武德凯
责任编辑 易 萌
责任校对 任 丽
封面设计 彭 杉

出版发行 中国环境出版集团
（100062 北京市东城区广渠门内大街 16 号）
网 址：http：//www.cesp.com.cn
电子邮箱：bjgl@cesp.com.cn
联系电话：010-67112765（编辑管理部）
010-67112739（第三分社）
发行热线：010-67125803，010-67113405（传真）

印 刷 北京中科印刷有限公司
经 销 各地新华书店
版 次 2019 年 4 月第 1 版
印 次 2021 年 7 月第 4 次印刷
开 本 787×1092 1/16
印 张 25
字 数 644 千字
定 价 75.00 元

《住房和城乡建设行业专业人员知识丛书》编委会

《土建质量员专业知识》编写组

主　　编：邓泽贵

副 主 编：王贵珍　孙　焱　谭　潜　魏佳强

主　　审：王显谊

参加编写：王贵珍　邓泽贵　孙焱　魏佳强　谭　潜　张绍民
曹　斌　张　砚

前　　言

为了深入推进房屋建筑与市政基础设施工程现场施工专业人员（以下简称专业人员）队伍建设，更好地指导、服务于专业人员培训及人才评价工作，重庆市建设岗位培训中心组织编写了《住房和城乡建设行业专业人员知识丛书》，丛书紧扣现场施工专业人员职业能力标准，结合建设行业改革发展的新形势和新要求，坚持与施工现场专业人员的定位相结合、与现行的国家标准和行业标准相结合、与建设类“双证制”院校的专业设置相融合，力求体现科学性、针对性、实用性。

本书作为《住房和城乡建设行业专业人员知识丛书》中的一本，坚持以“职业素质”为基础、以“职业能力”为本位、以“实用易懂”为导向的编写思路，围绕与土建质量员岗位能力要求相关的现行国家、行业及地方标准规范、技术指南等，重点对土建质量员的知识点和能力点进行介绍，帮助读者学习基本的土建质量员专业知识与技能，能够胜任参与协助现场施工质量管理的基本工作。

本书共 11 章，内容包括：岗位职责、相关管理规定和标准、抽样统计分析、施工图的识读与绘制、工程质量管理、施工质量计划、工程质量控制和评定、工程质量问题的分析预防及处理、工程试验检测、施工测量、施工质量资料管理。本书与《通用知识》一书配套使用。

本书的编写具体分工是：主编由重庆建筑工程职业学院高级工程师邓泽贵担任，副主编由重庆工程职业技术学院副教授王贵珍、重庆建筑工程职业学院副教授孙焱、中机中联工程有限公司博士后谭潜、重庆市建筑业教育中心工程师魏佳强担任，重庆市建设岗位培训中心曹斌、张绍民、张砚参与编写。第一章、第二章、第五章由王贵珍编写；第三章、第七章由魏佳强、张绍民编写；第四章、第八章由孙焱、张砚编写；第六章、第九章由邓泽贵、曹斌编写；第十章、第十一章由谭潜编写。

本书由王显谊任主审。

本书可作为施工现场专业人员岗位培训教材，“双证制”院校教学的参考用书，以及建筑类工程技术人员工作参考书。

限于编写时间之仓促，囿于编者之水平，书中难免有不足之处，恳请广大同仁和读者批评指正。

前言

目　　录

第一章　岗位职责

第一节　《建设工程质量管理条例》关于质量管理人员职责的规定

建筑工程质量员是建筑行业中的重要岗位，在建筑施工中起着重要作用。质量员也称为质量检查员，主要负责工程质量的检查、验收、评定工作，包括对所有进场的建筑原材料和构配件的检查与验收、各施工班组每道工序完成后的质量检查与验收、分项工程检验批的质量检查与验收、分部工程的质量检查与验收及竣工验收等各个施工过程中每个环节的质量检查与验收。其有权对建筑材料、工程质量作出合格与不合格的判定，并且对施工过程中的施工安全有监督权。在有关的建筑施工规范中，对质量员的岗位职责有着明确规定。

1.《建设工程质量管理条例》关于质量管理人员职责的规定

第二十六条　施工单位对建设工程的施工质量负责。施工单位应当建立质量责任制，确定工程项目的项目经理、技术负责人和施工管理负责人。建设工程实行总承包的，总承包单位应当对全部建设工程质量负责；建设工程勘察、设计、施工、设备采购的一项或者多项实行总承包的，总承包单位应当对其承包的建设工程或者采购的设备的质量负责。

第二十七条　总承包单位依法将建设工程分包给其他单位的，分包单位应当按照分包合同的约定对其分包工程的质量向总承包单位负责，总承包单位与分包单位对分包工程的质量承担连带责任。

第二十八条　施工单位必须按照工程设计图纸和施工技术标准施工，不得擅自修改工程设计，不得偷工减料。施工单位在施工过程中发现设计文件和图纸有差错的，应当及时提出意见和建议。

第二十九条　施工单位应按照工程设计要求、施工技术标准和合同约定，对建筑材料、建筑构配件、设备和商品混凝土进行检验，检验应当有书面记录和专人签字；未经检验或者检验不合格的，不得使用。

第三十条　施工单位应建立、健全施工质量的检验制度，严格工序管理，做好隐蔽工程的质量检查和记录。隐蔽工程在隐蔽前，施工单位应当通知建设单位和建设工程质量监督机构。

第三十一条　施工人员对涉及结构安全的试块、试件以及有关材料，应当在建设单位或者工程监理单位监督下现场取样，并送具有相应资质等级的质量检测单位进行检测。

第三十二条　施工单位对施工中出现质量问题的建设工程或者竣工验收不合格的建设工

程，应当负责返修。

第三十三条　施工单位应当建立、健全教育培训制度，加强对职工的教育培训；未经教育培训或者考核不合格的人员，不得上岗作业。

2. 施工质量管理制度

施工人员应严格遵守各项技术质量管理制度和施工规范。按操作规程，精心组织，精心施工。项目部管理人员应从开工到竣工对工程进行全过程的监督检查，确保工程质量。

（1）施工过程控制。

1）应实行专业检查和班组自查相结合的办法，坚持施工班组自检、互检、工序交接检的“三检制”。施工班组自检合格后报请专业工长。由专业工长会同下道工序的专业工长、施工班组进行互检及工序交接检。互检及工序交接检应有书面的记录并签字齐全。交接检完成后由专业工长提出书面申请通知项目专职质量员或技术员进行分项质量检查。分项质量检查应有记录并签字齐全。

2）技术、质量负责人在进行内部分项质量检查时，确认合格后，方可向建设（监理）单位报验。

3）坚持施工现场“挂牌制”，质量责任具体落实到操作人员，对经检验确定其产品不合格的施工人员应有处理措施。不合格的产品应进行返工。

（2）施工验收制度。

1）分部分项验收：分部分项验收由技术负责人或专职质检员负责，各专业工长负责专业之间的互检和交接检工作。

2）隐蔽工程验收：隐蔽工程施工完毕，进行上层施工之前，应进行隐蔽工程验收。拍摄影像资料记录，验收前项目部应将工程资料整理齐全，并经工程管理部预检，在预检合格的基础上，提前报驻地监理。驻地监理在对资料和工程检查合格转序后，方可进行下一层的施工。

3）竣工验收：工程完工后，项目部自检合格后，可根据相关要求，准备好内业资料提前报告给监理以及业主。

（3）质量例会制度。

在现场工程施工过程中，项目部应定期召集现场各个班组和管理人员主持召开工地例会，会议内容要由项目部负责人起草并由项目部人员商定。工地例会内容主要包括：

检查上次例会议定事项的落实情况，分析未完事项原因：检查分析工程项目进度计划完成情况，提出下一阶段目标及落实措施，检查分析工程项目质量状况，针对存在的质量问题提出改进措施，解决需要协调的有关事项。

1）项目部每月5日由项目经理组织召开项目部质量例会。项目部技术负责人、技术员、专业工长、施工班组长均应参加。工程管理部的质量负责人可根据需要参加月质量例会。

2）项目部技术负责人每周一组织召开项目部技术员、专业工长、各施工班组长参加的月质量例会。

3）月质量例会对本月将要施工的过程质量提出要求，由项目技术员负责按周计划分解后，在周质量例会上对各检验批施工质量作出要求，并对上月施工质量进行总结。

4）周质量例会将各检验批的质量控制目标分解到各专业工长负责，并由各专业工长上报本专业各检验批的验收时间（检验批的验收时间不应滞后于项目部周进度计划）。

5）周质量例会时各专业工长应汇报各专业上周施工完而未验收的各检验批工程质量的检查情况，并将各施工班组的自检结果上报技术负责人。

6）质量例会应按期召开，月质量例会应由项目经理负责组织召开，周质量例会可由项目经理委托项目技术负责人组织召开。

7）质量例会应有会议记录，应注明与会人员并如实记录会议内容。

（4）技术交底制度。

1）工程开工前，项目技术负责人应将图纸会审内容、设计中规定的图集做法、分部（项）工程质量目标和工期要求进行交底，并对专业施工工长进行前期图纸交底及工程情况交底。

2）项目技术负责人应在每一个分项工程施工前，对该分项工程的施工要点、注意事项、检验批划分和质量预控目标向专业工长进行分项工程技术交底。

3）各分项工程技术交底应不少于三份，技术负责人、专业工长各一份，存档一份，且应完成签字手续。

4）特殊工序的技术交底，除应有书面交底外，还应加强施工现场的技术指导和跟踪检查。

5）各专业工长应根据技术负责人的分项工程交底、施工现场的实际情况、检验批的划分以及施工班组的自身情况，对施工班组进行有针对性的现场书面交底。

6）分项工程技术交底中应指出该分项工程中所使用材料的规格、品种或数量，对应检验的材料和项目应加以注明。

7）项目技术负责人应在进行施工技术交底的同时做好安全技术交底，并要求接受交底对象完成签字手续。

8）如在施工过程中，发生设计变更或其他更改施工工序的情况，应及时进行补充技术交底，并应有连续性。

第二章　相关管理规定和标准

第一节　建设工程质量管理的相关规定

一、实施工程建设强制性标准关于监督内容、方式、违规处罚的规定

工程建设强制性标准是指直接涉及工程质量、安全、卫生及环境保护等方面的工程建设标准强制性条文。

国家工程建设标准强制性条文由国务院建设行政主管部门会同国务院有关行政主管部门确定。国务院建设行政主管部门负责全国实施工程建设强制性标准的监督管理工作。国务院有关行政主管部门按照国务院的职能分工负责实施工程建设强制性标准的监督管理工作。县级以上地方人民政府建设行政主管部门负责本行政区域内实施工程建设强制性标准的监督管理工作。工程建设中拟采用的新技术、新工艺、新材料，不符合现行强制性标准规定的，应当由拟采用单位提请建设单位组织专题技术论证，报批准标准的建设行政主管部门或者国务院有关主管部门审定。

工程建设中采用国际标准或国外标准，现行强制性标准未做出规定的，建设单位应当向国务院建设行政主管部门或者国务院有关行政主管部门备案。建设项目规划审查机构应当对工程建设规划阶段执行强制性标准的情况实施监督。施工图设计文件审查单位应当对工程建设勘察、设计阶段执行强制性标准的情况实施监督。

建筑安全监督管理机构应当对工程建设施工阶段执行施工安全强制性标准的情况实施监督。工程质量监督机构应当对工程建设施工、监理、验收等阶段执行强制性标准的情况实施监督。

《实施工程建设强制性标准监督规定》中规定：工程建设标准批准部门应当对工程项目执行强制性标准情况进行监督检查。监督检查可以采取重点检查、抽查和专项检查的方式。

（1）强制性标准监督检查的内容包括：

1）有关工程技术人员是否熟悉、掌握强制性标准；

2）工程项目的规划、勘察、设计、施工、验收等是否符合强制性标准的规定；

3）工程项目采用的材料、设备是否符合强制性标准的规定；

4）工程项目的安全、质量是否符合强制性标准的规定；

5）工程中采用的导则、指南、手册、计算机软件的内容是否符合强制性标准的规定。

（2）工程建设标准批准部门应当将强制性标准监督检查结果在一定范围内公告。

（3）工程建设强制性标准的解释由工程建设标准批准部门负责。

（4）有关标准具体技术内容的解释，工程建设标准批准部门可以委托该标准的编制管理单位负责。

（5）工程技术人员应当参加有关工程建设强制性标准的培训，并可以计入继续教育学时。

（6）建设行政主管部门或者有关行政主管部门在处理重大工程事故时，应当有工程建设标准方面的专家参加；工程事故报告应当包括是否符合工程建设强制性标准的意见。

（7）任何单位和个人对违反工程建设强制性标准的行为有权向建设行政主管部门或者有关部门检举、控告、投诉。

（8）建设单位有下列行为之一的，责令改正，并处以20万元以上50万元以下的罚款：

1）明示或者暗示施工单位使用不合格的建筑材料、建筑构配件和设备的；

2）明示或者暗示设计单位或者施工单位违反工程建设强制性标准，降低工程质量的。

（9）勘察、设计单位违反工程建设强制性标准进行勘察、设计的，责令改正，并处以10万元以上30万元以下的罚款。

（10）有前款行为，造成工程质量事故的，责令停业整顿，降低资质等级；情节严重的，吊销资质证书；造成损失的，依法承担赔偿责任。

（11）施工单位违反工程建设强制性标准的，责令改正，处工程合同价款2%以上4%以下的罚款；造成建设工程质量不符合规定的质量标准的，负责返工、修理，并赔偿因此造成的损失；情节严重的，责令停业整顿，降低资质等级或者吊销资质证书。

（12）工程监理单位违反强制性标准规定，将不合格的建设工程以及建筑材料、建筑构配件和设备按照合格签字的，责令改正，处50万元以上100万元以下的罚款，降低资质等级或者吊销资质证书；有违法所得的，予以没收；造成损失的，承担连带赔偿责任。

（13）违反工程建设强制性标准造成工程质量、安全隐患或者工程事故的，按照《建设工程质量管理条例》有关规定，对事故责任单位和责任人进行处罚。

（14）有关责令停业整顿、降低资质等级和吊销资质证书的行政处罚，由颁发资质证书的机关决定；其他行政处罚，由建设行政主管部门或者有关部门依照法定职权决定。

（15）建设行政主管部门和有关行政部门工作人员玩忽职守、滥用职权、徇私舞弊的，给予行政处分；构成犯罪的，依法追究刑事责任。

二、建筑和市政工程竣工验收备案管理的规定

《房屋建筑和市政基础设施工程竣工验收备案管理办法》（建设部令 第78号）2000年4月4日发布，2009年10月19日根据《住房和城乡建设部关于修改〈房屋建筑工程和市政基础设施工程竣工验收备案管理暂行办法〉的决定》修正。

（1）为了加强房屋建筑和市政基础设施工程质量的管理，根据《建设工程质量管理条例》，制定本办法。

（2）在中华人民共和国境内新建、扩建、改建各类房屋建筑和市政基础设施工程的竣工验收备案，适用本办法。

（3）国务院住房和城乡建设主管部门负责全国房屋建筑和市政基础设施工程（以下统称工程）的竣工验收备案管理工作。

县级以上地方人民政府建设主管部门负责本行政区域内工程的竣工验收备案管理工作。

（4）建设单位应当自工程竣工验收合格之日起15日内，依照本办法规定，向工程所在地的县级以上地方人民政府建设主管部门（以下简称备案机关）备案。

（5）建设单位办理工程竣工验收备案应当提交下列文件：

1）工程竣工验收备案表；

2）工程竣工验收报告。竣工验收报告应当包括工程报建日期，施工许可证号，施工图设计文件审查意见，勘察、设计、施工、工程监理等单位分别签署的质量合格文件及验收人员签署的竣工验收原始文件，市政基础设施的有关质量检测和功能性试验资料以及备案机关认为需要提供的有关资料；

3）法律、行政法规规定应当由规划、环保等部门出具的认可文件或者准许使用文件；

4）法律规定应当由公安消防部门出具的对大型的人员密集场所和其他特殊建设工程验收合格的证明文件；

5）施工单位签署的工程质量保修书；

6）法规、规章规定必须提供的其他文件；

7）住宅工程还应当提交《住宅质量保证书》和《住宅使用说明书》；

8）备案机关收到建设单位报送的竣工验收备案文件，验证文件齐全后，应当在工程竣工验收备案表上签署文件收讫。

工程竣工验收备案表一式两份，一份由建设单位保存，另一份留备案机关存档。

（6）工程质量监督机构应当在工程竣工验收之日起5日内，向备案机关提交工程质量监督报告。

（7）备案机关发现建设单位在竣工验收过程中有违反国家有关建设工程质量管理规定行为的，应当在收讫竣工验收备案文件15日内，责令停止使用，重新组织竣工验收。

（8）建设单位在工程竣工验收合格之日起15日内未办理工程竣工验收备案的，备案机关责令限期改正，处20万元以上50万元以下罚款。

（9）建设单位将备案机关决定重新组织竣工验收的工程，在重新组织竣工验收前，擅自使用的，备案机关责令停止使用，处工程合同价款2%以上4%以下罚款。

（10）建设单位采用虚假证明文件办理工程竣工验收备案的，工程竣工验收无效，备案机关责令停止使用，重新组织竣工验收，处20万元以上50万元以下罚款；构成犯罪的，依法追究刑事责任。

（11）备案机关决定重新组织竣工验收并责令停止使用的工程，建设单位在备案之前已投入使用或者建设单位擅自继续使用造成使用人损失的，由建设单位依法承担赔偿责任。

（12）竣工验收备案文件齐全，备案机关及其工作人员不办理备案手续的，由有关机关责令改正，对直接责任人员给予行政处分。

（13）抢险救灾工程、临时性房屋建筑工程和农民自建低层住宅工程，不适用本办法。

（14）军用房屋建筑工程竣工验收备案，按照中央军事委员会的有关规定执行。

（15）省、自治区、直辖市人民政府住房和城乡建设主管部门可以根据本办法制定实施细则。

三、建设工程质量保修范围、保修期限和违规处罚的规定

《建设工程质量管理条例》第三十九条建设工程实行质量保修制度：

建设工程承包单位在向建设单位提交工程竣工验收报告时，应当向建设单位出具质量保修书。质量保修书中应当明确建设工程的保修范围、保修期限和保修责任等。

（1）在正常使用条件下，建设工程的最低保修期限为：

1）基础设施工程、房屋建筑的地基基础工程和主体结构工程，为设计文件规定的该工程的合理使用年限；

2）屋面防水工程、有防水要求的卫生间、房间和外墙面的防渗漏，为5年；

3）供热与供冷系统，为2个采暖期、供冷期；

4）电气管线、给排水管道、设备安装和装修工程，为2年。

其他项目的保修期限由发包方与承包方约定。建设工程的保修期，自竣工验收合格之日起计算。

（2）建设工程在保修范围和保修期限内发生质量问题的，施工单位应当履行保修义务，并对造成的损失承担赔偿责任。

（3）建设工程在超过合理使用年限后需要继续使用的，产权所有人应当委托具有相应资质等级的勘察、设计单位鉴定，并根据鉴定结果采取加固、维修等措施，重新界定使用期。

（4）施工单位不履行保修义务或者拖延履行保修义务的，责令改正，处10万元以上20万元以下的罚款，并对在保修期内因质量缺陷造成的损失承担赔偿责任。

四、建设工程专项质量检测、见证取样检测送检的规定

1. 建设工程专项质量检测

建设工程专项质量检测包括：

（1）地基基础工程检测。

1）地基及复合地基承载力静载检测；

2）桩的承载力检测；

3）桩身完整性检测；

4）锚杆锁定力检测。

（2）主体结构工程现场检测。

1）混凝土、砂浆、砌体强度现场检测；

2）钢筋保护层厚度检测；

3）混凝土预制构件结构性能检测；

4）后置埋件的力学性能检测。

（3）建筑幕墙工程检测。

1）建筑幕墙的气密性、水密性、风压变形性能、层间变位性能检测；

2）硅酮结构胶相容性检测。

（4）钢结构工程检测。

1）钢结构焊接质量无损检测；

2）钢结构防腐及防火涂装检测；

3）钢结构节点、机械连接用紧固标准件及高强度螺栓力学性能检测；

4）钢网架结构的变形检测。

2. 见证取样

见证试验范围：

（1）用于承重结构的混凝土、砂浆试件；

（2）用于结构工程的主要受力钢筋；

（3）用于工程的主要原材料质量；

（4）石材幕墙、玻璃幕墙、铝合金窗、塑钢窗材料试验；

（5）监理工程师和建设单位认为必要的其他试验项目。

见证要求：

（1）见证试验室必须通过省（或省以上）技术监督局对计量（CMA）和质量（CMC）认证，并且有省（或省以上）质监部门颁发的乙级（含乙级）以上试验检测资质证书的试验室。

（2）见证人必须持有试验检测资格证书，见证人对见证样品的代表性、真实性负责。

（3）试样或其包装上应作出标识和封。标识和封应标明样品名称、样品数量、工程名称、取样部位、取样日期，并有取样人和见证人签字。

（4）承担有见证试验的试验室，在检查试样上的见证标识和封确认无误后方可进行试验，否则应拒绝试验。

（5）见证试验报告单必须由见证人签名盖章，而且加盖“见证试验”专用章。

送检规定：

（1）钢筋原材及焊接接头送检：基础分部各种规格一批；主体分部各种规格按建筑面积每 3 000 m^2 一批。

规格要求：

①钢筋力学性能拉伸长：（10 d+200）mm，冷弯短（5 d+150）mm，两长两短一组；重量偏差 520 mm 长，五条一组[注：原材复检 拉伸长（10 d+200）mm，4 条一组，配一条化分]。

②双面搭接焊：5 d（焊口）+250 mm（一边长）三条一组；要复检六条一组。

③电渣压力焊：（10 d+200）mm（总长）三条一组；要复检六条一组。

④闪光对焊：长（10 d+200）mm，短（5 d+150）mm 三长三短一组，焊口磨平；要复检六条一组。

（2）水泥物理性能送检：砌体水泥物理性能送检一批次，室内外装饰水泥物理性能送检按同一品种送一批次。

规格和数量：1 袋。

（3）砂物理性能送检：砌体砂物理性能送检一批次，室内外装饰砂物理性能送检一批次。

规格和数量：15 kg。

（4）砌体砖：一般按建筑面积每 3 000 m^2 左右一批次，或按规范规定要求。（蒸压加气混凝土砌块 18 块一组。灰砂砖 7 块一组。普通混凝土砖 20 块一组，粉煤灰砖 12 块一组）。

（5）砂浆配合比设计报告：按每个砂浆强度一个（砂 30 kg，水泥 1 包，石灰膏 1 灰桶）。

（6）混凝土抗压强度送检：

①普通混凝土试块龄期 28 d：按基础、柱、梁板、每次浇筑 1 组（如果大体积：连续浇筑 1 000 m^3 以内，按 100 m^3 送一组，连续浇筑 2 000 m^3 以内，按 200 m^3 送一组）。

②同条件养护混凝土试块龄期 600℃。（对 3 000 m^2 以下的工程，留置组数不宜少于 10 组，且不应少于 3 组。对超过 3 000 m^2 以上的工程，每超过 500 m^2 留置数量不得少于 1 组）。

（7）砌体砂浆抗压强度试块龄期 28 d：每层不应少于 1 组（每层按每 300 m^2 为 1 组）。

（8）电线电缆送检按同一型号规格送一卷，剩余电流动作保护送检按每一生产批送检三个，镇流器性能送检按每一生产批送检三个。

（9）建筑门窗送检三个为一组（1.5×1.5 m、2.1×2.1 m、3.0×3.0 m）；铝合金型材 3 段 500 mm。

（10）给水管 PVC-U 直径大于 50 mm 的送检 3 条 1 m 长水管，直径小于 50 mm 的送检 12 条 1 m 长水管；管件 9 个弯头，9 个直通，9 个三通（另外还要各粘三套一起送样）。

给水管 PP-R 送检 3 条 1 m 长水管，管件 9 个弯头，9 个直通，9 个三通（另外还要各粘三套一起送样）。

（11）排水管 PVC-U 直径大于 50 mm 的送检 3 条 1 m 长排水管，直径小于 50 mm 的送检 12 条 1 m 长排水管；管件 9 个弯头，9 个直通，9 个三通。

第二节　建筑工程施工质量验收标准对质量验收要求的规定

一、《建筑工程施工质量验收统一标准》中关于建筑工程质量验收的划分、合格判定以及质量验收程序和组织要求

1. 建筑工程施工质量验收

建筑工程施工质量应按下列要求进行验收：

（1）建筑工程质量应符合标准和相关专业验收规范的规定。

（2）建筑工程施工应符合工程勘察、设计文件的要求。

（3）参加工程施工质量验收的各方人员应具备规定的资格。

（4）工程质量的验收均应在施工单位自行检查评定的基础上进行。

（5）隐蔽工程在隐蔽前应由施工单位通知有关单位进行验收，并应形成验收文件。

（6）涉及结构安全的试块、试件以及有关材料，应按规定进行见证取样检测。

（7）检验批的质量应按主控项目和一般项目验收。

（8）对涉及结构安全和使用功能的重要分部工程应进行抽样检测。

（9）承担见证取样检测及有关结构安全检测的单位应具有相应资质。

（10）工程的观感质量应由验收人员通过现场检查，并应共同确认。

（11）检验批及分项工程应由监理工程师（建设单位项目技术负责人）组织施工单位项目专业质量（技术）负责人等进行验收。

（12）分部工程应由总监理工程师（建设单位项目负责人）组织施工单位项目负责人和技术、质量负责人等进行验收；地基与基础、主体结构分部工程的勘察、设计单位工程项目负责人和施工单位技术、质量部门负责人也应参加相关分部工程验收。

（13）单位工程完工后，施工单位应自行组织有关人员进行检查评定，并向建设单位提交工程验收报告。

（14）建设单位收到工程验收报告后，应由建设单位（项目）负责人组织施工（含分包单位）、设计、监理等单位（项目）负责人进行单位（子单位）工程验收。

（15）单位工程有分包单位施工时，分包单位对所承包的工程项目应按本标准规定的程序检查评定，总包单位应派人参加。分包工程完成后，应将工程有关资料交总包单位。

（16）当参加验收各方对工程质量验收意见不一致时，可请当地建设行政主管部门或工程质量监督机构协调处理。

（17）单位工程质量验收合格后，建设单位应在规定时间内将工程竣工验收报告和有关文件，报建设行政管理部门备案。

（18）单位工程完工后，施工单位应组织有关人员进行自检。总监理工程师应组织各专业监理工程师对工程质量进行竣工预验收。存在施工质量问题时，应由施工单位整改。整改完毕后，由施工单位向建设单位提交工程竣工报告，申请工程竣工验收。

单位工程完成后，施工单位应首先依据验收规范、设计图纸等组织有关人员进行自检，对检查发现的问题进行必要的整改。监理单位应根据本标准和《建设工程监理规范》（GB/T 50319—2013）的要求对工程进行竣工预验收。符合规定后由施工单位向建设单位提交工程竣工报告和完整的质量控制资料，申请建设单位组织竣工验收。

工程竣工预验收由总监理工程师组织，各专业监理工程师参加，施工单位由项目经理、项目技术负责人等参加，其他各单位人员可不参加。工程预验收除参加人员与竣工验收不同外，其方法、程序、要求等均应与工程竣工验收相同。

2. 建筑工程质量验收的划分

（1）单位工程的划分应按下列原则确定：

1）具备独立施工条件并能形成独立使用功能的建筑物及构筑物为一个单位工程。

2）建筑规模较大的单位工程，可将其能形成独立使用功能的部分划分为一个子单位工程。

（2）分部工程的划分应按下列原则确定：

1）分部工程的划分应按专业性质、建筑部位确定。

2）当分部工程较大或较复杂时，可按材料种类、施工特点、施工程序、专业系统及类别等划分为若干分部工程。

（3）分项工程应按主要工种、材料、施工工艺、设备类别等进行划分。

分项工程可由一个或若干检验批组成，检验批可根据施工及质量控制和专业验收需要按楼层、施工段、变形缝等进行划分。

3. 室外工程质量验收的划分

室外工程可根据专业类别和工程规模划分单位（子单位）工程。

室外单位（子单位）工程、分部工程可按表 2-1 进行划分。

表 2-1　室外工程划分

单位工程	子单位工程	分部（子分部）工程
室外建筑环境	附属建筑	车棚、围墙、大门、挡土墙、垃圾收集站
	室外环境	建筑小品、道路、亭台、连廊、花坛、场平绿化
室外安装	给排水与采暖	室外给水系统、室外排水系统、室外供热系统
	电气	室外供电系统、室外照明系统

4. 检验批质量验收合格要求

（1）主控项目和一般项目的质量经抽样检验合格。

（2）具有完整的施工操作依据、质量检查记录。

5. 分项工程质量验收合格要求

（1）分部工程所含的检验批均应符合合格质量的规定。

（2）分项工程所含的检验批的质量验收记录应完整。

6. 分部（子分部）工程质量验收合格要求

（1）分部（子分部）工程所含工程的质量均应验收合格。

（2）质量控制资料应完整。

（3）地基与基础、主体结构和设备安装等分部工程有关安全及功能的检验和抽样检测结果应符合有关规定。

（4）观感质量验收应符合要求。

7. 单位（子单位）工程质量验收合格要求

（1）单位（子单位）工程所含分部（子分部）工程的质量均应验收合格。

（2）质量控制资料应完整。

（3）单位（子单位）工程所含分部（子分部）工程有关安全和功能的检测资料应完整。

（4）主要功能项目的抽查结果应符合相关专业质量验收规范的规定。

（5）观感质量验收应符合要求。

8. 建筑工程质量验收记录要求

（1）检验批质量验收可按表 2-2 进行。

（2）分项工程质量验收可按表 2-3 进行。

（3）分部（子分部）工程质量验收应按表 2-4 进行。

（4）单位（子单位）工程质量验收，质量控制资料核查，安全和功能检验资料核查及主要功能抽查记录，观感质量检查应按表 2-5 进行。

表 2-2　检验批质量验收记录

工程名称		分项工程名称		验收部位	
施工单位		专业工长		项目经理	
施工执行标准名称及编号					
分包单位		分包项目经理		施工班组长	
主控项目	质量验收规范的规定		施工单位检查评定记录		监理（建设单位）验收记录
	1				
	2				
	3				
	4				
	5				
	6				
	7				
	8				
	9				
一般项目	1				
	2				
	3				
	4				
施工单位检查结果评定	项目专业质量检查员： 年　月　日				
监理（建设）单位验收结论	监理工程师（建设单位项目专业技术负责人）： 年　月　日				

表 2-3　分项工程质量验收记录

工程名称		结构类型		检验批数	
施工单位		项目经理		项目技术负责人	
分包单位		分包单位负责人		分包项目经理	
编号	检验批部位、区段	施工单位检查评定结果	监理（建设）单位验收意见		
0					
1					
2					
3					
4					
5					

续表

<table>
<tr><td>6</td><td></td><td></td><td colspan="2"></td></tr>
<tr><td>7</td><td></td><td></td><td colspan="2"></td></tr>
<tr><td>检查结论</td><td colspan="2">项目专业技术负责人：
年　月　日</td><td>验收结论</td><td>监理工程师（建设单位项目专业技术负责人）：
年　月　日</td></tr>
</table>

表 2-4　（子分部）工程验收记录

<table>
<tr><td colspan="2">工程名称</td><td></td><td>结构类型</td><td></td><td>层数</td><td></td></tr>
<tr><td colspan="2">施工单位</td><td></td><td>技术部门负责人</td><td></td><td>质量部门负责人</td><td></td></tr>
<tr><td colspan="2">分包单位</td><td></td><td>分包单位负责人</td><td></td><td>分包技术负责人</td><td></td></tr>
<tr><td>编号</td><td colspan="2">分项工程名称</td><td>检验批数</td><td>施工单位检查评定</td><td colspan="2">验收意见</td></tr>
<tr><td>1</td><td colspan="2"></td><td></td><td></td><td colspan="2" rowspan="7"></td></tr>
<tr><td>2</td><td colspan="2"></td><td></td><td></td></tr>
<tr><td>3</td><td colspan="2"></td><td></td><td></td></tr>
<tr><td>4</td><td colspan="2"></td><td></td><td></td></tr>
<tr><td>5</td><td colspan="2"></td><td></td><td></td></tr>
<tr><td>6</td><td colspan="2"></td><td></td><td></td></tr>
<tr><td>7</td><td colspan="2"></td><td></td><td></td></tr>
<tr><td colspan="3">质量控制资料</td><td></td><td></td><td colspan="2"></td></tr>
<tr><td colspan="3">安全与功能检验（检测）报告</td><td></td><td></td><td colspan="2"></td></tr>
<tr><td colspan="3">观感质量验收</td><td colspan="4"></td></tr>
<tr><td rowspan="5">验收单位</td><td colspan="2">分包单位</td><td colspan="4">项目经理　年　月　日</td></tr>
<tr><td colspan="2">施工单位</td><td colspan="4">项目经理　年　月　日</td></tr>
<tr><td colspan="2">勘察单位</td><td colspan="4">项目负责人　年　月　日</td></tr>
<tr><td colspan="2">设计单位</td><td colspan="4">项目负责人　年　月　日</td></tr>
<tr><td colspan="2">监理（建设）单位</td><td colspan="4">总监理工程师（建设单位项目专业负责人）：
年　月　口</td></tr>
</table>

表 2-5 单位（子单位）工程质量竣工验收记录

<table>
<tr><td colspan="2">工程名称</td><td colspan="2"></td><td>结构形式</td><td></td><td>层数/建筑面积</td><td></td></tr>
<tr><td colspan="2">施工单位</td><td colspan="2"></td><td>技术负责人</td><td></td><td>开工日期</td><td></td></tr>
<tr><td colspan="2">项目经理</td><td colspan="2"></td><td>项目技术负责人</td><td></td><td>竣工日期</td><td></td></tr>
<tr><td>编号</td><td colspan="2">项目</td><td colspan="3">验收记录</td><td colspan="2">验收结论</td></tr>
<tr><td>1</td><td colspan="2">分部工程</td><td colspan="3">共　分部，经查　分部，符合标准及设计要求分部</td><td colspan="2"></td></tr>
<tr><td>2</td><td colspan="2">质量控制资料核查</td><td colspan="3">共　项，经查符合要求　项，经核定符合规范要求　项</td><td colspan="2"></td></tr>
<tr><td>3</td><td colspan="2">安全和主要使用功能核查及抽查结果</td><td colspan="3">共　项，经查符合要求　项，共抽查　项，符合要求　项，经返工处理符合要求　项</td><td colspan="2"></td></tr>
<tr><td>4</td><td colspan="2">观感质量验收</td><td colspan="3">共抽查　项，符合要求　项，不符合要求　项</td><td colspan="2"></td></tr>
<tr><td>5</td><td colspan="2">综合验收结论</td><td colspan="3"></td><td colspan="2"></td></tr>
<tr><td rowspan="2">参加验收单位</td><td colspan="2">建设单位</td><td colspan="2">监理单位</td><td>施工单位</td><td colspan="2">设计单位</td></tr>
<tr><td colspan="2">（公章）
单位（项目）负责人
年　月　日</td><td colspan="2">（公章）
总监理工程师
年　月　日</td><td>（公章）
单位负责人
年　月　日</td><td colspan="2">（公章）
单位（项目）负责人
年　月　日</td></tr>
</table>

9. 建筑工程质量不符合要求时的处理方式

当建筑工程质量不符合要求时，应按下列规定进行处理：

（1）经返工重做或更换器具、设备的检验批，应重新进行验收。

（2）经有资质的检测单位检测鉴定能够达到设计要求的检验批，应予以验收。

（3）经有资质的检测单位检测鉴定达不到设计要求、但经原设计单位核算认可能够满足结构安全和使用功能的检验批，可予以验收。

（4）经返修或加固处理的分项、分部工程，虽然改变外形尺寸但仍能满足安全使用要求，可按技术处理方案和协商文件进行验收。

10. 通过返修或加固处理后仍不能满足安全使用要求的处理方式

通过返修或加固处理仍不能满足安全使用要求的分部工程、单位（子单位）工程，严禁验收。

11. 分项工程、分部（子分部）工程质量的验收

分项工程、分部（子分部）工程质量的验收均应在施工单位自检合格的基础上进行。施工单位确认自检合格后提出工程验收申请，工程验收时应提供下列技术文件和记录：

（1）原材料的质量合格证和质量鉴定文件；

（2）半成品如预制桩、钢桩、钢筋笼等产品合格证书；

（3）施工记录及隐蔽工程验收文件；

（4）检测试验及见证取样文件；

（5）其他必须提供的文件或记录。

12. 对隐蔽工程的验收方式

对隐蔽工程应进行中间验收。

13. 分部（子分部）工程验收

分部（子分部）工程验收应由总监理工程师或建设单位项目负责人组织勘察、设计单位及施工单位的项目负责人、技术质量负责人，共同按设计要求和本规范及其他有关规定进行。

14. 验收工作

验收工作应按下列规定进行：

（1）分项工程的质量验收应分别按主控项目和一般项目验收；

（2）隐蔽工程应在施工单位自检合格后，于隐蔽前通知有关人员检查验收，并形成中间验收文件；

（3）分部（子分部）工程的验收，应在分项工程通过验收的基础上，对必要的部位进行见证检验。

15. 主控项目的验收

主控项目必须符合验收标准规定，发现问题应立即处理直至符合要求，一般项目合格率不应低于80%。

二、市政工程施工与质量验收要求

1. 市政工程施工现场质量管理

施工现场的质量管理应有相应的施工质量标准、健全的质量管理体系、施工质量检测制度和综合施工质量水平评定考核制度。检查记录见表2-6。

表2-6　施工现场质量管理检查记录

<table>
<tr><td>工程名称</td><td colspan="3"></td><td colspan="2">施工许可证（开工证）</td><td></td></tr>
<tr><td>建设单位</td><td colspan="3"></td><td colspan="2">项目负责人</td><td></td></tr>
<tr><td>设计单位</td><td colspan="3"></td><td colspan="2">项目负责人</td><td></td></tr>
<tr><td>监理单位</td><td colspan="3"></td><td colspan="2">总监理工程师</td><td></td></tr>
<tr><td>施工单位</td><td colspan="2"></td><td>项目经理</td><td></td><td>项目技术负责人</td><td></td></tr>
<tr><td>序号</td><td colspan="3">项目</td><td colspan="3">内容</td></tr>
<tr><td>1</td><td colspan="3">现场质量管理制度</td><td colspan="3"></td></tr>
<tr><td>2</td><td colspan="3">质量责任制</td><td colspan="3"></td></tr>
<tr><td>3</td><td colspan="3">主要专业工种操作上岗证书</td><td colspan="3"></td></tr>
<tr><td>4</td><td colspan="3">分包方资质与对分包单位的管理制度</td><td colspan="3"></td></tr>
<tr><td>5</td><td colspan="3">施工图审查情况</td><td colspan="3"></td></tr>
<tr><td>6</td><td colspan="3">地质勘察资料</td><td colspan="3"></td></tr>
<tr><td>7</td><td colspan="3">施工组织设计、施工方案及审批</td><td colspan="3"></td></tr>
<tr><td>8</td><td colspan="3">施工技术标准</td><td colspan="3"></td></tr>
<tr><td>9</td><td colspan="3">工程质量检查制度</td><td colspan="3"></td></tr>
<tr><td>10</td><td colspan="3">搅拌站及计量设置</td><td colspan="3"></td></tr>
<tr><td>11</td><td colspan="3">现场材料、设备存放与管理</td><td colspan="3"></td></tr>
<tr><td colspan="7">检查结论：

总监理工程师（建设单位项目负责人）
年　月　日</td></tr>
</table>

注：此表应由施工单位填写，总监理工程师（建设单位项目负责人）进行检查，并做出检查。

2. 市政工程施工质量控制要求

（1）市政工程所采用的主要材料、半成品、成品，构配件等，进入施工现场时，要进行现场检查验收，并应经监理工程师（建设单位项目负责人）检查认可；

（2）各工序应按施工技术标准进行质量控制，每道工序完成后，应进行检查；

（3）各工种或部位之间，应进行交接检验并形成记录（见表 2-7），未经监理工程师（建设单位项目技术负责人）检查认可的，不得进行下道工序施工。

表 2-7　市政工程区间（部位）质量检验（隐蔽）记录

<table>
<tr><td colspan="2">工程名称</td><td colspan="8"></td><td colspan="3">检验日期</td><td></td></tr>
<tr><td colspan="2">工序名称</td><td colspan="8"></td><td colspan="3">（隐蔽）部位、区段</td><td></td></tr>
<tr><td colspan="2">施工执行标准名称及编号</td><td colspan="12"></td></tr>
<tr><td rowspan="12">检查内容</td><td rowspan="2">检查项目</td><td rowspan="2">标准、规范规定</td><td colspan="10">施工单位检查评定记录</td><td rowspan="2">监理（建设）单位检验记录</td></tr>
<tr><td></td><td></td><td></td><td></td><td></td><td></td><td></td><td></td><td></td><td></td></tr>
<tr><td></td><td></td><td></td><td></td><td></td><td></td><td></td><td></td><td></td><td></td><td></td><td></td><td rowspan="10"></td></tr>
<tr><td></td><td></td><td></td><td></td><td></td><td></td><td></td><td></td><td></td><td></td><td></td><td></td></tr>
<tr><td></td><td></td><td></td><td></td><td></td><td></td><td></td><td></td><td></td><td></td><td></td><td></td></tr>
<tr><td></td><td></td><td></td><td></td><td></td><td></td><td></td><td></td><td></td><td></td><td></td><td></td></tr>
<tr><td></td><td></td><td></td><td></td><td></td><td></td><td></td><td></td><td></td><td></td><td></td><td></td></tr>
<tr><td></td><td></td><td></td><td></td><td></td><td></td><td></td><td></td><td></td><td></td><td></td><td></td></tr>
<tr><td></td><td></td><td></td><td></td><td></td><td></td><td></td><td></td><td></td><td></td><td></td><td></td></tr>
<tr><td></td><td></td><td></td><td></td><td></td><td></td><td></td><td></td><td></td><td></td><td></td><td></td></tr>
<tr><td></td><td></td><td></td><td></td><td></td><td></td><td></td><td></td><td></td><td></td><td></td><td></td></tr>
<tr><td></td><td></td><td></td><td></td><td></td><td></td><td></td><td></td><td></td><td></td><td></td><td></td></tr>
<tr><td colspan="2">施工单位
自检评定</td><td colspan="12">项目专业质量检查员：

年　月　日</td></tr>
<tr><td colspan="2">监理（建设）单位
验收结论</td><td colspan="12">监理工程师（建设单位项目专业技术负责人）：

年　月　日</td></tr>
<tr><td colspan="2">其他相关单位
验收结论</td><td colspan="12">项目专业负责人：

年　月　日</td></tr>
</table>

注：本表由施工项目专业质量员填写，监理工程师（建设单位项目技术负责人）组织项目专业质量检查员进行验收，并通知相关单位到场。

3. 市政工程质量验收要求

（1）市政工程施工质量应符合国家和相关专业验收规范的规定；

（2）市政工程施工应符合工程勘察、设计文件的要求；

（3）参加工程施工质量验收的各责任主体（建设、施工、监理、设计、勘察）的成员应具备规定的资格；

（4）工程质量的验收均在施工单位自检自评的基础上进行；

（5）隐蔽工程在隐蔽前应由施工单位通知有关单位进行验收，并形成验收文件（见表 2-7）；

（6）涉及结构安全的试块、试件及有关材料，应进行见证取样检测；

（7）对涉及结构安全的使用功能的重要部位应进行抽样检测；

（8）承担见证取样检测和有关结构安全检测的单位应具有相应的资质；

（9）工程的观感质量应由验收人员通过现场检查，共同确定。

4. 市政工程质量验收合格要求

（1）区间（部位）工程质量合格应符合以下几点：

1）涉及结构安全和使用功能的试块、材料、重要部位等的质量经抽样检验合格；

2）具有完整的施工操作依据、质量检查记录；

3）按表 2-7 中的规定进行。

（2）工序工程质量合格应符合以下几点：

1）工序工程所含的区间（部位）均应符合合格质量的规定；

2）工序工程所含的区间（部位）的质量验收记录应完整；

3）按表 2-8 中的规定进行。

表 2-8　市政工程工序质量验收记录

工程名称		施工单位	
工序名称		隐蔽批数	
序号	隐蔽部位、区段	施工单位自评结果	监理（建设）单位验收结论
检查结论	施工专业负责人： 年　月　日	验收结论	监理工程师（监理工程师注册方章）： （或建设单位项目专业技术负责人） 年　月　日

注：工序验收应由监理工程师（或建设单位项目专业技术负责人）组织施工单位专业技术负责人等进行验收。

（3）分部（子分部）工程质量合格应符合以下几点：

1）分部（子分部）所含工序工程的质量均应验收合格；

2）质量控制资料应完整；

3）地基与基础、主体结构和涉及有关安全及功能的检验和抽样检测结果应符合有关规定；

4）观感质量验收应符合要求；

5）按表 2-9 中的规定进行。

表 2-9 市政工程（子分部）分部工程质量验收记录

<table>
<tr><td colspan="2">工程名称</td><td></td><td>结构类型</td><td>工程量</td></tr>
<tr><td colspan="2">施工单位</td><td></td><td>分部工程名称</td><td></td></tr>
<tr><td>序号</td><td>工序名称</td><td>隐蔽部位、区间数量</td><td>施工单位检查评定结论</td><td>验收意见</td></tr>
<tr><td></td><td></td><td></td><td></td><td></td></tr>
<tr><td></td><td></td><td></td><td></td><td></td></tr>
<tr><td></td><td></td><td></td><td></td><td></td></tr>
<tr><td></td><td></td><td></td><td></td><td></td></tr>
<tr><td></td><td></td><td></td><td></td><td></td></tr>
<tr><td></td><td></td><td></td><td></td><td></td></tr>
<tr><td colspan="2">质量保证资料</td><td colspan="3"></td></tr>
<tr><td colspan="2">安全和功能检验报告</td><td colspan="3"></td></tr>
<tr><td colspan="2">观感质量验收</td><td colspan="3"></td></tr>
<tr><td rowspan="5">验收单位</td><td>施工单位意见</td><td colspan="3">项目专业负责人：</td></tr>
<tr><td>勘察单位意见</td><td colspan="3">项目专业负责人：</td></tr>
<tr><td>设计单位意见</td><td colspan="3">项目负责人：</td></tr>
<tr><td>监理单位意见</td><td colspan="3">总监理工程师：</td></tr>
<tr><td>建设单位意见</td><td colspan="3">项目专业负责人：</td></tr>
</table>

注：分部（子分部）工程质量由总监理工程师（建设单位项目负责人）组织施工项目负责人和相关单位项目负责人进行验收。

（4）单位（子单位）工程质量验收合格应符合以下几点：

1）单位（子单位）工程所含分部（子分部）工程均应验收合格；

2）质量控制资料应完整；

3）单位（子单位）工程所含分部（子分部）工程有关安全和功能的检测资料应完整；

4）主要功能项目的抽查结果应符合相关专业质量验收规范的规定；

5）观感质量验收应符合相关要求。

5. 市政工程质量验收程序和组织

（1）区间（部位）工程和工序工程应由监理工程师（建设单位项目技术负责人）组织施工单位项目专业质量（技术）负责人等进行验收；

（2）分部工程应由总监理工程师（建设单位项目负责人）组织施工单位项目负责人和技术、质量负责人等进行验收，工程勘察、设计单位工程项目负责人和施工单位技术、质量部门负责人也应参加验收；

（3）单位工程完工后，施工单位应自行组织有关人员进行检查评定，并向建设单位提交工程竣工报告（申请验收）；

（4）建设单位收到工程竣工报告后，应由建设单位（项目）负责人组织施工（含分包单位）、设计、勘察、监理等单位（项目）负责人或技术质量负责人组成验收小组进行单位（子单位）工程验收；

（5）建设工程质量监督机构对验收进行监督；

（6）单位工程有分包单位施工时，分包单位所承包的工程项目应按以上程序检查评定，总包单位应派人参加。分包工程完成后，应将工程有关资料交总包单位；

（7）当参加验收各方对工程质量验收意见不一致时，可请当地建设行政主管部门或工程质量监督机构协调处理；

（8）单位工程质量验收合格后，建设单位应在规定时间内将工程竣工验收报告和有关文件，报建设行政管理部门备案。

6. 对工程质量不符合要求的处理

（1）经返工重做的区间（部位）工程应重新进行验收；

（2）经有资质的检测单位检测鉴定能够达到设计要求的区间（部位）应予以验收；

（3）经有资质的检测单位检测鉴定达不到设计要求，但经原设计单位换算认可能够满足结构安全和使用功能要求的区间（部位）可予以验收；

（4）经返修或加固处理的工序、分部工程，虽然改变了外形尺寸但仍能满足安全使用要求，可按技术处理方案和协商文件进行验收；

（5）通过返修或加固处理仍不能满足安全使用要求的分部工程、单位（子单位）工程，严禁验收。

三、装饰工程施工与质量验收要求

1. 施工要求

（1）施工单位应编制施工组织设计并经过审查批准。施工单位应按有关的施工工艺标准或经审定的施工技术方案施工，并应对施工过程全程实行质量控制。

（2）承担建筑装饰装修工程施工的人员上岗前应进行培训。

（3）建筑装饰装修工程施工中，不得违反设计文件擅自改动建筑主体、承重结构或主要使用功能。

（4）未经设计确认和有关部门批准，不得擅自拆改主体结构和水、暖、电、燃气、通信等配套设施。

（5）施工单位应采取有效措施控制施工现场的各种粉尘、废气、废弃物、噪声、振动等对周围环境造成的污染和危害。

（6）施工单位应建立有关施工安全、劳动保护、防火和防毒等管理制度，并应配备必要的设备、器具和标识。

（7）建筑装饰装修工程应在基体或基层的质量验收合格后施工。对既有建筑进行装饰装修前，应对基层进行处理。

（8）建筑装饰装修工程施工前应有主要材料的样板或做样板间（件），并应经有关各方确认。

（9）墙面采用保温隔热材料的建筑装饰装修工程，所用保温隔热材料的类型、品种、规格及施工工艺应符合设计要求。

（10）管道、设备安装及调试应在建筑装饰装修工程施工前完成；当必须同步进行时，应在饰面层施工前完成。装饰装修工程不得影响管道、设备等的使用和维修。涉及燃气管道和电气工程的建筑装饰装修工程施工应符合有关安全管理的规定。

（11）建筑装饰装修工程的电气安装应符合设计要求，不得直接埋设电线。

（12）隐蔽工程验收应有记录，记录应包含隐蔽部位照片。施工质量的检验批验收应有现场检查原始记录。

（13）室内外装饰装修工程施工的环境条件应满足施工工艺的要求。

（14）建筑装饰装修工程施工过程中应做好半成品、成品的保护，防止污染和损坏。

（15）建筑装饰装修工程验收前应将施工现场清理干净。

2. 抹灰工程

（1）一般规定。

1）抹灰工程适用于一般抹灰、保温层薄抹灰、装饰抹灰和清水砌体勾缝等分项工程的质量验收。一般抹灰工程分为普通抹灰和高级抹灰，当设计无要求时，按普通抹灰验收。一般抹灰包括水泥砂浆、水泥混合砂浆、聚合物水泥砂浆和粉刷石膏等抹灰；保温层薄抹灰包括保温层外面聚合物砂浆薄抹灰；装饰抹灰包括水刷石、斩假石、干粘石和假面砖等装饰抹灰；清水砌体勾缝包括清水砌体砂浆勾缝和原浆勾缝。

2）抹灰工程验收时应检查下列文件和记录：

①抹灰工程的施工图、设计说明及其他设计文件；

②材料的产品合格证书、性能检验报告、进场验收记录和复验报告；

③隐蔽工程验收记录；

④施工记录。

3）抹灰工程应对下列材料及其性能指标进行复验：

①砂浆的拉伸粘结强度；

②聚合物砂浆的保水率。

4）抹灰工程应对下列隐蔽工程项目进行验收：

①抹灰总厚度大于或等于 35 mm 时的加强措施；

②不同材料基体交接处的加强措施。

5）各分项工程的检验批应按下列规定划分：

①相同材料、工艺和施工条件的室外抹灰工程每 1 000 m^2 应划分为一个检验批，不足 1 000 m^2 时也应划分为一个检验批。

②相同材料、工艺和施工条件的室内抹灰工程每 50 个自然间应划分为一个检验批，不足 50 间也应划分为一个检验批，大面积房间和走廊可按抹灰面积每 30 m^2 计为 1 间。

6）检查数量应符合下列规定：

①室内每个检验批应至少抽查 10%，并不得少于 3 间，不足 3 间时应全数检查；

②室外每个检验批每 100 m^2 应至少抽查一处，每处不少于 10 m^2。

7）外墙抹灰工程施工前应先安装钢木门窗框、护栏等，应将墙上的施工孔洞堵塞密实并对基层进行处理。

8）室内墙面、柱面和门洞口的阳角做法应符合设计要求。设计无要求时，应采用不低于M20水泥砂浆做护角，其高度不应低于2 m，每侧宽度不应小于50 mm。

9）当要求抹灰层具有防水、防潮功能时，应采用防水砂浆。

10）各种砂浆抹灰层，在凝结前应防止快干、水冲、撞击、振动和受冻，在凝结后应采取措施防止沾污和损坏。水泥砂浆抹灰层应在湿润条件下养护。

11）外墙和顶棚的抹灰层与基层之间及各抹灰层之间应粘结牢固。

（2）一般抹灰工程。

1）一般抹灰是指水泥砂浆、石灰砂浆、混合砂浆、聚合物水泥砂浆、麻刀石灰、纸筋石灰、石膏灰等，所用材料的品种和性能应符合设计要求及国家现行标准的有关规定。

检验方法：检查产品合格证书、进场验收记录、性能检验报告和复验报告。

2）一般抹灰工程的表面质量应符合下列规定：

①普通抹灰表面应光滑、洁净、接槎平整，分格缝应清晰；

②高级抹灰表面应光滑、洁净、颜色均匀、无抹纹，分格缝和灰线应清晰美观。

检验方法：观察；手摸检查。

3）护角、孔洞、槽、盒周围的抹灰表面应整齐、光滑；管道后面的抹灰表面应平整。

检验方法：观察。

4）抹灰层的总厚度应符合设计要求；水泥砂浆不得抹在石灰砂浆层上；罩面石膏灰不得抹在水泥砂浆层上。

检验方法：检查施工记录。

5）抹灰分格缝的设置应符合设计要求，宽度和深度应均匀，表面应光滑，棱角应整齐。

检验方法：观察；尺量检查。

6）有排水要求的部位应做滴水线（槽）。滴水线（槽）应整齐顺直，滴水线应内高外低，滴水槽的宽度和深度应满足设计要求，且均不应小于10 mm。

检验方法：观察；尺量检查。

7）一般抹灰工程质量的允许偏差和检验方法应符合表2-10的规定。

表2-10　一般抹灰的允许偏差和检验方法

项次	项目	允许偏差/mm		检验方法
		普通抹灰	高级抹灰	
1	立面垂直度	4	3	用2 m垂直检测尺检查
2	表面平整度	4	3	用2 m靠尺和塞尺检查
3	阴阳角方正	4	3	用直角检测尺检查
4	分格条（缝）直线度	4	3	用5 m线，不足5 m拉通线，用钢直尺检查
5	墙裙、勒脚上口直线度	4	3	拉5 m线，不足5 m拉通线，用钢直尺检查

注：①普通抹灰，本表第3项阴角方正可不检查；

②顶棚抹灰，本表第2项表面平整度可不检查，但应平顺。

（3）装饰抹灰工程。

1）适用于水刷石、斩假石、干粘石、假面砖等装饰抹灰工程的质量验收。

2）抹灰前基层表面的尘土、污垢、油渍等应清除干净，并应洒水润湿。

3）装饰抹灰工程所用材料的品种和性能应符合设计要求。水泥的凝结时间和安定性复验应合格。砂浆的配合比应符合设计要求。

检验方法：检查产品合格证书、进场验收记录、复验报告和施工记录。

4）各抹灰层之间及抹灰层与基体之间必须粘结牢固，抹灰层应无脱层、空鼓和裂缝。

检验方法：观察；用小锤轻击检查；检查施工记录。

5）装饰抹灰工程的表面质量应符合下列规定：

①水刷石表面应石粒清晰、分布均匀、紧密平整、色泽一致，应无掉粒和接槎痕迹。

②斩假石表面剁纹应均匀顺直、深浅一致，应无漏剁处；阳角处应横剁并留出宽窄一致的不剁边条，棱角应无损坏。

③干粘石表面应色泽一致、不露浆、不漏粘，石粒应粘结牢固、分布均匀，阳角处应无明显黑边。

④假面砖表面应平整、沟纹清晰、留缝整齐、色泽一致，应无掉角、脱皮、起砂等缺陷。

检验方法：观察；手摸检查。

6）装饰抹灰分格条（缝）的设置应符合设计要求，宽度和深度应均匀，表面应平整光滑，棱角应整齐。

检验方法：观察。

7）有排水要求的部位应做滴水线（槽）。滴水线（槽）应整齐，滴水线应内高外低，滴水槽的宽度和深度均不应小于 10 mm。不同材料基体交接处表面的抹灰，应采取防止开裂的加强措施，当采用加强网时，加强网与各基体的搭接宽度不应小于 100 mm。

检验方法：观察；尺量检查。

8）装饰抹灰工程质量的允许偏差和检验方法应符合表 2-11 的规定。

表 2-11　装饰抹灰的允许偏差和检验方法

项次	项目	允许偏差/mm				检验方法
		水刷石	斩假石	干粘石	假面砖	
1	立面垂直度	5	4	5	5	用 2 m 靠尺和塞尺检查
2	表面平整度	3	3	5	4	用 2 m 靠尺和塞尺检查
3	阳角方正	3	3	4	4	用直角检测尺检查
4	分格条（缝）直线度	3	3	3	3	用 5 m 线，不足 5 m 拉通线，用钢直尺检查
5	墙裙、勒脚上口直线度	3	3	—	—	用 5 m 线，不足 5 m 拉通线，用钢直尺检查

（4）清水砌体勾缝工程。

1）清水砌体勾缝所用水泥的凝结时间和安定性复验应合格。砂浆的配合比应符合设计要求。

检验方法：检查复验报告和施工记录。

2）清水砌体勾缝应无漏勾。勾缝材料应粘结牢固、无开裂。

检验方法：观察。

3）清水砌体勾缝应横平竖直，交接处应平顺，宽度和深度应均匀，表面应压实抹平。

检验方法：观察；尺量检查。

4）灰缝应颜色一致，砌体表面应洁净。

检验方法：观察。

3. 门窗工程

适用于木门窗制作安装、金属安装、塑料门窗安装、特种门安装、门窗玻璃安装等分项工程的质量验收。

（1）门窗工程的验收要求：

1）应检查下列文件和记录：

①门窗工程的施工图、设计说明及其他设计文件。

②材料的产品合格证书、性能检测报告、进场验收记录和复验报告。

③特种门及其附件的生产许可文件。

④隐蔽工程验收记录、施工记录。

2）门窗工程应对下列材料及其性能指标进行复验：

①人造木板的甲醛含量。

②建筑外墙金属窗、塑料窗的抗风性能、空气渗透性能和雨水渗漏性能。

3）门窗工程应对下列隐蔽工程项目进行验收：

①预埋件和锚固件。

②隐蔽部位的防腐、填嵌处理。

4）各分项工程的检验批应按下列规定划分：

①同一品种、类型和规格的木门窗、金属门窗、塑料门窗及门窗玻璃每 100 樘应划分为一个检验批，不足 100 樘也应划分为一个检验批。

②同一品种、类型和规格的特种门每 50 樘应划分为一个检验批，不足 50 樘也应划分为一个检验批。规定了门窗工程检验批划分的原则，即进场门窗应按品种、类型、规格各自组成检验批，并规定各种门窗组成检验批的不同数量。

门窗品种通常是指门窗的制作材料，如实木门窗、铝合金门窗、塑料门窗等；门窗类型是指门窗的功能或开启方式，如平开窗、立转窗、自动门、推拉门等；门窗规格指门窗的尺寸。

5）检查数量应符合下列规定：

①木门窗、金属门窗、塑料门窗及门窗玻璃，每个检验批应至少抽查 5%，并不得少于 3 樘，不足 3 樘时应全数检查；高层建筑的外窗，每个检验批应至少抽查 10%，并不得少于 6 樘，不足 6 樘时应全数检查。

②特种门每个检验批应至少抽查 50%，并不得少于 10 樘，不足 10 樘时应全数检查。

各种检验批的检查数量做出规定。考虑到对高层建筑（10 层及 10 层以上的居住建筑和建筑高度超过 24 m 的公共建筑）的外窗各项性能要求应更为严格，故每个检验批的检查数量增加一倍。此外，由于特种门的重要性明显高于普通门，数量则较之普通门为少，为保证物种门的功能，规定每个检验批抽样检查的数量应比普通门加大。

6）门窗安装前，应对门窗洞口尺寸进行检验。

安装门窗前应对门窗洞口尺寸进行检查，除检查单个门窗洞口尺寸外，还应对能够通视的成排或成列的门窗洞口进行目测或拉通线检查。如果发现明显偏差，应向有关管理人员反映，采取处理措施后再安装门窗。

7）金属门窗和塑料门窗安装应采用预留洞口的方法施工，不得采用边安装边砌口或先安装后砌口的方法施工。其原因主要是防止门窗框受挤压变形和表面保护层受损。木门窗安装也宜采用预留洞口的方法施工。如果采用先安装后砌口的方法施工时，则应注意避免门窗框在施工中受损、受挤压变形或受到污染。

8）木门窗与砖石砌体、混凝土或抹灰层接触处应进行防腐处理并应设置防潮层；埋入砌体或混凝土中的木砖应进行防腐处理。

9）当金属窗或塑料窗组合时，其拼樘料的尺寸、规格、壁厚应符合设计要求。

组合门窗拼樘料不仅起连接作用，而且是组合窗的重要受力部件，故对其材料应严格要求，其规格、尺寸、壁厚等应由设计给出，并应使组合窗能够承受该地区的瞬时风压值。

10）建筑外门窗的安装必须牢固。在砌体上安装门窗严禁用射钉固定。

门窗安装是否牢固既影响使用功能又影响安全，其重要性尤其以外墙门窗更为显著。建筑外墙门窗必须确保安装牢固，内墙门窗安装也必须牢固，并将内墙门窗安装牢固的要求列入主控项目而非强制性条文。考虑到砌体中砖、砌块以及灰缝的强度较低，受冲击容易破碎，故规定在砌体上安装门窗时严禁用射钉固定。

11）特种门安装除应符合设计要求和规范规定外，还应符合有关专业标准和主管部门的规定。

（2）木门窗的制作与安装工程。

1）木门窗的木材品种、材质等级、规格、尺寸、框扇的线型及人造木板的甲醛含量均应符合设计要求。设计未规定材质等级时，所用木材的质量应符合相关规范的规定。

检验方法：观察；检查材料进场验收记录和复验报告。

2）木门窗应采用烘干的木材，含水率应符合《木门窗》（GB/T 29498—2013）的规定。

检验方法：检查材料进场验收记录。

3）木门窗的防火、防腐、防虫处理应符合设计要求。

检验方法：观察；检查材料进场验收记录。

4）木门窗的结合处和安装配件处不得有木节或已填补的木节。木门窗如有允许限值以内的死节及直径较大的虫眼时，应用同一材质的木塞加胶填补。对于清漆制品，木塞的木纹和色泽应与制品一致。

检验方法：观察。

5）门窗框和厚度大于 50 mm 的门窗扇应用双榫连接。榫槽应采用胶料严密嵌合，并应用胶楔加紧。

检验方法：观察；手扳检查。

6）胶合板门、纤维板门和模压门不得脱胶。胶合板不得刨透表层单板，不得有戗槎。制作胶合板门、纤维板门时，边框和横楞应在同一平面上，面层、边框及横楞应加压胶结。横楞和上、下冒头应各钻两个以上的透气孔，透气孔应通畅。

检验方法：观察。

7）木门窗的品种、类型、规格、开启方向、安装位置及连接方式应符合设计要求。

检验方法：观察；尺量检查；检查成品门的产品合格证书。

8）木门窗框的安装必须牢固。预埋木砖的防腐处理、木门窗框固定点的数量、位置及固定方法应符合设计要求。

检验方法：观察；手扳检查；检查隐蔽工程验收记录和施工记录。

9）木门窗扇必须安装牢固，并应开关灵活，关闭严密，无倒翘。

检验方法：观察；开启和关闭检查；手扳检查。

在正常情况下，当门窗关闭时，门窗扇的上端本应与下端同时或上端略早于下端贴紧门窗的上框。所谓“倒翘”通常是指当门窗扇关闭时，门窗扇的下端已经贴紧门窗下框，而门窗扇的上端由于翘曲未能与门窗的上框贴紧，尚有离缝的现象。

10）木门窗配件的型号、规格、数量应符合设计要求，安装应牢固，位置应正确，功能应满足使用要求。

检验方法：观察；开启和关闭检查；手扳检查。

考虑到材料的发展，将门窗五金件统一称为配件。门窗配件不仅影响门窗功能，也有可能影响安全，故本规范将门窗配件的型号、规格、数量及功能列为主控项目。

11）木门窗表面应洁净，不得有刨痕、锤印。

检验方法：观察。

12）木门窗的割角、拼缝应严密平整。门窗框、扇裁口应顺直，刨面应平整。

检验方法：观察。

13）木门窗上的槽、孔应边缘整齐，无毛刺。

检验方法：观察。

14）木门窗与墙体间缝隙的填嵌材料应符合设计要求，填嵌应饱满。寒冷地区外门窗（或门窗框）与砌体间的空隙应填充保温材料。

检验方法：轻敲门窗框检查；检查隐蔽工程验收记录和施工记录。

15）木门窗批水、盖口条、压缝条、密封条安装应顺直，与门窗结合应牢固、严密。

检验方法：观察；手扳检查。

16）木门窗制作的允许偏差和检验方法应符合表 2-12 的规定。

注：表中允许偏差栏中所列数值，凡注明正负号的，表示本规范对此偏差的不同方向有不同要求，应严格遵守。没有注明正负号的，即使其偏差可能具有方向性，但并未对这类偏差的方向性做出规定的，故检查时对这些偏差可以不考虑方向性要求。

表 2-12 木门窗制作的允许偏差和检验方法

项次	项目	构件名称	允许偏差/mm		检验方法
			普通	高级	
1	翘曲	框	3	2	将框、扇平放在检查平台上，用塞尺检查
		扇	2	2	
2	对角线长度差	框、扇	3	2	用钢尺检查，框量裁口里角，扇量外角
3	表面平整度	扇	2	2	用 1 m 靠尺和塞尺检查
4	高度、宽度	框	0；−2	0；−1	用钢尺检查，框量裁口里角，扇量外角
		扇	+2；0	+1；0	
5	裁口、线条结合处高低差	框、扇	1	0.5	用钢直尺和塞尺检查
6	相邻棂子两端间距	扇	2	1	用钢直尺检查

17）木门窗安装的留缝限值、允许偏差和检验方法应符合表 2-13 的规定。

表中除了给出允许偏差外，对留缝尺寸等给出了尺寸限值。考虑到所给尺寸限值是一个范围，故不再给出允许偏差。

表 2-13 木门窗安装的留缝限值、允许偏差和检验方法

项次	项目		留缝限值/mm		允许偏差/mm		检验方法
			普通	高级	普通	高级	
1	门窗槽口对角线长度差		—	—	3	2	用钢尺检查
2	门窗框的下、侧面垂直度		—	—	2	1	用 1 m 垂直检测尺检查
3	框与扇、扇与扇接缝高低差		—	—	2	1	用钢直尺和塞尺检查
4	门窗扇对口缝		1～2.5	1.5～2	—	—	用塞尺检查
5	工业厂房双扇大门对口缝		2～5	—	—	—	
6	门窗扇与上框间留缝		1～2	1～1.5	—	—	
7	门窗扇与侧框间留缝		1～2.5	1～1.5	—	—	
8	窗扇与下框间留缝		2～3	2～2.5	—	—	
9	门扇与下框间留缝		3～5	3～4	—	—	
10	双层门窗内外框间距		—	—	4	3	用钢尺检查
11	无下框时门扇与地面间留缝	外门	4～7	5～6	—	—	用塞尺检查
		内门	5～8	6～7	—	—	
		卫生间门	8～12	8～10	—	—	
		厂房大门	10～20	—	—	—	

4. 吊顶工程

吊顶工程适用于龙骨加饰面板。按照施工工艺不同，吊顶又分暗龙骨吊顶和明龙骨吊顶。

吊顶工程验收要点：

1）吊顶工程验收应检查下列文件和记录：

①吊顶工程的施工图、设计说明及其他设计文件。

②材料的产品合格证书、性能检测报告、进场验收记录和复验报告。

③隐蔽工程验收记录。

④施工记录。

⑤应对吊顶工程人造木板的甲醛含量进行复验。

2）吊顶工程应对下列隐蔽工程项目进行验收：

①吊顶内管道、设备的安装及水管试压。

②木龙骨防火、防腐处理。

③预埋件或拉结筋。

④吊杆安装。

⑤龙骨安装。

⑥填充材料的设置。

为了既保证吊顶工程的使用安全，又做到竣工验收时不破坏饰面，吊顶工程的隐蔽工程验收非常重要，以上验收项目均应提供由监理工程师签名的隐蔽工程验收记录。

3）各分项工程的检验批应按下列规定划分：

同一品种的吊顶工程每50间（大面积房间和走廊按吊顶面积30 m^2为一间）应划分为一个检验批，不足50间也应划分为一个检验批。

4）检查数量应符合下列规定：

①每个检验批应至少抽查10%，并不得少于3间；不足3间时应全数检查。

②安装龙骨前，应按设计要求对房间净高、洞口标高和吊顶内管道、设备及其支架的标高进行交接检验。

5）吊顶工程的木吊杆、木龙骨和木饰面板必须进行防火处理，并应符合有关设计防火规范的规定。由于发生火灾时，火焰和热空气迅速向上蔓延，防火问题对吊顶工程是至关重要的，使用木质材料装饰装修顶棚时应慎重。

6）吊顶工程中的预埋件、钢筋吊杆和型钢吊杆应进行防锈处理。

7）安装饰面板前应完成吊顶内管道和设备的调试及验收。

8）吊杆距主龙骨端部距离不得大于300 mm，当大于300 mm时，应增加吊杆。当吊杆长度大于1.5 m时，应设置反支撑。当吊杆与设备相遇时，应调整并增设吊杆。

9）重型灯具、电扇及其他重型设备严禁安装在吊顶工程的龙骨上。龙骨的设置主要是为了固定饰面材料，一些轻型设备如小型灯具、烟感器、喷淋头、风口篦子等也可以固定在饰面材料上。但如果把电扇和大型吊灯固定在龙骨上，可能会造成脱落伤人事故。为了保证吊顶工程的使用安全，应严格按照规定执行强制性条文。

5. 轻质隔墙工程

（1）轻质隔墙工程验收要点：

1）轻质隔墙工程验收应检查下列文件和记录：

①轻质隔墙工程的施工图、设计说明及其他设计文件。

②材料的产品合格证书、性能检测报告、进场验收记录和复验报告。

③隐蔽工程验收记录。

④施工记录。

⑤轻质隔墙工程应对人造木板的甲醛含量进行复验。

⑥轻质隔墙施工要求对所使用人造木板的甲醛含量进行进场复验。目的是避免对室内空气环境造成污染。

2）轻质隔墙工程应对下列隐蔽工程项目进行验收：

①骨架隔墙中设备管线的安装及水管试压。

②木龙骨防火、防腐处理。

③预埋件或拉结筋。

④龙骨安装。

⑤填充材料的设置。

轻质隔墙工程中的隐蔽工程施工质量是分项工程质量的重要组成部分。轻质隔墙工程中的隐蔽工程验收内容中设备管线安装的隐蔽工程验收属于设备专业施工配合的项目，要求在骨架隔墙封面板前，对骨架中设备管线的安装进行隐蔽工程验收，隐蔽工程验收合格后才能封面板。

3）各分项工程的检验批应按下列规定划分：

同一品种的轻质隔墙工程每 50 间（大面积房间和走廊按轻质隔墙的墙面 30 m^2 为一间）应划分为一个检验批，不足 50 间也应划分为一个检验批。

4）轻质隔墙与顶棚和其他墙体的交接处应采取防开裂措施。

轻质隔墙与顶棚或其他材料墙体的交接处容易出现裂缝，因此，要求轻质隔墙的这些部位要采取防裂缝的措施。

5）民用建筑轻质隔墙工程的隔声性能应符合《民用建筑隔声设计规范》（GB 50118—2010）的规定。

6. 饰面板（砖）工程

饰面板（砖）工程验收要点：

（1）饰面板（砖）工程验收应检查下列文件和记录：

①饰面板（砖）工程的施工图、设计说明及其他设计文件。

②材料的产品合格证书、性能检测报告、进场验收记录和复验报告。

③后置埋件的现场拉拔检测报告。

④外墙饰面砖样板件的粘结强度检测报告。

⑤隐蔽工程验收记录。

⑥施工记录。

（2）饰面板（砖）工程应对下列材料及其性能指标进行复验：

①室内用花岗石的放射性。

②粘贴用水泥的凝结时间、安定性和抗压强度。

③外墙陶瓷面砖的吸水率。

④寒冷地区外墙陶瓷面砖的抗冻性。

规定对人身健康和结构安全有密切关系的材料指标进行复验。天然石材中花岗石的放射性超标的情况较多，故对室内用花岗石的放射性进行检测。

（3）饰面板（砖）工程应对下列隐蔽工程项目进行验收：

①预埋件（或后置埋件）。

②连接节点。

③防水层。

（4）各分项工程的检验批应按下列规定划分：

①相同材料、工艺和施工条件的室内饰面板（砖）工程每 50 间（大面积房间和走廊按施工面积 30 m^2 为一间）应划分为一个检验批，不足 50 间也应划分为一个检验批。

②相同材料、工艺和施工条件的室外饰面板（砖）工程每 500～1 000 m^2 应划分为一个检验批，不足 500 m^2 也应划分为一个检验批。

（5）检查数量应符合下列规定：

①室内每个检验批应至少抽查 10%，并不得少于 3 间；不足 3 间时应全数检查。

②室外每个检验批每 100 m^2 应至少抽查一处，每处不得小于 10 m^2。

（6）外墙饰面贴前和施工过程中，均应在相同基层上做样板件，并对样板件的饰面砖粘结强度进行检验。《外墙饰面砖工程施工及验收规程》（JGJ 126—2015）中 6.0.6 条第 3 款规定：“外墙饰面砖工程，应进行粘结强度检验。其取样数量、检验方法、检验结果判定均应符合现行行业标准《建筑工程饰面砖粘结强度检验标准》（JGJ/T 110—2017）的规定。”由于该方法为破坏性检验，破损饰面砖不易复原，且检验操作有一定难度，在实际验收中较少采用。故在外墙饰面砖粘贴前和施工过程中均应制作样板件并做粘结强度试验。

（7）饰面板（砖）工程的抗震缝、伸缩缝、沉降缝等部位的处理应保证缝的使用功能和饰面的完整性。

7. 幕墙工程

幕墙工程适用于玻璃幕墙、金属幕墙、石材幕墙等分项工程的质量验收。

由金属构件与各种板材组成的悬挂在主体结构上、不承担主体结构荷载与作用的建筑物外围护结构，称为建筑幕墙。建筑幕墙按面板可将其分为玻璃幕墙、金属幕墙、石材幕墙、混凝土幕墙及组合幕墙等；建筑幕墙按安装形式又可将其分为散装建筑幕墙、半单元建筑幕墙、单元建筑幕墙、小单元建筑幕墙等。

幕墙工程验收要点：

（1）幕墙工程验收应检查下列文件和记录：

①幕墙工程的施工图、结构计算书、设计说明及其他设计文件。

②建筑设计单位对幕墙工程设计的确认文件。

③幕墙工程所用各种材料、五金配件、构件及组件的产品合格证书、性能检测报告、进场验收记录和复验报告。

④幕墙工程所用硅酮结构胶的认定证书和抽查合格证明；进口硅酮结构胶的商检证；国

家指定检测机构出具的硅酮结构胶相容性和剥离粘结性试验报告；石材用密封胶的耐污染性试验报告。

⑤后置埋件的现场拉拔强度检测报告。

⑥幕墙的抗风压性能、空气渗透性能、雨水渗漏性能及平面变形性能检测报告。

⑦打胶、养护环境的温度、湿度记录；双组分硅酮结构胶的混匀性试验记录及拉断试验记录。

⑧防雷装置测试记录。

⑨隐蔽工程验收记录。

⑩幕墙构件和组件的加工制作记录；幕墙安装施工记录。

（2）幕墙工程应对下列材料及其性能指标进行复验：

①铝塑复合板的剥离强度。

②石材的弯曲度；寒冷地区石材的耐冻融性；室内用花岗石的放射性。

③玻璃幕墙用结构胶的邵氏硬度、标准条件拉伸粘结强度、相容性试验；石材用结构胶的粘结强度；石材用密封胶的污染性。

（3）幕墙工程应对下列隐蔽工程项目进行验收：

①预埋件（或后置埋件）。

②构件的连接节点。

③变形缝及墙面转角处的构造节点。

④幕墙的防雷装置。

⑤幕墙的防火构造。

（4）各分项工程的检验批应按下列规定划分：

①相同设计、材料、工艺和施工条件的幕墙工程每 500～1 000 m^2 应划分为一个检验批，不同单位工程的不连续的幕墙工程应单独划分检验批。

②对于异形或有特殊要求的幕墙，检验批的划分应根据幕墙的结构、工艺特点及幕墙工程规模，由监理单位（或建设单位）和施工单位协商确定。

（5）检查数量应符合下列规定：

①每个检验批每 100 m^2 应至少抽查一处，每处不得小于 10 m^2。

②对于异形或有特殊要求的幕墙工程，应根据幕墙的结构和工艺特点，由监理单位（或建设单位）和施工单位协商确定。

幕墙及其连接件应具有足够的承载力、刚度和相对于主体结构的位移能力。幕墙构架立柱的连接金属角码与其他连接件应采用螺栓连接，并应有防松动措施。

隐框、半隐框幕墙所采用的结构粘结材料必须是中性硅酮结构密封胶，其性能必须符合《建筑用硅酮结构密封胶》（GB 16776—2005）的规定；硅酮结构密封胶必须在有效期内使用。

隐框、半隐框玻璃幕墙所采用的中性硅酮结构密封胶，是保证隐框、半隐框玻璃幕墙安全性的关键材料。中性硅酮结构密封胶有单组分之分，单组分硅酮结构密封胶靠吸收空气中水分而固化，因此，单组分硅酮结构密封胶的固化时间较长，一般需要 14～21 d，双组分固化时间较短，一般为 7～10 d，硅酮结构密封胶在完全固化前，其粘结拉伸强度是很弱的，因此，玻璃幕墙构件在打注结构胶后，应在温度 20℃、湿度 50%以上的干净室内养护，待完全固化后才能进行下道工序。

（6）幕墙工程使用的硅酮结构密封胶，应选用法定检测机构检测合格的产品，在使用前必须对幕墙工程选用的铝合金型材、玻璃、双面胶带、硅酮耐候密封胶、塑料泡沫棒等与硅酮结构密封胶接触的材料做相容性试验和粘结剥离性试验，试验合格后才能进行打胶。

（7）立柱和横梁等主要受力构件，其截面受力部分的壁厚应经计算确定，且铝合金型材壁厚不应小于 3.0 mm，钢型材壁厚不应小于 3.5 mm。

（8）隐框、半隐框幕墙构件中板材与金属框之间硅酮结构密封胶的粘结宽度，应分别计算风荷载标准值和板材自重标准值作用下硅酮结构密封胶的粘结宽度，并取其较大值，且不得小于 7.0 mm。

硅酮结构密封胶的粘结宽度是保证半隐框、隐框玻璃幕墙安全的关键环节之一，当采用半隐框、隐框幕墙时，硅酮结构密封胶的粘结宽度一定要通过计算来确定。当计算的粘结宽度小于规定的最小值时则采用最小值，当计算值大于规定的最小值时则采用计算值。

（9）硅酮结构密封胶应打注饱满，并应在温度 15～30℃、相对湿度 50%以上、洁净的室内进行；不得在现场墙上打注。

（10）幕墙的防火除应符合《建筑设计防火规范》（GB 50016—2006）和《高层民用建筑设计防火规范》（GB 50045—2017）的有关规定外，还应符合下列规定：

①应根据防火材料的耐火极限决定防火层的厚度和宽度，并应在楼板处形成防火带。

②防火层应采取隔离措施。防火层的衬板应采用经防腐处理且厚度不小于 1.5 mm 的钢板，不得采用铝板。

③防火层的密封材料应采用防火密封胶。

④防火层与玻璃不应直接接触，一块玻璃不应跨两个防火分区。

⑤主体结构与幕墙连接的各种预埋件，其数量、规格、位置和防腐处理必须符合设计要求。

幕墙工程使用的各种预埋件必须经过计算确定，以保证其具有足够的承载力。为了保证幕墙与主体结构连接牢固可靠，幕墙与主体结构连接的预埋件应在主体结构施工时，按设计要求的数量、位置和方法进行埋设，埋设位置应正确。施工过程中如将预埋件的防腐层损坏，应按设计要求重新对其进行防腐处理。

（11）金属框架与主体结构预埋件的连接、立柱与横梁的连接及幕墙面板的安装必须符合设计要求，安装必须牢固。

（12）单元幕墙连接处和吊挂处的铝合金型材的壁厚应通过计算确定，并不得小于 5.0 mm。

单元幕墙连接处和吊挂处的壁厚，是按照板块的大小、自重及材质、连接型式严格计算的，并留有一定的安全系数，壁厚计算值如果大于 5 mm，应取计算值，如果壁厚计算值小于 5 mm，应取 5 mm。

（13）幕墙的金属框架与主体结构应通过预埋件连接，预埋件应在主体结构混凝土施工时埋入，预埋件的位置应准确。当没有条件采用预埋件连接时，应采用其他可靠的连接措施，并应通过试验确定其承载力。

幕墙构件与混凝土结构的连接一般是通过预埋件实现的。预埋件的锚固钢筋是锚固作用的主要来源，混凝土对锚固钢筋的粘结力是决定性的，因此预埋件必须在混凝土浇灌前埋入，施工时混凝土必须振捣密实。目前实际施工中，往往由于放入预埋件时，未采取有效措施来固定预埋件，混凝土浇筑时往往使预埋件偏离设计位置，影响立柱的连接，甚至无法使用。因此应将预埋件可靠地固定在模板上或钢筋上。

（14）当施工未设预埋件、预埋件漏放、预埋件偏离设计位置、设计变更、旧建筑加装幕墙时，往往要使用后置埋件。采用后置埋件（膨胀螺栓或化学螺栓）时，应符合设计要求并应进行现场拉拔试验。

（15）主柱应采用螺栓与角码连接，螺栓直径应经过计算，并不应小于 10 mm。不同金属材料接触时应采用绝缘垫片分隔。

（16）幕墙的抗震缝、伸缩缝、沉降缝等部位的处理应保证缝的使用功能和饰面的完整性。

（17）幕墙工程的设计应满足维护和清洁的要求。

8. 涂饰工程

适用于水性涂料涂饰、溶剂型涂料涂饰、美术涂饰等分项工程的质量验收。

涂饰工程验收要点：

（1）涂饰工程应检查下列文件和记录：

①涂饰工程的施工图、设计说明及其他设计文件。

②材料的产品合格证书、性能检测报告和进场验收记录。

③施工记录。

④涂饰工程所选用的建筑涂料，其各项性能应符合表 2-14～表 2-18 中的技术指标。

表 2-14　底漆的要求

项目	指标	
	Ⅰ型	Ⅱ型
容器中状态	搅拌后呈均匀状态	
施工性	刷涂无障碍	
低温稳定性	不变质	
涂膜外观	正常	
干燥时间（表干）/h　≤	2	
耐碱性（48 h）	无异常	
耐水性（96 h）	无异常	
抗泛盐碱性	72 h 无异常	48 h 无异常
透水性　≤	0.3	0.5
与下道涂层的适应性	正常	

表 2-15 中涂漆的要求

项目	指标
容器中状态	无硬块，搅拌后呈均匀状态
施工性	刷涂两道无障碍
低温稳定性	不变质
涂膜外观	正常
干燥时间（表干）/h ≤	2
耐碱性（48 h）	无异常
耐水性（96 h）	无异常
涂层耐温变性（3 次循环）	无异常
耐洗刷性（1 000 次）	漆膜未损坏
附着力/级 ≤	2
与下道涂层的适应性	正常
也可根据有关方商定测试与底漆配套后的性能	

表 2-16 面漆的要求

项目	指标		
	合格品	一等品	优等品
容器中状态	无硬块，搅拌后呈均匀状态		
施工性	刷涂两道无障碍		
低温稳定性	不变质		
涂膜外观	正常		
干燥时间（表干）/h≤	2		
对比率（白色和浅色）≥	0.87	0.90	0.93
耐沾污性（白色和浅色）/%	20	15	15
耐洗刷性（2 000 次）	涂膜未损坏		
耐碱性（48 h）	无异常		
耐水性（96 h）	无异常		
图层耐温变性（3 次循环）	无异常		
透水性/ml≤	1.4	1.0	0.6
耐人工气候老化性	250 h 不起泡、不剥落、无裂纹	400 h 不起泡、不剥落、无裂纹	600 h 不起泡、不剥落、无裂纹
粉化/级≤	1	1	1
变色（白色和浅色）/级	2	2	2
变色（其他色）/级	商定	商定	商定

表 2-17 底漆要求

项目	指标
容器中状态	无硬块，搅拌后呈均匀状态
施工性	刷涂两道无障碍
耐冻融性	不变质
低温成膜性	5℃成膜无异常
涂膜外观	正常
干燥时间（表干）/h≤	2
耐碱性（24 h）	无异常
抗泛碱性（48 h）	无异常

表 2-18 面漆的要求

项目	指标		
	合格品	一等品	优等品
容器中状态	无硬块，搅拌后呈均匀状态		
施工性	刷涂两道无障碍		
耐冻融性	不变质		
低温成膜性	5℃成膜无异常		
涂膜外观	正常		
干燥时间（表干）/h≤	2		
对比率（白色和浅色）≥	0.90	0.93	0.95
耐碱性（24 h）	无异常		
耐洗刷性/次≥	350	1 500	6 000

（2）各分项工程的检验批应按下列规定划分：

①室外涂饰工程每一栋楼的同类涂料涂饰的墙面每 500～1 000 m^2 应划分为一个检验批，不足 500 m^2 也应划分为一个检验批。

②室内涂饰工程同类涂料涂饰墙面每 50 间（大面积房间和走廊按涂饰面积 30 m^2 为一间）应划分为一个检验批，不足 50 间也应划分为一个检验批。

（3）检查数量应符合下列规定：

①室外涂饰工程每 100 m^2 应至少检查一处，每处不得小于 10 m^2。

②室内涂饰工程每个检验应至少抽查 10%，并不得少于 3 间；不足 3 间时应全数检查。

（4）涂饰工程的基层处理应符合下列要求：

①新建筑物的混凝土或抹灰层基层在涂饰涂料前应涂刷抗碱封闭底漆。

②旧墙面在涂饰涂料前应清除疏松的旧装修层，并涂刷界面剂。

③混凝土或抹灰基层涂刷溶剂型涂料时，含水率不得大于 8%；涂刷乳液型涂料时，含水率不得大于 10%。木材基层的含水率不得大于 12%。

④基层腻子应平整、坚实、牢固，无粉化、起皮和裂缝；内墙腻子的粘结强度应符合《建筑室内用腻子》（JG/T 298—2010）的规定。

⑤厨房、卫生间墙面必须使用耐水腻子。

⑥不同类型的涂料对混凝土或抹灰基层含水率的要求不同，涂刷溶剂涂料时，参照国际一般做法规定为不大于 8%；涂刷乳液型涂料时，基层含水率控制在 10%以下时装饰质量较好，同时，国内外建筑涂料产品标准对基层含水率的要求均在 10%左右，故规定涂刷乳液型涂料时基层含水率不大于 10%。

（5）水性涂料涂饰工程施工的环境温度应在 5～35℃。

（6）涂饰工程应在涂层养护期满后进行质量验收。

第三章　抽样统计分析

第一节　数理统计的基本概念、抽样调查的方法

数理统计主要是研究如何以有效的方法收集、整理与分析带有随机性影响的数据，从而对所考察的问题作出推断与预测，为采取某种决策提供依据和建议。

一、全数检验和抽样检验

1. 全数检验

全数检验是指根据质量标准对送交检验的全部产品逐件进行试验测定，从而判断每一件产品是否合格的检验方法，又称全面检验，普遍检验。全数检验一般应用于重要的、关键的和贵重的制品；对以后工序加工有决定性影响的项目；质量严重不匀的工序和制品；不能互换的装配件；批量小，不必抽样检验的产品。其具有的优点是，能提供产品完整的检验数据和较为充分、可靠的质量信息。但也有其缺点，就是检验的工作量相对较大，检验的周期长；需要配置的资源数量较多（人力、物力、财力），检验涉及的费用也较高，增加质量成本；可能导致较大的错检率和漏检率。同时也有一定的局限性，虽然投入了很大的检验力量，但由于受检个体太多，往往导致每个受检个体检验标准降低或检验项目减少，因此，反而削弱了检验工作的品质保证程度。还有就是检验的品质鉴别能力受到各种因素的影响，差错难以完全避免。在全数检验中，这个问题往往更加突出。由于错检和漏检的客观存在，全数检查的结果并不像人们想象中的那么可靠。

2. 抽样检验

抽样检验又称抽样检查，是从一批产品中随机抽取少量产品（样本）进行检验，据以判断该批产品是否合格的统计方法和理论。它与全面检验的不同之处在于后者需要对整批产品逐个进行检验，把其中的不合格产品拣出来，而抽样检验则根据样本中产品的检验结果来推断整批产品的质量。如果推断结果认为该批产品符合预先规定的合格标准，就予以接收；否则就拒收。所以，经过抽样检验认为合格的一批产品中，还可能含有一些不合格品。抽样检验的优点是产品的质量在一定程度上得到保证，具有经济上的合格性和技术上的可靠性；但缺点就是具有一定的风险性（见表 3-1）。

表 3-1　抽样检验和全数检验的区别

序号	全数检验	抽样检验
1	对全部产品逐件进行检验，实际上是判定单位产品是否合格	随机抽取部分产品进行检验，由样本推断产品批是否合格
2	检验工作量大，费时、费力、费用高，经济性差	检验工作量小，可能节省大量人力、物力和时间，有利于降低检验成本
3	当检验本身不出错时，合格批中只有合格品	合格批中可能含有不合格品；不合格批中也可能含有合格品
4	检验工处于长期紧张的工作状态中，易于疲劳，造成检验的无意差错，有可能使不合格品混入合格产品中	检验时间比较宽裕，有利于减少或避免检验差错，弥补抽样检验固有的缺陷
5	有可能所不合格品判为合格品，或把合格品判为不合格品，错判的是单位产品	有可能把不合格批判定为合格批，或把合格批判定为不合格批，错判的是整批产品
6	当产品不合格时，拒收的仅是单位产品，生产方损失不大	当批不合格时，拒收的是整个产品批，生产方损失严重，迫使生产方不得不重视提高产品质量，强化质量管理
7	检验工无须抽样技术的专门训练	检验工需要合理的抽样方案和采样技术，掌握数理统计推断知识和方法
8	适用于费用低，易于判定合格与否的产品检验。对于需要保证每件产品的质量，不允许有不合格品的产品以及涉及人身安全和社会环境安全的产品必须全数检验	适用于大批量生产的产品及广大面积（如资源及社会调查）调查

二、数理统计的基本概念

1. 总体

总体是工作对象的全体，如果要对某种规格的构件进行检测，则总体就是这批构件的全部，它应当是物的集合，通常可以记作 X。总体是由若干个个体组成的，因此个体是构成总体的基本元素，通常可以记作 N。对待不同的检测对象，所采集的数据也各有不同，应当采集具有控制意义的质量数据。通常把从单个产品采集到的质量数据视为个体，而把该批产品的全部质量数据的集合视为总体。

2. 样本

样本是由样品构成的，是从总体中随机抽取出来的个体。通过对样本的检测，可以对整批产品的的性质作出推断性评价，由于存在随机因素的影响，这种推断性评价往往会有一定的误差。为了把这种误差控制在允许的范围内，通常要设计出合理的抽样手段。

3. 统计量

统计量是根据具体的统计要求，结合对总体的统计期望进行的推断。由于工作对象的已知条件各有不同，为了能够比较客观、广泛地解决实际问题，使统计结果更为可信。需要研究和设定一些常用的随机变量，这些统计量都是样本的函数，它们的概率密度的解析式比较复杂。

4. 单位产品

单位产品是为实施抽样检查的需要而划分的基本单位。它可以自然划分，例如一樘门或一樘窗等。有些则不可能自然划分，而根据抽样检查的需要划分，例如连续体的钢丝，可以将 1 m 长的钢筋作为单位产品；对于液态产品（外加剂）或散状产品（水泥、粉煤灰等），则可按包装单位划分。

5. 检查批

为实施抽样检查汇集起来的单位产品，称为检查批或批，它是抽样检查和判定的对象。一个批通常是由在基本稳定的生产条件下，在同一生产周期内生产出来的同形式、同等级、同尺寸以及同成分的单位产品构成的。该批包含的单位产品数，称为批量。

三、单位产品的质量及特性

单位产品的质量是以其质量性质特性表示的，简单产品可能只有一项特性，大多数产品具有多项特性。质量特性可分为计量值和计数值两类，计数值又可分为计点值和计件值。

计量值在数轴上是连续分布的，用连续的量值来表示产品的质量特性。例如材料的力学性能、化学成分等。当单位产品的质量特性是用某类缺陷的个数度量时，即称为计点的表示方法；当某些质量特性不能定量地度量，而只能简单地分成合格和不合格，或者分成若干等级，这时就称为计件的表示方法。例如产品的外观特性。计点值和计件值统称计数值，计数值在数轴上是离散分布的。

在产品的技术标准或技术合同中，通常都要规定质量特性的判定标准。对于用计量值表示的质量特性，可以用明确的量值作为判定标准；对于用计点值表示的质量特性，可以对缺陷数规定一个界限。例如某材料的某种疵点直径超过 2.0 mm 的才算缺陷。对于用计件值表示的质量特性，则不能用一个明确的量值作为标准，而是直接判定该项是否合格。

在产品质量检验中，通常先按技术标准对有关项目分别进行检查，然后对各项质量特性按标准分别进行判定，最后再对单位产品的质量做出判定。这里涉及“不合格”和“不合格品”两个概念。前者是对质量特性的判定；后者是对单位产品的判定，单位产品的质量特性不符合规定时，即为不合格。

四、样本统计量、抽样分布、抽样检验

1. 样本统计量

样本统计量是由抽样总体各单位标志值计算出来反映样本特征，用来估计总体的综合指标，又称为抽样指标。样本统计量是样本的函数，它是一个随机变量。

样本统计量是随机变量，随着抽到的样本单位不同其取值也会有变化。统计量是样本变量的函数，用来估计总体参数，因此与总体参数相对应。

2. 抽样分布

抽样是从总体中抽取部分单位，并进行实际调查，以推断总体。抽样分布是从一个总体中抽取样本容量相同的所有可能样本之后，计算样本统计量的值及取该值的相应概率，就组

成了样本统计量的概率分布，简称为抽样分布。

3. 抽样检验

抽样检验是按照随机抽样的原则，从总体中抽取部分个体组成样本，根据对样品进行检测的结果，推断总体质量水平的方法。与之相对的是全数检验，全数检验是对总体中的全部个体逐一观察、测量、计数、登记，从而获得对总体质量水平评价结论的方法。

五、抽样的方法

通常是利用数理统计的基本原理在产品的生产过程中或一批产品中随机的抽取样本，并对抽取的样本进行检测和评价，从中获取样本的质量数据信息。以获取的信息为依据，通过统计的手段对总体的质量情况作出分析和判断（如图 3-1 所示）。

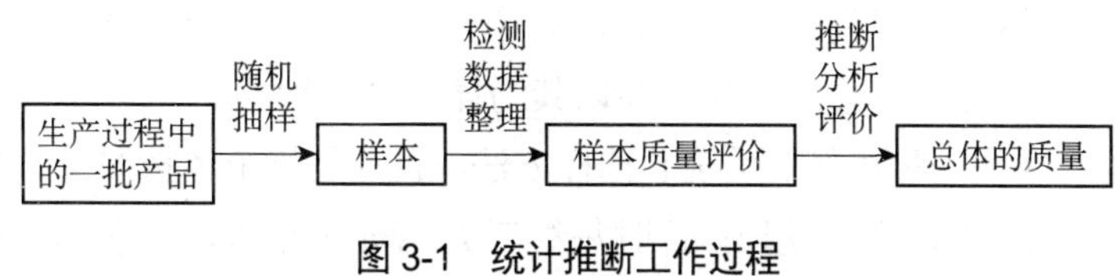

图 3-1　统计推断工作过程

第二节　施工质量数据抽样和统计分析方法

一、质量数据的收集方法

从检查批中抽取样本的方法称为抽样方法。抽样方法的正确性主要是指抽样的代表性和随机性。代表性反映样本与批质量的接近程度，而随机性反映检查批中单位产品被抽入样本纯属偶然，即由随机因素决定。在对总体质量状况一无所知的情况下，显然不能以主观的限制条件去提高抽样的代表性，抽样应当是完全随机的，这时采用简单随机抽样最为合理。在对总体质量构成有所了解的情况下，可以采用分层随机或系统随机抽样来提高抽样的代表性。在采用简单随机抽样有困难的情况下，可以采用代表性和随机性较差的分段随机抽样或整群随机抽样。这些抽样方法除简单随机抽样外，都是带有主观限制条件的随机抽样法。通常只要不是有意识地抽取质量好或坏的产品，尽量从批的各部分抽样，都可以近似地认为是随机抽样。

质量数据的收集方法主要有全数检验和随机抽样检验两种方式，在工程上经常采用随机抽样检验的方法。

1. 全数检验

全数检验是一种对总体中的全部个体进行逐个检测，并对所获取的数据进行统计和分析，进而获得质量评价结论的方法。全数检验的最大优势是质量数据全面、丰富，可以获取可靠的评价结论。但是在采集数据过程中要消耗很多人力、物力和财力，需要的时间也较长。如果总体的数量较少、检测项目比较重要，而且检测方法不会对产品造成破坏时，可以采取这种方法；而对总体数量较多，检测用时较长，或会对产品产生破坏作用时，就不宜采用这种评价方法。

2. 随机抽样检测

随机抽样检测是一种按照随机抽样的原则，从总体中抽取部分个体组成样本，并对其进行检测，根据检测的评价结果来推断总体质量状况的方法。随机抽样的方法具有省时、省力、省钱的优势，可以适应产品生产过程中及破坏性检测的要求，具有较好的可操作性。随机抽样应保证抽样的客观性，不能受人为因素的影响和干扰，尽量使每一个个体被抽到的概率基本相同，这是保证检测结果准确性的关键一环。随机抽样的方法主要有以下几种：

（1）完全随机抽样：这是一种简单的抽样方法，是对总体中的所有个体进行随机获取样本的方法，即不对总体进行任何加工，而对所有个体进行事先编号，然后采用客观形成的方式（如抽签、摇号等）确定中选的个体，并以其为样本进行检测。

（2）等距抽样：这是一种机械、系统的抽样方法，通常是将个体按照某一规律进行系统排列、编号，然后均分为若干组（n 组），这时每组有 $K=N/n$ 个个体，并在第一组抽取第一件样品，然后每隔一定间隔抽取出其余样品最终组成样本的方法。在抽取时应当注意所选定的间距（K 值）不能与总体质量特征性值的变动周期一致，以避免抽取到的样品均为同一班次生产的，影响到样本的客观性。

（3）分层抽样：这是一种把总体按照研究目的的某些特性分组，然后在每一组中随机抽取样品组成样本的方法。由于分层抽样要求对每一组都要抽取样品，因此可以保证样品在总体中分布均匀，具有代表性，适合于总体比较复杂的情况。

（4）整群抽样：这是一种把总体按照自然状态分为若干组群，并在其中抽取一定数量的样品组成样品，然后再进行检测的方法。这种办法样品相对集中，可能会存在分布不均匀、代表性差的问题，在实际操作时需要注意生产周期的变化规律，规避样品抽取的误差。

（5）多阶段抽样：这是一种把单阶段抽样（完全随机抽样、等距抽样、分层抽样、整群抽样的统称）综合运用的方法。适合在总体很大的情况下应用，通过在产品生产的不同阶段进行多次随机抽样，多次评价得出数据，使评价结果更为客观、准确。

二、数据统计分析的基本方法

数理统计就是用统计的方法，通过收集、整理质量数据，帮助我们分析、发现质量问题，从而及时采取对策措施，纠正和预防质量事故。

利用数理统计方法控制质量可以分为三个步骤，即统计调查和整理、统计分析及统计判断：

（1）统计调查和整理：收集解决某方面问题需要的数据，将收集到的数据加以整理和归档，用统计表和统计图的方法，并借助于一些统计特征值（如平均数、标准差等）来表达这批数据所代表的客观对象的统计性质。

（2）统计分析：对经过整理、归档的数据进行统计分析，研究它的统计规律。

（3）统计判断：根据统计分析的结果对总体的现状或发展趋势做出有科学根据的判断。

常用的统计分析方法如下：

1. 调查表法

调查表法又称为调查分析法，是利用专门设计的统计表格进行数据收集、整理和统计的一种方法。在材料质量控制活动中，利用统计调查表收集数据，简便灵活，便于整理。它没有固定格式，可根据需要和具体情况，设计出不同的统计调查表。如不合格项目调查表、不合格原因调查表等。表格形式根据需要自行设计，应便于统计和分析。

表 3-2 混凝土构件外观质量问题调查表为工序质量特性分布统计分析表。该表是为掌握某工序产品质量分布情况而使用的，可以直接把测出的每个质量特性值填在预先制好的频数分布空白表格上，每测出一个数据就在相应值栏内画一记号组成“正”字，记测完毕，频数分布也就统计出来了。这种方法较简单、直观，但填写统计分析表时出现差错，而且不易检查，为此，一般都先记录数据，然后再用直方图法进行统计分析。

表 3-2 混凝土构件外观质量问题调查

产品名称	混凝土构件		生产班组		
日生产总数	200 块	生产时间	年 月 日	检查时间	年 月 日
检查方式	全数检查		检查员		
项目名称	检查记录			合计	
露筋	正丅			7	
蜂孔	正正一			11	
孔洞	正正			10	
裂缝	一			1	
其他	丅			2	
总计				31	

2. 分层法

分层法又称分类法或分组法，就是将收集到的质量数据按统计分析的需要，进行分类整理，使之系统化、规律化，以便于找到产生质量问题的原因，及时采取措施加以预防。分层的结果使数据各层间的差异突出地显示出来，层内的数据差异减少了。在此基础上再进行层间、层内的比较分析，可以更深入地发现和认识质量问题的原因。由于影响产品质量的因素是多方面的，因而对同一批数据，可以按不同性质分层，使我们能从不同角度来考虑、分析产品存在的质量问题和影响因素。

分层抽样的具体程序是：把总体各单位分成两个或两个以上的相互独立的完全的组（如钢筋和混凝土），从两个或两个以上的组中进行简单随机抽样，样本相互独立。总体各单位按主要标志加以分组，分组的标志与关心的总体特征相关。

应根据不同情况灵活选用不同的多种分层方法，也可以用几种方法组合进行分层，以便找出问题的症结，如钢筋焊接质量的调查分析，调查了钢筋焊接点 50 个，其中不合格的 19

个，不合格率为 38%，为了查清不合格原因，将收集的数据分层分析。现已查明，这批钢筋是由三个师傅操作的，而焊条是两个厂家提供的产品，因此，分别按操作者分层和按焊条的供应厂家分层，进行分析。

表 3-3 是按操作者分层，从分析结果可看出，焊接质量最好的是 A 师傅，不合格率达 35%；表 3-4 是按焊条的供应厂家分层，发现不论是采用甲厂还是乙厂的焊条，不合格率都很高而且相差不多。为了找出问题症结所在，又进行了更细的分层，表 3-4 是将操作者与焊条的供应厂家结合起来分层，根据综合分层数据的分析，最终找到了核心是焊条的问题。解决焊接质量问题，可采取以下措施：

表 3-3　按操作者分层

操作者	不合格	合格	不合格率/%
A	6	13	32
B	3	9	35
C	10	9	53
合计	19	31	38

表 3-4　按供应焊条工厂分层

操作者	不合格	合格	不合格率/%
甲	9	14	39
乙	10	17	37
合计	19	31	38

表 3-5　综合分层分析焊接质量

操作者		甲厂	乙厂	合计
A	不合格	6	0	6
	合格	2	11	13
B	不合格	0	3	3
	合格	5	4	9
C	不合格	3	7	10
	合格	7	2	9
合计	不合格	9	10	19
	合格	14	17	31

①在使用甲厂焊条时，应采用 B 师傅的操作方法；

②在使用乙厂焊条时，应采用 A 师傅的操作方法。

3. 排列图法

排列图法也称为主次因素分析图法。

排列图（如图 3-2 所示）由两个纵坐标、一个横坐标、几个长方形和一条曲线组成。左侧的纵坐标是频数，右侧的纵坐标是累计频率，横坐标则是影响质量的项目或因素，按影响质量程度的大小，从左到右依次排列，其高度为频数，并根据右侧纵坐标，画出累计频率曲线，又称巴雷特曲线。在排列图上，通常把曲线的累计百分数分为三级，与此相对应的因素分三类：A 类因素对应于频率 0～80%，是影响产品质量的主要因素；B 类因素对应于频率 80%～90%，为次要因素；与频率 90%～100%相对应的为 C 类因素，属一般影响因素。运用排列图，便于找出主次矛盾，使错综复杂问题一目了然，有利于采取对策，加以改善。

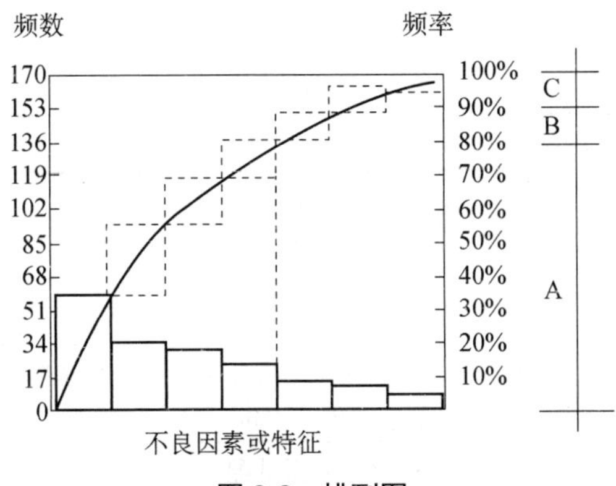

图 3-2　排列图

4. 因果分析图

因果分析图又叫特性要因图、鱼刺图、树枝图，这是一种逐步深入研究和讨论质量问题的图示方法。在工程实践中，任何一种质量问题的产生，往往是多种原因造成的。这些原因有大有小，把这些原因依照大小次序分别用主干、大枝和小枝图形表示出来，便可一目了然地系统观察出产生质量问题的原因。运用因果分析图可以帮助我们制定对策，解决工程质量上存在的问题，从而达到控制质量的目的。

现以混凝土强度不足的质量问题为例来阐明因果分析图的画法（如图 3-3 所示）。

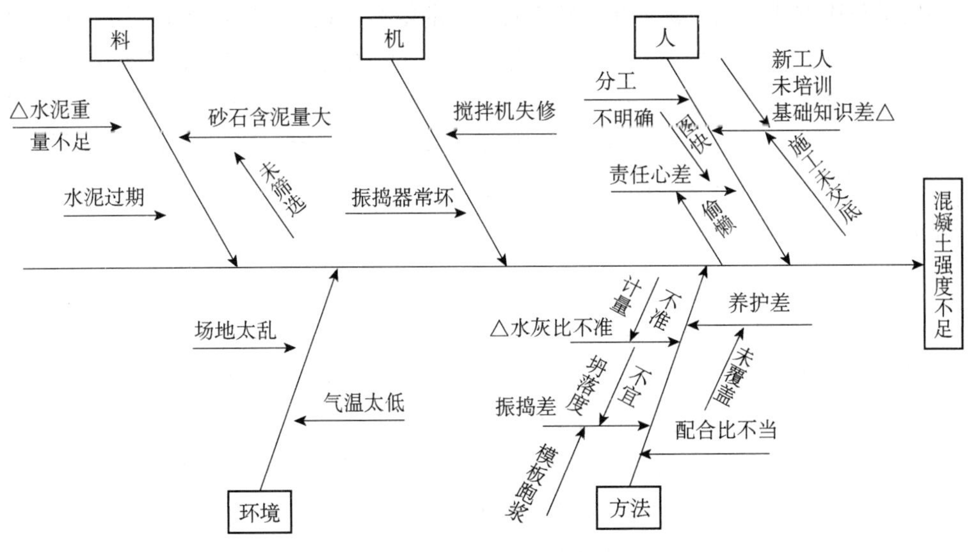

图 3-3　混凝土强度不足因果分析

（1）决定特性。特性就是需要解决的质量问题，放在主干箭头的前面。

（2）确定影响质量特性的大枝。影响工程质量的因素主要是人、材料、工艺、设备和环境5个方面。

（3）进一步画出中、小细枝，即找出中、小原因。

（4）发扬技术民主，反复讨论，补充遗漏的因素。

（5）针对影响质量的因素，有的放矢地制定对策，并落实到解决问题的人和时间，通过对策计划表的形式列出表3-6，限期改正。

表3-6　对策计划表

项目	序号	问题存在原因	采取对策	负责人	期限
人	1	基本知识差	①对新工人进行教育； ②做好技术交底工作； ③学习操作规程及质量标准		
	2	责任心不强，工人干活有情绪	①加强组织工作，明确分工； ②建立岗位责任制，采取挂牌制； ③关心职工生活		
工艺	3	配合比不准	实验室重新试配		
	4	水灰比控制不严	修理水箱、计量器		
材料	5	水泥量不足	对水泥计量进行检查		
	6	砂石含泥量大	组织人清洗过筛		
设备	7	振捣器、搅拌机常坏	增加设备，及时修理		
环境	8	场地乱	清理现场		
	9	气温低	准备草袋覆盖、保温		

5. 相关图

产品质量与影响质量的因素之间，常常有一定的依存关系，但它们之间不是一种严格的函数关系，即不能由一个变量的数值精确地求出另一个变量的数值，这种依存关系称为相关关系。

相关图又叫散布图，就是把两个变量之间的相关关系，用直角坐标系表示出来，借以观察判断两个质量特性之间的关系，通过控制容易测定的因素达到控制不易测定的因素的目的，以便对产品或工序进行有效的控制。

相关图的形式有：

（1）正相关：当x增大时，y也增大，如图3-4（a）所示；

（2）负相关：x增大时，y却减少，如图3-4（b）所示；

（3）非线性相关：两种因素之间不成直线关系，如图3-4（c）所示；

（4）无相关：即y不随x的增减而变化，如图3-4（d）所示。

在质量管理过程中，经常需要对一些重要因素进行分析和控制这些因素大多错综复杂地交织在一起，它们既相互联系又相互制约；既可能存在很强的相关性，也可能不存在相关性。如何对这些因素进行分析，相关图法便是这样一种直观而有效的好方法，通过做相关图，因素之间繁杂的数据就变成了坐标图上的点，其相关关系便一目了然地呈现出来。

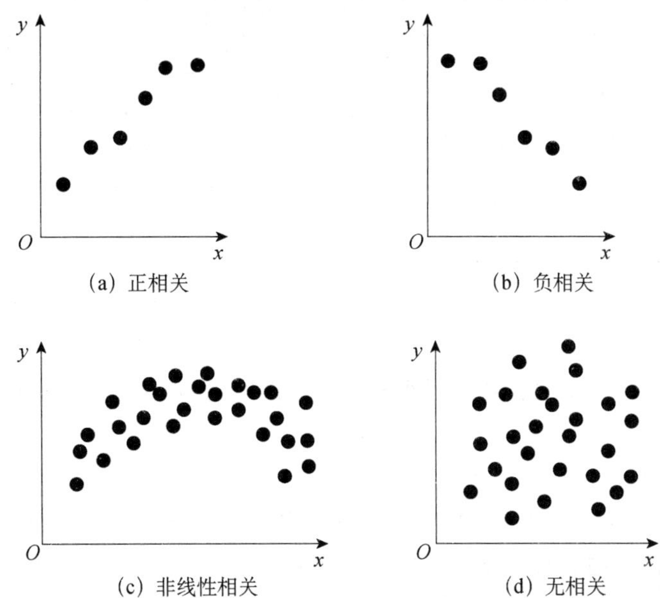

图 3-4　相关图

在分析质量事故时，总是希望能够寻找到造成质量事故的主要原因，但影响产品质量的因素往往很多，有时只需要分析具体两个因素之间到底存在着什么关系。这时可将这两种因素有关的数据列出来，并用一系列点标在直角坐标系上，制作成图形，以观察两种因素之间的关系，这种图就称为相关图，对它进行分析称为相关分析。

6. 直方图

直方图又称质量分布图、矩形图、频数分布直方图，它是将产品质量频数的分布状态用直方形来表示，根据直方的分布形状和与公差界限的距离来探索质量分布规律，分析判断整个生产过程是否正常。

利用直方图，可以制定质量标准，确定公差范围；还可以掌握质量分布规律，判定质量是否符合标准的要求。但其缺点是不能反映动态变化，而且要求收集的数据较多，否则难以体现其规律。

（1）直方图作法：现以大模板边长尺寸误差的测定为例，说明直方图的作法。

①收集实测数据。见表 3-7。

表 3-7　大模板边长尺寸误差

序号	模板型号	各次实测的边长误差/mm							
		1	2	3	4	5	6	7	8
1	W1	−2	−3	−3	−4	−3	0	−1	−2
2	W2	−2	−2	−3	−1	+1	−2	−2	−1
3	W3	−2	−1	0	−1	−2	−3	−1	+2
4	W4	0	−5	−1	−3	0	+2	0	−2

续表

序号	模板型号	各次实测的边长误差/mm							
		1	2	3	4	5	6	7	8
5	W5	−1	+3	0	0	−3	−2	−5	+1
6	S1	0	−2	−4	−3	−4	−1	+1	+1
7	S2	−2	−4	−6	−1	−2	+1	−1	−2
8	S3	−3	−1	−4	−1	−3	−1	+2	0
9	S4	−5	−3	0	−2	−4	0	−3	−1
10	S5	−2	0	−3	−4	−2	+1	−1	+1

②计算极差。

首先从表列数据中找出最大数和最小数，得出误差范围为−6～+4 mm。

$$R=4-(-6)=10\text{（mm）}$$

③决定组距和组数。

组数 K 根据数据多少而定，一般数据在 50 个以内时为 5～7 组，数据在 50～100 个时为 6～10 组，数据在 100～250 个时为 7～12 组，数据在 250 个以上时为 10～20 组。

本例共收集 80 个数据，K 取 10 组。

组距 h 则为极差与组数的比值，即：

$$h = R / K$$

$$h=R/K=10/10=1\text{ mm}$$

④确定分组的边界值。

所求得的值应为测量单位的整倍数，若不是测量单位的整倍数时可调整其分组数，其目的是使组界值的尾数为测量单位的一半，避免数据落在组界上。

组界的确定应由第一组起。

例：

第一组下界限值 $A_1^{下}=x'_{min}=-6.5$（mm）

第一组上界限值 $A_1^{上}=A_{1下}+h=-6.5+1=-5.5$（mm）

第二组下界限值 $A_2^{下}=A_1^{上}=-5.5$（mm）

第二组上界限值 $A_2^{上}=A_2^{下}+h=-5.5+1=-4.5$（mm）

其余各组上、下界限值依次类推，各组界限值计算结果见表 3-8。

表 3-8　频数分布表

组号	分组区间/mm	频数	频率
1	−6.5～−5.5	1	0.012 5
2	−5.5～−4.5	3	0.037 5
3	−4.5～−3.5	7	0.087 5
4	−3.5～−2.5	13	0.162 5
5	−2.5～−1.5	17	0.212 5
6	−1.5～−0.5	17	0.212 5
7	−0.5～0.5	12	0.15

续表

组号	分组区间/mm	频数	频率
8	0.5～1.5	6	0.075
9	1.5～2.5	3	0.037 5
10	2.5～3.5	1	0.012 5

（2）编制频数分布表：按上述分组范围，统计数据落入各组的频数，填入表内，计算组的频率并填入表内，如图 3-5 所示。

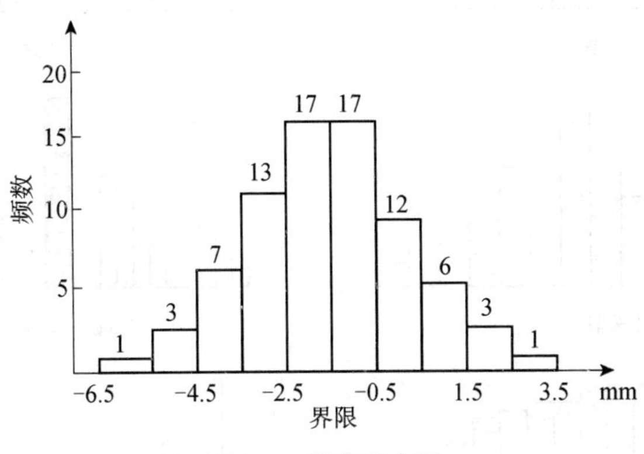

图 3-5 频数直方图

根据频数分布表中的统计数据可作出直方图，图 3-5 为频数直方图。

（3）直方图的观察分析。

①直方图的图形分析：直方图形象直观地反映了数据分布情况，通过对直方图的观察和分析，可以看出生产是否稳定及其质量的情况。常见的直方图典型形状有以下几种（如图 3-6 所示）：

正常型：又称对称型，它的特点是中间高、两边低，并呈左右基本对称，说明相应工序处于稳定状态，如图 3-6（a）所示。

孤岛型：在远离主分布中心的地方出现小的直方，形如孤岛，如图 3-6（b）所示。孤岛的存在表明生产过程中出现了异常因素，例如原材料一时发生变化；有人代替操作；短期内工作操作不当等。

双峰型：直方图出现两个中心，形成双峰状。这往往是由于把来自两个总体的数据混在一起作图造成的。如把两个班组或两台设备的数据混为一批，如图 3-6（c）所示。

偏向型：直方图的顶峰偏向一侧，故又称偏坡型，它往往是因计数值或计量值只控制一侧界限造成的，如图 3-6（d）所示。

平顶型：在直方图顶部呈平顶状态。一般是由多个母体数据混在一起造成的，或者在生产过程中有缓慢变化的因素在起作用造成的。如操作者疲劳而造成直方图的平顶状，如图 3-6（e）所示。

陡壁型：直方图的一侧出现陡峭绝壁状态。这是由于人为地剔除一些数据，进行不真实的统计造成的，如图 3-6（f）所示。

锯齿型：直方图出现参差不齐的形状，即频数不是在相邻区间减少，而是隔区间减少，形成了锯齿状。造成这种现象的原因不是生产上的问题，而主要是绘制直方图时分组过多或测量仪器精度不够而造成的，如图 3-6（g）所示。

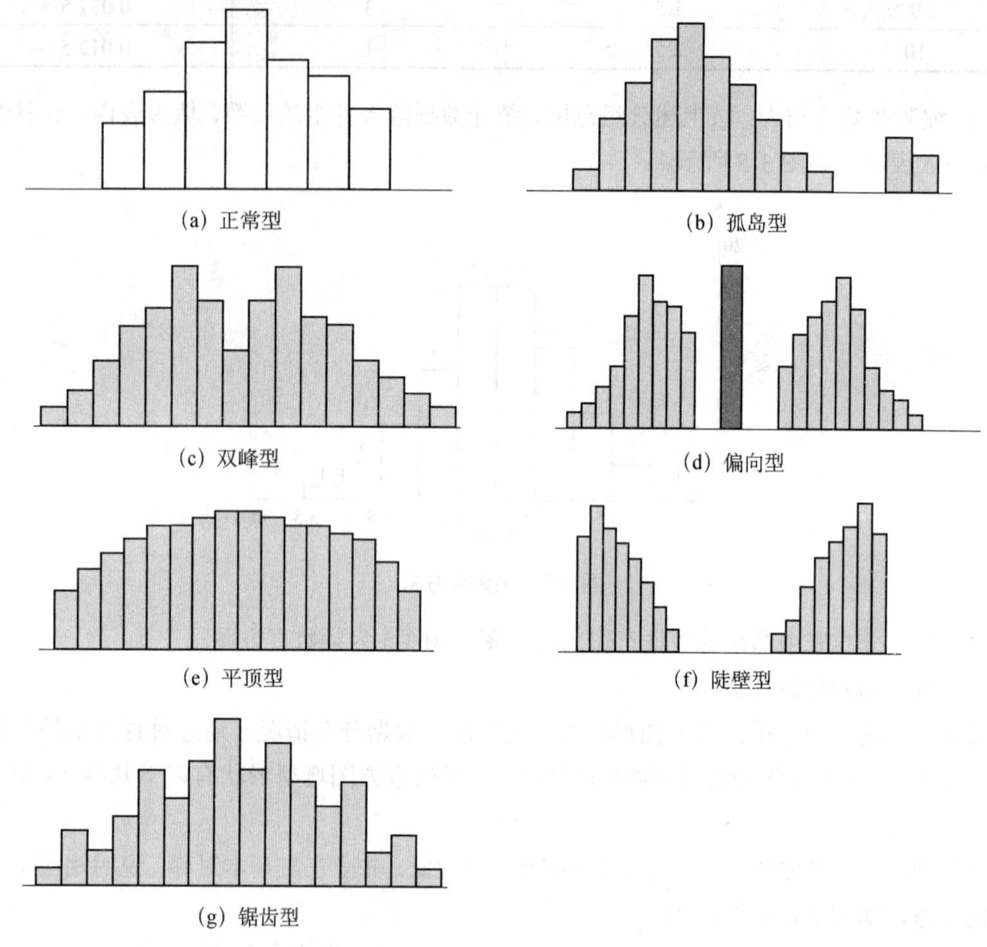

图 3-6　常见直方图形

②对照标准分析比较（如图 3-7 所示）：当工序处于稳定状态时，即直方图为正常型，还需进一步将直方图与质量标准进行对比以判定工序满足标准要求的程度。其主要是分析直方图的平均值 X 与质量标准中心重合程度，比较分析直方图的分布范围 B 同公差范围丁的关系。图 3-7 在直方图中标出了标准范围 T，标准的上偏差 T_U 和下偏差 T_L，实际尺寸范围 B。对照直方图图形可以看出实际产品分布与实际要求标准的差异。各种类型有以下特点：

理想型：实际平均值 X 与规格标准中心 μ 重合，实际尺寸分布与标准范围两边有一定余量，约为 $T/8$[如图 3-7（a）所示]。

偏向型：虽在标准范围之内，但分布中心偏向一边，说明存在系统偏差，必须采取措施。如果生产状态发生变化，就可能超出质量标准而出现不合格品[如图 3-7（b）所示]。

超出型：此种图形反映数据分布过分地偏离规格中心，已经造成超差，出现不合格品。这是由于工序控制不好造成的，应采取措施使数据中心与规格中心重合[如图 3-7（c）所示]。

双侧压线型：又称无富余型。分布虽然落在规格范围之内，但两侧均无余地，稍有波动就会出现超差，出现废品。必须立即采取措施，缩小质量分布范围[如图 3-7（d）所示]。

能力不足型：又称双侧超越线型。此种图形实际尺寸超出标准线，已产生许多不合格品。说明生产能力不足，应尽快提高能力，缩小质量分布范围[如图 3-7（e）所示]。

能力富余型：又称过于集中型。实际尺寸分布与标准范围两边余量过大，属控制过严，质量有富余，不经济。此时对原材料、工艺等适当放宽些，有利于降低成本[如图 3-7（f）所示]。

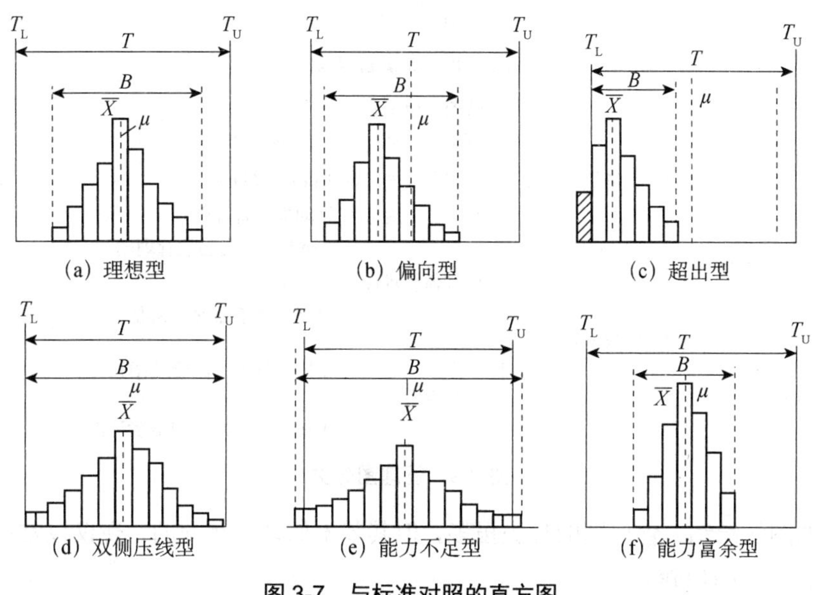

图 3-7　与标准对照的直方图

以上产生质量散布的实际范围与标准范围比较，表明了工序能力满足标准公差范围的程度，也就是施工工序能稳定地生产出合格产品的工序能力。

7. 管理图法

管理图又叫控制图，它是反映生产工序随时间变化而发生的质量变动的状态，即反映生产过程中各个阶段质量波动状态的图形。

质量波动一般有两种情况：一种是偶然性因素引起的波动称为正常波动；另一种是系统性因素引起的波动则属异常波动。质量控制的目标就是要查找异常波动的因素，并加以排除，使质量只受正常波动因素的影响，符合正态分布的规律。

质量管理图（如图 3-8 所示）就是利用上下控制界限，将产品质量特性控制在正常质量波动范围之内。一旦有异常原因引起质量波动，通过管理图就可以看出，能及时采取措施预防不合格品的产生。

（1）管理图分为管理图分计量值管理图和计数值管理图两大类（如图 3-9 所示）。计量值管理图适用于质量管理中的计量数据，如长度、强度、质量、温度等；计数值管理图则适用于计数值数据，如不合格的点数、件数等。

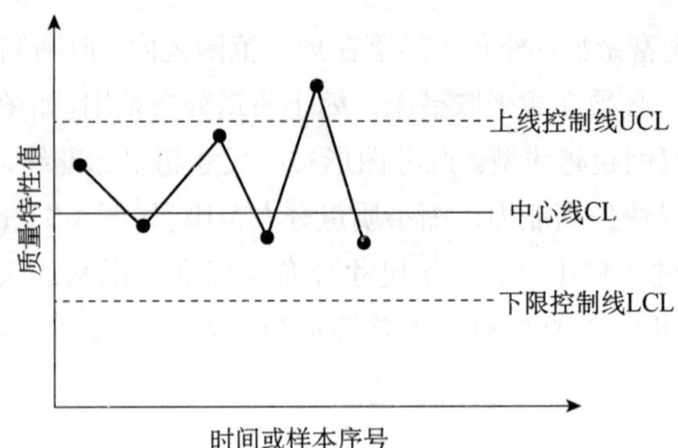

图 3-8　质量管理图

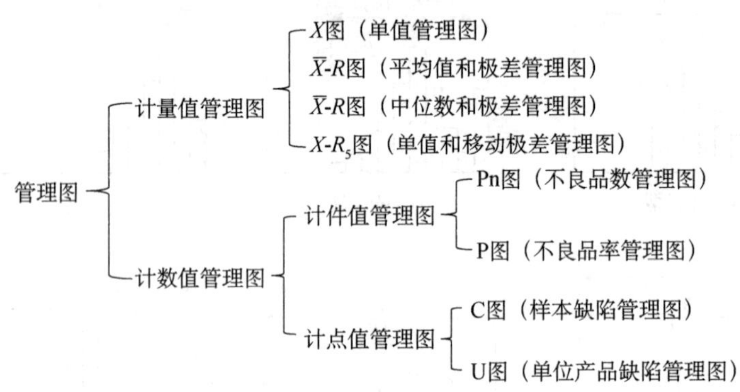

图 3-9　管理图分类

（2）管理图的绘制：管理图的种类虽多，但其基本原理是相同的，现仅以常用的 $\bar{X}-R$ 管理图为例介绍作图的步骤。

$\bar{X}-R$ 管理图的作图步骤如下：

①收集数据见表 3-9。

表 3-9　$\bar{X}-R$ 管理图数据

样本号	X_1	X_2	X_3	X	R
1	155	166	178	166	23
2	169	161	164	165	8
3	147	152	135	145	17
4	168	155	151	155	17
⋮	⋮	⋮	⋮	⋮	⋮
24	140	165	167	157	27
25	175	169	175	173	6
26	163	171	171	168	8
合计				4 195	407

②计算样本的平均值：

$$\bar{X}_1 = \frac{\sum_{i=1}^{n} X_1}{n}$$

本例第一个样本为：

$$\overline{X}_1=（155+166+178）/3=166$$

其余类推，计算结果列于表 3-8 中。

③计算样本极差

$$R_1=X_{max}-X_{min}$$

本例第一个样本为：

$$R_1=178-155=23$$

其余类推，计算值列于表 3-8 中。

④计算总平均值

$$\overline{X}=\frac{\sum\overline{X}}{K}=4\ 195/26=161$$

⑤计算极差平均值：

$$\overline{R}=\frac{\sum\overline{R}}{K}=407/26=16$$

⑥计算控制界限：

$\overline{X}$ 管理图控制界限：

$$中心线\ CL=\overline{X}=161$$

$$上控制界限\ UCL=\overline{X}+A_2R=161+1.023\times16=177$$

$$下控制界限\ LCL=\overline{\overline{X}}-A_2R=161-1.023\times16=145$$

上式中 A_2 为 $\overline{X}$ 管理图系数，见表 3-10。

表 3-10　管理图系数

n	A_2	m_3A_2	D_3	D_4	E_2	D_3
2	1.880	1.880		3.267	2.660	0.853
3	1.023	1.187		2.575	1.772	0.888
4	0.729	0.796		2.282	1.457	0.880
5	0.577	0.691		2.115	1.290	0.864
6	0.483	0.549		2.004	1.184	0.848
7	0.419	0.509	0.076	1.924	1.109	0.833
8	0.373	0.432	0.136	1.864	1.054	0.820
9	0.337	0.412	0.148	1.816	1.010	0.808
10	0.308	0.363	0.223	1.727	0.975	0.797

R 管理图的控制界限：

中心线 CL=$\overline{R}$=16，因为 n=3，系数表中为一，故下限不考虑。

式中 D_3、D_4 均为 R 管理控制界限系数。

⑦绘制 $\bar{X}-R$ 管理图（如图 3-10 所示）。

以横坐标为样本序号或取样时间，纵坐标为所要控制的质量特性值，按计算结果绘出中心线和上下控制界限。

其他各种管理图的作图步骤与 $\bar{X}-R$ 管理图相同，控制界限的计算公式可参见表 3-11。

（3）管理图的观察与分析：正常管理图的判断规则是图上的点在控制上下限之间，围绕中心作无规律波动，连续 25 个点中，无超出控制界限线的点；连续 35 个点中，仅有一点超出控制界限线；连续 100 个点中，仅有两点超出控制界限线。当点子落在控制界限线上时，视为超出界限计算。

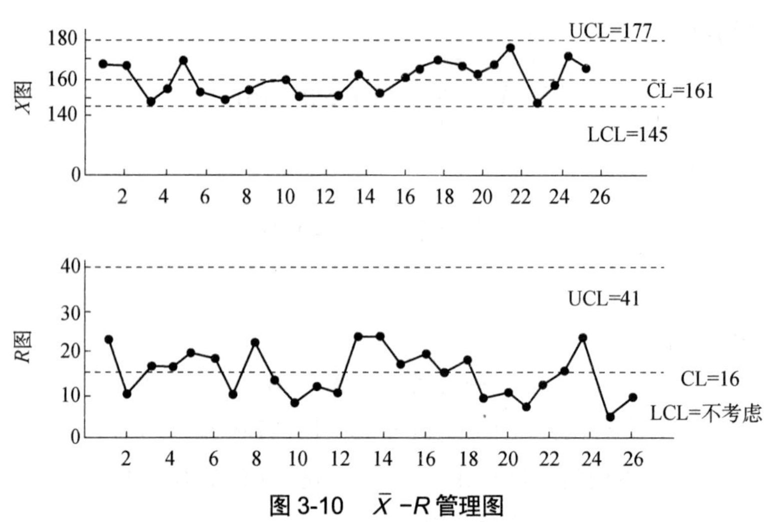

图 3-10 $\bar{X}-R$ 管理图

表 3-11 管理图控制界限计算公式

分类		图名	中心线	上下控制界限	管理特性
计量值管理图		$\bar{X}$ 图	$\bar{X}$	$\bar{X}\pm A_2\bar{R}$	用于观察分析平均值的变化
		R 图	R	$D_4\bar{R}$ $D_3\bar{R}$	用于观察分析分布的宽度和分散变化的情况
		$\bar{X}$ 图	$\bar{X}$	$\bar{X}\pm m_3A_2\bar{R}$	$\bar{X}$ 代 $\bar{X}$ 图，可以不计算平均值
		X 图	X	$\bar{X}\pm E_2\bar{R}$ $X\pm E_2\bar{R}_2$	观察分析单个产品质量特征的变化
		R_s 图	R_s	$D_4\bar{R}_5$	同 R 图，适用于不能同时取得若干数据的工序
计数值管理图	计件值管理图	P 图	$\bar{P}$	$\bar{P}\pm 3\sqrt{\frac{\bar{P}(1-\bar{P})}{n}}$	用不良品率来管理工序
		P_n 图	P_n	$\bar{P}_n\pm\sqrt{P_n(1-P)}$	用不良品数来管理工序
	计点值管理图	C 图	$\bar{C}$	$\bar{C}\pm 3\sqrt{\bar{C}}$	对一个样本的缺陷进行管理
		u 图	$\bar{u}$	$\bar{u}\pm\sqrt{\frac{\bar{u}}{n}}$	对每一给定单位产品中的缺陷数进行控制

管理图出现异常的判断规则为：

①连续 7 个点在中心线的同侧；

②有连续 7 个点上升或下降；

③连续 11 个点中，有 10 个点在中心线的同一侧；连续 14 个点中，有 12 个点在中心线的同一侧；连续 17 个点中，有 14 个点在中心线的同一侧；连续 20 个点中，有 16 点在中心线的同一侧；

④点围绕某一中心线作周期波动；

⑤点接近控制界限，连续 3 点至少 2 点接近控制界限，连续 7 点至少 3 点接近控制界限，连续 10 点至少 4 点接近控制界限。

在观察管理图发生异常后，要分析原因，找出原因，找出问题，然后采取措施，使管理图所控制的工序恢复正常。

第四章　施工图的识读与绘制

第一节　建筑工程图的组成及作用

房屋是供人们生活、生产、学习和娱乐的场所。房屋建筑图是将一幢拟建房屋的内外形状和大小，以及各部分的结构、构造、装修、设备等内容，按照国家标准的规定，用正投影方法详细准确地画出的图样，是用以指导施工的一套图纸，所以又称为“施工图”。

一、建筑工程图纸的组成

根据其专业内容或作用的不同，一套完整的施工图一般分为：

（1）图纸目录。

列出新绘制的图纸、选用的标准图纸、重复利用的图纸等的编号及名称。

（2）设计总说明（首页）。

设计总说明包括施工图设计依据、工程规模、建筑面积、相对标高与总平面图绝对标高的对应关系、室内外的用料和施工要求说明、采用新技术和新材料或有特殊要求的做法说明以及门窗表等。上述内容也可根据工程规模的不同分别在各专业图纸上写成文字说明。

（3）建筑施工图（简称建施图）。

建筑施工图包括总平面图、建筑平面图、建筑立面图、建筑剖面图和建筑详图。

（4）结构施工图（简称结施图）。

结构施工图一般包括基础平面图、结构平面布置图、构件的结构详图。

（5）设备施工图（简称设施图）。

设备施工图一般包括给水排水、采暖通风、电气照明等设备的平面布置图和详图。

一套房屋建筑的施工图按其建筑的复杂程度不同，可以由几张图或几十张图组成，大型复杂的建筑工程的图纸甚至有上百张、上千张。因此按照国家标准的规定，应将图纸进行系统的编排。

施工图的排列顺序是图纸目录、施工总说明、建筑总平面图、建筑施工图、结构施工图、给水排水施工图、采暖通风施工图、电气施工图等。其中各专业图纸也应当按照一定的顺序编排，其总的原则是全局性图纸在前，局部详图在后；先施工的在前，后施工的在后；布置图在前，构件图在后；重要图纸在前，次要图纸在后。

二、建筑工程图纸的作用

施工图纸按专业分为建筑施工图、结构施工图、设备施工图（水施工图、电施工图等）。每一种图纸又分为基本图和详图两部分。基本图表明全局性的内容，详图表明某一局部或某一构件的详细尺寸和材料做法等。

（1）建筑施工图（简称建施）。

建筑施工图主要表示房屋建筑群体的总体布局，房屋的平面布置、外观形状、构造做法及所用材料等内容。

（2）结构施工图（简称结施）。

结构施工图是表达房屋承重构件（如基础、梁、板、柱及其他构件）的布置、形状、大小、材料、构造及其相互关系的图样，主要用来作为施工放线、开挖基槽、支模板、绑扎钢筋、设置预埋件、浇捣混凝土和安装梁、板、柱等构件及编制预算和施工组织计划等的依据。因此在房屋的设计中，必须要进行结构设计，绘制出详细的结构施工图。

结构施工图是依据建筑施工图来选择合适的结构类型，再通过力学计算，确定各承重构件的截面尺寸，截面形式以及内部配筋。结构施工图实际上就是以图的形式表达结构计算的结果，用它来指导现场施工。

（3）设备施工图（简称设施）。

设备施工图主要表示管道、电气线路与设备的布置和走向、构造做法、设备组成和设备的安装要求等内容。

施工图是进行建筑施工的依据，对建设项目建成后的质量及效果负有相应的技术与法律责任，必须按图施工。即使是在建筑物竣工投入使用后，施工图也是对该建筑进行维护、修缮、更新、改建、扩建的基础资料。特别是一旦发生质量或使用事故，施工图则是判断技术与法律责任的主要依据。

第二节　建筑施工图、结构施工图的图示方法及内容

一、建筑施工图的图示方法及内容

1. 建筑设计说明

（1）设计依据。

设计依据包括政府的有关批文，这些批文主要有两个方面的内容：一是立项，二是规划许可证等。

（2）建筑规模。

建筑规模主要包括占地面积和建筑面积，这是设计出来的图纸是否满足规划部门要求的依据。占地面积是指建筑物底层外墙皮以内所有面积之和；建筑面积是指建筑物外墙皮以内

各层面积之和。

（3）标高。

在房屋建筑中，规范规定用标高表示建筑物的高度。标高分为相对标高和绝对标高两种。

以建筑物底层室内地面为零点的标高称为相对标高；以青岛黄海平均海平面的高度为零点的标高称为绝对标高。建筑设计说明中原则上要说明相对标高与绝对标高的关系，例如“相对标高±0.000 相当于绝对标高 123.45 m”，这就说明该建筑物底层室内地面设计在比海平面高 123.45 m 的水平面上。

（4）装修做法。

装修做法用于表达各部分的装修装饰做法，包括地面、楼面及墙面等。

（5）施工要求。

施工要求包含两个方面的内容：一是要严格执行施工验收规范中的规定，二是对图纸中不详之处的补充说明。

2. 总平面图

（1）形成及用途。

将拟建工程四周一定范围内的新建、拟建、原有和将拆除的建筑物、构筑物连同其周围的地形地物状况，用水平投影的方法和相应的图例画出的图样，称为总平面布置图，简称总平面图。它反映出上述建筑的平面形状、位置、朝向和与周围环境的关系，因此成为该区域的总平面设计、道路和绿化规划、新建筑的施工定位、土方设计与施工等的重要依据，如图 4-1 所示。

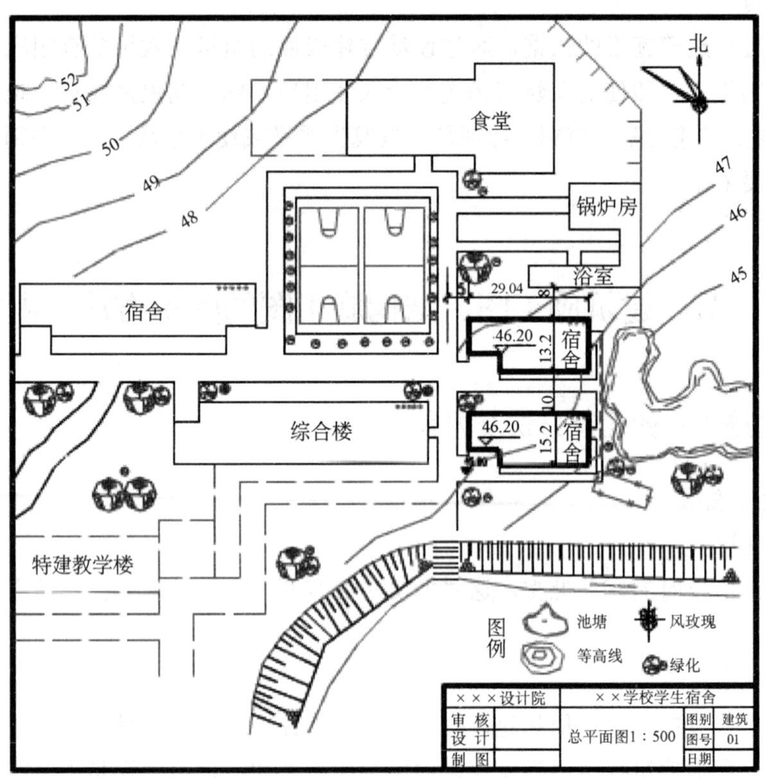

图 4-1 总平面图示例

（2）总平面图中常用的图例。

总平面图中常用的图例见表 4-1。

表 4-1 总平面图中常用的图例

名称	图例	备注	名称	图例	备注
新建建筑物	▼ S	需要时，可用▲表示出入口，可以图形内右上角用点或数字表示层数 建筑物外形用粗实线表示	新建的道路	0.6 101.00 R9 150.00	“R9”表示道路转弯半径为 9m，“150.00”为路面中心控制点标高，“0.6”表示 0.6%的纵向坡度，“101.00”表示变坡点间距离
原有建筑物		用细实线表示	原有道路		
计划扩建的预留地或建筑物		用中虚线线表示	计划扩建的道路		
拆除的建筑物		用细实线表示	围墙及大门		上图为实体性质的围墙，下图为通透性质的围墙，仅表示围墙时不画大门
填挖边坡		边坡较长时，可在一端或两端局部表示 下边线为虚线时表填方	坐标	X105.00 Y425.00	上图表示测量坐标 下图表示建筑坐标
护坡				A105.00 B425.00	
室内标高	123.45		室外标高	123.00 ▼	室外标高也可采用等高线表示

（3）图示内容。

1）表明新建区的总体布局：用地范围、各建筑物及构筑物的位置（原有建筑、拆除建筑、新建建筑、拟建建筑）、道路和交通等的总体布局。

2）确定新建建筑物的平面位置：

①根据原有房屋和道路定位，若新建房屋周围存在原有建筑、道路，此时新建房屋是以新建房屋的外墙到原有房屋的外墙或到道路中心线的距离来定位的。

②修建成片住宅、规模较大的公共建筑、工厂或地形较复杂时，可用坐标定位。

3）建筑物首层室内地面、室外地坪地面的绝对标高：要标注室内地面的绝对标高和相对标高的相互关系，如±0.000=123.45，室外地坪地面的标高符号为涂黑的实心三角形，标高注写到小数点后两位，可注写在符号上方、右侧或右上角。若建筑基地的规模大，且地形有较大的起伏时，总平面图除了标注必要的标高，还要绘出建设区内的等高线，从等高线的分布可知建设区内地形的坡向，从而确定建筑物室外的排水方向及平场需开挖、填方的土石方量。

4）指北针和风玫瑰图：根据图中所绘制的指北针可知新建建筑物的朝向，风玫瑰图可了解新建房屋地区常年的盛行风向（主导风向）以及夏季主导风向。总平面图中绘出风玫瑰图后可不需再绘出指北针。

5）水、暖、电等管线及绿化布置情况：给水管、排水管、供电线路（尤其是高压线路）和采暖管道等管线在建筑基地的平面布置。

3. 建筑平面图

（1）形成及作用。

假设用一个水平的剖切面沿门窗洞口的位置将房屋剖切开后，移去剖切平面及其以上部分，将余下的部分按正投影的原理投射在水平投影面上所得到的图形，即为建筑平面图，简称为平面图。它反映出房屋的平面形状、大小和房间的布置，墙或柱的位置、大小、厚度和材料，门窗类型和位置等情况，是施工图中最基本的图样之一。

原则上房屋有几层，就画几个平面图，在图的正下方注明图名。除此之外还应有一个屋顶平面图（简单房屋也可没有）。当房屋的中间各层房间的数量、大小、布置均相同时，可用一个"标准层平面图"表示，或"××—××层平面图"表示。

当比例大于 1∶50 时，断面材料应画出材料图例和抹灰层的厚度。比例小于等于 1∶100 时，可以不画抹灰层的厚度，材料图例可采用简化画法（如砖墙涂红，钢筋混凝土涂黑）。

平面图示例如图 4-2 所示。

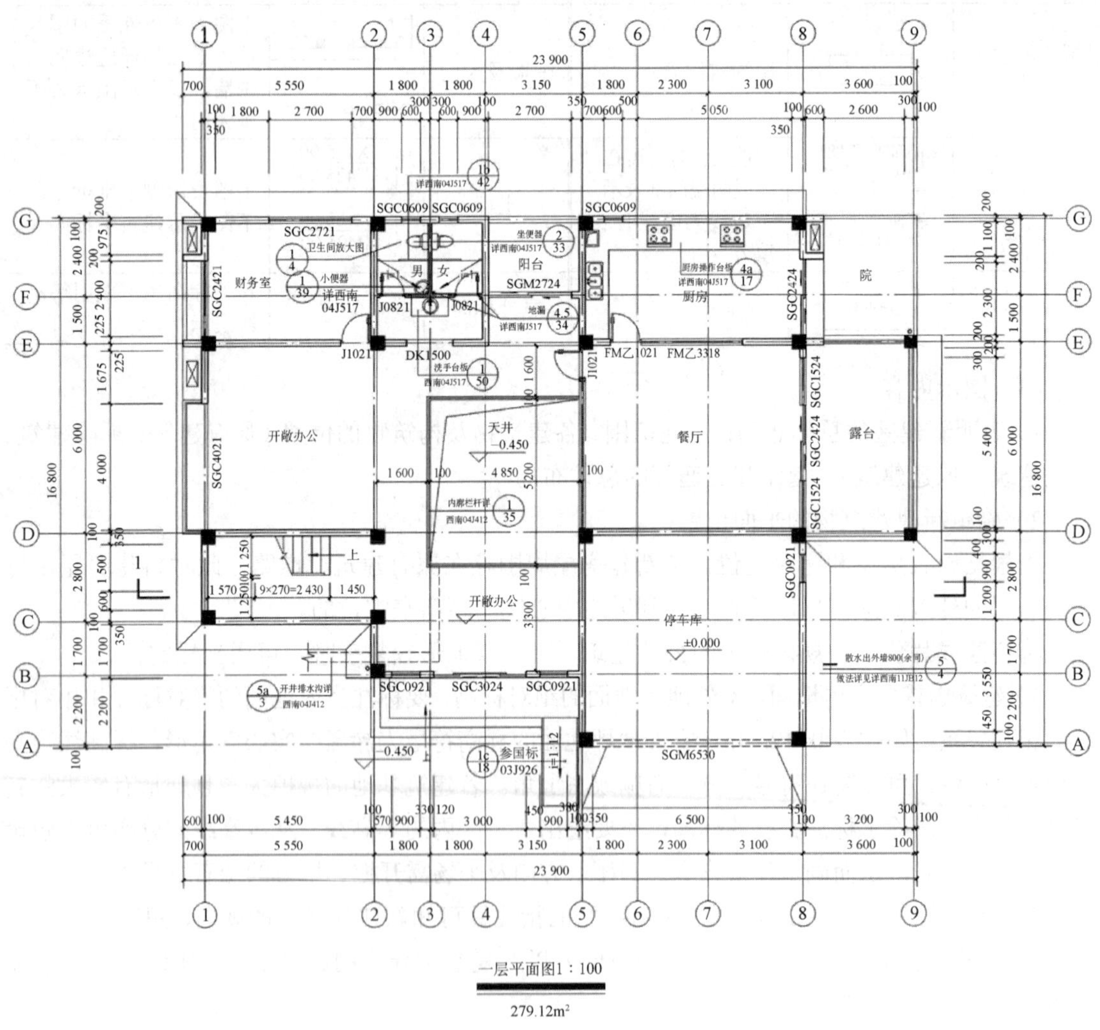

图 4-2　平面图示例

（2）建筑平面图中常用的建筑配件图例。

建筑平面图中常用的建筑配件图例见表 4-2。

表 4-2　建筑平面图中常用的建筑配件图例

名称	图例	名称	图例	名称	图例	名称	图例
单扇门		推拉门		固定窗		推拉窗	
通风道		烟道		坑槽		孔洞	
楼梯平面图	下 上 底层	下 上 中间层	下 顶层	坐便器		水池	
				墙预留洞	宽×高或φ 底（顶或中心）标高XX.XXX		

（3）图示内容。

1）图名、比例、指北针。

2）各房间的名称、布置、联系、数量、室内标高。

3）建筑物的总长、总宽。

4）定位轴线：确定建筑结构和构件的位置。

5）尺寸。尺寸有外部尺寸和内部尺寸之分。

①外部尺寸，一般有三道。

总尺寸：标注建筑物的最外轮廓尺寸。

轴线尺寸：定位轴线间的距离，了解房间的开间和进深。

细部尺寸：标注门、窗、柱的宽度以及细部构件的尺寸。

②内部尺寸，表示房间内部门窗洞口、各种设施的大小及位置。

6）门窗图例和编号

门：M1、M2、M3……窗：C1、C2、C3……一般情况下，在建施图中有门窗统计表。

7）细部布置，如楼梯、隔板、卫生设备、家具布置。

8）剖切位置。在底层平面图中应画出剖切符号。

9）其他还有花池、室外台阶、散水、雨水管等。

需要注意的是，有些内容只在底层平面中出现，比如剖切符合、雨水管、指北针、散水、花池、室外台阶等。

4. 建筑立面图

（1）形成及作用。

假想在与房屋立面平行的投影面上所作的房屋正投影图，称为建筑立面图（简称立面图）。

立面图表现立面的艺术处理、外部装修、立面造型，屋顶、门、窗、雨篷、阳台、台阶、勒脚的位置和形式。

其中反映主要出入口或比较显著地反映出房屋外貌特征的那一面的立面图，称为正立面图，其余的立面图相应地称为背立面图和侧立面图。立面图也可按房屋的朝向命名，如南立面图、北立面图、东立面图和西立面图等。最常用、最合理的还可按轴线编号来命名，比如①—⑨立面图（如图 4-3 所示）。

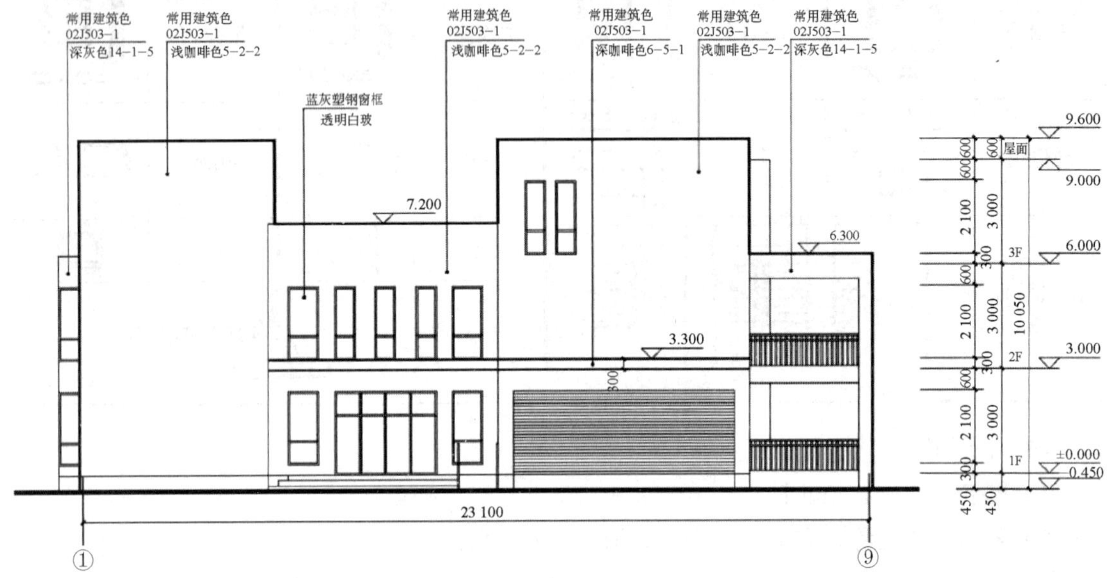

图 4-3　立面图示例

（2）图示内容。

1）图名、比例。

2）外貌。了解房屋一个立面的外貌形式，屋顶、门窗、雨篷、阳台、台阶、勒脚的位置和形式。

3）外墙的装修。

4）局部构造。

5）标高标注。

5. 建筑剖面图

（1）形成及作用。

假想用一个或多个垂直于外墙轴线的剖切面将房屋剖切开，移去剖切平面与观察者之间的部分，将剩下部分按正投影的原理投射到与剖切平面平行的投影面上，所得的投影图称为建筑剖面图（简称剖面图）。

剖面图用以表示房屋的内部结构或构造形式、分层情况和各部位的联系、材料及其高度等，是与平、立面图相互配合的不可缺少的重要图样。剖切面一般选在过门窗洞口、楼梯间、房屋构造复杂与典型的部位（如图 4-4 所示）。

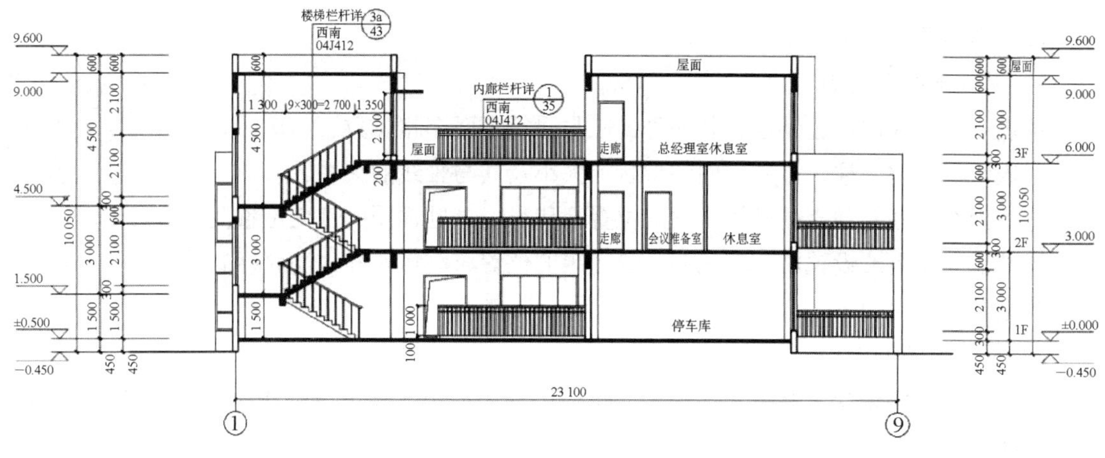

图 4-4　剖面图示例

（2）图示内容。

1）图名，应与平面图的剖切编号相一致；比例，应与平面图相同。

2）各定位墙体。

3）楼面、地面构造。

4）详图的索引符号。

5）尺寸和标高。

6. 建筑详图

房屋建筑平面图、立面图、剖面图是全局性的图纸，因为建筑物体积较大，所以常采用缩小比例绘制。一般性建筑常用 1∶100 的比例绘制，对于体积特别大的建筑，也可采用 1∶150 或 1∶200 的比例。用这样的比例在平、立、剖面图中无法将细部做法表示清楚，因而，凡是在建筑平、立、剖面图中无法表示清楚的内容，都需要另绘详图或选用合适的标准图。

房屋的细部或构件、配件用较大的比例将其形状、大小、材料和做法，按正投影图的画法，详细地表示出来的图样，称为建筑详图（简称详图）。

二、结构施工图的图示方法及内容

1. 结构设计施工说明

结构设计说明是带全局性的文字说明，它包括选用材料的类型、规格、强度等级，地基情况，施工注意事项，选用标准图集等。

2. 基础图

基础图是建筑物室内地面以下部分承重结构的施工图，它包括基础平面图和基础详图。基础图是施工放线、开挖基槽、砌筑基础、计算基础工程量的依据。

（1）基础平面图的形成。

基础平面图是在基坑回填土之前，假想用一个水平面沿房屋底层室内地面附近将整幢建筑物剖开后，在与基底平行的投影面上，对基础所作的剖切投影图。

（2）基础图的图示内容。

1）基础平面图的内容。

①表明横、纵向定位轴线及其编号，应与建筑平面图相一致。

②表明基础墙、柱、基础底面的形状、大小及其与轴线的关系。

③基础梁、柱、独立基础等构件的位置及代号，基础详图的剖切位置及编号。

④其他专业需要设置的穿墙孔洞、管沟等的位置、洞口尺寸、洞底标高等。

⑤基础施工说明。

2）基础详图的内容。

①基础断面图轴线及其编号。但当一个基础详图适用于多条基础断面或采用通用图时，可不标注轴线编号。

②表明基础的断面形状、所用材料及配筋。

③标注基础各部分的详细构造尺寸及标高。

④防潮层的做法和位置。

⑤施工说明。

3. 主体结构施工图

主体结构施工图是表达房屋标高±0.000 以上的承重构件布置图的图样，主要用来表示楼层、屋面的梁、板、柱、墙的平面布置和梁、板、墙、圈梁等之间的连接关系，以及构件的配筋情况。它包括楼层、屋面结构布置图和构件详图，是施工时安装或布置各承重构件、制作圈梁、过梁和现浇板的依据。

较常见的主体结构形式有混合结构、框架结构、框剪结构等。

（1）楼层结构平面布置图。

楼层结构平面布置图是表示该层楼面板及其下面的墙、梁（楼面梁、圈梁、门窗过梁）、柱等承重构件的布置，以及构造与配筋等情况。其内容包括楼层（屋面）结构布置图、局部剖面详图、构件统计表和文字说明等。由于楼层和屋面的结构布置及表示方法基本相同，这里仅以楼层为例介绍结构布置图的图示内容。

1）楼层结构平面图的形成。楼层结构平面图是假想用一个水平的剖切平面沿楼板面将房屋剖开后所作的楼层水平投影图。

2）图示内容。

①表达楼层的轴网布置及其编号（应与建筑平面图一致）。

②承重墙和门窗洞的布置，下层和本层柱子的布置。

③表达楼层结构构件的平面布置，如各种梁（楼面梁、雨篷梁、阳台梁、门窗过梁、圈梁等）、预制板的布置及代号，现浇板的配筋等。为了使图面清楚，有时圈梁可单独绘制，即圈梁平面布置图。

④标出轴线尺寸和构件定位尺寸、标高及有关承重构件的平面尺寸。

（2）构件详图。

钢筋混凝土构件是民用和工业建筑中最主要的结构构件，包括梁、板、柱、剪力墙等。钢筋混凝土构件按施工方法可分预制和现浇两种，预制构件按构件图集选用，只要在结构平面图中注明型号、数量即可。现浇钢筋混凝土构件则需要另画详图，表示其配筋、尺寸等情况，图纸内容包括模板图（形状较简单的可省略模板图）、立面图、断面图、钢筋详图、钢筋表、文字说明等，它是加工制作钢筋、浇筑混凝土的依据。

第三节　建筑工程图的识读与绘制

一、建筑施工图、结构施工图的识读步骤与方法

1. 施工图识读的基本要求

（1）读图应具备的基本知识。

施工图是根据投影原理，用图纸来表明房屋建筑的设计和构造做法的。因此，要看懂施工图的内容，必须具备以下基本知识：

1）应熟练掌握投影原理和建筑形体的各种表示方法。

2）熟悉房屋建筑的基本构造。

3）熟悉施工图中常用图例、符号、线型、尺寸和比例等的意义和国家有关标准的规定。

（2）阅读施工图的基本方法与步骤。

要准确、快速地阅读施工图纸，除了要具备上面所说的基本知识，还需掌握一定的方法和步骤。图纸的阅读可分三大步骤进行。

1）第一步按图纸编排顺序阅读。首先通过建筑的地点、建筑类型、建筑面积、层数等，对该工程有一个初步的了解；再看图纸目录，检查各类图纸是否齐全；了解所采用的标准图集的编号及编制单位，将图集准备齐全，以备查看；然后按照图纸编排顺序，即建筑、结构、水、暖、电的顺序对工程图纸逐一进行阅读，以便对工程有一个概括、全面的了解。

2）第二步按工序先后，相关图纸对照读。先从基础看起，根据基础了解基坑的深度，基础的选型、尺寸、轴线位置等，另外还应结合地质勘探图，了解土质情况，以便施工中核对土质构造，保证施工质量；然后按照基础→结构→建筑的顺序，并结合设备施工程序进行阅读。

3）第三步按工种分别细读。由于施工过程中需要不同的工种完成不同的施工任务，所以为了全面准确地指导施工，考虑各工种的衔接以及工程质量和安全作业等措施，还应根据各工种的施工工序和技术要求将图纸进一步分别细读。例如砌砖工序要了解墙厚、墙高、门窗洞口尺寸、窗口是否有窗套或装饰线等；钢筋工序则应注意凡是有钢筋的图纸，都要细看，这样才能配料和绑扎。

总之，施工图阅读总原则是从大到小、从外到里、从整体到局部，有关图纸对照读，并注意阅读各类文字说明。看图时应将理论与实践相结合，联系生产实践，不断反复阅读，才能尽快地掌握方法，全面指导施工。

2. 施工图中常用的符号

（1）定位轴线。

定位轴线是用来确定主要承重结构和构件（承重墙、梁、柱、屋架、基础等）的位置，以

便施工时定位放线和查阅图纸。

1）定位轴线的绘制。

线型：细单点长划线。

轴线编号的圆：细实线，平、立、剖面图中直径 8 mm，详图中直径 10 mm。

编号（以平面图为例）：水平方向，从左向右依次用阿拉伯数字编写；竖直方向，从下向上依次用大写拉丁字母编写（不能用 I、O、Z，以免与数字 1、0、2 混淆），如图 4-5 所示。

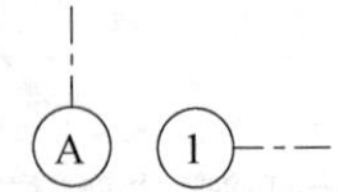

图 4-5　定位轴线的绘制

较复杂的平面图中定位轴线也可以采用分区编号。编号的注写形式应为“分区号—该分区编号”，采用阿拉伯数字或大写拉丁字母表示。

2）标注位置。图样对称时，一般标注在图样的下方和左侧；图样不对称时，以下方和左侧为主，上方和右方也要标注。

3）分轴线的标注。对于次要承重构件，不用单独划为一个编号，可以用分轴线表示。表示方法：用分数进行编号，以前一轴线编号为分母，阿拉伯数字（1、2、3）为分子依次编写，如图 4-6 所示。

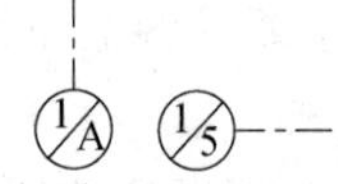

图 4-6　分轴线的标注

4）详图中的轴线编号。

定位轴线编号的圆：直径 10 mm，细实线绘制。

当某一详图适用几个轴线时，应同时注明各有关轴线的编号。通用详图中的定位轴线，应只画圆，不注写轴线编号。

（2）标高符号。

在总平面图、平面图、立面图、剖面图上，经常有需要标注高度的地方。不同图样上的标高符号绘制方法各不相同，如图 4-7 所示。

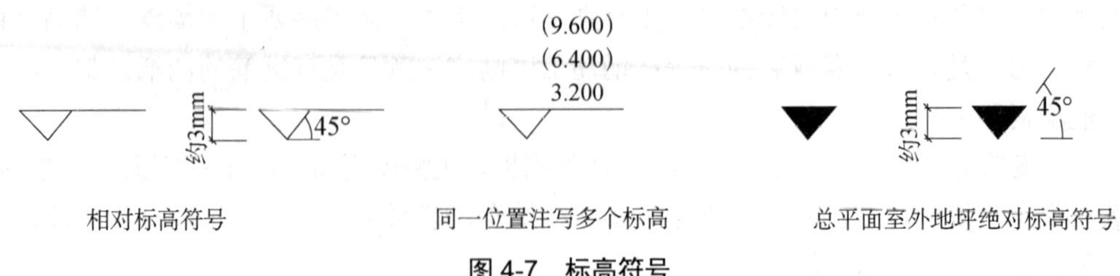

图 4-7　标高符号

1）平面图的标高符号：用相对标高，保留三位小数。

2）立面图、剖面图的标高符号：用相对标高，保留三位小数。

3）总平面图的标高符号（室内、室外）：用绝对标高，保留两位小数。

如标高数字前有“-”号，表示该完成面低于零点标高。

绝对标高的零点高度为青岛外黄海的平均海平面；相对标高的零点高度为房屋第一层的室内地面，其表示方法是在相对标高符号上注写±0.000。

（3）索引符号和详图符号。

为了方便查找构件详图，用索引符号可以清楚地表示出详图的编号，详图的位置和详图所在图纸的编号。

1）索引符号（如图4-8所示）。

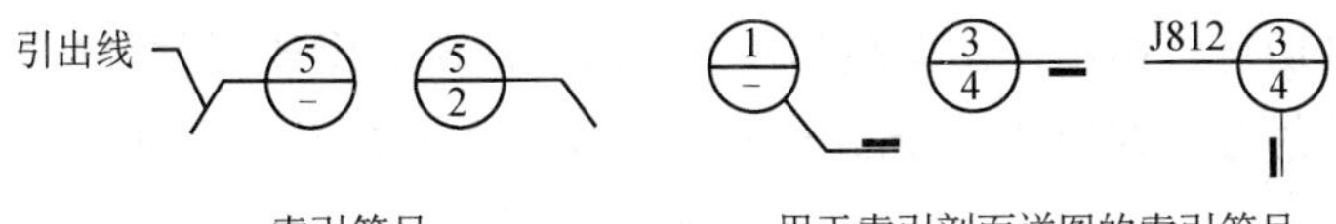

索引符号　　用于索引剖面详图的索引符号

图4-8　索引符号和剖切索引符号

绘制方法：引出线指在要画详图的地方，引出线的另一端为细实线、直径10 mm的圆，引出线应对准圆心。在圆内过圆心画一条水平细实线，将圆分为两个半圆。

当索引符号用于索引剖面详图时，应在被剖切的部位绘制剖切位置线，引出线所在一侧应为投射方向。

编号方法：上半圆用阿拉伯数字表示详图的编号；下半圆用阿拉伯数字表示详图所在图纸的图纸号，若详图与被索引的图样在同一张图纸上，下半圆中间画一条水平细实线；如详图为标准图集上的详图，应在索引符号水平直径的延长线上加注标准图集的编号（如图4-9所示）。

图4-9　索引符号编号方法

2）详图符号——表示详图的位置和编号（如图4-10所示）。

绘制方法：粗实线，直径14 mm。

编号方法：当详图与被索引的图样不在同一张图纸上时，过圆心画一条水平细实线，上半圆用阿拉伯数字表示详图的编号，下半圆用阿拉伯数字表示被索引图纸的图纸号。

当详图与被索引的图样在同一张图纸上时，圆内不画水平细实线，圆内用阿拉伯数字表示详图的编号。

5　　5/12

详图与被索引的图样在同一张图纸上　　详图与被索引的图样在不同一张图纸上

图4-10　详图符号

3）零件、钢筋、杆件、设备等的编号（如图4-11所示）。

绘制方法：细实线，直径6 mm。

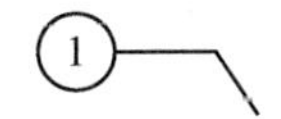

图4-11　零件、钢筋、杆件、设备等的编号

编号方法：用阿拉伯数字依次编号。

3. 剖面图与断面图

（1）剖面图。

工程上常常采用作剖面图的办法，即假设用剖切面在形体的适当部位将形体剖开，移去剖切面与观察者之间的部分形体，把原来不可见的内部结构变为可见，将剩其余的部分投射到投影面上，这样得到的投影图称为剖面图（简称剖面）。

对于内部形状或构造比较复杂的形体，使用剖面图可以将虚线变为实线，利用于识图人员的读图，同时也便于标注尺寸。

剖面图中的剖切符号由剖切位置线和投射方向线两部分组成，剖切位置线用 6～10 mm 长的粗实线表示，投射方向线用 4～6 mm 长的粗实线表示（如图 4-12 所示）。

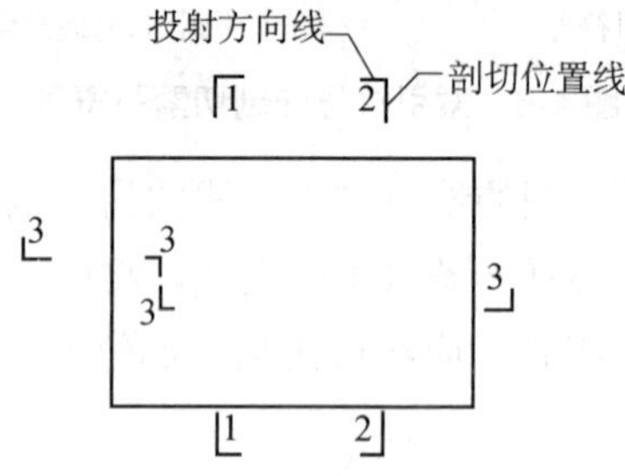

图 4-12　剖切符号及编号

剖面的剖切符号编号宜采用阿拉伯数字，并水平地注写在投射方向线的端部。剖面图的名称应用相应的编号，水平注写在相应的剖面图的下方，并在图名下画一条粗实线，其长度以图名所占长度为准。

（2）断面图。

假设用剖切平面将物体的某处切断，仅画出该剖切面与构件接触部分的图形，这种图就称为断面图。

断面图用来表示构件的断面形状、大小、使用材料等情况。

断面剖切符号由剖切位置线和剖切编号两部分组成。剖切位置线是长度为 6～10 mm 的两段粗实线，表示剖切面的剖切位置。编号标注的一侧为剖视方向。

（3）常见材料符号。

剖面图和断面图中，剖切面所剖到的断面应填充材料符号，常见材料符号见表 4-3。

表 4-3　部分常见材料符号

名称	图例	名称	图例
自然土壤		砂、灰土	
夯实土壤		毛石	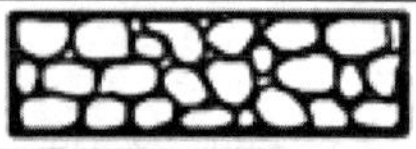
普通砖		金属	

续表

名称	图例	名称	图例
混凝土		木材	
钢筋混凝土		玻璃	
饰面砖		粉刷	

二、建筑施工图、结构施工图的绘制步骤与方法

施工图绘制的一般步骤：绘图前先仔细阅读或思考图样，确定好合适的绘图比例以及各部分的大小尺寸关系，考虑图样在图纸中的布局，待位置确定后，以轴线、基准线和中心线等确定好图样的位置，然后逐一绘制出图样其他部分。

1. 建筑施工图的绘制步骤与方法

（1）建筑平面图的绘制方法与步骤。

1）选定比例与图幅进行图面布置。根据房屋的复杂程度与大小，选定适当的比例，并确定图幅的大小。要注意留出标注尺寸、符号及文字说明的位置。

2）绘制图框及标题栏，并绘制出定位轴线。

3）画墙体、柱断面及门窗位置、走廊，同时也补全未定轴线的次要的非承重墙。

4）标注尺寸、注写符号及文字说明。

5）图面复核。为尽量做到准确无误，完成给图前应仔细检查，及时更正错误。

建筑平面图的图线：对于被剖切到的主要建筑构造（包括构配件），如承重墙、柱的断面轮廓线及剖切符号用粗实线；被剖切到的次要建筑构造（包括构配件）的轮廓线（如墙身、台阶、散水、门扇开启线）、建筑构配件的轮廓线及尺寸起止斜短线用中实线；建筑构配件不可见轮廓线用中虚线；其余可见轮廓线及图例、尺寸标注等线用细实线；较简单的图样可用粗实线和细实线两种线宽。

（2）建筑立面图的绘制方法与步骤。

建筑立面图的绘制方法与步骤与建筑平面图基本一致，一般对应平面图绘制立面图。

1）选定比例与图幅进行图面布置，绘制标题栏。比例、幅面与平面图一致。

2）画室外地坪线、外墙轮廓线和屋顶或檐口线，并画出首层轴线和外墙面表面分格线。

3）画细部轮廓，如门窗洞口位置、窗台、走廊、窗檐、屋檐、屋顶、雨篷及雨水管等。

4）标注尺寸、标高，应用文字注写说明各部位所用面材及色彩。

5）图面复核。

建筑立面图的图线：立面图的外轮廓线，用粗实线表示；突出墙面的雨篷、阳台、门窗洞口、窗台、窗棉、台阶、柱和花池等投影，用中实线表示；其他如门窗、墙面等分格线、落水管、材料符号引出线及说明引出线等，用细实线表示；室外地坪线，用特粗实线表示。

（3）建筑立面图的绘制方法与步骤。

建筑剖面图的绘制方法与步骤与建筑平面图、立面图基本一致，一般是在已绘制好的平

面图、立面图的基础上绘制。

1）按比例画出定位线，内容包括室内外地坪线、楼层分格线、墙体轴线。

2）确定墙厚、楼层厚度、地面厚度及门窗的位置。

3）画出可见的构配件的轮廓线及相应的图例。

4）图面复核。

建筑剖面图的图线：对于被剖切到的主要建筑构造（如承重墙、柱）的断面轮廓线及剖切符号用粗实线；被剖切到的次要建筑构造（如墙身、台阶、散水）的轮廓线、建筑构配件的轮廓线及尺寸起止斜短线用中实线；建筑构配件不可见轮廓线用中虚线；其他可见轮廓线及图例、尺寸标注等线用细实线；较简单的图样可用粗实线和细实线两种线宽。

2. 结构施工图的绘制步骤与方法

（1）基础平面图的表示方法。

1）在基础平面图中，只画出基础墙、柱及基础底面的轮廓线，基础的细部轮廓（如大放脚）可省略不画。

2）凡被剖切到的基础墙、柱轮廓线，应画成中实线，基础底面的轮廓线应画成细实线。

3）基础平面图中采用的比例及材料图例与建筑平面图相同。

4）基础平面图应注出与建筑平面图相一致的定位轴线编号和轴线尺寸。

5）当基础墙上留有管洞时，应用虚线表示其位置，具体做法及尺寸另用详图表示。

6）当基础中设基础梁和地圈梁时，用粗单点长画线表示其中心线的位置。

（2）基础详图的表示方法。

1）基础断面形状的细部构造按正投影法绘制，如垫层、砖基础的大放脚，钢筋混凝土基础的杯口等。

2）基础断面除钢筋混凝土材料外，其他材料宜画出材料图例符号。

3）钢筋混凝土独立基础除凸出基础的断面图外有时还要凸出基础的平面图，并在平面图中采用局部剖面表达底板配筋。

4）基础详图的轮廓线用中实线表示，钢筋符号用粗实线绘制。

（3）楼层结构平面图的表示方法。

1）对于多层建筑，一般应分层绘制楼层结构平面图。但如各层构件的类型、大小、数量、布置均相同时，可只画出标准层的楼层结构平面图。

2）如平面对称，可采用对称画法，一半画屋顶结构平面图，另一半画楼层结构平面图。楼梯间和电梯间因另有详图，可在平面图上用相交对角线表示。

3）当铺设预制楼板时，可用细实线分块画出板的铺设方向。如板的数量太多，可采用简化画法，即用一条对角线（细实线）表示楼板的布置范围，并在对角线上（或下）写明预制楼板的数量及型号。

4）当现浇板配筋简单时，直接在结构平面图中表明钢筋的弯曲及配置情况，注明编号、规格、直径、间距。当配筋复杂或不便表示时，用对角线表示现浇板的范围，注写代号如 XB1、XB2 等，然后另画详图表示。

5）梁一般用单点粗画线表示其中心位置，并注明梁的代号，如 L1、L2、L3 等。

6）圈梁、门窗过梁等应编号注出，如 GL1、GL2、GL3 等，若在结构平面图中不能表达清楚时，则需另绘其平面布置图。

7）楼层、屋顶结构平面图的比例同建筑平面图。

8）楼层、屋顶结构平面图中一般用中实线表示剖切到或可见的构件轮廓线，图中虚线表示不可见构件的轮廓线（如被遮盖的墙体、柱子等）。若柱子被剖到，均涂成黑色，并标注代号 Z。门窗洞一般不画出。

9）楼层结构平面图的尺寸，一般只注开间、进深、总尺寸及个别地方容易弄错的尺寸。定位轴线的画法、尺寸及编号应与建筑平面图一致。

（4）钢筋混凝土构件详图表示方法。

1）采用正投影并视构件混凝土为透明体，以重点表示钢筋的配置情况。

2）断面图的数量应根据钢筋的配置而定，凡是钢筋排列有变化的地方，都应画出其断面图。

3）为防止混淆、方便看图，构件中的钢筋都要统一编号，在立面图和断面图中要注出一致的钢筋编号、直径、数量和间距等。

4）单根钢筋详图按其在立面图中的位置由上而下，用同一比例排列在梁立面图的下方，并与之对齐。

三、混凝土结构施工图平面整体表示方法简介

1. 概述

平面表示法即“混凝土结构施工图平面整体表示方法”，简称“平法”。概括来讲是把结构构件的尺寸和配筋及构造，整体直接表达在各类构件的结构平面布置图上（称为平面整体配筋图），再与标准构造详图相配合，构成一套新型完整的结构施工图。它改变了传统的那种将构件从结构平面布置图中索引出来，再逐一绘制配筋详图的烦琐方法。其制图规则如下：

（1）平法施工图由构件平面整体配筋图和标准构造详图两大部分构成。但对于复杂的工业与民用建筑，尚需增加模板、开洞和预埋件等平面图（或立面图）及详图。它适用于各种现浇钢筋混凝土结构的基础、柱、剪力墙、梁、板、楼梯等构件的施工图平法设计。

（2）平面整体配筋图是按照各类构件的制图规则，在结构平面布置图上直接表示各构件的尺寸、配筋和所选用的标准构造详图的图样。

（3）在平面布置图上表示各构件尺寸和配筋的方式，分平面注写方式、列表注写方式和截面注写方式三种，可根据具体情况选择使用。

（4）绘制平面整体配筋图时，应将图中所有构件进行编号，编号中应含有类型代号和序号等，类型代号的主要作用是指明所选用的标准构造详图；在标准构造详图上，应按其所属构件类型注有代号，明确该详图与平面整体配筋图中相同构件的互补关系，两者合并构成完整的施工图。

（5）对混凝土保护层厚度、钢筋搭接和锚固长度，除图中注明者外，均须按标准构造详图中的有关构造规定执行。

2. 柱平法施工图的表示方法

柱平法施工图是在柱平面布置图上采用列表注写方式或截面注写方式表达。

（1）列表注写方式。

列表注写方式即在柱平面布置图上（一般只需采用适当比例绘制一张柱平面布置图，包括框架柱、框支柱、梁上柱和剪力墙上柱），分别在不同编号的柱中各选择一个（有时需要选择几个）截面标注几何参数代号，在柱表中注写柱编号、柱段起止标高、几何尺寸（含柱截面对称轴线的偏心情况）与配筋的具体数值，并配以各种柱截面形状及其箍筋类型图的方式，来表达柱平法施工图（如图 4-13 所示）。

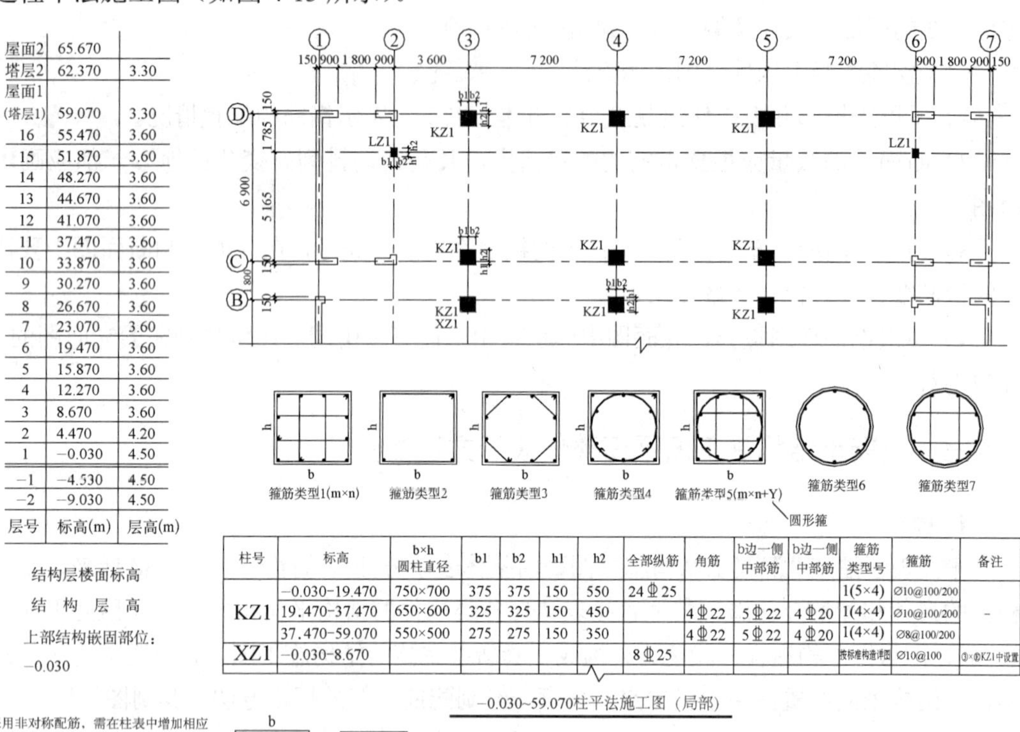

层号	标高(m)	层高(m)
屋面2	65.670	
塔层2	62.370	3.30
屋面1（塔层1）	59.070	3.30
16	55.470	3.60
15	51.870	3.60
14	48.270	3.60
13	44.670	3.60
12	41.070	3.60
11	37.470	3.60
10	33.870	3.60
9	30.270	3.60
8	26.670	3.60
7	23.070	3.60
6	19.470	3.60
5	15.870	3.60
4	12.270	3.60
3	8.670	3.60
2	4.470	4.20
1	−0.030	4.50
−1	−4.530	4.50
−2	−9.030	4.50

结构层楼面标高

结构层高

上部结构嵌固部位：

−0.030

柱号	标高	b×h 圆柱直径	b1	b2	h1	h2	全部纵筋	角筋	b边一侧中部筋	b边一侧中部筋	箍筋类型号	箍筋	备注
KZ1	−0.030-19.470	750×700	375	375	150	550	24Φ25				1(5×4)	Ø10@100/200	−
	19.470-37.470	650×600	325	325	150	450		4Φ22	5Φ22	4Φ20	1(4×4)	Ø10@100/200	
	37.470-59.070	550×500	275	275	150	350		4Φ22	5Φ22	4Φ20	1(4×4)	Ø8@100/200	
XZ1	−0.030-8.670						8Φ25				按标准构造详图	Ø10@100	③×⑧KZ1中设置

−0.030~59.070柱平法施工图（局部）

注：1. 如采用非对称配筋，需在柱表中增加相应栏目分别表示各边的中部筋。
2. 抗震设计时箍筋对纵筋至少隔一拉一。
3. 类型1、5的箍筋肢数可有多种组合，右图为5×4的组合，其余类型为固定形式，在表中只注类型号即可。

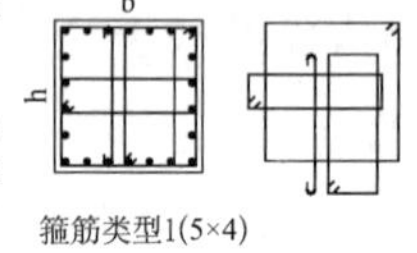

箍筋类型1(5×4)

图 4-13 柱平法施工图列表注写方式示例

图 4-13 为柱平法施工图列表注写方式示例，阅读时应注意以下六项内容：

1）柱编号由类型代号和序号组成，见表 4-4。

表 4-4 柱编号

柱类型	代号	序号	柱类型	代号	序号
框架柱	KZ	××	梁上柱	LZ	××
框支柱	KZZ	××	剪力墙上柱	QZ	××
芯柱	XZ	××			

注：编号时，当柱的总高、分段截面尺寸和配筋均对应相同，仅截面与轴线的关系不同时，仍可将其编为同一柱号，但应在图中注明截面与轴线的关系。

比如某柱的编号为“KZ1”，即序号为 1 号的框架柱。

2）各段柱的起止标高，自柱根部往上以变截面位置或截面未变但配筋改变处为界分段注写。注意：框架柱和框支柱的根部标高指基础顶面标高；梁上柱的根部标高指梁顶面标高；剪力墙上柱的根部标高分两种，当柱纵筋锚固在墙顶部时，其根部标高为墙顶面标高，当柱与剪力墙重叠一层时，其根部标高为墙顶下面一层的楼层结构标高。

3）柱截面尺寸 b×h 及与轴线关系 b_1、b_2 和 h_1、h_2 的具体数值，须对应于各段柱分别注写，其中 $b=b_1+b_2$，$h=h_1+h_2$。

4）柱纵筋分角筋、截面 b 边中部筋和 h 边中部筋三项（对称截面对称边可省略），当为圆柱时，表中角筋一栏注写圆柱的全部纵筋。

5）柱箍筋类型号，具体工程所设计的各种箍筋类型图须画在表的上部或图中的适当位置，编上类型号，并标注与表中相对应的 b、h 边。

6）柱箍筋，包括钢筋级别、直径与间距。当为抗震设计时，用斜线“/”区分箍筋加密区与非加密区长度范围内箍筋的不同间距。

（2）截面注写方式。

截面注写方式是在分标准层绘制的柱平面布置图上，分别在不同编号的柱中各选择一个截面注写截面尺寸和配筋具体数值，来表达柱平面整体配筋图。

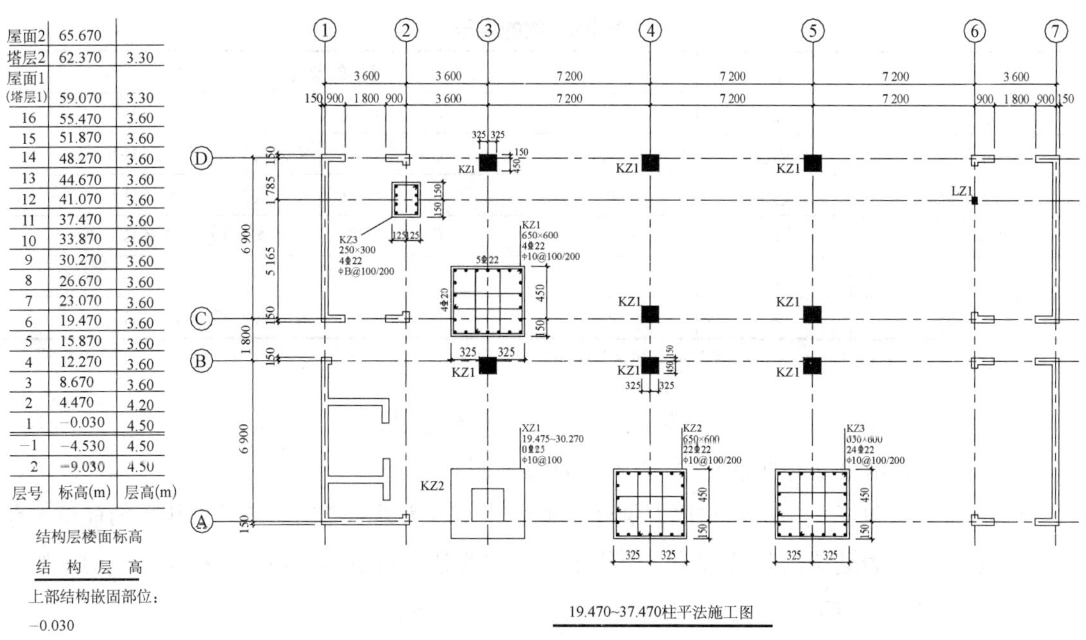

层号	标高(m)	层高(m)
屋面2	65.670	
塔层2	62.370	3.30
屋面1（塔层1）	59.070	3.30
16	55.470	3.60
15	51.870	3.60
14	48.270	3.60
13	44.670	3.60
12	41.070	3.60
11	37.470	3.60
10	33.870	3.60
9	30.270	3.60
8	26.670	3.60
7	23.070	3.60
6	19.470	3.60
5	15.870	3.60
4	12.270	3.60
3	8.670	3.60
2	4.470	4.20
1	−0.030	4.50
−1	−4.530	4.50
−2	−9.030	4.50

图 4-14　柱平面整体配筋图截面注写方式示例

图 4-14 为柱平面整体配筋图截面注写方式示例，阅读时应注意的规则：

1）对所有柱截面按表 4-4 的规定进行编号，从相同编号的柱中选择一个截面，按另外一种比例放大绘制截面配筋图，继其编号后再注写。

如图中有四种不同编号的柱截面，即“LZ1、KZ1、KZ2、KZ3”，分别对其放大比例绘制截面配筋图，并进行注写。

2）注写内容包括：截面尺寸 b×h、角筋或全部纵筋（当纵筋采用一种直径时）以及箍筋的具体数值。当纵筋采用两种直径时，须再注写截面各边中部筋的具体数值。

3）在柱截面配筋图上注写柱截面与轴线关系 b_1、h_1、b_2、h_2 的具体数值。

4）当柱的总高、分段截面尺寸和配筋均相同，仅分段截面与轴线的关系不同时，可将其编为同一柱号，但应在未画配筋的柱截面上注写该柱截面与轴线的关系。

如图中 KZ1，柱截面在轴线 B 和 C 上的关系不同，但柱的总高、分段截面尺寸和配筋均相同，将其编为同一柱号 KZ1，并在未画配筋的柱截面上注写了柱截面与轴线的关系。

3. 梁平法施工图的表示方法

梁平法施工图是在梁平面布置图上采用列表注写方式或截面注写方式表达。

（1）平面注写方式。

平面注写方式是在梁平面布置图上，分别在不同编号的梁中各选择一根梁，在其上注写梁截面尺寸和配筋具体数值的方式来表达梁平法施工图。

阅读梁平法施工图平面注写方式时须注意以下规则：

1）梁的编号由梁类型代号、序号、跨数及有无悬挑代号几项组成，具体见表 4-5 的规定。

表 4-5　梁的编号

梁类型	代号	序号	跨数及是否带有悬挑
楼层框架梁	KL	××	（××）或（××A）或（××B）
屋面框架梁	WKL	××	（××）或（××A）或（××B）
框支梁	KZL	××	（××）或（××A）或（××B）
非框架梁	L	××	（××）或（××A）或（××B）
悬挑梁	XL	××	
井字梁	JZL	××	（××）或（××A）或（××B）

注：（××A）为一端有悬挑，（××B）为两端有悬挑，悬挑不计入跨数。

例：KL7（5A）表示第 7 号框架梁，5 跨，一端有悬挑：

L9（7B）表示第 9 号非框架梁，7 跨，两端有悬挑。

2）平面注写包括集中标注与原位标注。集中标注表达梁的通用数值（可从梁的任意一跨引出），原位标注表达梁的特殊数值。当集中标注中的某项数值不适用于梁的某部位时，则将该项数值原位标注，施工时，原位标注取值优先，如图 4-15 所示。

3）梁集中标注的内容，有五项必注值及一项选注值。五项必注值：梁编号、梁截面尺寸、梁箍筋、梁上部贯通筋或架立筋根数、梁侧面纵向构造钢筋或受扭钢筋配置（标注时应在配筋值前加“G”或“N”）；一项选注值：梁顶面标高高差。

图 4-15 所示的集中标注，其符号含义如下：

KL2（2A）300×650：编号为 2 的框架梁，两跨，一端有悬挑；梁的断面宽为 300 mm，高为 650 mm。

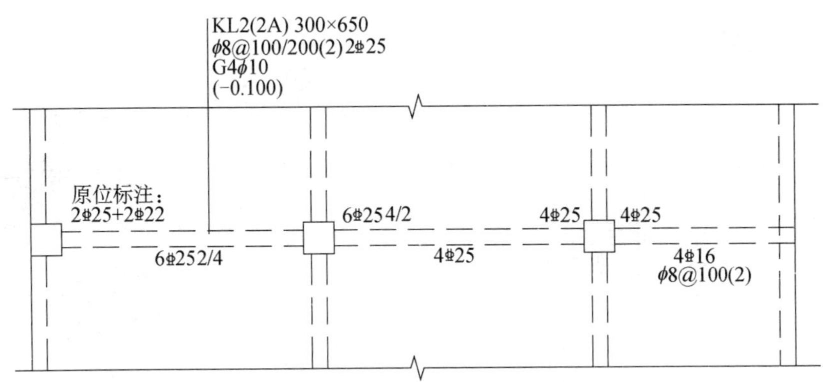

图 4-15　平面注写方式示例

ϕ8@100/200（2）2⌀25：箍筋为 HPB300 级钢筋，直径为 8 mm，加密区间距为 100 mm，非加密区间距为 200 mm，均为两肢箍；梁上部配置的通长筋为两根直径 25 mm 的 HRB400 级钢筋（位于角部，兼起架立筋作用），若有架立筋时则写入"+"号后的括号内；若下部有通长筋，则用"；"分隔开来。

G4ϕ10：梁的两个侧面共配置 4ϕ10 的纵向构造钢筋，每侧各配置 2ϕ10。

（−0.100）：梁顶面低于所在楼层结构标高 0.1 m。

4）梁原位标注的内容，包括梁支座上部纵筋（含通长筋在内的所有纵筋）、梁下部纵筋、附加箍筋或吊筋。

图 4-15 所示原位标注含义如下：

梁上部纵筋 2⌀25+2⌀22：当上部同排有两种直径的钢筋时，用"+"表示，直径为 25 mm 的在角部，直径为 22 mm 的在中部。

梁下部纵筋 6⌀25 2/4：当下部纵筋多于一排时，用"/"将各排纵筋自上而下分开。此标注表示上排纵筋为两根，下排为四根，钢筋均为直径 25 mm 的 HPB400 级钢筋。

梁某跨有附加箍筋或吊筋时，将其直接画在平面图中的主梁上，用线引注总配筋值（附加箍筋的肢数注在括号内），如图 4-16 所示。

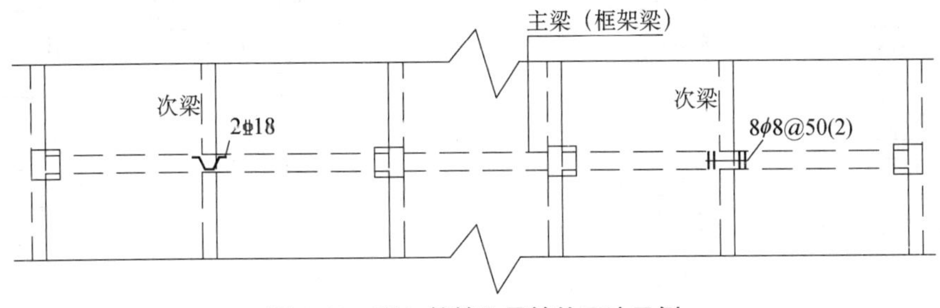

图 4-16　附加箍筋和吊筋的画法示例

（2）截面注写方式。

截面注写方式是在分标准层绘制的梁平面布置图上，分别在不同编号的梁中各选择一根梁用剖面符号引出配筋图，并在截面配筋图上注写截面尺寸与配筋具体数值的方式来表达梁平法施工图。

截面注写方式既可以单独使用，也可与平面注写方式结合使用。当梁平面整体配筋图中局部区域的梁布置过密或表达异形截面梁的尺寸、配筋时，用截面注写方式比较方便。

图 4-18 是图 4-17 中某局部 L3、L4 梁采用截面注写的示例，可以看出，梁布置过密时，

采用截面注写较清楚。

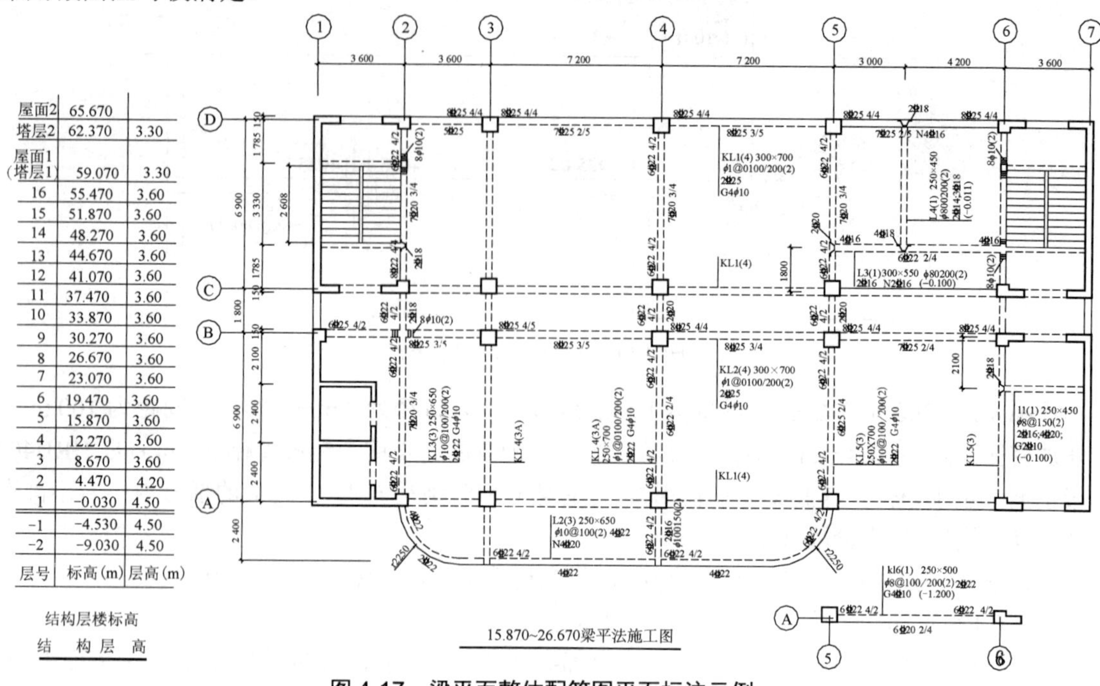

图 4-17　梁平面整体配筋图平面标注示例

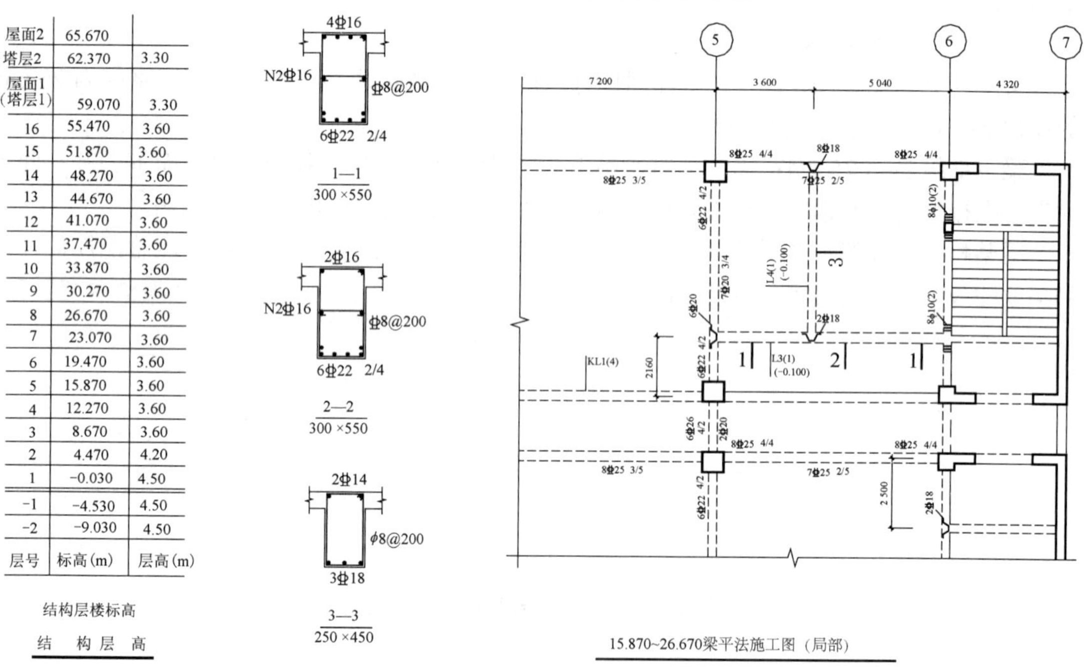

图 4-18　梁平面整体配筋图截面标注示例

4. 剪力墙平法施工图的表示方法

剪力墙平法施工图是在剪力墙平面布置图上采用列表注写方式或截面注写方式表达。

（1）平面注写方式。

列表注写方式是分别在剪力墙柱表、剪力墙身表和剪力墙梁表中，对应于剪力墙平面布置图上的编号，分别绘制截面配筋图并注写几何尺寸与配筋具体数值的方式，来表达剪力墙平法施工图。示例参见图 4-19 所示。

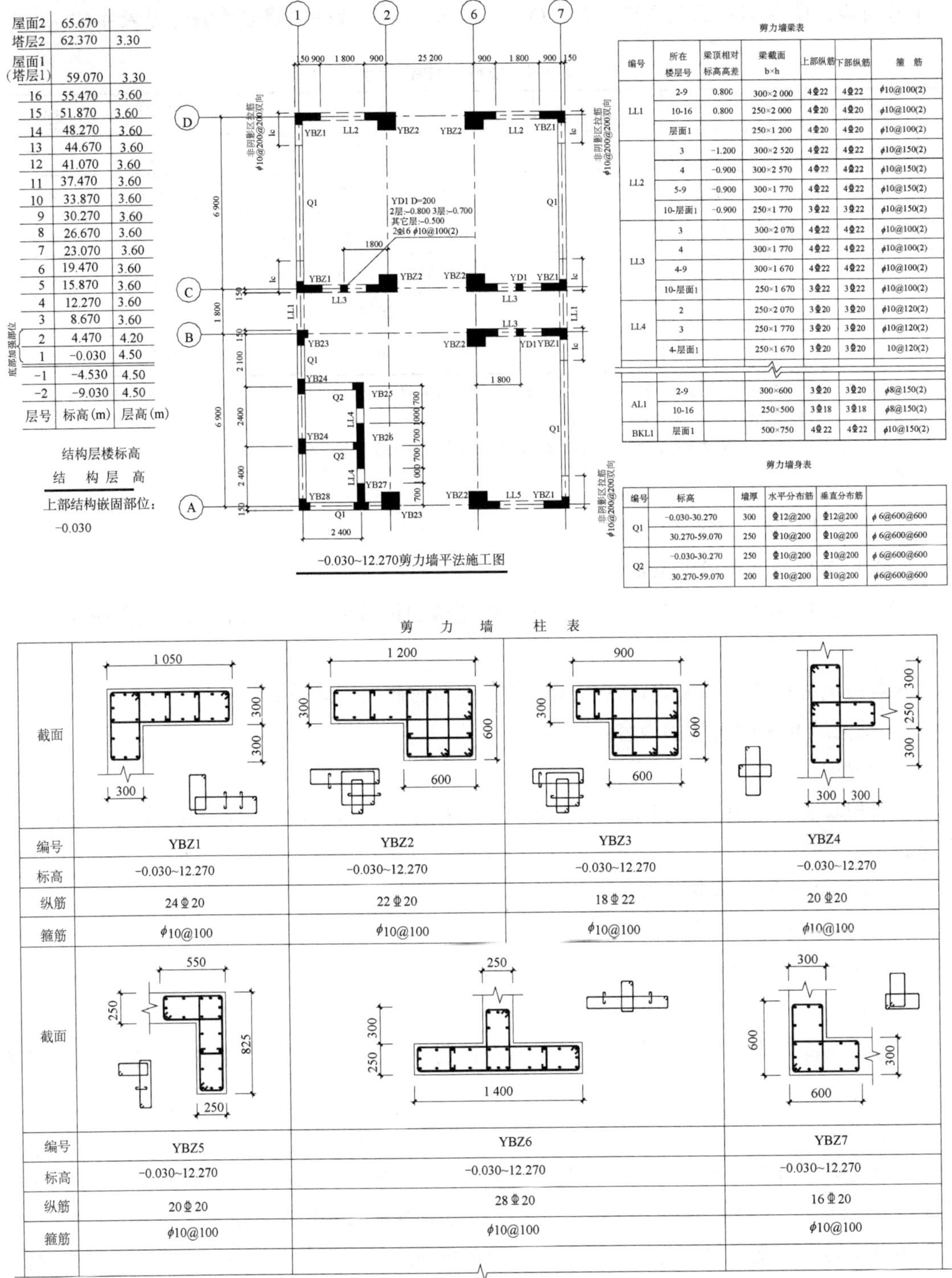

层号	标高(m)	层高(m)
屋面2	65.670	
塔层2	62.370	3.30
屋面1（塔层1）	59.070	3.30
16	55.470	3.60
15	51.870	3.60
14	48.270	3.60
13	44.670	3.60
12	41.070	3.60
11	37.470	3.60
10	33.870	3.60
9	30.270	3.60
8	26.670	3.60
7	23.070	3.60
6	19.470	3.60
5	15.870	3.60
4	12.270	3.60
3	8.670	3.60
2	4.470	4.20
1	-0.030	4.50
-1	-4.530	4.50
-2	-9.030	4.50

结构层楼标高
结 构 层 高
上部结构嵌固部位：
-0.030

剪力墙梁表

编号	所在楼层号	梁顶相对标高高差	梁截面 b×h	上部纵筋	下部纵筋	箍筋
LL1	2-9	0.800	300×2 000	4Φ22	4Φ22	ϕ10@100(2)
	10-16	0.800	250×2 000	4Φ20	4Φ20	ϕ10@100(2)
	层面1		250×1 200	4Φ20	4Φ20	ϕ10@100(2)
LL2	3	-1.200	300×2 520	4Φ22	4Φ22	ϕ10@150(2)
	4	-0.900	300×2 570	4Φ22	4Φ22	ϕ10@150(2)
	5-9	-0.900	300×1 770	4Φ22	4Φ22	ϕ10@150(2)
	10-层面1	-0.900	250×1 770	3Φ22	3Φ22	ϕ10@150(2)
LL3	3		300×2 070	4Φ22	4Φ22	ϕ10@100(2)
	4		300×1 770	4Φ22	4Φ22	ϕ10@100(2)
	4-9		300×1 670	4Φ22	4Φ22	ϕ10@100(2)
	10-层面1		250×1 670	3Φ22	3Φ22	ϕ10@100(2)
LL4	2		250×2 070	3Φ20	3Φ20	ϕ10@120(2)
	3		250×1 770	3Φ20	3Φ20	ϕ10@120(2)
	4-层面1		250×1 670	3Φ20	3Φ20	10@120(2)
AL1	2-9		300×600	3Φ20	3Φ20	ϕ8@150(2)
	10-16		250×500	3Φ18	3Φ18	ϕ8@150(2)
BKL1	层面1		500×750	4Φ22	4Φ22	ϕ10@150(2)

剪力墙身表

编号	标高	墙厚	水平分布筋	垂直分布筋	
Q1	-0.030-30.270	300	Φ12@200	Φ12@200	ϕ6@600@600
	30.270-59.070	250	Φ10@200	Φ10@200	ϕ6@600@600
Q2	-0.030-30.270	250	Φ10@200	Φ10@200	ϕ6@600@600
	30.270-59.070	200	Φ10@200	Φ10@200	ϕ6@600@600

剪 力 墙 柱 表

编号	YBZ1	YBZ2	YBZ3	YBZ4
截面				
标高	-0.030~12.270	-0.030~12.270	-0.030~12.270	-0.030~12.270
纵筋	24Φ20	22Φ20	18Φ22	20Φ20
箍筋	ϕ10@100	ϕ10@100	ϕ10@100	ϕ10@100

编号	YBZ5	YBZ6	YBZ7
截面			
标高	-0.030~12.270	-0.030~12.270	-0.030~12.270
纵筋	20Φ20	28Φ20	16Φ20
箍筋	ϕ10@100	ϕ10@100	ϕ10@100

-0.030~12.270剪力墙平法施工图（部分剪力墙柱表）

图 4-19　剪力墙平面整体配筋图示例

阅读剪力墙平面整体配筋图时，须注意以下规则：

1）编号：将剪力墙按墙柱、墙身、墙梁三类构件分别编号。墙柱、墙梁编号由类型代号和序号组成；墙身编号的表达形式为“Q××（×排）”。墙柱、墙梁的编号见表 4-6。

表 4-6　墙柱、墙梁编号

墙柱类型	代号	序号	墙梁类型	代号	序号
约束边缘构件	YBZ	××	连梁	LL	××
构造边缘构件	GBZ	××	连梁（对角暗撑配筋）	LL（JC）	××
非边缘暗柱	AZ	××	连梁（交叉斜筋配筋）	LL（JX）	××
扶壁柱	FBZ	××	连梁（集中对角斜筋配筋）	LL（DX）	××
			暗梁	AL	××
			边框梁	BKL	××

注：①约束边缘构件包括约束边缘暗柱、约束边缘端柱、约束边缘翼墙、约束边缘转角墙四种；构造边缘构件包括构造边缘暗柱、构造边缘端柱、构造边缘翼墙、构造边缘科角墙四种。

②在具体工程中，当某些墙身需设置暗梁或边框梁时，直在剪力墙平法施工图中绘制暗梁或边框梁的平面布置简图并编号，以明确其具体位置。

2）剪力墙柱表中表达的内容：

①墙柱编号和该墙柱的截面配筋图。

②各段墙柱起止标高，自墙柱根部往上以变截面位置或截面未变但配筋改变处为界分段注写。

③各段墙柱的纵筋和箍筋，其值应与表中绘制的截面配筋图对应一致。

3）剪力墙身表中表达的内容：

①墙身编号。

②各段墙身起止标高，自墙柱根部往上以变截面位置或截面未变但配筋改变处为界分段注写。

4）水平分布筋、竖向分布筋和拉筋。

5）剪力墙梁表中表达的内容：

①墙梁编号。

②墙梁所在楼层号。

③墙梁顶面标高高差，即相对于墙梁所在楼层标高的高差值，高于者为正值，低于者为负值，无高差时不标注。

④墙梁截面尺寸 b×h、上部纵筋、下部纵筋和箍筋的具体数值。

⑤当连梁设有对角暗撑时，注写暗撑的截面尺寸（箍筋外皮尺寸）；注写一根暗撑的全部纵筋，并标注×2 表明有两根暗撑相互交叉；注写暗撑箍筋的具体数值。

⑥当连梁设有交叉斜筋时，注写连梁一侧对角斜筋的配筋值，并标注×2 表明对称设置；注写对角斜筋在连梁端部设置的拉筋根数、规格及直径，并标注×4 表示四个角都设置；注写连梁一侧折线筋配筋值，并标注×2 表明对称设置。

⑦当连梁设有集中对角斜筋时，注写一条对角线上的对角斜筋，并标注×2 表明对称设置。

墙梁侧面纵筋的配置，当墙身水平分布钢筋满足连梁、暗梁及边框梁的梁侧面纵向构造钢筋的要求时，该筋配置同墙身水平分布钢筋，表中不注，施工按标准构造详图的要求即可；当不满足时，应在表中补充注明梁侧面纵筋的具体数值（其在支座内的锚固要求同连梁中受力钢筋）。

（2）截面注写方式。

截面注写方式是在分标准层绘制的剪力墙平面布置图上，以直接在墙柱、墙身、墙梁上注写截面尺寸和配筋具体数值的方式来表达剪力墙平法施工图，如图 4-20 所示。

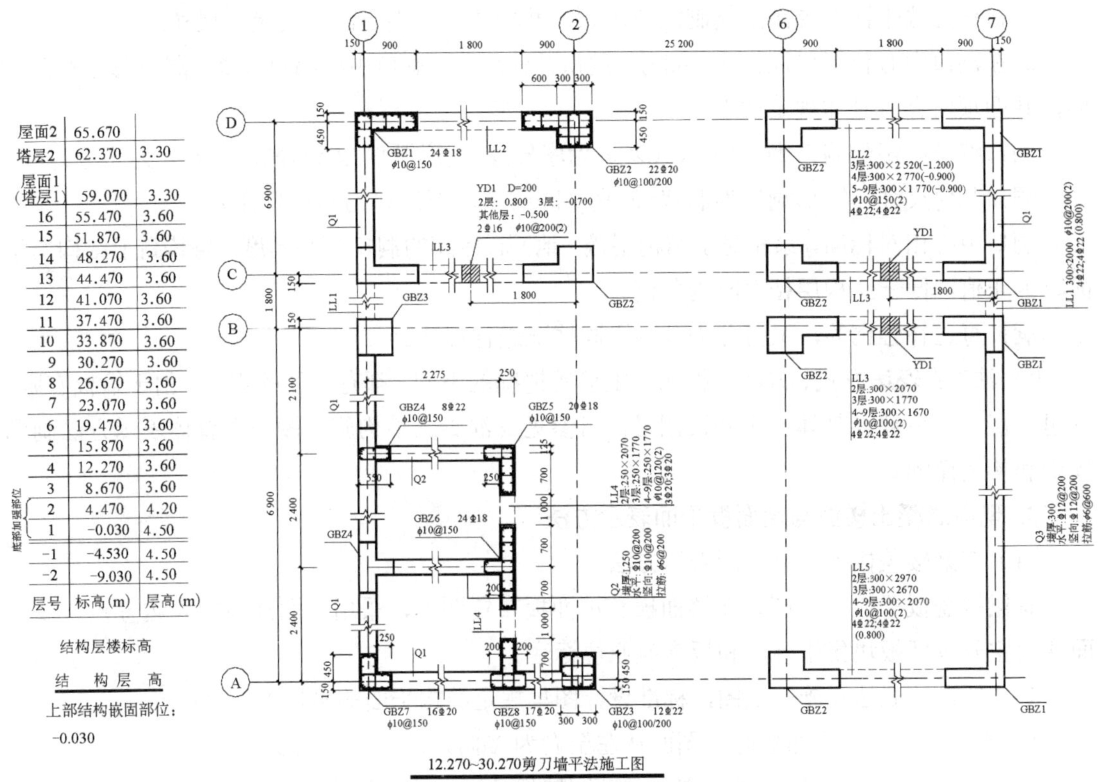

图 4-20　剪力墙平法施工图截面注写方式示例

选用适当比例原位放大绘制剪力墙平面布置图，对墙柱绘制配筋截面图，所有墙柱、墙身、墙梁分别进行编号，并分别在相同编号的墙柱、墙身、墙梁中选择一根墙柱、一道墙身、一根墙梁进行注写，其注写方式按以下规定进行：

1）从相同编号的墙柱中选择一个截面，注明几何尺寸，标注全部纵筋及箍筋的具体数值。

2）从相同编号的墙身中选择一道墙身，按顺序引注的内容为墙身编号（应包括注写在括号内墙身所配置的水平与竖向分布钢筋的排数）、墙厚尺寸，水平分布钢筋、竖向分布钢筋和拉筋的具体数值。

3）从相同编号的墙梁中选择一根墙梁，按顺序引注的内容见相应的剪力墙梁表中表达的内容。

当墙身水平分布钢筋不能满足连梁、暗梁及边框梁的梁侧面纵向构造钢筋的要求时，应补充注明梁侧面纵筋的具体数值；注写时，以大写字母 N 打头，接续注写直径与间距。其在支座内的锚固要求同连梁中受力钢筋。

（3）剪力墙洞口的表示方法。

1）无论采用列表注写方式还是截面注写方式，剪力墙上的洞口均可在剪力墙平面布置图上原位表达。

2）洞口的具体表示方法：

①在剪力墙平面布置图上绘制洞口示意，并标注洞口中心的平面定位尺寸。

②在洞口中心位置引注：洞口编号，洞口几何尺寸，洞口中心相对标高，洞口每边补强钢筋，共四项内容。具体规定如下：

洞口编号：矩形洞口为 JD××（××为序号），圆形洞口为 YD××（××为序号）；

洞口几何尺寸：矩形洞口为洞宽×洞高（b×h），圆形洞口为洞口直径 D；

洞口中心相对标高，系相对于结构层楼（地）面标高的洞口中心高度。当其高于结构层楼面时为正值，低于结构层楼面时为负值。

洞口每边补强钢筋，又可分为几种不同情况进行标注。

“平法”的表达方式、方法根据构件配筋等情况的不同，都有具体的规定，由于篇幅有限，这里不能一一叙述。具体应用和读图时，可参见《混凝土结构施工图平面整体表示方法制图规则和构造详图》。

5. 现浇混凝土楼面与屋面板平面表示方法

（1）有梁楼盖板平法施工图表示方法。

有梁楼盖板平法施工图是在楼面板和屋面板布置图上，采用平面注写的表达方式。板平面注写主要包括板块集中标注和板支座原位标注。

为方便设计表达和施工识图，标准设计图集规定结构平面的坐标方向为：

1）当两向轴网正交布置时，图面从左至右为 X 向，从下至上为 Y 向。

2）当轴网转折时，局部坐标方向顺轴网转折角度做相应转折。

3）当轴网向心布置时，切向为 X 向，径向为 Y 向。

此外，对于平面布置比较复杂的区域，如轴网转折交界区域、向心布置的核心区域等，其平面坐标方向应由设计者另行规定并在图上明确表示。

（2）板块集中标注。

1）板块集中标注的内容为：板块编号，板厚，贯通纵筋，以及当板面标高不同时的标高高差。

对于普通楼面，两向均以一跨为一板块；对于密肋楼盖，两向主梁（框架梁）均以一跨为一板块（非主梁密肋不计）。所有板块应逐一编号，相同编号的板块可择其一做集中标注，其他仅注写置于圆圈内的板编号，以及当板面标高不同时的标高高差。

板块编号的规定见表 4-7。

表 4-7 板块编号

板类型	代号	序号
楼面板	LB	××
屋面板	WB	××
悬挑板	XB	××

板厚注写为 *h*=×××（为垂直于板面的厚度）；当悬挑板的端部改变截面厚度时，用斜线分隔根部与端部的高度值，注写为 *h*=×××/×××；当设计已在图注中统一注明板厚时，此项可不注。

贯通纵筋按板块的下部和上部分别注写（当板块上部不设贯通纵筋时则不注），并以 *B* 代表下部，以 *T* 代表上部，*B* & *T* 代表下部与上部；*X* 向贯通纵筋以 *X* 打头，*Y* 向贯通纵筋以 *Y* 打头，两向贯通纵筋配置相同时则以 *X* & *Y* 打头。

当为单向板时，分布筋可不必注写，而在图中统一注明。

当在某些板内（例如在悬挑板 XB 的下部）配置有构造钢筋时，则 *X* 向以 *X*c，*Y* 向以 Yc 打头注写。

当 *Y* 向采用放射配筋时（切向为 *X* 向，径向为 *Y* 向），设计者应注明配筋间距的定位尺寸。

当贯通筋采用两种规格钢筋“隔一布一”方式时，表达为ϕxx/yy@×××，表示直径为××的钢筋的间距为×××的 2 倍，直径 yy 的钢筋的间距为×××的 2 倍。

板面标高高差是指相对于结构层楼面标高的高差，应将其注写在括号内，且有高差则注，无高差不注。

例：设有一楼面板块注写为：LB5 h=110

B：*X*ϕ12@120；*Y*ϕ10@110

表示 5 号楼面板，板厚 110 mm，板下部配置的贯通纵筋 *X* 向为ϕ12@120，*Y* 向为ϕ10@110；板上部未配置贯通纵筋。

例：设有一楼面板块注写为：LB5 h=120

B：*X*ϕ10/12@100；*Y*ϕ10@120

表示 5 号楼面板，板厚 120，板下部配置的贯通纵筋 *X* 向为ϕ10、ϕ12 隔一布一，ϕ10 与ϕ12 之间的间距为 100；*Y* 向为ϕ10@120；板上部未配置贯通纵筋。

例：设有一悬挑板注写为：XB2 h=150/100

B：*X*c&*Y*cϕ8@200

表示 2 号悬挑板，板根部厚 150 mm，端部厚 100 mm，板下部配置构造钢筋双向均为ϕ8@200（上部受力钢筋见板支座原位标注）。

2）同一编号板块的类型、板厚和贯通纵筋均应相同，但板面标高、跨度、平面形状以及板支座上部非贯通纵筋可以不同，如同一编号板块的平面形状可为矩形、多边形及其他形状等。施工预算时，应根据其实际平面形状，分别计各块板的混凝土与钢材用量。

3）设计与施工应注意：单向或双向连续板的中间支座上部同向贯通纵筋，不应在支座位置连接或分别锚固。当相邻两跨的板上部贯通纵筋配置相同，且跨中部位有足够空间连接时，可在两跨任意一跨的跨中连接部位连接；当相邻两跨的上部贯通纵筋配置不同时，应将配置较大者越过其标注的跨数终点或起点伸至相邻跨的跨中连接区域连接。

设计应注意板中间支座两侧上部贯通纵筋的协调配置，施工及预算应按具体设计和相应标准构造要求实施。

（3）板支座原位标注。

1）板支座原位标注的内容为：板支座上部非贯通纵筋和悬挑板上部受力钢筋。

板支座原位标注的钢筋，应在配置相同跨的第一跨表达（当在梁悬挑部位单独配置时则在原位表达）。在配置相同跨的第一跨（或梁悬挑部位），垂直于板支座（梁或墙）绘制一段适宜长度的中粗实线（当该筋通长设置在悬挑板或短跨板上部时，实线段应画至对边或贯通短跨），以该线段代表支座上部非贯通纵筋；并在线段上方注写钢筋编号（如①、②等）、配筋值、横向连续布置的跨数（注写在括号内，且当为一跨时可不注），以及是否横向布置到梁的悬挑端。

例如：（××）为横向布置的跨数，（××A）为横向布置的跨数及一端的悬挑部位，（××B）为横向布置的跨数及两端的悬挑部位。

板支座上部非贯通筋自支座中线向跨内的延伸长度，注写在线段的下方。

当中间支座上部非贯通纵筋向支座两侧对称延伸时，可仅在支座一侧线段下方标注延伸长度，另一侧不注，如图 4-21（a）所示。图中②ϕ12@120 表示 2 号钢筋为 1 根ϕ12，间距 120 mm，两边各延伸 1 800 mm。

当向支座两侧非对称伸出时，应分别在支座两侧线段下方注写延伸长度，如图 4-21（b）所示。图中表示 3 号钢筋左边延伸 1 800 mm，右边延伸 1 400 mm。

对于线段画至对边贯通全跨或贯通全悬挑长度的上部通长纵筋，贯通全跨或延伸至全悬挑一侧的长度值不注，只注明非贯通筋另一侧的延伸长度值，如图 4-21（c）所示。图中分别表示 3 号钢筋为 1 根ϕ10，间距 100 mm，南边延伸 1 950 mm，北边延伸到全跨：5 号钢筋为 1 根ϕ10，间距 100 mm，南边延伸 2 000 mm，北边延伸到悬挑端。

当板支座为弧形，支座上部非贯通纵筋呈放射状分布时，设计者应注明配筋间距的度量位置并加注“放射分布”四字，必要时应补绘平面配筋图，如图 4-21（d）所示。图中 7 号钢筋为 1 根ϕ12，间距 150 mm，两边各延伸 2 150 mm，且沿径向放射布置。

关于悬挑板的注写方式如图 4-21（e）所示；图中 3 号钢筋为 1 根ϕ12，间距 100 mm，南边延伸到悬挑板端，北边延伸 2 100 mm，且连续相邻 2 跨布置；1 号悬挑板 XB1，厚度 h=120 mm，底部配筋 X 向ϕ8@150，Y 向ϕ8@200 的贯通钢筋；顶部配有 X 向ϕ8@150；这属于集中标注。

此外，悬挑板的悬挑阳角上部放射钢筋的表示方法，详见关于楼板相关构造制图规则中的有关内容。

在板平面布置图中，不同部位的板支座上部非贯通纵筋及悬挑板上部受力钢筋，可仅在一个部位注写，对其他相同者则仅需在代表钢筋的线段上注写编号及横向连续布置的跨数（当为一跨时可不注）即可。

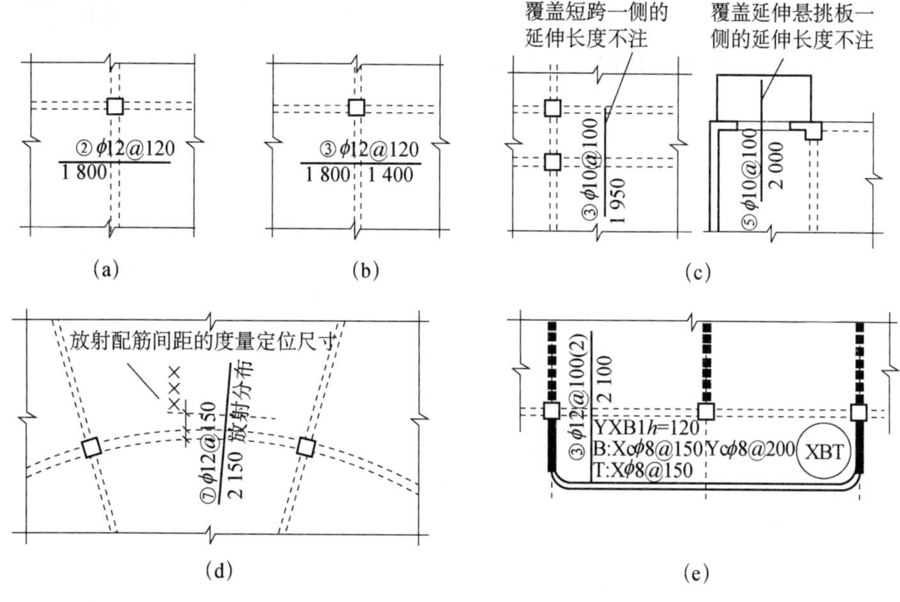

图 4-21　板支座原位标注图例

例：在板平面布置图某部位，横跨支承梁绘制的对称线段上注有⑦ϕ12@100（5A）和 1 500，表示支座上部⑦号非贯通纵筋为ϕ12@100，从该跨起沿支承梁连续布置 5 跨加梁一端的悬挑端，该筋自支座中线向两侧跨内的延伸长度均为 1 500 mm。在同一板平面布置图的另一部位横跨梁支座绘制的对称线段上注有⑦（2），是表示该处布筋同⑦号纵筋，沿支承梁连续布置 2 跨，且无梁悬挑端布置。

此外，与板支座上部非贯通纵筋垂直且绑扎在一起的构造钢筋或分布钢筋，应由设计者在图中注明。

2）当板的上部已配置有贯通纵筋，但需增配板支座上部非贯通纵筋时，应结合已配置的同向贯通纵筋的直径与间距采取“隔一布一”方式配置。

“隔一布一”方式，为非贯通纵筋的标注间距与贯通纵筋相同，两者组合后的实际间距为各自标注间距的 1/2。当设定贯通纵筋为纵筋总截面面积的 50%时，两种钢筋应取相同直径；当设定贯通纵筋大于或小于总截面面积的 50%时，两种钢筋则取不同直径。

例：板上部已配置贯通纵筋ϕ12@250，该跨同向配置的上部支座非贯通纵筋为⑤ϕ12@250，表示在该支座上部设置的纵筋实际为ϕ12@125，其中 1/2 为贯通纵筋，1/2 为⑤号非贯通纵筋（延伸长度值略）。

例：板上部已配置贯通纵筋ϕ10@250，该跨配置的上部同向支座非贯通纵筋为③ϕ12@250，表示该跨实际设置的上部纵筋为（1ϕ10+1ϕ12）/250，实际间距为 125 mm。

施工时应注意：当支座一侧设置了上部贯通纵筋（在板集中标注中以 T 打头），而在支座另一侧仅设置了上部非贯通纵筋时，如果支座两侧设置的纵筋直径、间距相同，应将二者连通，避免各自在支座上部分别锚固。

对于无梁楼盖板平法施工图制图规则和楼板相关构造制图规则，详见《混凝土结构施工图平面整体表示方法制图规则和构造详图》。

第五章　工程质量管理

第一节　工程质量管理基本知识

一、工程质量管理概念

建设工程质量是指国家现行的有关法律、法规、技术标准、设计文件及合同中对建设工程的安全、使用要求、经济技术标准、外观等特性的综合要求。建设工程质量管理是指为了达到建设工程质量要求而采取的作业技术和管理活动等。

我国现行规范建设工程质量管理的法律主要有《建筑法》《标准化法》《产品质量法》，行政法规主要有《建设工程质量管理条例》《标准化法实施条例》，部门规章主要有《工程建设行业标准管理办法》《实施工程建设强制性标准监督规定》《工程建设标准强制性条文》《建设工程质量保证金管理暂行办法》《房屋建筑和市政基础设施工程质量监督管理规定》。各地方性相关法规及政府规章中也包含有关质量的规定。质量是建筑本身的真正生命，也是社会关注的热点。在科学技术日新月异和经济建设高度发展的今天，建筑工程的质量关系到国家经济发展和人民生命财产安全。因此，建筑工程质量管理工作尤为重要。

1. 质量的概念

在国际标准 ISO 9000：2000 中对质量做了比较全面和准确的定义：一组固有特性满足要求的程度。这里“要求”是指明示的、通常隐含的或必须履行的需求或期望。要求不仅是指顾客的要求，还应包括社会的需求，应符合国家的法律、法规和现行的相关政策。质量具有动态性、时效性和相对性。就建筑工程而言，质量应具有安全、适用、经济、美观。

2. 质量管理的概念

质量管理就是指导和控制某组织与质量有关的彼此协调的活动。它通常包括质量方针和质量目标的建立、质量策划、质量保证和质量改进。因此，质量管理可进一步解释为确定和建立质量方针、目标和职责，并在质量体系中通过诸如质量策划、质量控制、质量保证和质量改进等手段来实施的全部管理职能的所有活动。

3. 工程质量管理

工程质量管理是指为保证和提高工程质量，运用一整套质量管理体系、手段和方法所进行的系统管理活动。工程质量好与坏，是一个根本性的问题。工程项目建设投资大，建成及使用时期长，只有合乎质量标准，才能投入生产和交付使用，发挥投资效益。

二、工程质量管理的特点

我国 1984 年开始，改变长期以来由生产者自我评定工程质量的做法，开始实行企业自我监督和社会监督相结合，大力加强社会监督，运用一整套质量管理体系、手段和方法所进行的系统管理活动。

工程质量管理的特点有以下几个方面：

1. 项目管理是复杂的任务

（1）建设工程项目时间跨度长、外界影响因素多，受到投资、时间、质量等多种约束条件的严格限制，并且由多个阶段和部分有机组合而成，其中任何一个阶段或部分出问题，就会影响整个项目目标的实现，增加项目管理的不确定因素。

（2）项目管理需要各方面的人员临时组织成一个团队，要求全体人员能够综合运用包括专业技术、经济、法律等多种学科知识，步调一致地进行工作，随时解决工程实际中发生的问题。

2. 项目管理具有创造性

建设项目具有一次性的特点。项目管理者在项目决策和实施过程中，必须从实际出发，结合项目的具体情况，因地制宜地处理和解决工程项目实际问题。因此，项目管理就是将前人总结的建设知识和经验，创造性地运用于工程管理实践。

3. 项目管理应建立专门的组织机构

工程建设项目管理需对资金、人员、材料、设备等多种资源进行优化配置和合理使用，并需要在不同阶段及时进行调整。对于项目决策和实施过程中出现的各种问题，相关部门都应迅速地做出协调一致的反应，以适应项目时间目标的要求。同时，因各种建设项目在资金来源、规模大小、专业领域等方面都存在较大不同，项目管理组织的结构形式、部门设立、人员配备必然不同，不可能采用单一的模式，而必须按照弹性原则围绕具体任务建立一次性的专门组织机构。

4. 项目管理方法具有完备的理论体系

现代项目管理方法的理论体系是多学科知识的集成，可以分为哲学方法、逻辑方法和学科方法。哲学方法是辩证地分析事物的两面性、正面效应和反面效应；逻辑方法使用概念、判断、推理等逻辑思维方式，对问题进行归纳、演绎、综合，如逻辑框架法等；专业方法是利用各种学科中常用的研究方法，如文献法、问卷法、蒙特卡洛模拟法、价值工程法、网络技术法等。这些方法在项目周期中的项目的策划与立项、目标控制、后评价等方面得到广泛应用，为项目的科学管理起到关键性作用。

5. 项目管理的标准是客户的满意度

一个项目能否成功关键在项目管理，项目成功的标准是客户的满意度。项目的客户是项目的利益相关者，是那些参与该项目或其利益受到该项目影响的个人和组织。项目管理就是要充分考虑相关客户的利益，最大限度地满足客户的要求。

广义的工程质量管理，泛指建设全过程的质量管理。其管理的范围贯穿于工程建设的决策、勘察、设计、施工的全过程。一般意义的质量管理指的是工程施工阶段的管理。

从系统理论出发，把工程质量形成的过程作为整体，世界上许多国家对工程质量的要求，以正确的设计文件为依据，结合专业技术、经营管理和数理统计，建立了一整套施工质量保证体系，用最经济的手段、科学的方法，对影响工程质量的各种因素进行综合治理，建成符合标准、用户满意的工程项目。

工程项目建设中工程质量管理，要求把质量问题消灭在它的形成过程中，工程质量好与坏，以预防为主，并以全过程多环节加以控制来提高质量。这就要把工程质量管理的重点，以事后检查把关为主变为预防、改正为主，组织施工要制定科学的施工组织设计，从管结果变为管因素，把影响质量的诸多因素查找出来，发动全员、全过程、多部门参加，依靠科学理论、程序、方法，使工程建设全过程都处于受控制状态。参加施工人员均不应发生重大伤亡事故。

第二节　施工企业质量管理体系基本知识

一、ISO 9000 质量管理体系的基本要求

产品质量是企业生存的关键。影响产品质量的因素很多，单纯依靠检验只不过是从生产的产品中挑出合格的产品。这就不可能以最佳成本持续稳定地生产合格品。针对质量管理体系的要求，国际标准化组织的质量管理和质量保证技术委员会制定了 ISO 9000 族系列标准，以适用于不同类型、产品、规模与性质的组织。该类标准由若干相互关联或补充的单个标准组成，其中为大家所熟知的是 ISO 9001《质量管理体系要求》（ISO 9001：2015）。它提出的要求是对产品要求的补充，并已经过数次的改版。

一个组织所建立和实施的质量体系，应能满足组织规定的质量目标，确保影响产品质量的技术、管理和人的因素处于受控状态。无论是硬件、软件、流程性材料还是服务，所有的控制应针对减少、消除不合格，尤其是预防不合格。这是 ISO 9000 族的基本指导思想，具体要求体现在以下方面：

1. 控制所有过程的质量

ISO 9000 族标准是建立在“所有工作都是通过过程来完成的”这样一种认识基础上的。一个组织的质量管理就是通过对组织内各种过程进行管理来实现的，这是 ISO 9000 族关于质量管理的理论基础。当一个组织为了实施质量体系而进行质量体系策划时，首要的是结合本组织的具体情况确定应有哪些过程，然后分析每一个过程需要开展的质量活动，确定应采取的有效控制措施和方法。

2. 控制过程的出发点是预防不合格

在产品寿命周期的所有阶段，从最初的识别市场需求到最终满足要求的所有过程的控制

都体现了预防为主的思想。例如：

控制市场调研和营销的质量，在准确地确定市场需求的基础上，开发新产品，防止盲目开发而造成不适合市场需要而滞销，浪费人力、物力。

控制设计过程的质量。通过开展设计评审、设计验证、设计确认等活动，确保设计输出满足输入要求，确保产品符合使用者的需求。防止因设计质量问题，造成产品质量先天性的不合格和缺陷，或者给以后的过程造成损失。

控制采购的质量。选择合格的供货单位并控制其供货质量，确保生产产品所需的原材料、外购件、协作件等符合规定的质量要求，防止使用不合格外购产品而影响成品质量。

控制生产过程的质量。确定并执行适宜的生产方法，使用适宜的设备，保持设备正常工作能力和所需的工作环境，控制影响质量的参数和人员技能，确保制造符合设计规定的质量要求，防止不合格品的生产。

控制检验和试验。按质量计划和形成文件的程序进行进货检验、过程检验和成品检验，确保产品质量符合要求，防止不合格的外购产品投入生产，防止将不合格的工序产品转入下道工序，防止将不合格的成品交付给顾客。

控制搬运、贮存、包装、防护和交付。在所有这些环节采取有效措施保护产品，防止损坏和变质。

控制检验、测量和实验设备的质量，确保使用合格的检测手段进行检验和试验，确保检验和试验结果的有效性，防止因检测手段不合格造成对产品质量不正确的判定。

控制文件和资料，确保所有的场所使用的文件和资料都是现行有效的，防止使用过时或作废的文件，造成产品或质量体系要素的不合格。

纠正和预防措施。当发生不合格（包括产品的或质量体系的）或顾客投诉时，即应查明原因，针对原因采取纠正措施以防止问题的再发生。还应通过各种质量信息的分析，主动地发现潜在的问题，防止问题的出现，从而改进产品的质量。

全员培训，对所有从事对质量有影响的工作人员都进行培训，确保他们能胜任本岗位的工作，防止因知识或技能的不足，造成产品或质量体系的不合格。

3. 质量管理的中心任务是建立并实施文件化的质量体系

质量管理是在整个质量体系中运作的，所以实施质量管理必须建立质量体系。ISO 9000族认为，质量体系是有影响的系统，具有很强的操作性和检查性。要求一个组织所建立的质量体系应形成文件并加以保持。典型质量体系文件的构成分为三个层次，即质量手册、质量体系程序和其他质量文件。质量手册是按组织规定的质量方针和适用的 ISO 9000 族标准描述质量体系的文件。质量手册可以包括质量体系程序，也可以指出质量体系程序在何处进行规定。质量体系程序是为了控制每个过程质量，对如何进行各项质量活动规定有效的措施和方法，是有关职能部门使用的文件。其他质量文件包括作业指导书、报告、表格等，是工作者使用的更加详细的作业文件。对质量体系文件内容的基本要求是：该做的要写到，写到的要做到，做的结果要有记录，即“写所需，做所写，记所做”的九字真言。

4. 持续的质量改进

质量改进是一个重要的质量体系要素，当实施质量体系时，组织的管理者应确保其质量体系能够推动和促进持续的质量改进。质量改进包括产品质量改进和工作质量改进。争取使顾客满意和实现持续的质量改进应是组织各级管理者追求的永恒目标。没有质量改进的质量体系只能维持质量。质量改进旨在提高质量。质量改进通过改进过程来实现，是一种以追求更高的过程效益和效率为目标。

5. 一个有效的质量体系应满足顾客和组织内部双方的需要和利益

即对顾客而言，需要组织能具备交付期望的质量，并能持续保持该质量的能力；就组织而言，在经营上以适宜的成本，达到并保持所期望的质量。既满足顾客的需要和期望，又保护组织的利益。

6. 定期评价质量体系

其目的是确保各项质量活动的实施及其结果符合计划安排，确保质量体系持续的适宜性和有效性。评价时，必须对每一个被评价的过程提出如下三个基本问题：

（1）过程是否被确定？过程程序是否恰当地形成文件？

（2）过程是否被充分展开并按文件要求贯彻实施？

（3）在提供预期结果方面，过程是否有效？

二、质量管理的基本原则

质量管理八项原则是在管理实践经验的基础上用高度概括的语言所表述的最基本/最通用的一般规律，可以指导一个组织在长期内通过关注顾客及其他相关方面的需求和期望而改进其总体业绩的目的。它是质量文化的一个重要组成部分。

原则 1：以顾客为关注焦点。以顾客为中心，与所确定的顾客要求保持一致。了解顾客现有的和潜在的需求和期望。测定顾客的满意度并以此作为行动的准则。

组织依存于他们的顾客，因而组织应理解顾客当前和未来的需求，满足顾客需求并争取超过顾客的期望。

实施本原则要开展的活动：

（1）全面地理解顾客对于产品、价格、可依靠性等方面的需求和期望。

（2）谋求在顾客和其他受益者（所有者、员工、供方、社会）的需求和期望之间的平衡。

（3）将这些需求和期望传达至整个组织。

（4）测定顾客的满意度并为此而努力。

（5）管理与顾客之间的关系。

实施本原则带来的效应：

（1）对于方针和战略的制定，使得整个组织都能理解顾客以及其他受益者的需求。

（2）对于目标的设定，能够保证将目标直接与顾客的需求和期望相关联。

（3）对于运作管理，能够改进组织满足顾客需求的业绩。

（4）对于人力资源管理，保证员工具有满足组织的顾客所需的知识与技能。

原则 2：领导作用。设立方针和可证实的目标，方针的展开，提供资源，建立以质量为中心的企业环境。明确组织的前景，指明方向，价值共享。设定具有挑战性的目标并加以实现。

对员工进行训练、提供帮助并给予授权。领导者建立组织相互统一的宗旨、方向和内部环境，所创造的环境能使员工充分参与实现组织目标的活动。

实施本原则要开展的活动：

（1）努力进取，起领导的模范带头作用。

（2）了解外部环境条件的变化并对此作出响应。

（3）考虑到包括顾客、所有者、员工、供方和社会等所有受益者的需求。

（4）明确地提出组织未来的前景。

（5）在组织的各个层次树立价值共享和精神道德的典范。

（6）建立信任感、消除恐惧心理。

（7）向员工提供所需要的资源和在履行其职责和义务方面的自由度。

（8）鼓舞、激励和承认员工的贡献。

（9）进行开放式的和真诚的相互交流。

（10）教育、培训并指导员工。

（11）设定具有挑战性的目标。

（12）推行组织的战略以实现这些目标。

实施本原则带来的效应：

（1）对于方针和战略的制定，使得组织的未来有明确的前景。

（2）对于目标的设定，将组织未来的前景转化为可测量的目标。

（3）对于运作管理，通过授权和员工的参与，实现组织的目标。

（4）对于人力资源管理，具有一支经充分授权、充满激情、信息灵通和稳定的劳动力队伍。

原则 3：全员参与。划分技能等级，对员工进行培训和资格评定，明确权限和职责。利用员工的知识和经验，通过培训使得他们能够参与决策和对过程的改进，让员工以实现组织的目标为己任。各级人员都是组织的根本，只有他们充分参与才能使他们的才干为组织带来收益。

实施本原则员工要开展的活动：

（1）承担起解决问题的责任。

（2）主动地寻求机会进行改进。

（3）主动地寻求机会来加强他们的技能、知识和经验。

（4）在团队中自由地分享知识和经验。

（5）关注为顾客创造价值。

（6）对组织的目标不断创新。

（7）更好地向顾客和社会展示自己的组织。

（8）从工作中得到满足感。

（9）作为组织的一名成员而感到骄傲和自豪。

实施本原则带来的效应：

（1）对于方针和战略的制定，使得员工能够有效地对改进组织的方针和战略目标做出贡献。

（2）对于目标的设定，让员工承担起对组织目标的责任。

（3）对于运作管理，让员工参与适当的决策活动和对过程的改进。

（4）对于人力资源管理，让员工对他们的工作岗位更加满意，积极地参与有助于个人的成长和发展活动，符合组织的利益。

原则 4：过程方法。建立、控制和保持文件化的过程，清楚地识别过程外部/内部的顾客和供方。着眼于过程中资源的使用，追求人员、设备、方法和材料的有效使用。将相关的资源和活动作为过程来进行管理，可以更高效地达到预期的目的。

实施本原则要开展的活动：

（1）对过程给予界定，以实现预期的目标。

（2）识别并测量过程的输入和输出。

（3）根据组织的作用识别过程的界面。

（4）评价可能存在的风险、因果关系以及内部过程与顾客、供方和其他受益者的过程之间可能存在的相互冲突。

（5）明确地规定对过程进行管理的职责、权限和义务。

（6）识别过程内部和外部的顾客、供方和其他受益者。

（7）在设计过程时，应考虑过程的步骤、活动、流程、控制措施、培训需求、设备、方法、信息、材料和其他资源，以达到预期的结果。

实施本原则带来的效应：

（1）对于方针和战略的制定，使得整个组织利用确定的过程，能够增强结果的可预见性、更好地使用资源、缩短循环时间、降低成本。

（2）对于目标的设定，了解过程能力有助于确立更具有挑战性的目标。

（3）对于运作管理，采用过程的方法，能够以降低成本、避免失误、控制偏差、缩短循环时间、增强对输出的可预见性的方式得到运作的结果。

（4）对于人力资源管理，可降低在人力资源管理（如人员的租用、教育与培训等）过程的成本，能够把这些过程与组织的需要相结合，并造就一支有能力的劳动力队伍。

原则 5：管理的系统方法。系统管理建立并保持实用有效的文件化的质量体系，识别体系中的过程，理解各过程间的相互关系。将过程与组织的目标相联系。针对关键的目标测量其结果。针对制定的目标，识别、理解并管理一个由相互联系的过程所组成的体系，有助于提高组织的有效性和效率。

实施本原则要开展的活动：

（1）通过识别或展开影响既定目标的过程来定义体系。

（2）以最有效地实现目标的方式建立体系。

（3）理解体系的各个过程之间的内在关联性。

（4）通过测量和评价持续地改进体系。

（5）在采取行动之前确立关于资源的约束条件。

实施本原则带来的效应：

（1）对于方针和战略的制定，制定出与组织的作用和过程的输入相关联的全面的和具有挑战性的目标。

（2）对于目标的设定，将各个过程的目标与组织的总体目标相关联。

（3）对于运作管理，对过程的有效性进行广泛的评审，可了解问题产生的原因并适时地进行改进。

（4）对于人力资源管理，加深对于在实现共同目标方面所起作用和职责的理解，能够减少相互交叉职能间的障碍，改进团队工作。

原则 6：持续改进。通过管理评审、内/外部审核以及纠正/预防措施，持续地改进质量体系的有效性。设定现实的和具有挑战性的改进目标，配备资源，向员工提供工具、机会并激励他们为持续地为改进过程做出贡献。持续改进是一个组织永恒的目标。

实施本原则要开展的活动：

（1）将持续地对产品、过程和体系进行改进作为组织每一名员工的目标。

（2）应用有关改进的理论进行渐进式的改进和突破性的改进。

（3）周期性地按照“卓越”的准则进行评价，以识别具有改进的潜力的区域。

（4）持续地改进过程的效率和有效性。

（5）鼓励预防性的活动。

（6）向组织的每一位员工提供有关持续改进的方法和工具方面教育及培训，如：

——PDCA 循环

——解决问题的方法

——过程重组

——过程创新

（7）制定措施和目标，以指导和跟踪改进活动。

（8）对任何改进给予承认。

实施本原则带来的效应：

（1）对于方针和战略的制定，通过对战略和商务策划的持续改进，制订并实现更具竞争力的商务计划。

（2）对于目标的设定，设定实际的和具有挑战性的改进目标，并提供资源加以实现。

（3）对于运作管理，对过程的持续改进涉及组织内员工的参与。

（4）对于人力资源管理，向组织的全体员工提供工具、机会和激励，以改进产品、过程和体系。

原则 7：基于事实的决策方法。以审核报告、纠正措施、不合格品、顾客投诉以及其他来源的实际数据和信息作为质量管理决策和行动的依据，把决策和行动建立在对数据和信息分析的基础之上，以期最大限度地提高生产率，降低消耗。通过采用适当的管理工具和技术，努力降低成本，改善业绩和市场份额。有效的决策是建立在对数据和信息进行合乎逻辑和直观的分析基础上。

实施本原则要开展的活动：

（1）对相关的目标值进行测量，收集数据和信息。

（2）确保数据和信息具有足够的精确度、可靠性和可获取性。

（3）使用有效的方法分析数据和信息。

（4）理解适宜的统计技术的价值。

（5）根据逻辑分析的结果以及经验和直觉进行决策并采取行动。

实施本原则带来的效应：

（1）对于方针和战略的制定，根据数据和信息设定的战略方针更加实际、更可能实现。

（2）对于目标的设定，利用可比较的数据和信息，可制定出实际的、具有挑战性的目标。

（3）对于运作管理，由过程和体系的业绩所得出的数据和信息可导致改进和防止问题的再发生。

（4）对于人力资源管理，对从员工监督、建议等来源的数据和信息进行分析，可指导人力资源方针的制定。

原则 8：互利的供方关系。适当地确定供方应满足的要求并将其文件化，对供方提供的产品和服务的情况进行评审和评价。与供方建立战略伙伴关系，确保其在早期参与确立合作开发以及改进产品、过程和体系的要求。相互信任、相互尊重，共同承诺让顾客满意并持续改进。组织和供方之间保持互利关系，可增进两个组织创造价值的能力。

实施本原则要开展的活动：

（1）识别并选择主要的供方。

（2）把与供方的关系建立在兼顾组织和社会的短期利益和长远目标的基础之上。

（3）清楚地、开放式地进行交流。

（4）共同开发、改进产品和过程。

（5）共同理解顾客的需求。

（6）分享信息和对未来的计划。

（7）承认供方的改进和成就。

实施本原则带来的效应：

（1）对于方针和战略的制定，通过发展与供方的战略联盟和合作伙伴关系，赢得竞争的优势。

（2）对于目标的设定，通过供方早期的参与，可设定更具挑战性的目标。

（3）对于运作管理，建立和管理与供方的关系，以确保供方能够按时提供可靠的、无缺陷的产品。

（4）对于人力资源管理，通过对供方的培训和共同改进，发展和增强供方的能力。

质量管理八项原则是一个组织在质量管理方面的总体原则，这些原则需要通过具体的活动得到体现。其应用可分为质量保证和质量管理两个层面。就质量保证来说，主要目的是取得足够的信任以表明组织能够满足质量要求。因而所开展的活动主要涉及：测定顾客的质量要求、设定质量方针和目标、建立并实施文件化的质量体系，最终确保质量目标的实现。质量管理则要考虑，作为一个组织经营管理（这里说的不是营销管理）的重要组成部分，怎样保证经营目标的实现。组织要生存、要发展、要提高效率和效益，当然离不开顾客，离不开质量。因而，从质量管理的角度，要开展的活动就其深度和广度来说，要远胜于质量保证所需开展的活动。

三、建设工程质量管理中实施 ISO 9000 系列标准的意义

1. ISO 9000 族标准的特点

概括而言，ISO 9000 族标准具有如下特点：

（1）适用于提供所有产品类别、不同规模和各种类型的组织，并可根据组织及其产品的特点对不适用的质量管理体系要求进行删减。

（2）采用“以过程为基础的质量管理体系模式”，强调质量管理体系是由相互关联和相互作用的过程构成的一个系统，特别关注过程之间的联系和相互作用，标准内容的逻辑性更强，相关性更好。

（3）强调质量管理体系只是组织管理体系的一个组成部分，标准的内容充分考虑了与其他管理体系标准的相容性。

（4）更注重质量管理体系的有效性和持续改进，减少了对形成文件的程序的强制性要求。除了满足标准中规定的需要有的质量管理体系文件，组织可以根据其自身的产品和过程的特点，结合其实际运作能力和管理水平，确定其策划、实施运行、控制质量管理体系过程所需的文件。

（5）《质量管理体系要求》（ISO 9001：2015）和《质量管理体系业绩改进指南》（ISO 9004）两个标准的内容更加和谐统一，使它们成为一对协调一致的标准。

2. 实施 ISO 9000 族标准的意义

ISO 9000 族标准是在总结了世界经济发达国家的质量管理实践经验的基础上制定的具有通用性和指导性的国际标准。实施 ISO 9000 族标准，可以促进组织质量管理体系的改进和完善，对促进国际经济贸易活动、消除贸易技术壁垒、提高组织的管理水平都能起到良好的作用。概括起来，实施 ISO 9000 族标准具有以下几个方面的作用和意义：

（1）有利于提高产品质量，保护消费者利益。

现代科学技术的高速发展，使产品向高科技、多功能、精细化和复杂化发展。组织是按照技术规范生产产品的，但当技术规范本身不完善或组织质量管理体系不健全时，组织就无法保证持续地提供满足要求的产品；而消费者在购买或使用这些产品时，一般也很难在技术上对产品质量加以鉴别。如果组织按 ISO 9000 族标准建立了质量管理体系，通过体系的有效应用，促进组织持续地改进产品特性和过程的有效性和效率，实现产品质量的稳定和提高，这无疑是对消费者利益的一种最有效的保护，也增加了消费者（采购商）在选购产品时对合格供应商的信任程度。

（2）为提高组织的运作能力提供了有效的方法。

ISO 9000 族标准鼓励组织在建立、实施和改进质量管理体系时采用过程方法，通过识别和管理相互关联和相互作用的过程，以及对这些过程进行系统的管理和连续的监测与控制，

以实现持续地提供顾客满意的产品的目的。此外，质量管理体系提供了持续改进的框架，帮助组织能够不断地识别并满足顾客及其他相关方的要求，从而不断地增强顾客和其他相关方的满意程度。因此，ISO 9000 族标准为组织有效地提高运作能力和增强市场竞争能力提供了有效的方法。

（3）有利于增进国际贸易，消除技术壁垒。

在国际经济技术合作中，ISO 9000 族标准被作为相互认可的基础，ISO 9000 的质量管理体系认证制度也在国际范围中得到互认，并纳入合格评定的程序之中。技术壁垒协定（TBT）是世界贸易组织（WTO）达成的一系列协定之一，它涉及技术法规、标准和合格评定程序。贯彻 ISO 9000 族标准为国际经济技术合作提供了国际通用的共同语言和准则，取得质量管理体系认证，已成为参与国内和国际贸易、增强竞争能力的有力武器。因此，贯彻 ISO 9000 族标准对消除技术壁垒、排除贸易障碍起到了十分积极的促进作用。

（4）有利于组织的持续改进和持续满足顾客的需求和期望。

顾客要求产品具有满足其需求和期望的特性，这些需求和期望在产品的技术要求或规范中表述。但是顾客的需求和期望是不断变化的，这就促使组织要持续地改进产品的特性和过程的有效性。而质量管理体系就为组织持续改进其产品和过程提供了一条行之有效的途径。ISO 9000 族标准将质量管理体系要求和产品要求区别开来，它不是取代产品要求，而是把质量管理体系要求作为对产品要求的补充，这样有利于组织的持续改进和持续满足顾客的需求和期望。

3. 建设工程质量管理中实施 ISO 9000 族标准的意义

建筑产品特性，决定了工程质量形成的显著过程特点。一个建设项目的质量形成大体可分为四个过程，即策划—设计—施工—保修服务。对于一般施工企业来讲，设计作业及其相应的质量职能由专业设计院承担，其工程产品质量的形成主要在三个过程当中。根据工程本身的一次性、周期性与资源约束性等特征，要使项目有效地实现由“概念”向“实体”转变，必须重视其质量形成的过程特点，并采用“过程方法”实施质量管理。通过对过程的策划、实施、控制、改进等措施，优化配置资源，识别关键要素，控制每个过程特别是关键过程的质量，实现过程的最优输出，达到管理和控制目标。ISO 9000 族标准是在总结了世界经济发达国家的质量管理实践经验的基础上制定的具有通用性和指导性的国际标准。实施 ISO 9000 族标准，可以促进组织质量管理体系的改进和完善，对促进国际经济贸易活动、消除贸易技术壁垒、提高组织的管理水平都能起到良好的作用。

（1）有助于提高企业本身素质。

我国国民经济增长速度逐年提高，人民生活水平得到了较大的改善和进步，很大程度上离不开建筑业。建筑业已逐渐成为仅次于工业、农业的第三大支柱产业。由于建筑业投资少、奏效快，被称为“无烟工厂”。在一些地域，乡镇建筑队伍比较活跃，已成为当地的支柱产业，为当地工业、农业的开展起到了积极推进作用。但是，由于近几年来基建范围的不断扩展，施工队伍急速增加，人员素质、管理程度良莠不齐；一些乡镇企业管理单薄，技术力量和配备普遍较差，工程质量事故屡屡发生，社会信誉和经济效益也不断下降，已严重影响一些企业的生存。

建筑市场竞争非常剧烈，唯一获胜的武器就是质量。而优质的工程质量和产品质量来源于优质的工作质量和效劳质量，而优质的工作质量和效劳质量要靠质量体系来体现和保证，并最终去完成。经过建立质量体系，能够最大限度使用本企业的人力、物力、财力，调动一切积极要素，建立完好的组织系统，制定可行的措施。通过采取牢靠的手腕，制定规则严厉的制度，使企业的各项管理归入正常轨道。在建立质量管理体系的过程中，企业人员素质将得到提高，质量意识将普遍增强，工作质量和效劳质量也将明显提高，企业的整体质量程度也会大大进步。

（2）有助于企业方针目的的完成。

建立质量体系的目的是完成企业的方针目的。而质量体系的本质反映了责、权、利三者的关系。经过建立质量体系，能够明确地反映每个部门、每个岗位、每个人的责任义务、权利范围、利益分配，使之有规范可照、有制度可循、有法规可依，为企业方针目的的完成提供了保证。

（3）有助于企业参与市场竞争。

完善的质量体系是在思索供需双方本钱、风险利益的基础上，追求最佳本钱，生产出满足用户需求的产品。而建立质量体系全面考虑了用户的需求，它的出发点就是一切满足用户的需求。它让用户坚信其质量体系的建立是可以满足工程质量和产品质量的最终需求。几个不同的企业参与竞争，经过质量体系认证的企业肯定较之其他几个企业更具竞争力。

（4）有助于企业的质量管理与国际市场接轨。

随着我国经济由计划经济向市场经济过渡，我国对外改革开放的大门越来越大，我国施工企业涉外工程也越来越多，有更多的时机直接承接国外工程，这就需求一个共同的国际质量管理言语。而 ISO 9000 系列规范，就为我们提供了一个有效的质量管理规范。欧洲共同体决议，自 1993 年起，将对进入欧洲共同体的有关产品实行认证制度，即凡经过认证的产品或企业质量体系方能进入欧洲共同体。当然，建筑产品也不例外。因此，只要我们认真贯彻 ISO 9001 系列规范，树立合适国际建筑市场的质量体系，并获得认证，我们就有了在国际建筑市场上的“通行证”。

ISO 9000 质量管理是一个体系工作，其充分有效地推行将人的重要性体现出来，形成一个自上而下的深入认识的过程，一个全员参与的过程，这样才能保证体系能在生产过程中每个环节都能推行并持续有效的实施。在实施的过程中要将体系的各个要素与生产、服务的全过程有机结合起来，这样体系才能在企业自我完善、持续改进的过程中充分发挥作用。

第三节　工程项目质量控制体系架构

一、概述

为了有效地进行系统、全面的质量控制，必须由项目实施的总负责单位，负责建设工程项目质量控制体系的建立和运行，实施质量目标的控制。

1. 工程项目质量控制体系的性质

建设工程项目质量控制体系既不是业主方也不是施工方的质量管理体系或质量保证体

系，而是建设工程项目目标控制的一个工作系统，具有以下几点性质：

（1）以工程项目为对象；

（2）是建设工程项目管理组织的一个目标控制体系；

（3）是一次性的质量控制工作体系。

2. 工程项目质量控制体系的特点

建设工程项目质量控制系统与按照 ISO 9000 族标准建立的质量管理体系的不同点：

（1）建立的目的不同：建设工程项目质量控制系统的对象是项目，而质量管理体系的对象是组织或企业。

（2）服务的范围不同：建设工程项目质量控制系统服务的范围是项目实施过程所有质量责任主体，而质量管理体系服务的范围是某一个承包企业或组织机构。

（3）控制的目标不同：建设工程项目质量控制系统控制的目标是建设工程项目的质量目标，而质量管理体系控制的目标是企业或组织的质量管理目标。

（4）作用的时效不同：建设工程项目质量控制系统是一次性质量工作体系，而质量管理体系是永久性质量管理体系。

（5）评价的方式不同：建设工程项目质量控制系统的有效性由建设工程项目管理的总组织者进行自我评价与诊断，而质量管理体系需进行第三方认证。

3. 工程项目质量控制体系的结构

建设工程项目质量控制体系，一般形成多层次、多单元的结构形态，这是由其施工任务的委托方式和合同结构所决定的。多层次结构是对应于项目工程系统纵向垂直分解的单项、单位工程项目的质量控制体系。在大中型工程项目尤其是群体工程项目中，第一层次的质量控制体系应由建设单位的工程项目管理机构负责建立；在委托代建、委托项目管理或实行交钥匙式工程总承包的情况下，应由相应的代建方项目管理机构、受托项目管理机构或工程总承包企业项目管理机构负责建立。第二层次的质量控制体系，通常是指分别由项目的设计总负责单位、施工总承包单位等建立的相应管理范围内的质量控制体系。第三层次及其以下的质量控制体系，是承担工程设计、施工安装、材料设备供应等各承包单位的现场质量自控体系，或称各自的施工质量保证体系。系统纵向层次机构的合理性是项目质量目标、控制责任和措施分解落实的重要保证。

4. 建设工程项目质量控制体系的建立

建设工程项目质量控制系统的建立，实际上就是建设工程项目质量总目标的确定和分解过程，也是建设工程项目各参与方之间质量管理关系和控制责任的确立过程。为了保证质量控制系统的科学性和有效性，必须明确系统建立的原则、程序和主体。

（1）建立的原则。

项目质量控制体系的建立，遵循以下原则对于质量目标的总体规划、分解和有效实施控制是非常重要的。

1）分层次规划原则：项目质量控制体系的分层次规划是指项目管理的总组织者（建设单位或代建制项目管理企业）和承担项目实施任务的各参与单位，分别进行不同层次和范围的建设工程项目质量控制体系规划。

2）目标分解原则：项目质量控制系统总目标的分解是根据控制系统内工程项目的分解结构，将工程项目的建设标准和质量总体目标分解到各个责任主体，明示于合同条件，由各责任主体制订出相应的质量计划，确定其具体的控制方式和控制措施。

3）质量责任制原则：项目质量控制体系的建立应按照《建筑法》和《建设工程质量管理条例》有关工程质量责任的规定，界定各方的质量责任范围和控制要求。

4）系统有效性原则：项目质量控制体系应从实际出发，结合项目特点、合同结构和项目管理组织系统的构成情况，建立项目各参与方共同遵循的质量管理制度和控制措施，并形成有效的运行机制。

（2）建立的程序。

工程项目质量控制系统的建立过程，一般可按以下环节依次展开：

1）确立系统质量控制网络：首先明确系统各层面的建设工程质量控制负责人。一般应包括承担项目实施任务的项目经理（或工程负责人）、总工程师，项目监理机构的总监理工程师、专业监理工程师等，以形成明确的项目质量控制责任者的关系网络架构。

2）制定质量控制制度：包括质量控制例会制度、协调制度、报告审批制度、质量验收制度和质量信息管理制度等。形成建设工程项目质量控制系统的管理文件或手册，作为承担建设工程项目实施任务各方主体共同遵循的管理依据。

3）分析质量控制界面：建设工程项目质量控制系统的质量责任界面，包括静态界面和动态界面。一般来说静态界面根据法律法规、合同条件、组织内部职能分工来确定。动态界面是指项目实施过程设计单位之间、施工单位之间、设计与施工单位之间的衔接配合关系及其责任划分，必须通过分析研究，确定管理原则与协调方式。

4）编制系统质量控制计划：建设工程项目管理总组织者，负责主持编制建设工程项目总质量计划，并根据质量控制系统的要求，部署各质量责任主体编制与其承担任务范围相符的质量计划，并按规定程序完成质量计划的审批，作为其实施自身工程质量控制的依据。

（3）建立质量控制体系的责任主体。

按照建设工程项目质量控制系统的性质、范围和主体的构成，一般情况下其质量控制系统应由建设单位或建设工程项目总承包企业的工程项目管理机构负责建立。在分阶段依次对勘察、设计、施工、安装等任务进行分别招标发包的情况下，通常应由建设单位或其委托的建设工程项目管理企业负责建立，各承包企业根据建设工程项目质量控制系统的要求，建立隶属于建设工程项目质量控制系统的设计项目、施工项目、采购供应项目等质量控制子系统（可称相应的质量保证体系），以具体实施其质量责任范围内的质量管理和目标控制。

5. 建设工程项目质量控制体系的运行

项目质量控制体系的建立，为项目的质量控制提供了组织制度方面的保证。项目质量控制体系的运行，实质上就是系统功能的发挥过程，也是质量活动职能和效果的控制过程。质量控制体系要有效地运行，还有赖于系统内部的运行环境和运行机制的完善。

（1）运行环境。

项目质量控制体系的运行环境，主要是指以下几方面为系统运行提供支持的管理关系、组织制度和资源配置的条件。

1）建设工程的合同结构：建设工程合同是联系建设工程项目各参与方的纽带，只有在项目合同结构合理，质量标准和责任条款明确，并严格进行履约管理的条件下，质量控制体系的运行才能成为各方的自觉行动。

2）质量管理的资源配置：质量管理的资源配置，包括专职的工程技术人员和质量管理人员的配置；实施技术管理和质量管理所必需的设备、设施、器具、软件等物质资源的配置。人员和资源的合理配置是质量控制体系得以运行的基础条件。

3）质量管理的组织制度：项目质量控制体系内部的各项管理制度和程序性文件的建立，为质量控制系统各个环节的运行，提供必要的行动指南、行为准则和评价基准的依据，是系统有序运行的基本保证。

（2）运行机制。

项目质量控制体系的运行机制是由一系列质量管理制度安排所形成的内在动力。运行机制是质量控制体系的生命，机制缺陷是造成系统运行无序、失效和失控的重要原因。因此，在系统内部的管理制度设计时，必须予以高度的重视，防止重要管理制度的缺失、制度本身的缺陷、制度之间的矛盾等现象出现，才能为系统的运行注入动力机制、约束机制、反馈机制和持续改进机制。

1）动力机制。动力机制是项目质量控制体系运行的核心机制，它来源于公正、公开、公平的竞争机制和利益机制的制度设计或安排。这是因为项目的实施过程是由多主体参与的价值增值链，只有保持合理的供方及分供方等各方关系，才能形成合力，是项目管理成功的重要保证。

2）约束机制。没有约束机制的控制体系是无法使工程质量处于受控状态的。约束机制取决于各质量责任主体内部的自我约束能力和外部的监控效力。约束能力表现为组织及个人的经营理念、质量意识、职业道德及技术能力的发挥；监控效力取决于项目实施主体外部对质量工作的推动和检查监督。两者相辅相成，构成了质量控制过程的制衡关系。

3）反馈机制。运行状态和结果的信息反馈是对质量控制系统的能力和运行效果进行评价，并为及时作出处置提供决策依据。因此，必须有相关的制度安排，保证质量信息反馈的及时和准确；坚持质量管理者深入生产第一线，掌握第一手资料，才能形成有效的质量信息反馈机制。

4）持续改进机制。在项目实施的各个阶段，不同的层面、不同的范围和不同的质量责任主体之间，应用 PDCA 循环原理，即计划、实施、检查和处置不断循环的方式展开质量控制，同时注重抓好控制点的设置，加强重点控制和例外控制，并不断寻求改进机会、研究改进措施，才能保证建设工程项目质量控制系统的不断完善和持续改进，不断提高质量控制能力和控制水平。

6. 质量控制体系的组织框架

质量控制体系的组织框架及质量保证体系图，如图 5-1、图 5-2 所示。

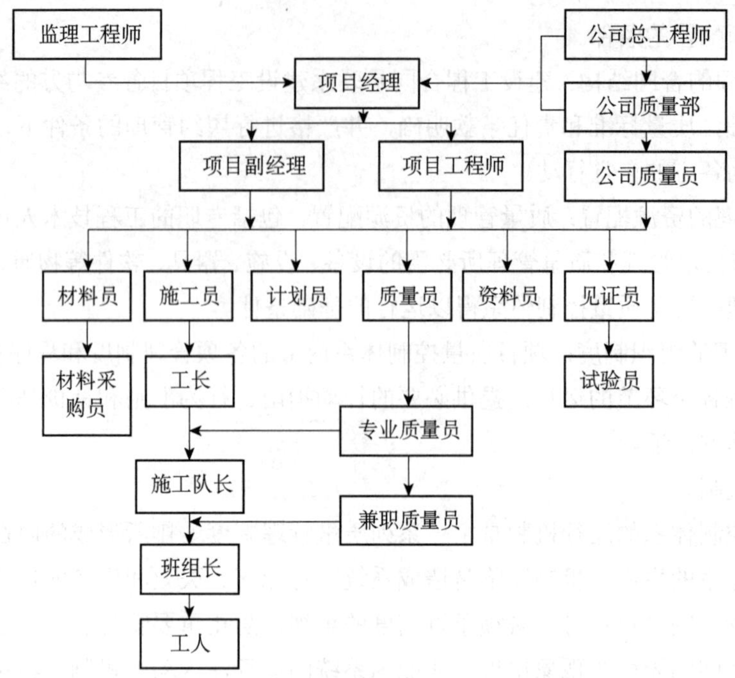

图 5-1 质量控制体系的组织框架

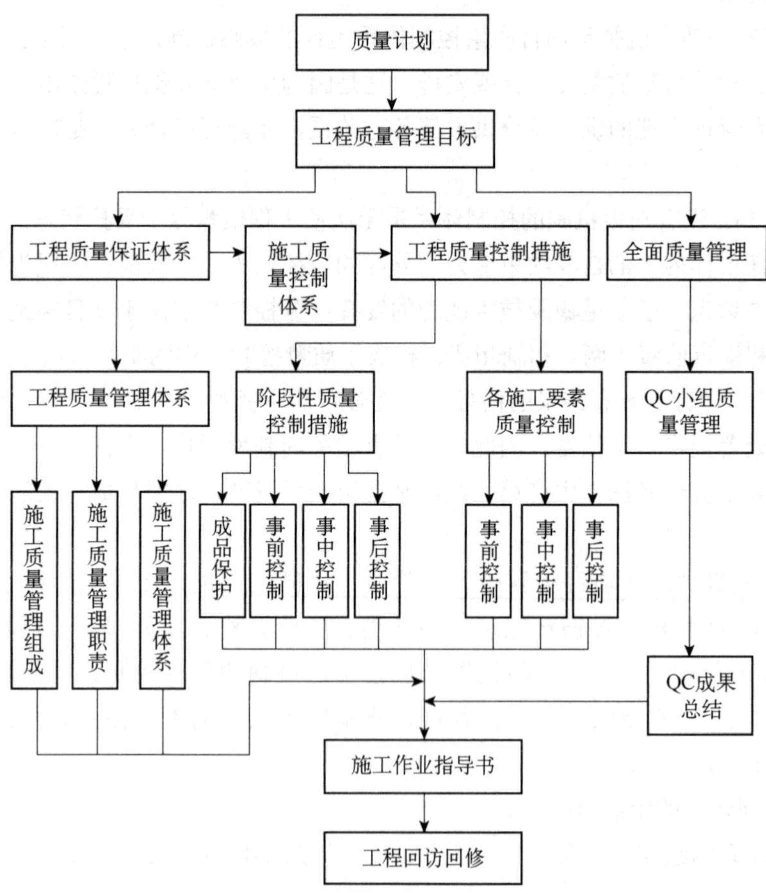

图 5-2 质量保证体系

二、质量控制体系中的主要人员质量职责

1. 项目经理的质量职责

（1）在组织工程施工中建立工程项目的质量体系，明确项目经理部中的管理人员的职责分工，发挥每一个管理人员的作用，确保技术资源的合理配置。

（2）对工程负全部责任，保证履行合同。执行 ISO 9002 国际质量标准，按公司的各项管理办法和规章制度严格要求，随时召开工程质量、原材料质量分析会，加强过程控制，发现问题及时处理并制定整改措施。

（3）在施工中认真执行施工组织设计，组织质量检查和评定，制定改进措施，确保施工过程处于受控状态和工程质量达到合同中的要求等级。

（4）组织项目经理部人员做好各种技术文件、资料和质量记录的管理工作。

（5）负责协调解决施工中的重要技术质量问题。

2. 项目副经理的质量职责

（1）在项目经理的领导下，协助项目经理做好工程施工质量工作。全面负责组织施工生产，负责工程施工过程中的质量控制工作，对工程质量负直接责任。

（2）协调全场各专业施工作业，编制材料、设备进场计划，落实工程竣工交付使用后的保修工作。

（3）负责工程施工方案和技术交底的编制，并在工程施工中具体落实。

（4）负责管理项目经理部人员培训及持证上岗工作。

（5）参加分部分项工程隐检预检工作。

3. 项目工程师的质量职责

（1）在项目经理领导下，协助项目经理抓好工程技术质量工作。负责编制施工组织设计、重要分部分项工程的施工方案。实施施工组织设计中制定的主要技术措施，实现合同中承诺的工程质量目标，对工程质量负主要责任。

（2）具体负责组织搞好图纸会审、工程技术交底、质量检查评定、材料检验试验等工作。保证施工过程始终处于受控状态。

（3）组织质检人员认真搞好隐检验收，定位放线，预检及工程质量评定工作。组织资料员完成工程技术施工质量资料。负责对质量体系文件、资料的管理。

（4）全面负责工程技术质量工作，及时办理各项变更洽商并下发，尽量使问题在施工之前解决。

（5）组织对进场主要材料的验收，试验。重要的加工订货会必须参加。

4. 质检组负责人的质量职责

（1）参与编制分部分项工程施工方案及质量控制措施。负责工程施工质量的检验评定工作，对施工质量能否达到控制目标要求负直接责任。

（2）严格执行国家工程质量标准、检验评定规范。

（3）对整个施工过程进行质量控制，并对检验批进行检验评定工作。

（4）实行工程质量程序化管理。按照各分部分项工程施工工艺流程，抓好每一施工流水段、每一施工环节的工程质量。

（5）制定质量奖罚措施。把工程质量分解到班组，奖罚到班组。

（6）组织做好原材料的检验试验工作。

5. 施工生产组负责人的质量职责

（1）全面负责组织施工生产，对施工质量能否达到控制目标要求负直接责任。

（2）参加分部分项工程隐预检工作，并保证隐检预检通过验收，不影响下道工序的施工。

（3）参与编制分部分项工程施工方案及质量控制措施。

（4）协调全场施工及实施成品保护。

（5）实施工程竣工交付后的质量保修任务。

（6）写好施工日志，特别要记录现场质量问题的内容，做好经常性的资料整理工作。

（7）编制材料计划和设备进场计划，并说明相应的质量要求。

6. 材料组负责人的质量职责

（1）负责对物资分供方的评价、选择和控制，保存物资分供方的档案资料和质量记录。

（2）负责项目经理部施工所需物资采购、运输、入库、管理工作，并对采购物资进行检验和送样试验。做好标识工作，抓好所采购物资的搬运、贮存、防护等环节的管理。

（3）负责对顾客提供物资品种、规格、数量、质量等进行验收、保管及发放管理。

（4）负责现场废弃材料的节约回收利用。

（5）管理周转材料的租赁事宜。

（6）对进入施工现场的各种材料要进行验收，并进行实验复查，对不合格的材料有权拒绝使用。

7. 专业工长的质量职责

（1）认真审图，熟悉规范。弄清本工程的结构特点及质量要求，做好图纸会审记录。按图纸要求和施工方案对班组进行技术交底。

（2）认真检查督促班组自检、互检工作，负责向监理申请预检隐检，并参加预检隐检工作。对不合格的地方应立刻改正，不得影响下道工序的施工。

（3）严格按照各专业的工艺流程和施工规范进行施工，把好每个环节的施工质量，对本专业施工质量负全责。

8. 质量员的质量职责

（1）质量检验员在工程质检组负责人的领导下，具体负责工程施工过程中的质量检验评定工作。

（2）分部、分项工程，在施工前进行技术交底，质检员必须参加。并负责搞好隐检、预检，对不符合规范和设计要求的应及时向技术负责人报告，并有权责令其返工。

（3）积极主动搞好工程施工过程中的质量验收评定工作，认真地整理记录，整理各种技术资料。

（4）对进入施工现场的各种材料要进行验收，并进行实验复查，对不合格材料有权拒绝使用。

9. 施工员的质量职责

（1）认真学习熟悉图纸，参加图纸会审，弄清结构特点技术质量要求。

（2）施工前向施工班组进行技术交底，明确质量标准。

（3）严格执行施工操作规程，按照国家工程质量验收规范把好质量关。

（4）严格检查验收进场材料，预制品及半成品的规格质量符合要求，相关资料齐全。低劣材料不准进场更不能使用。

（5）做好原始资料的积累工作，填写施工日记，对各项工程记录，设计变更等资料必须按有关规定要求负责收集整理归档。

（6）负责隐蔽工程、分部分项工程及竣工验收工程，及时办理验收签证手续。

三、有关分项工程的施工质量控制流程

1. 施工组织设计（施工方案）审批程序图（如图 5-3 所示）

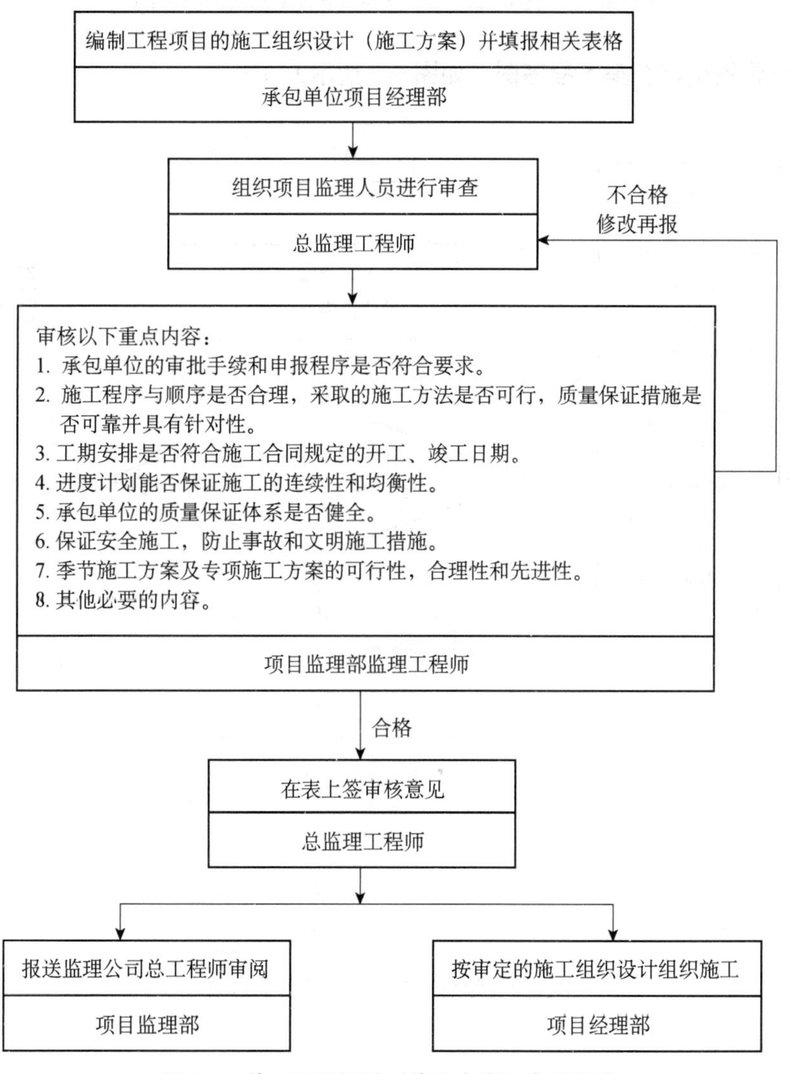

图 5-3　施工组织设计（施工方案）审批程序

2. 工程材料、构配件和设备质量控制基本程序图（如图 5-4 所示）

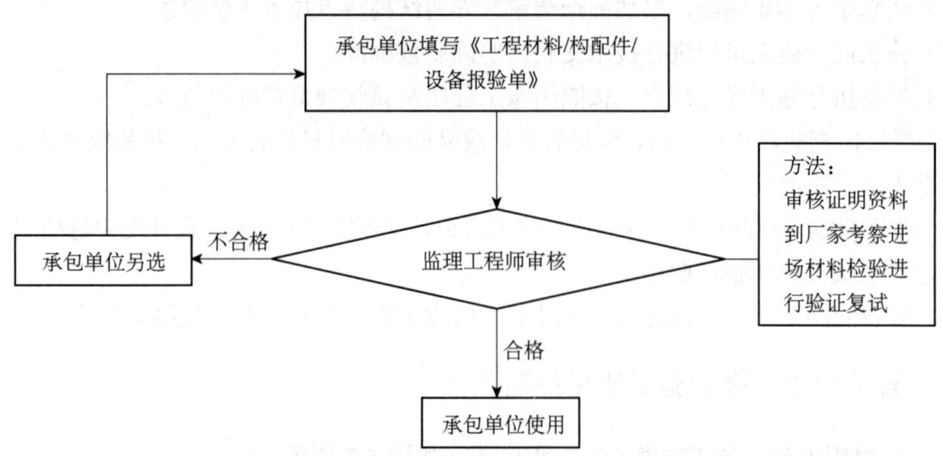

图 5-4 工程材料、构配件和设备质量控制基本程序

3. 分包单位资质审查基本程序图（如图 5-5 所示）

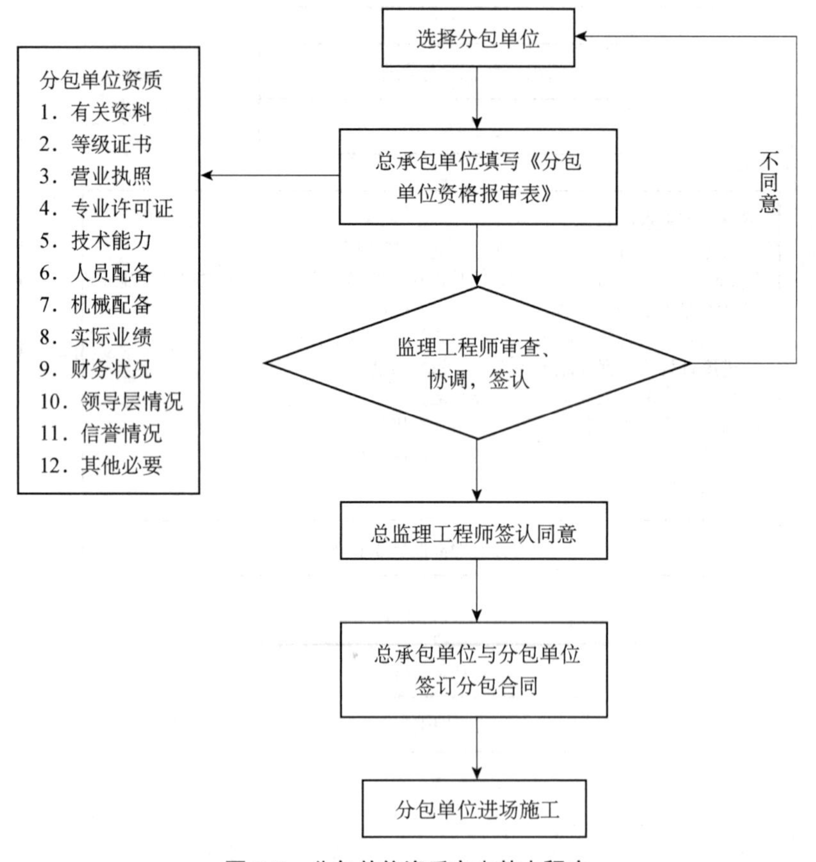

图 5-5 分包单位资质审查基本程序

4. 图纸会审基本程序图（如图 5-6 所示）

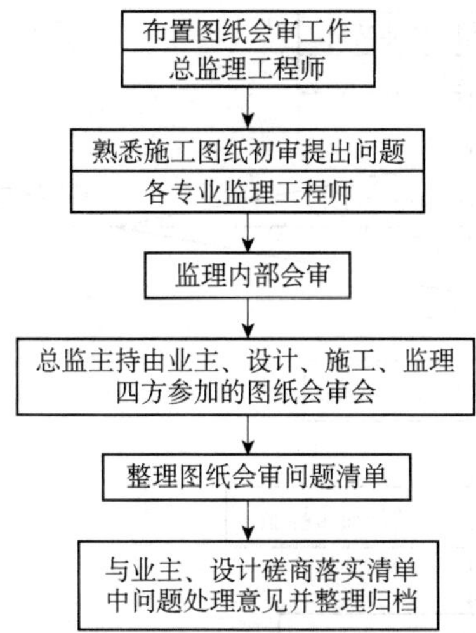

图 5-6 图纸会审基本程序

5. 测设场地控制网质量控制流程图（如图 5-7 所示）

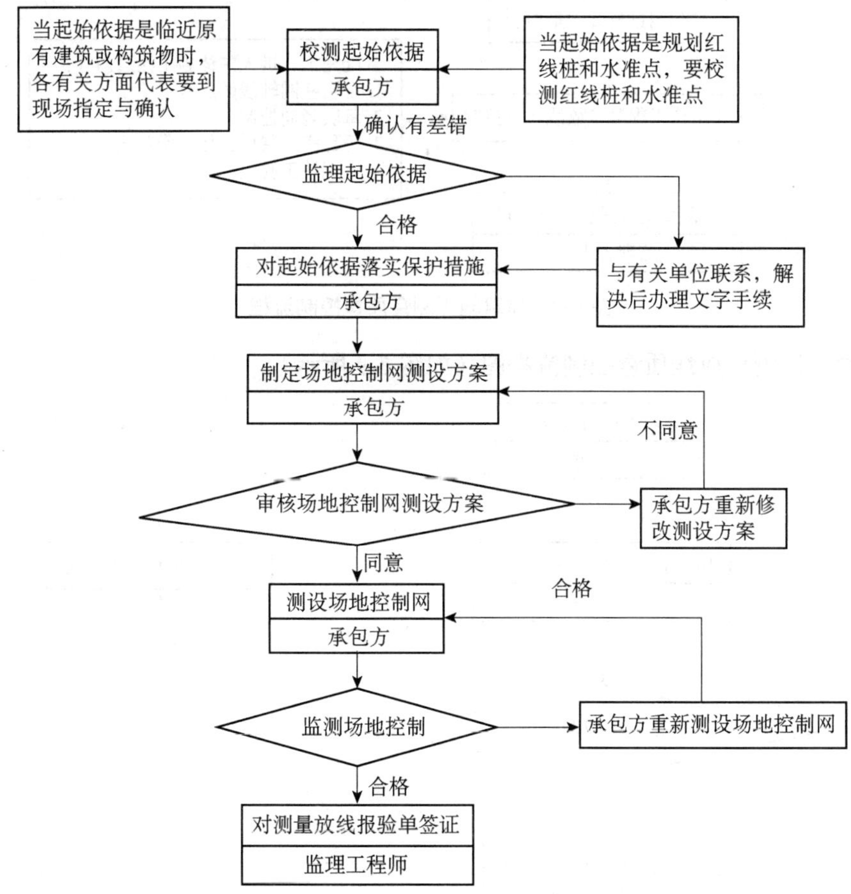

图 5-7 测设场地控制网质量控制流程

6. 建筑施工测量质量控制流程图（如图 5-8 所示）

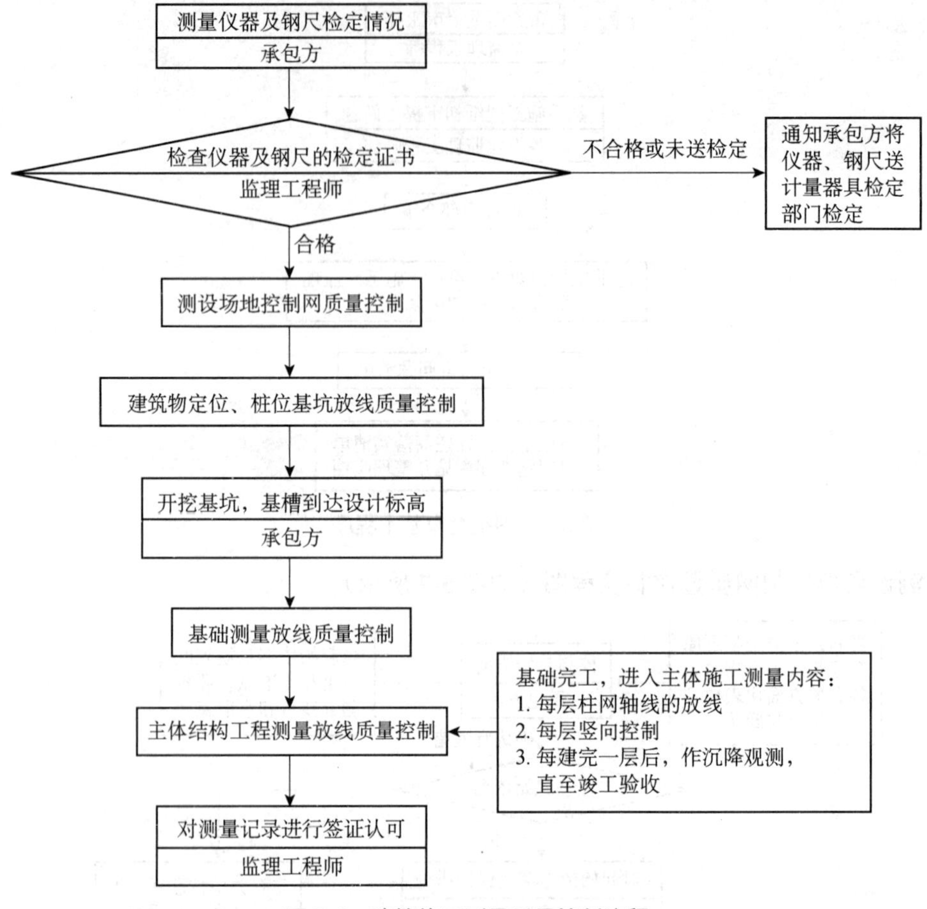

图 5-8　建筑施工测量质量控制流程

7. 分项工程测量放线质量控制流程图（如图 5-9 所示）

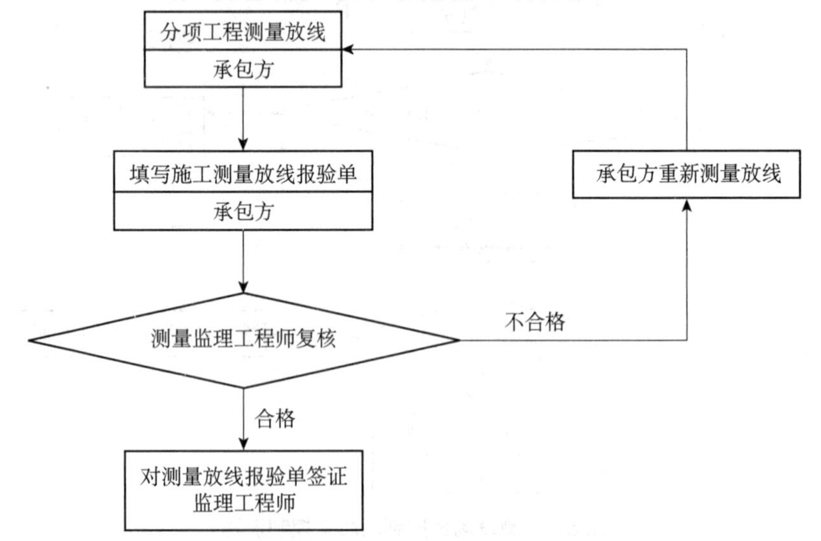

图 5-9　分项工程测量放线质量控制流程

8. 土方开挖工程报验流程图（如图 5-10 所示）

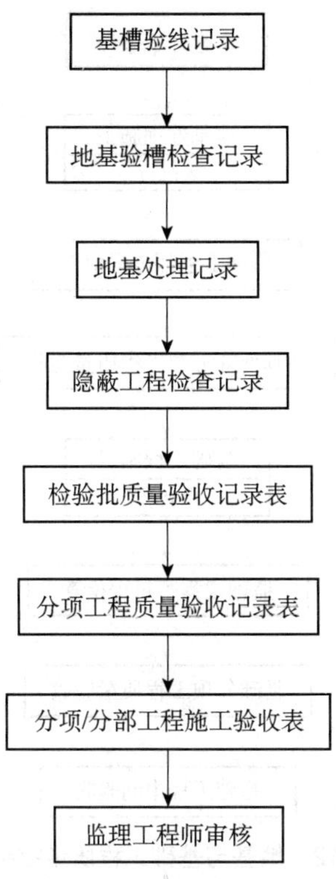

图 5-10 土方开挖工程报验流程

9. 土方回填、工程施工质量检查报验流程（如图 5-11 所示）

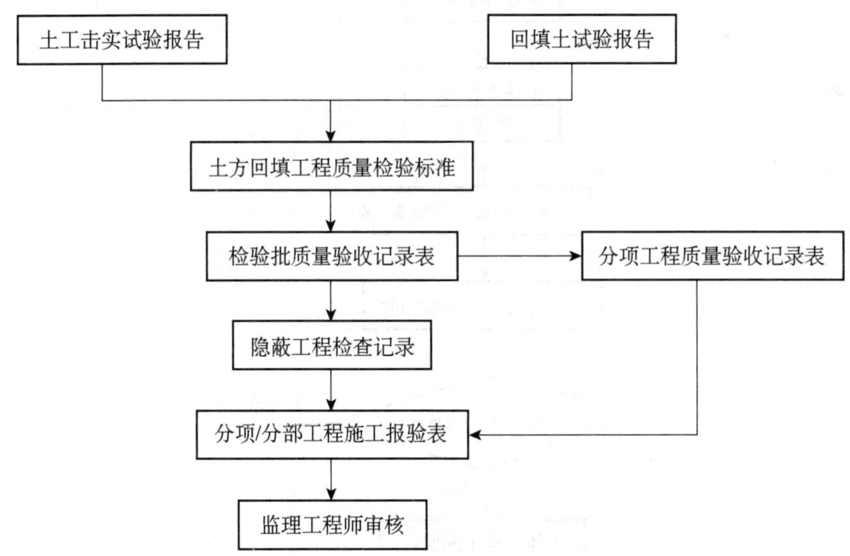

图 5-11 土方回填、工程施工质量检查报验流程

10. 地基与基础工程质量控制流程图（如图 5-12 所示）

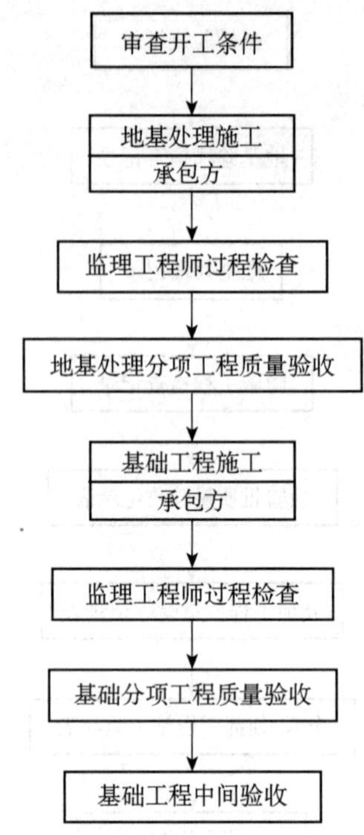

图 5-12　地基与基础工程质量控制流程

11. 主体工程质量控制流程图（如图 5-13 所示）

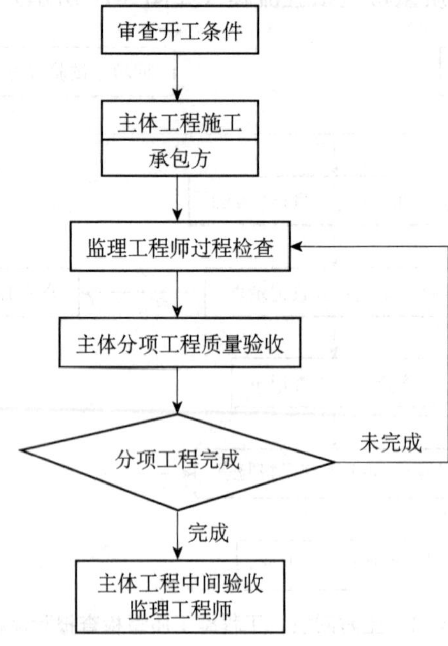

图 5-13　主体工程质量控制流程

12. 模板工程质量控制流程图（如图 5-14 所示）

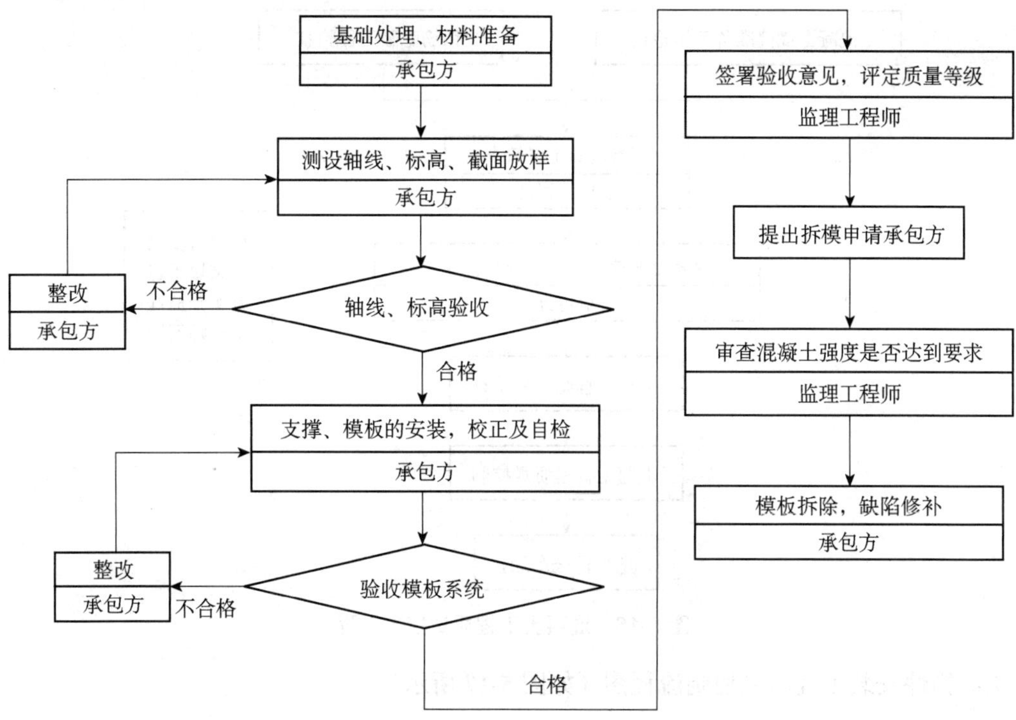

图 5-14　模板工程质量控制流程

13. 钢筋工程质量控制流程图（如表 5-15 所示）

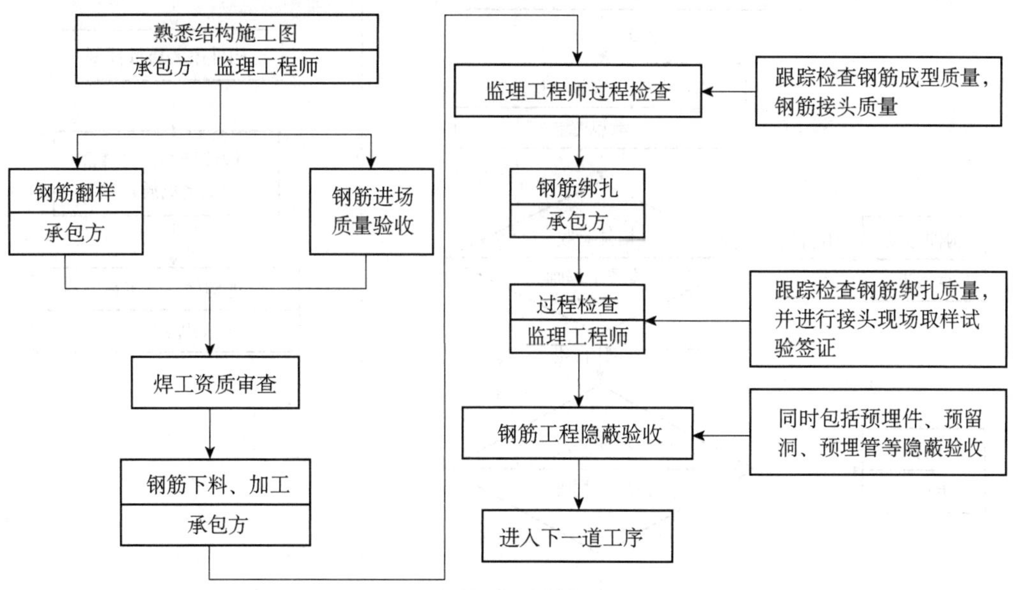

图 5-15　钢筋工程质量控制流程

14. 混凝土工程质量控制流程图（如图 5-16 所示）

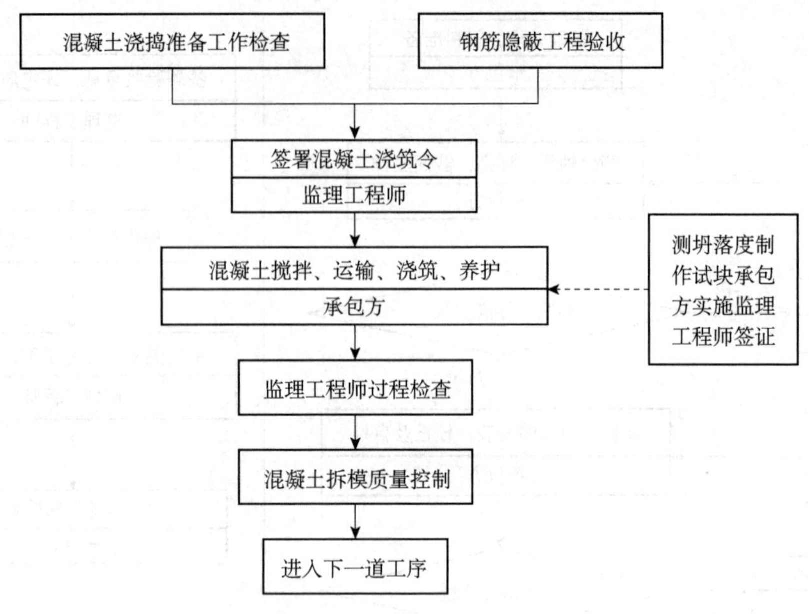

图 5-16　混凝土工程质量控制流程

15. 构件安装工程质量控制流程图（如图 5-17 所示）

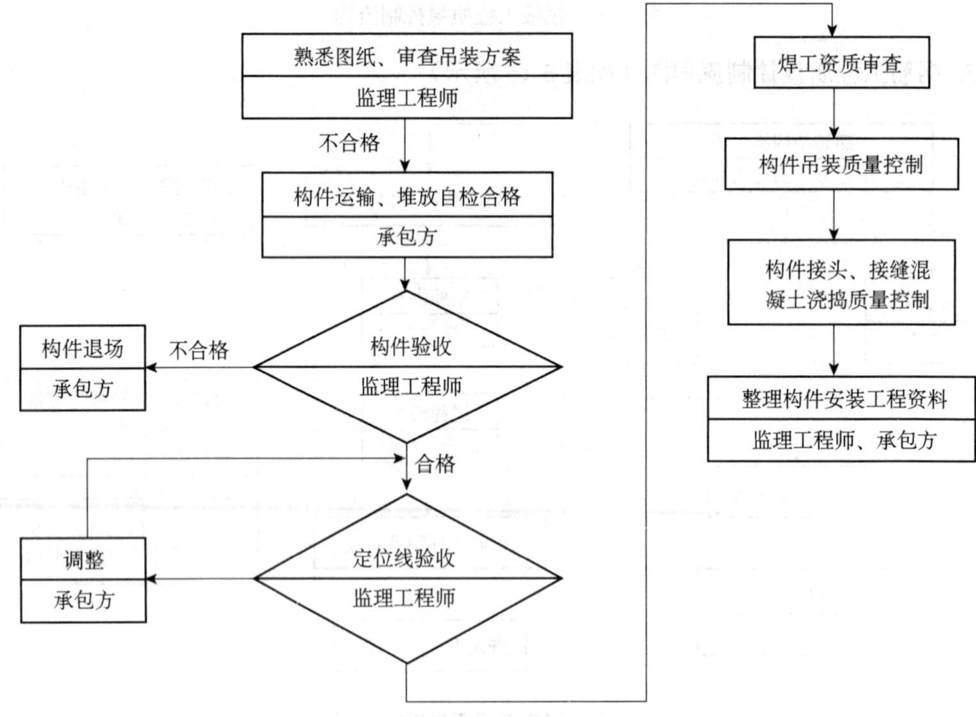

图 5-17　混凝土工程质量控制流程

16. 构件接头、接缝混凝土浇捣质量控制流程图（如图 5-18 所示）

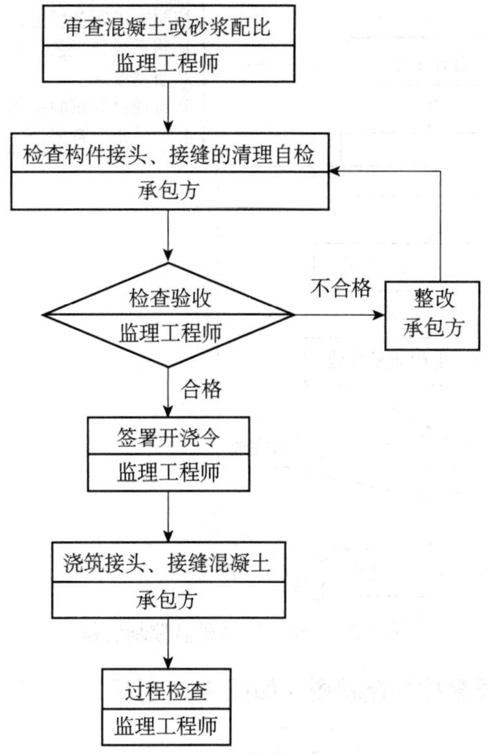

图 5-18　构件接头、接缝混凝土浇捣质量控制流程

17. 门窗工程质量控制流程图（如图 5-19 所示）

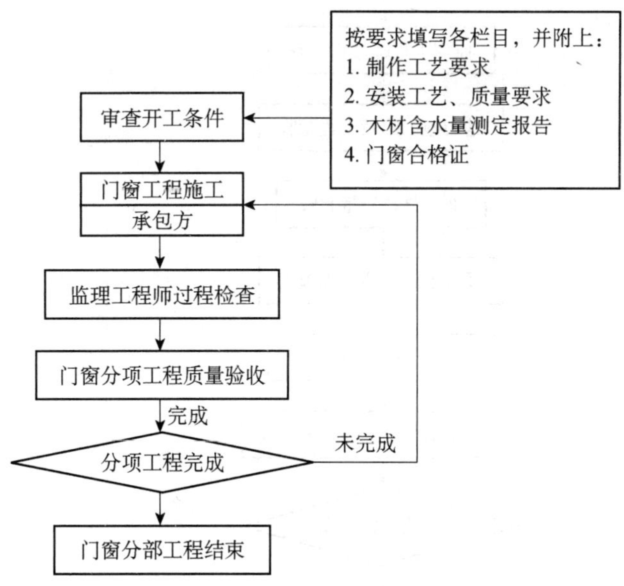

图 5-19　门窗工程质量控制流程

18. 装饰工程质量控制流程图（如图 5-20 所示）

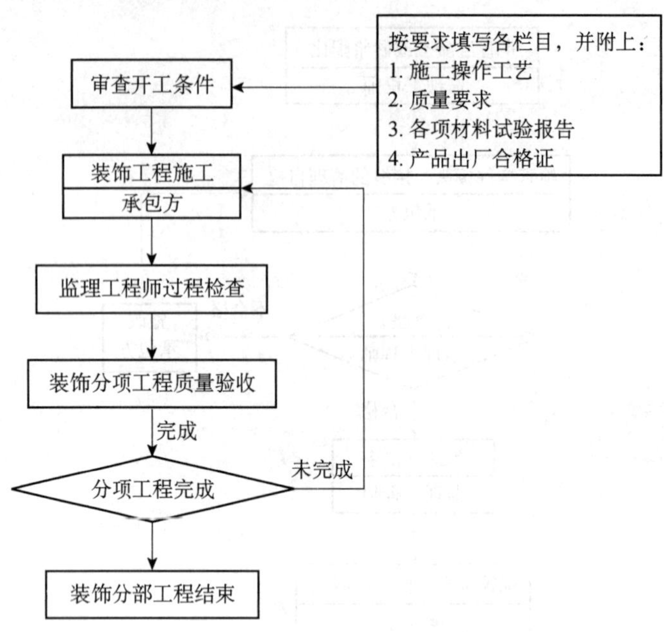

图 5-20　装饰工程质量控制流程

19. 地面与楼面工程质量控制流程图（如图 5-21 所示）

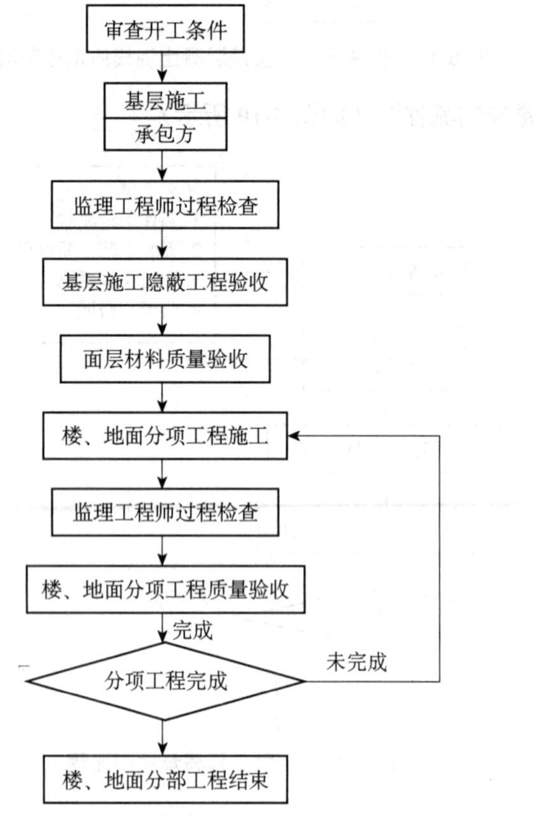

图 5-21　地面与楼面工程质量控制流程

20. 建筑设备安装工程质量控制流程图（如图 5-22 所示）

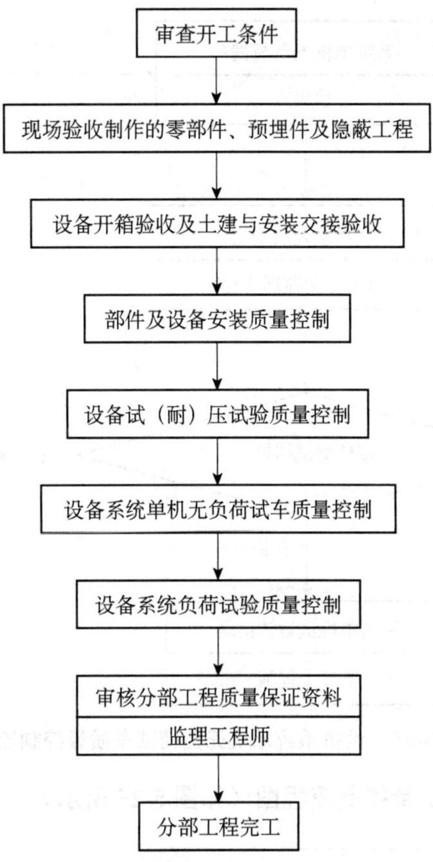

图 5-22 建筑设备安装工程质量控制流程

21. 设备试（耐）压试验质量控制流程图（如图 5-23 所示）

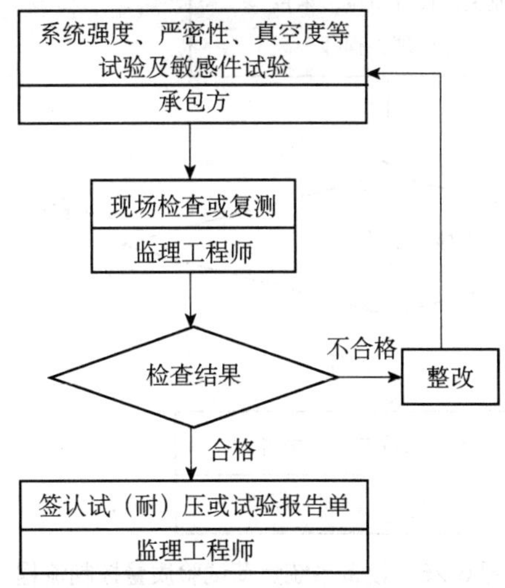

图 5-23 设备试（耐）压试验质量控制流程

22. 设备系统单机无负荷试车质量控制流程图（如图 5-24 所示）

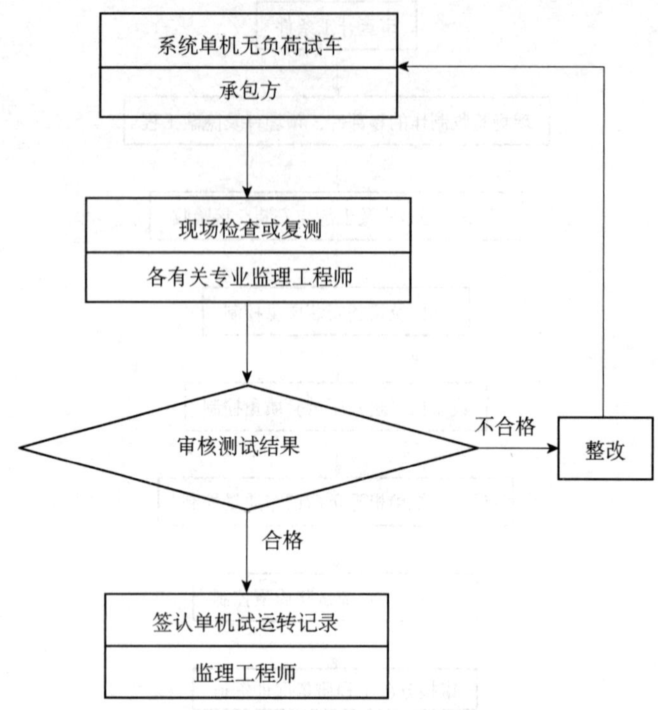

图 5-24　设备系统单机无负荷试车质量控制流程

23. 设备系统负荷试验质量控制流程图（如图 5-25 所示）

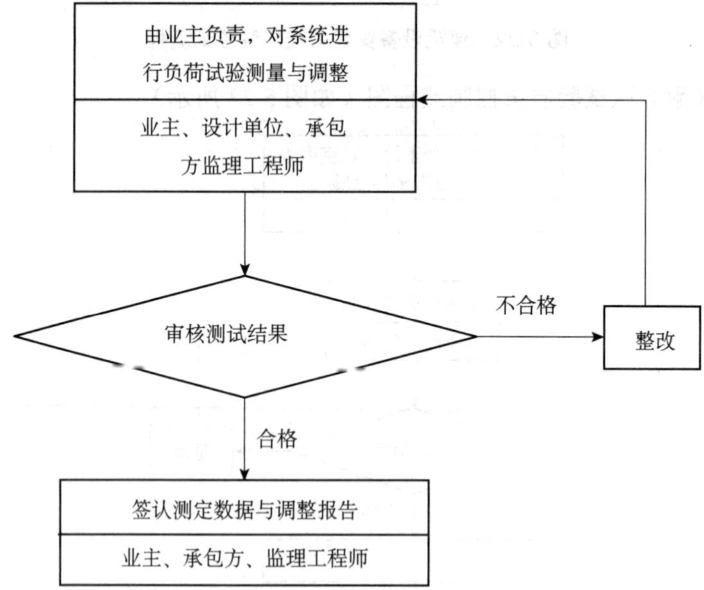

图 5-25　设备系统负荷试验质量控制流程

24. 建筑采暖、卫生工程质量控制流程图（如图 5-26 所示）

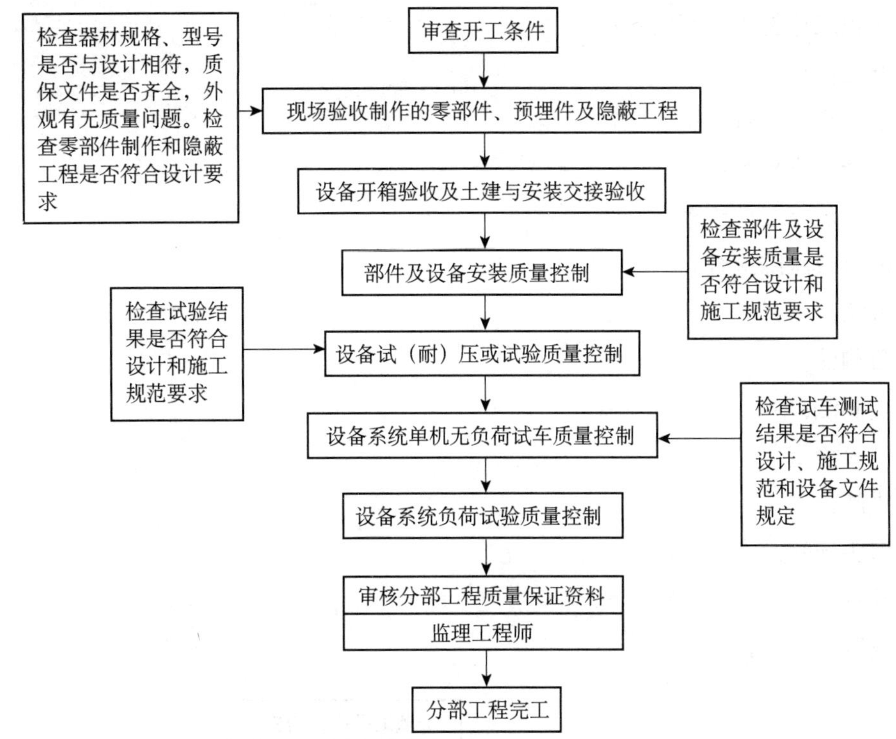

图 5-26　建筑采暖、卫生工程质量控制流程

25. 建筑电气安装工程质量控制流程图（如图 5-27 所示）

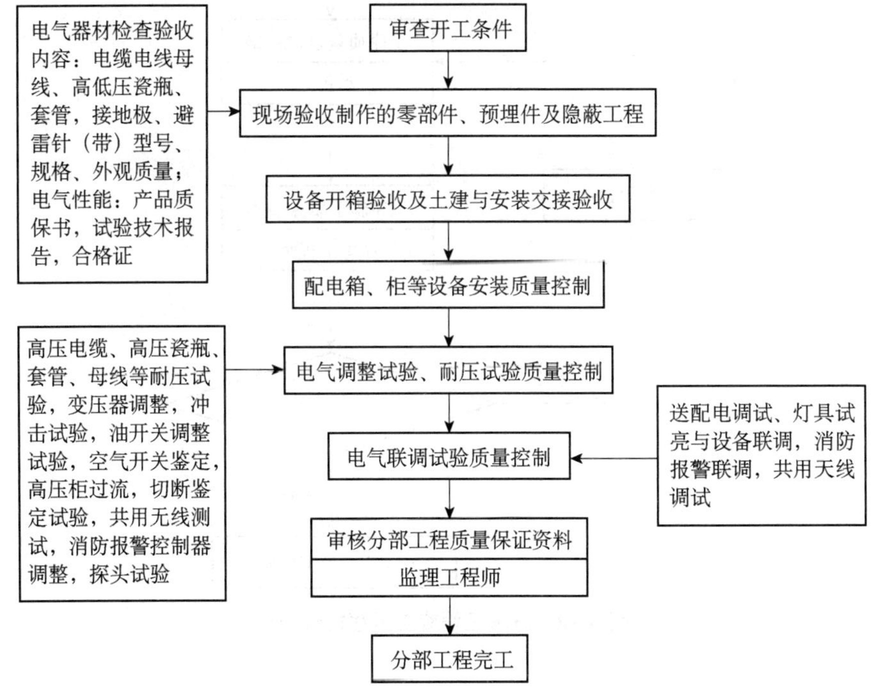

图 5-27　建筑电气安装工程质量控制流程

26. 分项工程施工过程检查流程图（如图 5-28 所示）

分项工程工序施工检查内容：

（1）开工前检查；

（2）工序交接检查；

（3）隐蔽工程检查；

（4）停工后复工前检查；

（5）随班或跟踪检查。

检查方法：

（1）目测法；

（2）实测法；

（3）试验检查。

整改措施：

（1）口头通知；

（2）发备忘录；

（3）发监理通知。

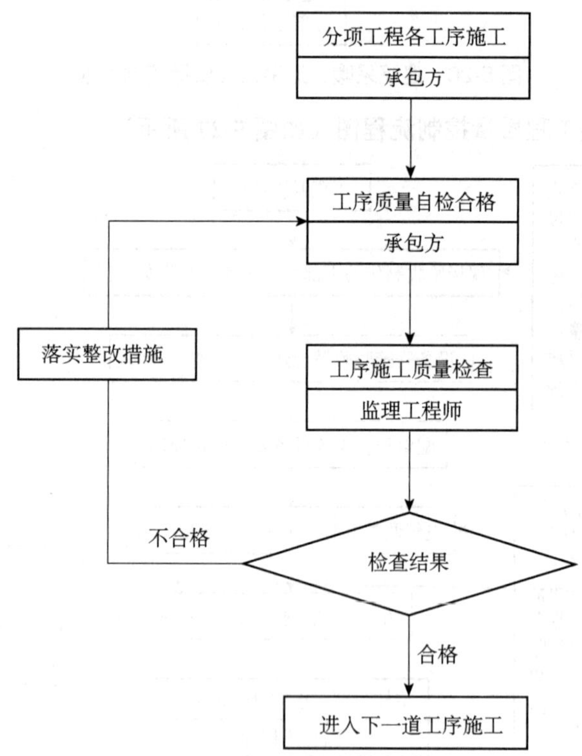

图 5-28　分项工程施工过程检查流程

27. 隐蔽工程验收流程图（如图 5-29 所示）

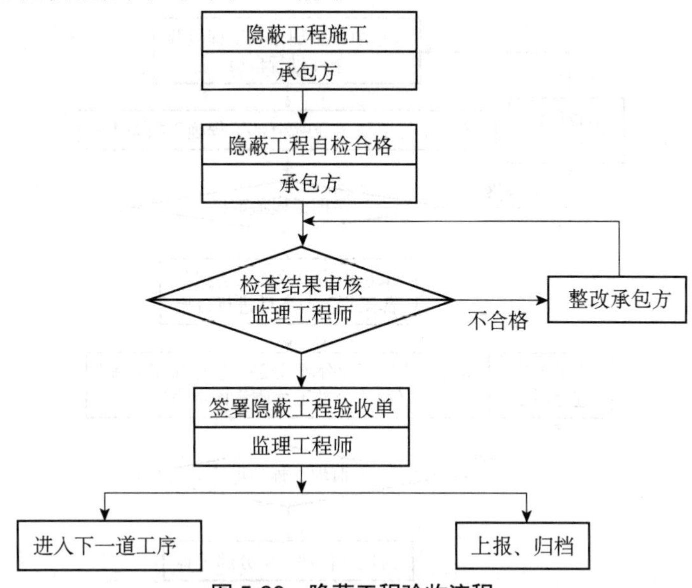

图 5-29　隐蔽工程验收流程

28. 工程变更管理的基本程序图（如图 5-30 所示）

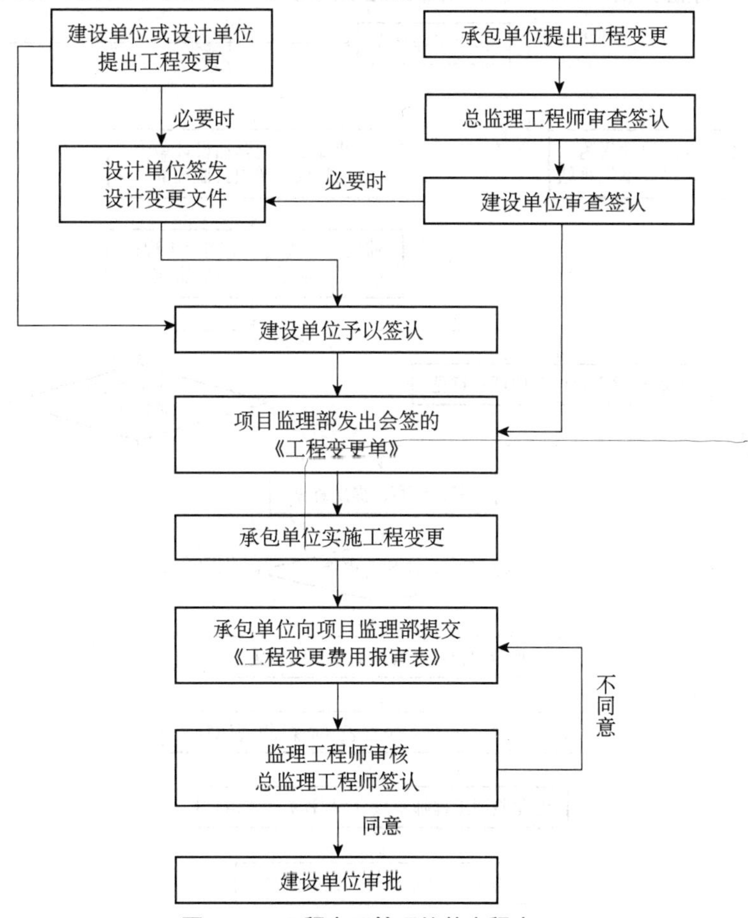

图 5-30　工程变更管理的基本程序

29. 分项、分部工程签认基本程序图（如图 5-31 所示）

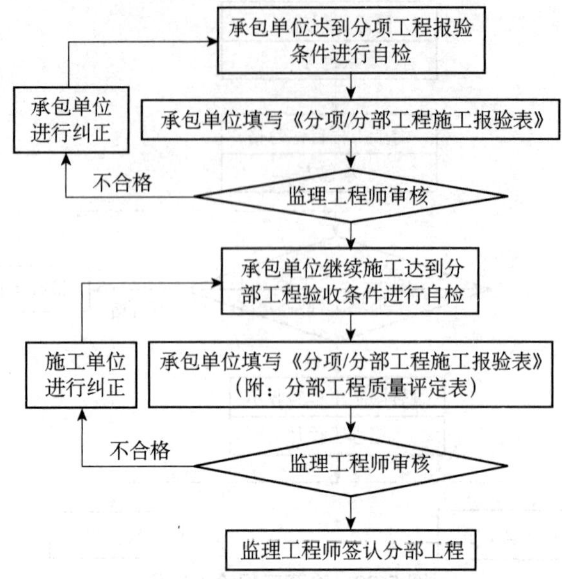

图 5-31　分项、分部工程签认基本程序

30. 工程洽商签认基本程序图（如图 5-32 所示）

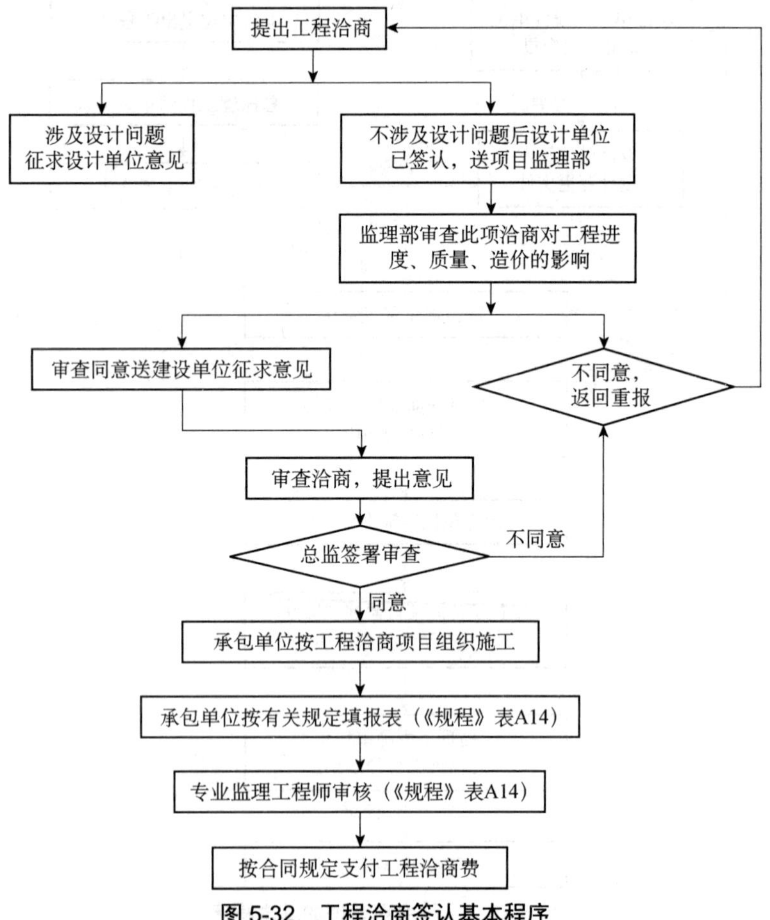

图 5-32　工程洽商签认基本程序

31. 单位工程质量控制基本程序图（如图 5-33 所示）

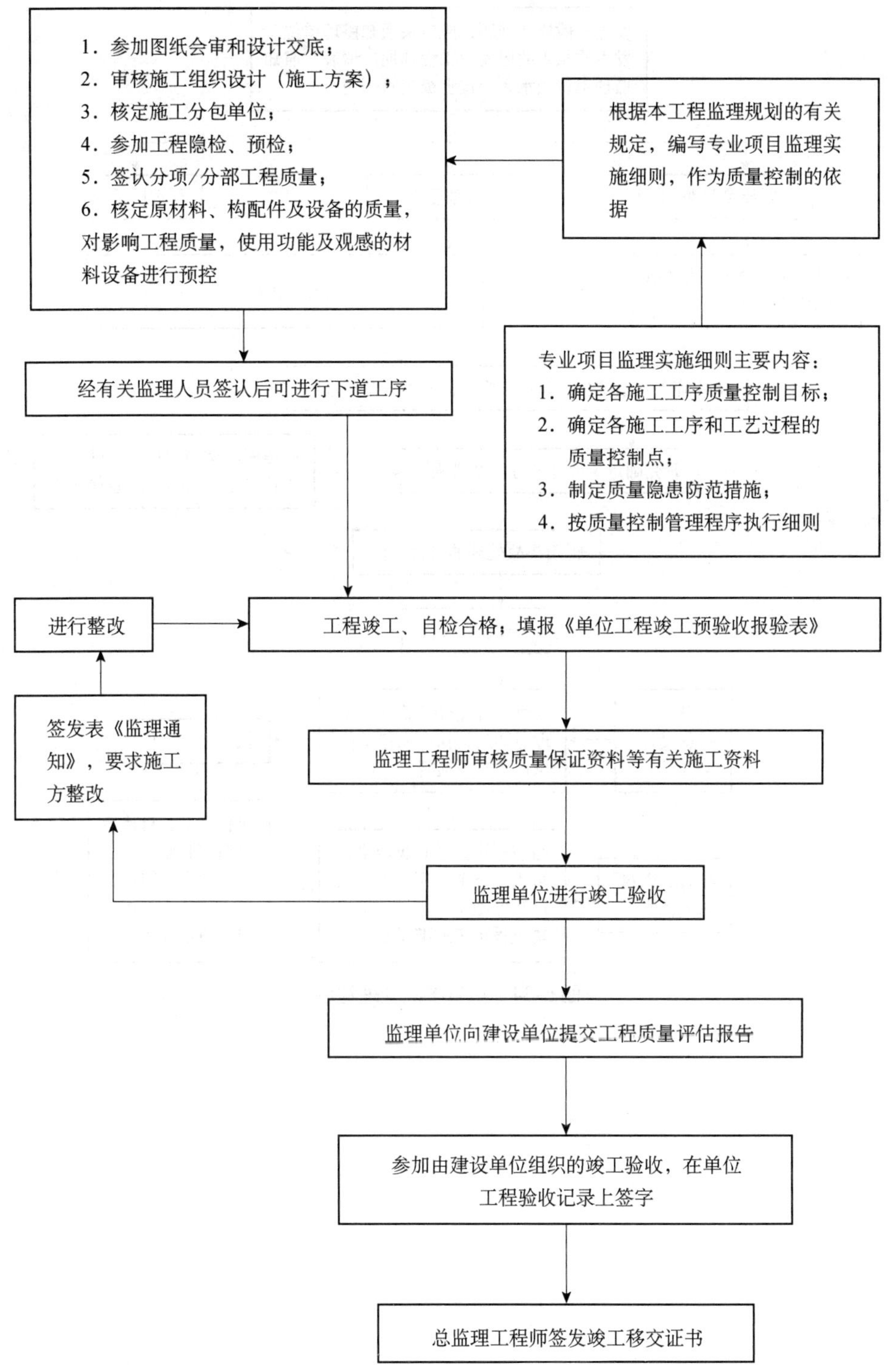

图 5-33　单位工程质量控制基本程序

32. 质量事故处理程序图（如图 5-34 所示）

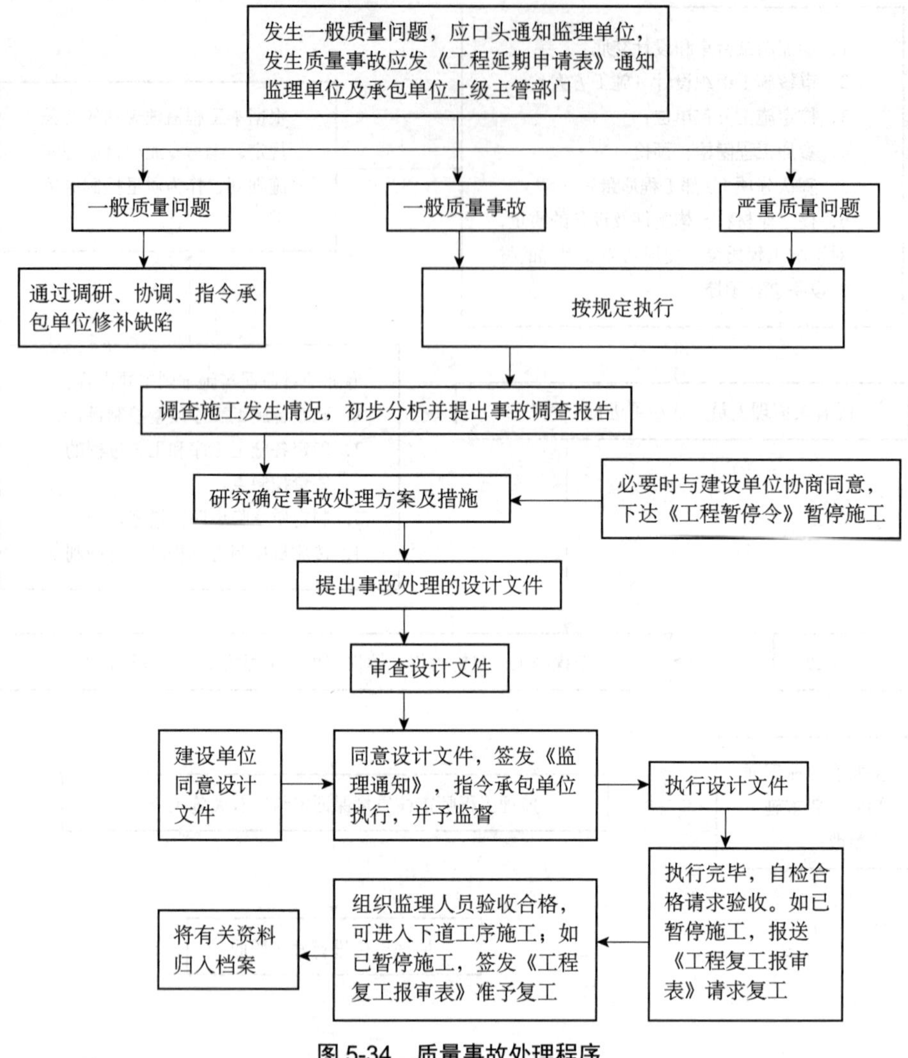

图 5-34　质量事故处理程序

第六章　施工质量计划

第一节　施工质量计划的概念

一、施工质量计划的概念

1. 质量计划的概念

ISO 9000中对“质量计划”的定义是：“对特定的项目、产品或合同规定由谁及何时应使用哪些程序和相关资源的文件”。质量计划提供了一种途径将某一产品、项目或合同的特定要求与现行的通用质量体系程序联系起来。虽然要增加一些书面程序，但质量计划无须开发超出现行规定的一套综合的程序或作业指导书。一个质量计划可以用于监测和评估贯彻质量要求的情况，但这个指南并不是为了用作符合要求的清单。质量计划也可以用于没有文件化质量体系的情况，在这种情况下，需要编制程序以支持质量计划。

质量计划需要回答的是如何通过各种质量相关活动来保证项目达到预期的质量目标。质量计划中的重要输入是质量目标，而质量目标来源于用户需求和商业目标，项目质量计划根据质量目标制订，包括质量保证计划和质量跟踪控制计划。

质量属性包括了正确、可用等功能性属性，也包括了性能、安全、易用、可维护等非功能性属性。各质量属性间本身也存在正负相互作用力，提高某个质量属性会导致其他质量属性受影响，也会使项目进度成本等其他要素受到影响。项目进度成本有限，不可能满足所有的质量要求，因此必须系统地确定各质量属性满足的优先级，满足的度。

质量计划的作用：首先，质量计划是一种工具，用于组织内部时，应确保特定产品、项目或合同的要求被恰当地纳入质量计划；在合同情况下，质量计划能向其顾客证实具体合同的特定要求已被充分阐述。其次，可在特定产品、项目或合同上代替或减少其他质量体系文件的运用，简化现场管理。最后，质量计划应在合同签订前编制质量计划，并可作为质量文件的一部分参加投标。

质量计划的编制要求：

（1）以特定产品、项目或合同为对象，将质量保证标准、质量手册和程序文件的通用要求与特定产品、项目或合同联系起来的文件。仅需涉及与特定产品、项目等有关的那些活动，对一般要求可直接采用或引用现行的质量文件。应保持与现行质量文件要求的一致性。

（2）产品结构简单、品种单一或形成系列产品时，一个质量计划可包容时，可不必针对每个产品都制订质量计划。

（3）质量计划可高于但不能低于通用质量体系文件的要求。应明确质量计划所涉及的质量活动，并对其责任和权限进行分配；质量计划应由技术负责人主持，相关部门及人员参加制订。考虑相互间的协调性和可操作性。

（4）当现行产品技术状态发生显著变化时，应考虑编制新的质量计划。

2. 项目质量计划

项目质量计划是指为确定项目应该达到的质量标准和如何达到这些项目质量标准而做的项目质量的计划与安排。项目质量计划是质量策划的结果之一。它规定了与项目相关的质量标准，如何满足这些标准，由谁及何时应使用哪些程序和相关资源。项目质量计划工作的成果：项目质量计划、项目质量工作说明、质量核检清单、可用于其他管理的信息。

项目质量管理计划包含一些程序，要求保证该项目能够兑现它的关于满足各种需求的承诺。包括在质量体系中，与决定质量工作的策略、目标和责任的全部管理功能有关的各种活动，并通过诸如质量计划、质量保证和质量提高等手段来完成这些活动。质量计划——确定哪些质量标准适用于该项目，并决定如何达标。

质量保证——在常规基础上对整个项目执行情况作评估，以提供信用，保证该项目将能够达到有关质量标准。

质量控制——监控特定项目的执行结果，以确定它们是否符合有关的质量标准，并确定适当方式消除导致项目绩效令人不满意的原因。

这些工作程序互有影响，并且与其他知识领域中的程序之间也会相互影响。依据项目的需要，每道程序都可能包含一个或更多的个人或由团队的努力。在每个项目阶段中，每道程序通常都会至少经历一次。

项目管理小组必须注意，不要把质量与等级相混淆。等级是“一种具有相同使用功能，不同质量要求的实体的类别或级别”。质量低通常是个问题，级别低就可能不是。例如一个软件产品可能是高质量（没有明显问题，具备可读性较强的用户手册），低等级（数量有限的功能特点）或者是低质量（问题多，用户文件组织混乱），高等级（无数的功能特点）。决定和传达质量与等级的要求层次是项目经理和项目管理小组的责任。

3. 施工项目质量计划

施工项目质量计划就是将施工项目及其合同的特定要求与现行的通用质量体系程序相结合。计划中应明确指出所开展的质量活动，并直接或间接通过相应程序或其他文件，指出如何实施这些活动。质量计划应充分考虑与施工项目管理实施规划、施工方案等文件的协调与匹配要求。

质量计划可以作为项目实施规划的一部分，或单独成文。施工项目质量计划应成为对外质量保证和对内质量控制的依据。施工项目质量计划应由施工项目质量经理（质量工程师）在施工项目策划过程中编制，经施工项目经理批准后发布实施，应体现工序、分项工程、分部工程及单位工程的过程控制，体现从资源投入到完成工程的最终检验和试验的全过程质量控制。

施工项目质量计划的基本内容一般应包括：

（1）工程特点及施工条件（合同条件、法规条件和现场条件等）分析。

（2）质量总目标及其分解目标。

（3）质量管理组织机构和职责，人员及资源配置计划。

（4）确定施工工艺与操作方法的技术方案和施工组织方案。

（5）施工材料、设备等物资的质量管理及控制措施。

（6）施工质量检验、检测、试验工作的计划安排及其实施方法与接收准则。

（7）施工质量控制点及其跟踪控制的方式与要求、质量记录的要求等。

二、施工质量计划使用的规范和标准

1.《岩土锚杆与喷射混凝土支护工程技术规范》（GB 50086—2015）

2.《混凝土外加剂应用技术规范》（GB 50119—2013）

3.《混凝土质量控制标准》（GB 50164—2011）

4.《建筑地基基础工程施工质量验收标准》（GB 50202—2018）

5.《砌体结构工程施工质量验收规范》（GB 50203—2011）

6.《混凝土结构工程施工质量验收规范》（GB 50204—2015）

7.《钢结构工程施工质量验收规范》（GB 50205—2001）

8.《屋面工程质量验收规范》（GB 50207—2012）

9.《地下防水工程质量验收规范》（GB 50208—2011）

10.《建筑地面工程施工质量验收规范》（GB 50209—2010）

11.《建筑装饰装修工程质量验收标准》（GB 50210—2018）

12.《建筑防腐蚀工程施工及验收规范》（GB 50212—2002）

13.《建筑工程施工质量验收统一标准》（GB 50300—2013）

14.《住宅装饰装修工程施工规范》（GB 50327—2001）

15.《建筑边坡工程技术规范》（GB 50330—2013）

16.《建筑节能工程施工质量验收规范》（GB 50411—2007）

17.《大体积混凝土施工规范》（GB 50496—2018）

18.《建筑基坑工程监测技术规范》（GB 50497—2016）

19.《普通混凝土长期性能和耐久性能试验方法标准》（GB/T 50082—2009）

20.《砌体工程现场检测技术标准》（GB/T 50315—2011）

21.《建筑工程文件归档整理规范》（GB/T 50328—2001）

22.《混凝土结构耐久性设计规范》（GB/T 50476—2016）

23.《钢结构现场检测技术标准》（GB/T 50621—2010）

24.《水泥混凝土路面施工及验收规范》（GBJ 97—87）

25.《混凝土强度检验评定标准》（GB/T 50107—2010）

26.《高层建筑混凝土结构技术规程》(JGJ 3—2010)
27.《高层建筑箱形与筏形基础技术规范》(JGJ 6—2011)
28.《轻骨料混凝土结构技术规程》(JGJ 12—2006)
29.《钢筋焊接及验收规程》(JGJ 18—2012)
30.《普通混凝土用砂、石质量及检验方法标准》(JGJ 52—2006)
31.《普通混凝土配合比设计规程》(JGJ 55—2011)
32.《混凝土用水标准》(JGJ 63—2006)
33.《建筑工程大模板技术规程》(JGJ/T 74—2017)
34.《建筑地基处理技术规范》(JGJ 79—2012)
35.《建筑施工高处作业安全技术规范》(JGJ 80—2016)
36.《建筑钢结构焊接技术规程》(GB 50661—2011)
37.《钢结构高强度螺栓连接技术规程》(JGJ 82—2011)
38.《建筑桩基技术规范》(JGJ 94—2008)
39.《冷轧带肋钢筋混凝土结构技术规程》(JGJ 95—2011)
40.《钢框胶合板模板技术规程》(JGJ 96—2011)
41.《砌筑砂浆配合比设计规程》(JGJ 98—2010)
42.《高层民用建筑钢结构技术规程》(JGJ 99—2015)
43.《玻璃幕墙工程技术规范》(JGJ 102—2003)
44.《建筑基桩检测技术规范》(JGJ 106—2014)
45.《钢筋机械连接通用技术规程》(JGJ 107—2016)
46.《建筑工程饰面砖粘结强度检验标准》(JGJ 110—2017)
47.《建筑玻璃应用技术规程》(JGJ 113—2015)
48.《钢筋焊接网混凝土结构技术规程》(JGJ 114—2014)
49.《建筑基坑支护技术规程》(JGJ 120—2012)
50.《建筑施工扣件式钢管脚手架安全技术规范》(JGJ 130—2011)
51.《金属与石材幕墙工程技术规范》(JGJ 133—2013)
52.《砌体结构设计规范》(GB 50003—2011)
53.《型钢混凝土组合结构技术规程》(JGJ 138—2016)
54.《预应力混凝土结构抗震设计规程》(JGJ 140—2004)
55.《外墙保温工程技术规程》(JGJ 144—2008)
56.《混凝土异形柱结构技术规程》(JGJ 149—2017)
57.《建筑施工模板安全技术规范》(JGJ 168—2008)
58.《建筑施工碗扣式钢管脚手架安全技术规范》(JGJ 166—2016)
59.《建筑施工土石方工程安全技术规范》(JGJ 180—2009)
60.《铝合金门窗工程技术规范》(JGJ 214—2010)
61.《建筑施工承插型盘扣式钢管支架安全技术规程》(JGJ 231—2010)

62.《蒸压加气混凝土建筑应用技术规程》(JGJ/T 17—2008)

63.《回弹法检测混凝土抗压强度技术规程》(JGJ/T 23—2011)

64.《钢筋焊接接头试验方法标准》(JGJ/T 27—2014)

65.《机械喷涂抹灰施工规程》(JGJ/T 105—2011)

66.《玻璃幕墙工程质量检验标准》(JGJ/T 139—2001)

67.《混凝土中钢筋检测技术规程》(JGJ/T 152—2008)

68.《建筑轻质条板隔墙技术规程》(JGJ/T 157—2014)

69.《补偿收缩混凝土应用技术规程》(JGJ/T 178—2009)

70.《锚杆锚固质量无损检测技术规程》(JGJ/T 182—2009)

71.《建筑工程资料管理规程》(JGJ/T 185—2009)

72.《施工现场临时建筑物技术规范》(JGJ/T 188—2009)

73.《型钢水泥土搅拌墙技术规程》(JGJ/T 199—2010)

74.《后锚固法检测混凝土抗压强度技术规程》(JGJ/T 208—2010)

75.《抹灰砂浆技术规程》(JGJ/T 220—2010)

76.《倒置式屋面工程技术规程》(JGJ 230—2010)

77.《混凝土基层喷浆处理技术规程》(JGJ/T 238—2011)

78.《建筑外墙防水工程技术规程》(JGJ/T 235—2011)

第二节　施工质量计划的内容

一、质量计划编制依据

项目质量计划应由项目经理组织编写，需报企业相关管理部门批准后实施；质量计划应体现从工序、分项工程、分部工程到单位工程的过程控制，且应体现从资源投入到完成工程质量最终检验和试验的全过程管理与控制要求。工程质量计划编制和成功实施是项目质量管理中的重要一环，是施工企业质量方针和质量目标的分解和具体表现，又是工程项目质量管理的纲领性文件，也体现出企业质量管理水平。质量计划编制依据主要有：

（1）工程承包合同，设计图纸及相关文件。

（2）企业和项目部的质量管理体系文件及要求。

（3）国家和地方相关的法律、法规、技术标准、规范，有关施工操作规程。

（4）施工组织设计、专项施工方案及项目计划。

施工组织设计除包含质量计划的内容外，还包括进度计划、安全计划、施工费用计划等方面的内容，施工项目质量计划是对外质量保证和对内质量控制的依据，但施工组织设计是指导施工的指导性文件，只用于施工单位内部的管理和控制。

施工质量计划还要对材料进行质量要求，特别是对进口建筑装饰装修材料进场时对品种、规格、外观和尺寸进行验收，材料包装完好，而且还应该具有产品合格证书、相关性能的检测报告、规定的商品检验报告。例如，钢筋进场时，承包单位的进场验证应检查材质证明，并根据供料计划和有关标准进行现场验证和记录。质量验证包括钢筋的品种、型号、规格、数量、外观检查和见证取样，进行物理机械性能试验。每批供应的钢材必须具有出厂合格证，合格证上的内容应齐全清楚，包括材料名称、品种、规格、型号、出厂日期、批量、炉号、每个炉号的生产数量，供应数量，主要化学成分和物理机械性能，并加盖生产厂家的公章。

二、工程概况及施工条件分析

1. 工程概况

工程概况是指在建工程项目的基本情况。其主要内容包括工程名称、规模、性质、用途、资金来源、投资额、开竣工日期、建设单位、设计单位、监理单位、施工单位、工程地点、工程总造价、施工条件、建筑面积、结构形式、图纸设计完成情况、承包合同等。

施工质量计划的工程概况除了简要概述工程建设的通用信息，如工程名称，工程地点，建设单位，设计单位，监理单位，施工分包单位，合同承包范围，合同约定工期，质量目标，现场水、电、路等供应情况外，还应描述与本分项工程有关的主要信息。如模板分项工程则应描述工程建筑结构体系、建筑层高、混凝土外观质量要求（普通混凝土还是清水混凝土等）主要构件的截面尺寸及其跨度等。

2. 施工条件分析

由于建筑本身具有固定性；体积庞大；生产周期长；资源消耗品种多，数量大，参与建设的责任主体多，影响因素诸如合同条件、相关市场条件、自然条件、政治法律和社会条件；现场条件的因素多等的一系列特点。因此，建筑施工不可能有相对固定的生产产品、生产条件、生产环境和管理模式。所以，编制建筑施工质量计划时应针对招标文件的要求分析上述条件对竞争及施工管理，特别是对质量的影响做客观的分析与评价，以便于制定相应的管理措施，施工各种影响因素始终处于受控状态。

三、质量总目标及其分解目标

组织的质量目标建立后，应把质量目标体现到组织的相关职能和层次上，经过全员的参与，共同努力以达到质量目标（要求）。这就要求组织对质量目标进行分解策划。

质量目标的分解方法根据行业、企业和项目的特点有不同的分解方法，就一般项目而言，通常是依据质量目标的实现过程建立分解体系。一个组织总质量目标通常包含有产品质量和服务质量的目标要求，就其产品和服务实现过程而言，其间又有许多分过程或子过程，而每一个分过程或子过程又可细分为更小的过程。在按质量目标的实现过程进行分解时，需要仔细地分析总质量目标涉及哪些过程、各过程需要实现哪些目标等。

1. 质量总目标

建筑施工企业获得工程建设任务签订承包合同后，企业或授权的项目管理机构应依据企业质量方针和工程承包合同等确立本项目的工程建设质量目标。工程建设总目标应当是对工程承包合同条款的承诺和现企业管理水平的体现。如某企业在其一个施工项目质量目标："严格遵守《建设工程质量管理条例》及国家施工质量验收标准，全部工程确保一次验收合格率100%，工程质量保证合格"。

2. 质量目标分解

质量目标必须分解到与质量管理体系有关的各职能部门及层次（如决策层、执行层、作业层）中，相关职能和层次的员工都应把质量目标转化或展开为各自的工作任务。这样做能增加质量目标的可操作性，有利于质量目标的具体落实和实现。质量目标分解到哪一层次，要视组织的具体情况而定，关键是能确保质量目标的落实和实现。质量目标的展开，是为了实现总的质量目标。在展开质量目标时，应注意各部门之间的配合和协调关系，不能因为某个分质量目标定得过高或过低出现资源等划分不合理的现象而影响总质量目标的实现。质量目标的分解方法很多，不能一概而论，质量目标的可操作性强，有利于质量目标的具体落实和实现的分解方法就是好方法。某项目质量目标分解见表 6-1。

表 6-1　××工程质量目标分解表

分部工程	质量目标	分项工程	保证项目质量目标	基本项目质量目标	允许偏差项目质量目标
基础工程	合格	模板工程	符合 GB 50204—2015	合格	90%实测值在偏差允许范围
	合格	钢筋工程	符合 GB 50204—2015	合格	90%实测值在偏差允许围范
	合格	混凝土工程	符合 GB 50204—2015	合格	90%实测值在偏差允许范围
主体工程	合格	模板工程	符合 GB 50204—2015	合格	90%实测值在偏差允许范围
	合格	钢筋工程	符合 GB 50204—2015	合格	90%实测值在偏差允许范围
	合格	混凝土工程	符合 GB 50204—2015	合格	90%实测值在偏差允许范围
	合格	砌体工程	符合 GB 50203—2016	合格	90%实测值在偏差允许范围
屋面工程	合格	保温层	符合 GB 50207—2012	合格	90%实测值在偏差允许范围
	合格	找平屋	符合 GB 50207—2012	合格	90%实测值在偏差允许范围
	合格	防水层	符合 GB 50207—2012	合格	90%实测値存偏差允许范围
地面工程	合格	护栏	符合 GB 50209—2018	合格	90%实测值在偏差允许范围
	合格	外保温	符合 GB 50209—2018	合格	90%实测值在偏差允许范围
	合格	楼地面工程	符合 GB 50209—2018	合格	90%实测值在偏差允许范围
装饰工程	合格	抹灰工程	符合 GB 50210—2018	合格	90%实测值在偏差允许范围
	合格	油漆工程	符合 GB 50210—2018	合格	90%实测值在偏差允许范围
	合格	涂料工程	符合 GB 50210—2018	合格	90%实测值在偏差允许范围
	合格	门窗工程	符合 GB 50210—2018	合格	90%实测值在偏差允许范围
	合格	玻璃工程	符合 GB 50210—2018	合格	90%实测值在偏差允许范围

续表

分部工程	质量目标	分项工程	保证项目质量目标	基本项目质量目标	允许偏差项目质量目标
电气工程	合格	照明通电试运行	符合 GB 50303—2015	合格	90%实测值在偏差允许范围
	合格	电线配管线	符合 GB 50303—2015	合格	90%实测值在偏差允许范围
	合格	避雷引下线等电位	符合 GB 50303—2015	合格	90%实测值在偏差允许范围
	合格	开关、插座、灯具	符合 GB 50303—2015	合格	90%实测值在偏差允许范围
	合格	配电箱	符合 GB 50303—2015	合格	90%实测值在偏差允许范围
给排水、消防、地暖工程	合格	地暖管及配件	符合 GB 50242—2017	合格	90%实测值在偏差允许范围
	合格	消防管及配件	符合 GB 50242—2017	合格	90%实测值在偏差允许范围
	合格	给排水管道及配件	符合 GB 50242—2017	合格	90%实测值在偏差允许范围

四、质量管理组织机构和职责

组织建设和制度建设是实现质量目标的重要保障，项目班子以及各级管理人员建立起明确、严格的质量责任制，做到人人有责任是实现质量目标的前提。项目经理是企业法人在工程项目上的代表，是项目工程质量的第一责任人，对工程质量终身负责。项目经理部应根据工程规划、项目特点、施工组织、工程总进度计划和已建立的项目质量目标，建立由项目经理领导，由项目工程师策划、组织实施，现场施工员、质量员、安全员和材料员等项目管理中层的中间控制，区域和专业责任工程师检查监督的管理系统，形成项目经部、各专业承包商、专业化公司和施工作业队组成的质量管理网络。

建立健全项目的质量保证体系、落实质量责任制度。因此，项目经理应根据合同质量目标和按照《企业质量手册》的规定，建立项目部质量保证体系，绘制质量管理体系结构图，选聘岗位人员并明确各岗位职责（见表 6-2、表 6-3）。

表 6-2　×××工程部门职责与工作范围

序号	管理部门	责任人	职责与工作范围
1		×××	
2		×××	
3		×××	
4		×××	

表 6-3　×××工程岗位职责与工作范围

序号	管理部门	责任人	职责与工作范围
1		×××	
2		×××	
3		×××	
4		×××	

五、施工准备及资源配置计划

1. 施工准备

施工准备就是指工程施工前所做的一切工作。它不仅在开工前要做，开工后也要做，它是有组织、有计划、有步骤分阶段地贯穿于整个工程建设始终的。认真细致地做好施工准备工作，对充分发挥各方面的积极因素，合理利用资源，加快施工速度、提高工程质量、确保施工安全、降低工程成本及获得较好经济效益都起着重要作用。

充分的施工准备，能为拟建工程的施工创造必要的技术、物资条件，动员安排施工力量，部署施工现场，确保施工顺利进行。施工准备工作要有计划、有步骤、分期和分阶段进行，贯穿于整个施工过程的始终，包括技术准备、现场准备、物资准备、人员准备和季节准备。

（1）施工技术准备。

施工前技术准备工作主要指把本工程今后施工中所需要的技术资料、图纸资料、施工方案、施工预算、施工测量、技术组织等收集、编制、审查、组织好。

在技术准备工作中，要注意的内容有：认真学习施工图纸和相关的规程、规范、标准图集，掌握本工程建筑、结构、安装的形式和特点，明确各专业的设计要求和标准；认真进行图纸预审，为参加图纸会审做好准备。图纸预审首先要看施工图纸是否完整齐全，施工图说明与其总说明内容是否相符，其次建筑施工图、结构施工图和设备安装施工图之间在尺寸、标高、轴线以及预留孔洞、说明方面有无矛盾，最后是各专业、各工种的施工图及其组成部分之间有无矛盾和错误；进一步补充和完善施工组织设计的内容，编制特殊工序施工方案；制定质量和安全生产交底程序，编写各分部分项及各工种技术质量和安全生产交底卡；组织专业人员编制施工图预算和材料需用量表；编制材料供应计划、劳动力进出场计划、机械设备需用量计划、构件计划；进行木工翻样、为编制模板计划提供依据；安排进行钢筋翻样，为钢筋制作做好准备；制订培训计划并上报公司劳动工资部，分工种分班组对进场职工进行培训。

（2）编制工程质量控制预案。

1）根据工程实际情况，确定工程施工过程中的质量预控点，明确应达到的质量标准，根据规范要求及以往施工经验的做法，将施工工序进行分解，形成思路清晰、工序明确、便于各级人员操作的预案。

2）根据分解后的工序，选择重点环节进行节点控制，明确需要控制的细部节点及预控措施。施工过程中当预案与实际发生偏差时，实事求是，及时调整。

（3）编制“四新”技术。

“四新”技术即新技术、新工艺、新材料、新设备应用计划。

（4）列出本工程所需的检验试验计划。

列出本工程所需的检验试验计划，建立工程所需的监测和测量装置台账，并设专人控制实施。

（5）编制工程纠正预防措施。

根据工程特点，吸取以往的施工经验和教训，编制消除潜在的不合格品产生原因的预防措施，防止不合格品的发生。工程纠正预防措施需单独编制，单独审批。

（6）编制工程防护措施。

工程防护措施包括施工过程的防护和对已完成工作的产品保护，对工程所有材料应有防火、防雨、防潮等措施；对基坑边坡、混凝土模板、预埋预留等的产品有保护措施；对已完成的墙面、门窗、管线等有防污染措施。

2. 主要资源配置计划

（1）劳动组织准备。

1）建立施工项目领导机构。根据工程规模、结构特点和复杂程度，确定施工项目领导机构的人选和名额；遵循合理分工与密切协作、因事设职与因职选人的原则，建立有施工经验、有开拓精神和工作效率高的施工项目领导机构。

2）建立精干的工作队组。根据采用的施工组织方式，确定合理的劳动组织，建立相应的专业或混合工作队组。

3）集结施工力量，组织劳动力进场。按照开工日期和劳动力需要量计划，组织工人进场，安排好职工生活，并进行安全、防火和文明施工为落实施工计划和技术责任制，应按管理系统逐级进行交底。交底内容通常包括：工程施工进度计划和月、旬作业计划；各项安全技术措施降低成本措施和质量保证措施；质量标准和验收规范要求，以及设计变更和技术核定事项等，都应详细交底，必要时进行现场示范；同时健全各项规章制度，加强遵纪守法教育。

（2）施工物资准备。

1）建筑材料准备：确定工程施工所需各个过程和它们所需的各种材料资源；制定建筑材料需要量计划表。

2）预制加工品准备：制定预制加工品需要量计划表。

（3）施工机具准备。

在选择施工机械时，要充分考虑工程特点、机械供应条件和施工现场空间状况，合理确定主导施工机械类型、型号和台数。

3. 施工现场准备

施工现场临时用水、用电、施工道路、临时设施、各类加工棚、库房等的准备，同时应附有施工现场排水平面图、用电系统图。具体内容有：

1）做好施工测量控制网的复测和加密工作，敷设施工导线和水准点；

2）建立工地试验室，开展原材料检测和施工配合比确定工作；

3）施工现场的补充钻探；

4）“六通一平”即通水、通电、通路、通气、通电信、通排污，场地平整；

5）建造临时设施：按照施工总平面图的布置，建造三区分离的生产、生活、办公和储存等临时房屋，以及施工便道、便桥、码头、沥青混合料、路面基层（底基层）、结构层混合料、水泥混凝土搅拌站和构件预制场等大型临时设施；

6）安装调试施工机具；

7）原材料的储存堆放；

8）做好冬、雨季施工安排；

9）落实消防和保安措施。

4. 施工管理措施

（1）季节性施工措施。

根据施工网络计划中所确定的季节施工项目，编制相应的技术措施（方案），明确季节性施工应采取的技术安全措施等。如雨期基础工程施工排水措施；冬期钢筋混凝土结构工程施工供热、养护措施；冬期室内装修工程施工封闭、供热、采暖措施及有关质量、安全消防措施等。

1）雨季施工措施。维护已有的运输道路，做好路拱、修设路旁排水沟，做到有组织排水，以保证水流通畅，雨后不陷、不滑、不存水。所有机械棚要搭设严密，防止漏雨，机电设备采取防雨、防淹措施，安装接地安全装置，机动电闸的漏电保护装置要可靠。在雨季到来之前应对机械按地装置进行检查，四周要及时排除地表水。雨季施工坚持“两及时”，即遇雨要及时检查，发现路基积水尽快排除；雨后及时检查，发现翻浆要彻底处理，挖出全部软泥，大片翻浆地段尽量利用推土机等机械铲除，小片翻浆相距较近时，应一次挖出处理，填筑透水性良好的砂石材料并压实。开挖路堑前在路堑边坡顶 2 m 以外挖截水沟并接通出水口，以截断坡顶上的来水。雨季开挖路堑宜分层挖掘。每挖一层均应设置排水纵横坡。挖方边坡不宜一次挖到设计标准。应沿边坡面保留 30 cm，待雨季结束后再整修到设计坡度。雨季混凝土施工时应及时测定砂石含水率，掌握其变化幅度，及时调整配合比。

2）冬季施工措施。配制冬季施工的混凝土应优先使用硅酸盐水泥或普通硅酸盐水泥，水泥标号不低于 32.5，水灰比不大于 0.6。混凝土能用的骨料必须清洁，不得含有冰、雪等冻结物及冻裂的矿物质。混凝土浇筑前，应清除模板和钢筋上的冰雪和污垢。对已施工路段采用塑料薄膜搭棚覆盖，棚内采用火炉升温。拌和设备应适当防寒，设置在温度不低于 10℃的暖棚内。必要时，将水及砂、石骨料加热，保证混凝土出炉温度，运送混凝土时应加强覆盖以便保温防寒。冬季混凝土施工时，应制作施工检查试件，与道路同样养护条件。

3）夏季施工措施。夏季气温较高且空气湿度较大，因此夏季施工应以安全生产为主题，以“防暑降温”为重点，只有抓好安全生产，才可确保工程质量。对高温作业人员进行作业前和入暑前的健康检查，凡检查不合格者，均不得在高温条件下作业。炎热时期应组织医务人员深入工地进行巡回和防治观察。积极与当地气象部门联系，尽量避免在高温天气进行大工作量施工。对高温作业者，应供给足够的合乎卫生要求的饮料、含盐饮料。同时采用合理的劳动休息制度，可根据具体情况，在气温较高的条件下，适当调整作息时间，早晚工作，中午休息。确保现场水、电供应畅通，加强对各种机械设备的围护与检修，保证其能正常操作。加强施工管理，各分部分项工程坚决按国家标准规范、规程施工，不能因高温天气而影响工程质量。

（2）质量技术管理措施。

1）对于材料的采购贮存、标识等做出明确的规定，保证不合格材料不得用于工程中，写明提供产品的验收、贮存和出现不合格时处理的方法。

2）施工技术资料管理目标及措施。推行技术资料标准化、规范化，实现技术资料目标管理。明确技术资料管理责任人，实现技术资料收集、整理与收入挂钩，奖优罚劣。

3）工程施工难点、重点所采取的技术措施、质量保证措施等。

（3）安全施工技术措施。

1）确定本工程的环境安全目标及指标，识别重大安全因素和重要环境因素，并制定环境安全管理方案，具体参见《环境安全作业指导书汇编》中“安全施工组织设计编制要求”和《建筑施工安全检查标准》（JGJ 59—2011）。

2）对于采用的新工艺、新材料、新技术和新设备，须制定有针对性、行之有效的专门安全技术措施，以确保施工安全。

3）预防自然灾害的措施。如沿海防台风，雨季防雷击，山区防洪排水，夏季防暑降温，冬季防冻防寒防滑等措施。

4）防灾防爆及消防措施。如露天作业要选择安全地点，使用氧气瓶要防振、防暴晒，使用乙炔发生器防回火等，并编写消防措施。

5）劳动保护措施。包括安全用电、高空作业、交叉施工、施工人员上下、防有害气体毒害等措施。

6）应急救援预案。应针对工程实际情况编制模板、脚手架、临时用电、防火及高空坠落等的应急措施。

7）对达到一定规模的危险性较大的分部分项工程编制专项安全施工方案，并附安全验算结果。

（4）施工成本控制措施。

从工程投标报价开始，直至项目竣工结算完成为止，贯穿于项目实施的全过程。在施工中通过对人工费、材料费和施工机械使用费，以及工程分包费用进行控制。施工成本控制就是要在保证工期和质量的满足要求的前提下，采取相应管理措施，包括组织措施、经济措施、技术措施、合同措施，把成本控制在计划范围内，并进一步寻求最大限度地成本节约。分解工程成本控制目标，采取有效控制措施，保证成本控制。

（5）文明施工管理措施。

按照《建设工程施工现场管理规定》中文明施工管理的规定，编写文明施工管理计划。结合工程实际，进行文明施工措施的编写；制定文明施工规章制度；宣传教育在工地四周的围墙建筑物、宿舍外墙以及其他地方，有反映企业精神、时代风貌的醒目宣传标语；按《建设工程施工现场管理规定》的要求，进行施工现场管理工作，做到施工现场整洁有序、工完场清；施工中采取有效措施，控制扬尘、控制粉尘飞扬，减少施工对环境和绿化的污染，严格控制噪声；施工路段设置保证车辆通行宽度的车行道、人行道和沿街居民出行的安全通道；采取有效措施，保护地下管线；按规定要求设置施工铭牌，所有施工管理、作业人员均佩戴胸卡上岗；施工现场平面布置合理，各类材料、设备做到有序堆放，其使用状态设置明显标识。

（6）工期保证措施。

根据合同要求工期，从施工部署、工序穿插等方面采取措施，确保按期交工，具体可采取以下几点措施：

1）制订完善的施工进度计划。编制详细的施工进度计划表，并执行施工进度计划；严格按照制订好的进度计划，全方位开展施工。在施工过程如发现施工进度与形象进度有出入时，马上找原因，并及时进行调整，确保每道工序、每个分项工程都在计划工期之内。整个工程要加强计划工期控制，每周制订工程周进度计划，并严格执行进度计划。

2）采取有效措施，控制影响工期的因素。为保证工程项目能按计划顺利、有序地进行，并达到预定的目标，必须对有可能影响工程按计划进行的因素进行分析，事先采取措施，尽量缩小实际进度与计划进度的偏差，实现对项目工期的控制。影响项目进度的主要因素有计划因素、人员因素、技术因素、材料和设备因素、机具因素、气候因素等，对于上述影响工期的诸多因素，将按事前、事中、事后控制的原则，分别对这些因素加以分析、研究，制订对策，以确保工程按期完成。

3）确保材料、构件、设备保质保量按计划到位。施工中根据施工进度计划和施工预算中的工料分析，编制工程材料、构件及相关设备需用量计划，作为订货、备料、供料和确定仓库、堆场面积及组织运输的依据。按计划分批进场，并做好进场验收、发放和保管工作。

六、确定施工工艺和施工方案

施工工艺是否先进合理，技术措施与组织方案得当与否，直接影响到工程建设质量进度、投资以及低碳和绿色施工等各个方面，同时施工工艺、施工方法合理可靠也直接影响施工安全，因此在编制工程质量计划时，制定和采用技术先进、经济合理、安全可靠、低排放、符合绿色施工要求等的施工技术方案和组织方案是质量计划的重要内容之一，施工工艺方案应包括以下几个方面：

（1）在充分调研施工现场自然环境、施工质量管理环境、施工作业环境等的基础上，群策群力、集思广益地深入正确地分析工程特征、技术关键及环境条件等资料，明确质量目标、验收标准、质量控制的重点和难点，特别是对于“高、大、特、新”以及不熟悉的建筑，则需要开展 QC 活动、技术攻关以及专家论证等方法制定相应的技术方案和组织方案。

（2）技术方案应当包括施工准备（材料、机具和模板、脚手架等施工设备、作业条件等）、操作工艺（工艺流程、施工方法、检验试验等）、质量标准（主控项目、一般项目、质量控制资料等）、成品保护以及质量控制的难点重点和应注意的安全问题等。

（3）施工工艺的组织方案主要包括施工段的划分，施工的起点、流向，流水施工的形式和劳动组织，合理规划施工临时设施，合理布置施工总平面图和各阶段施工平面图等。

七、施工质量的检验与检测控制

为了加强对建设工程质量检测的管理，根据《中华人民共和国建筑法》《建设工程质量管理条例》，专门制定建设工程质量检测管理办法。申请从事对涉及建筑物、构筑物结构安全的试块、试件以及有关材料检测的工程质量检测机构，实施对建设工程质量检测活动的监督管理应当遵守专门的工程质量检测管理办法。

1. 加强检测控制

质量检测是及时发现和消除不合格工序的主要手段。质量检验的控制主要是从制度上加以保证，例如，技术复核制度、现场材料进货验收和现场见证取样送检制度、工程验收的三检制度、隐蔽验收制度、首件样板制度、质量联查制度和质量奖惩办法等。通过这些检测控制，有效地防止不合格工序转序，并能制定出有针对性的纠正和预防措施。

2. 工程检测项目方法及控制措施

根据工程项目的进度及各个阶段的特点，规定材料、构件、施工条件、结构形式在什么条件、什么时间验，验什么，谁来验等，也就是说要编制检（试）验计划书。如钢材进场必须进行型号、钢种、炉号、批量等内容的检验，要进行外观质量检查、重量偏差检查，要现场随机取样送检等，以上这些检查和检验，什么时间验、谁来验、质量标准是什么等都要在质量计划中明确。同时规定施工现场必须设立试验室（室、员）配置相应的试验设备，完善试验条件，规定试验人员资格和试验内容；对于特定要求要规定试验程序及对程序过程进行控制的措施。当企业和现场条件不能满足所需各项试验要求时，要规定委托上级试验或外单位试验的方案和措施。当有合同要求的专业试验时，应规定有关的试验方案和措施。对于需要进行状态检验和试验的内容，必须规定每个检验试验点所需检验及试验的特性、所采用程序、验收准则、必需的专用工具、技术人员资格、标识方式、记录等要求，如结构的荷载试验等。

当有业主亲自参加见证或试验的过程或部位时，要规定该过程或部位的所在地，见证或试验时间，如何按规定进行检验试验，前后接口部位的要求等内容。

八、质量记录

质量记录是指企业已经进行过的质量活动所留下的记录，是用以证明质量体系有效运行的客观证据。质量记录是获得必要的产品质量及有效实施质量体系各要素的客观证据。ISO 标准描述的质量体系，要求供方应制定质量记录的标识、收集、编目、归档、存贮、保管和处理程序，并贯彻执行。

这里讲的质量记录主要是指建筑施工质量记录，建筑施工质量记录就是建筑施工企业从签订施工合同开始，一直到完成合同规定施工任务与工程或产品质量相关的记录，包括来自分承包方的质量记录。

对质量记录进行控制，为证明工程质量满足规定要求提供客观证据。为在有可追溯性要求的场合和制定与实施纠正及预防措施时提供证实。质量记录要求主要有以下几个方面：

（1）明确质量记录部门和各个相关岗位的职责。

（2）质量记录的范和内容。

（3）质量记录工作程序。

（4）工程质量记录的形式和标识。

（5）工程质量记录的收集与管理。

（6）工程质量记录的处置。

（7）质量记录相关支持文件。

第三节　施工质量计划的编制方法

一、施工质量计划编制的主体

施工质量计划应由自控主体即施工承包企业进行编制。在平行发包方式下，各承包单位应分别编制施工质量计划；在总分包模式下，施工总承包单位应编制总承包工程范围的施工质量计划，各分包单位编制相应分包范围的施工质量计划，作为施工总承包方质量计划的深化和组成部分。施工总承包方有责任对各分包方施工质量计划的编制进行指导和审核，并承担相应施工质量的连带责任。

二、施工质量计划涵盖的范围

施工质量计划涵盖的范围，按整个工程项目质量控制的要求，应与建筑安装工程施工任务的实施范围相一致，以保证整个项目建筑安装工程的施工质量总体受控；对具体施工任务承包单位而言，施工质量计划涵盖的范围，应能满足其履行工程承包合同质量责任的要求。项目的施工质量计划，应在施工程序、控制组织、控制措施、控制方式等方面，形成一个有机的质量计划系统，确保实现项目质量总目标和各分解目标的控制能力。

三、施工质量计划的编制方法

质量计划的编制方法有很多，一般会根据施工项目所属专业领域的不同而不同。最常用的项目质量计划编制方法有以下几种：

1. 成本/收益分析法

成本/收益分析是指以货币单位为基础对投入与产出进行估算和衡量的方法。它是一种预先作出的计划方案。在市场经济条件下，任何一个经济主体在进行经济活动时，都要考虑具体经济行为在经济价值上的得失，以便对投入与产出关系有一个尽可能科学的估计。这种方法的内在精神是追求最大收益，但这种对效益的追求带有强烈的自利性。成本收益分析的出发点和目的是追求行为者自身的利益，它只不过是行为者获得自身利益的一种计算工具。成本收益分析追求的效用是行为者自己的效用，不是他人的效用，这是其指向性，即自利性。

成本/收益法也叫经济质量法，这种方法要求在制订项目质量计划时必须同时考虑项目质量的经济性。所谓项目质量成本是指开展项目质量管理活动所需的开支，而项目质量收益是指开展项目质量活动带来的好处（如质量保障的主要好处是减少返工，提高生产率和降低成本等），项目质量计划中的成本/收益分析法的实质是通过运用这种方法编制出能够保障项目质量收益超过项目质量成本的项目质量管理计划。从项目质量成本的角度出发，任何一个项目的质量管理都需要开展两个方面的工作，一是项目质量的保障工作，这是防止项目产出物出现缺陷的管理工作，二是项目质量检验与恢复工作，这是通过检验发现质量问题并采取措施恢复项目质量的工作。这些工作都会产生质量成本：第一种是项目质量保障成本，第二种是项目质量纠偏（或叫质量恢复）成本。二者的关系是项目质量保障成本越高，项目质量的纠偏成本就会越低，反之亦然。项目质量计划的成本/收益法就是考虑和合理安排项目这些质量成本，从而使项目质量总成本达到相对最低的一种项目质量计划的方法。

成本/收益分析法包括三种主要方法：净现值法（NPV）、现值指数法、内含报酬率法。这三种方法各有各的特点，具有不同的适用性。一般而言，如果投资项目是不可分割的，则应采用净现值法；如果投资项目是可分割的，则应采用现值指数法，优先采用现值指数高的项目；如果投资项目的收益可以用于再投资时，则可采用内含报酬率法。

2. 质量标杆法

质量标杆法又称确定基准计划，就是以其他项目的质量计划和质量管理结果为基准，从而制订出本项目质量管理计划的一种方法，其他项目可以是项目团队以前完成的类似项目，也可以是其他项目团队已经完成的或正在进行的项目。

质量标杆法是指利用其他项目的实际或计划质量结果作为新项目的质量比照目标，通过对照比较这些质量标杆去制定出新项目质量计划的方法，它也是最常用的项目质量计划方法之一。这里所说的其他项目可以是项目组织自己以前完成的项目，也可以是其他组织完成的或正在进行的项目。通常的做法是以标杆项目的质量方针、质量标准和规范、质量管理计划、质量核检清单、质量工作说明文件、质量改进记录和原始质量凭证等文件为蓝本，运用相关技术和工具，结合新项目的特点来制定新项目的质量计划文件。使用这一方法时应充分注意标杆项目的选择和充分考虑标杆项目质量中实际发生的质量问题及教训，对这些问题在制订新项目质量计划时要考虑努力避免，并要制定相应的质量问题的防范措施方案和应急计划，从而尽可能避免类似项目质量事故的发生。

实施质量标杆法必要四环节包括：收集信息；分析信息和资料；找出差距；制定对策。

3. 流程图法

流程图法是使用流程图去编制项目质量计划的方法，这也是一种常用的项目质量计划方法。其中的流程图是用于表达一个项目的工作过程和项目不同部分之间相互联系的方法，它也被用于分析和确定项目实施的过程中项目质量的形成过程，所以它也是一种编制项目质量计划的方法。该方法的优点是清晰、直观、简捷，容易使人们了解和掌握制度的核心内容和操作步骤。

在项目质量计划中可以使用的项目流程图包括项目系统流程图、项目实施过程流程图、项目的作业过程流程图等。同时还有许多用于分析项目质量的其他图表，如帕雷斯图、鱼骨图、*X-R* 图等，也属于使用流程图法的工具和技术之列，这些工具和技术从不同的侧面给出了项目质量问题的原因以及它们是如何影响项目质量及其后果等方面的信息。通过对项目流程中可能发生的质量问题和对质量问题的原因分析与归类，人们就能够编制出应对项目质量问题的对策和项目质量计划。同时，编制项目流程图还有助于预测项目质量问题的发生环节，有助于分配项目质量管理的责任，有助于找出解决项目质量问题的措施，所以流程图法是一种编制项目质量计划的非常有效的方法。在编制流程图时要注意收集必要的信息和实际情况，要将所有的项目活动均考虑进去，尽量避免漏项，而且各个项目活动的时间顺序应可行。这种方法通常是参考其他类似项目使用过的或已编制出的各种流程图，先编制一个粗略的流程图，然后再逐步细化，最终得到新项目的质量计划。

4. 实验设计法

实验设计法是数理统计学的一个分支，主要研究如何制定实验方案，以提高实验效率，缩小随机误差的影响，并使实验结果能有效地进行统计分析的理论与方法。

实验设计法是一种计划安排的分析技术方法，它有助于识别在多种变量中何种变量对项目成果的影响最大，从而找出项目质量的关键因素以用于指导项目质量计划的编制。这种方法最广泛的应用范畴是用于寻找解决项目质量问题的措施与方法。在一般项目的实施和科研活动中，为保证质量和降低成本，经常会遇到如何选择最优方案的问题。例如，怎样选择合适的配方、合理的工艺参数、最佳的生产条件，以及怎样安排核查方案能做到最节省成本。这一类问题在数学上称为最优化或优选法，实验设计法是这类决策优化的方法之一，它特别是用于对于质量方案和质量管理方案的优化分析。常用的实验设计法有对分法、均分法和 0.618 法（又叫黄金分割法）等。这些方法都可以用于计划和安排科学研究和技术开发之类项目的质量计划。

实验设计应遵循的三个原则：随机化、局部控制、重复。随机化的目的是使实验结果尽量避免受到主客观系统性因素的影响而呈现偏倚性；局部控制是用划分区组的方法，使区组内部条件尽可能一致；重复是为了降低随机误差的影响，以保证实验结果的重现性。

四、施工质量计划的审批

1. 企业内部的审批

施工单位的项目施工质量计划或施工组织设计的编制与审批，应根据企业质量管理程序性文件规定的权限和流程进行。通常是由项目经理部主持编制，报企业组织管理层批准。施工质量计划或施工组织设计文件的审批过程，是施工企业自主技术决策和管理决策的过程，也是发挥企业职能部门与施工项目管理团队的智慧和经验的过程。

2. 项目监理机构的审查

在工程开工前，项目监理机构应审查施工单位报审的施工组织设计，符合要求时，应由总监签认后报建设单位。

3. 审批关系的处理原则

（1）充分发挥质量自控主体和监控主体的共同作用；施工企业内部的审批，首先应从履行工程承包合同的角度，审查实现合同质量目标的合理性和可行性。

（2）施工质量计划在审批过程中，对监理工程师审查所提出的建议、希望、要求等意见是否采纳以及采纳的程度，应由负责质量计划编制的施工单位自主决策，并对相应执行结果承担责任。

（3）在实施过程中如因条件变化需要对某些重要决定进行修改时，其修改内容仍应按照相应程序经过审批后执行。

第四节　建设工程质量检验批划分的原则与方法

一、建筑工程质量验收层次批划分

1. 质量验收层次划分

随着我国经济发展和施工技术的进步，工程建设规模不断扩大，技术复杂程度越来越高，出现了大量工程规模较大的单体工程和具有综合使用功能的结合性建筑物。由于大型单体工程可能在功能或结构上由若干个单体组成，且整个建设周期较长，可能出现已建成可使用的部分单体需先投入使用，或先将工程中一部分提前建成使用等情况，需要进行分段验收，再加之对规模特别大的工程进行一次验收也不方便等。因此《建筑工程施工质量验收统一标准》（GB 50300—2013）规定，建筑工程施工质量验收应划分为单位（子单位）工程、分部工程、分项工程和检验批 4 个层次，如图 6-1 所示。也就是说为了更加科学地评价工程施工质量和有利于对其进行验收，根据工程特点，按结构分解的原则，将单位或子单位工程划分为若干个分部或子分部工程。每个分部或子分部工程又可划分为若干个分项工程，每个分项工程中又可划分为若干个检验批。检验批是工程施工质量验收的最小单位。

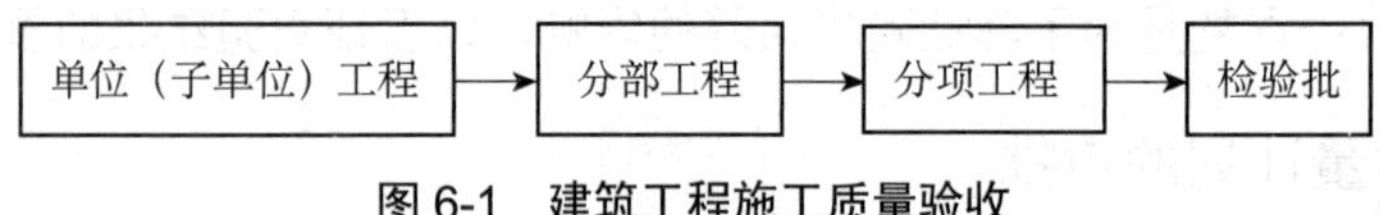

图 6-1　建筑工程施工质量验收

2. 单位工程的划分

单位工程是指具备独立的设计文件、独立的施工条件并能形成独立使用功能的建筑或构筑物。对于建筑工程，单位工程的划分应按下列原则确定。

（1）具备独立施工条件并能形成独立使用功能的建筑物或构筑物为一个单位工程。例如，一所学校中的一栋教学楼、办公楼、传达室，某城市的广播电视塔等。

（2）对于规模较大的单位工程，可将其能形成独立使用功能的部分划分为一个子单位工程、子单位工程的划分一般可根据工程的建筑设计分区、使用功能的显著差异、结构缝的设置等实际情况，施工前，应由建设、监理、施工单位商定划分方案，并据此收集整理施工技术资料和验收。

（3）室外工程可根据专业类别和工程规模划分单位工程或子单位工程、分部工程。室外工程的划分见表 6-4。

表 6-4　室外工程的划分

单位工程	子单位工程	分部工程
室外设施	道路	路基、基础、面层广场与停车场、人行道、人行地道、挡土墙、附属构筑物

续表

单位工程	子单位工程	分部工程
室外设施	边坡	土石方、挡土墙、支护
附属建筑及室外环境	附属工程	车棚、围墙、大门、挡土墙
	室外环境	建筑小品、亭台、水景、连廊、花坛、场坪绿化、景观桥
室外安装	给水排水	室外给水系统、室外排水系统
	供热	室外供热系统
	电气	室内供电系统、室外供电系统

3. 分部工程的划分

分部工程是单位工程的组成部分，一般按专业性质、工程部位或特点以及功能和工程量确定。对于建筑工程，分部工程的划分应按下列原则确定。

（1）分部工程的划分应按专业性质、工程部位确定。例如，建筑工程划分为地基与基础、主体结构、建筑节能、建筑装饰装修、屋面、建筑给水排水及供暖、通风与空调、建筑电气、建筑智能化、建筑节能、电梯等分部工程。

（2）当分部工程较大或较复杂时，可按材料种类、施工特点、施工程序、专业系统及类别将分部工程划分为若干子分部工程。例如，建筑智能化分部工程中就包含了通信网络系统、专业应用系统、建筑设备监控系统、火灾报警及消防联动系统、会议系统与信息导航系统、安全防范系统、综合布线系统、智能化集成系统、电源与接地、计算机机房工程、住宅智能化系统等子分部工程。

4. 分项工程的划分

分项工程是分部工程的组成部分，可按主要工种、材料、施工工艺、设备类别进行划分。例如，在建筑工程主体结构分部工程中，混凝土结构子分部工程按主要工种分为模板、钢筋、混凝土等分项工程；按施工工艺又分为预应力、现浇结构、装配式结构等分项工程。地基与基础分部工程的子分部工程、分项工程划分见表 6-5。主体结构分部工程的子分部工程、分项工程划分见表 6-6～表 6-8。

表 6-5 地基与基础分部分项工程检验批划分

序号	子分部工程	分项工程名称		检验批次	施工记录	实验记录	部位
1	有支护土方	土方开挖		1	验槽记录 钎探记录		基础
		土方回填		1	隐蔽记录	土工试验	基础
2	基础	模板工程	模板安装	1	预检记录		基础
			模板拆除	1	拆模申请		基础
		钢筋工程	原材料	1	隐蔽记录	原材复试	基础
			加工	1			基础
			连接	1		拉拔试验	基础
			安装	1			基础

续表

<table>
<tr><th>序号</th><th>子分部工程</th><th colspan="2">分项工程名称</th><th>检验批次</th><th>施工记录</th><th>实验记录</th><th>部位</th></tr>
<tr><td rowspan="3">2</td><td rowspan="3">基础</td><td>混凝土工程</td><td>施工</td><td>3</td><td>坍落度记录、混凝土施工记录</td><td>混凝土试块（至少3组标、同、拆）</td><td rowspan="3">垫层、防水保护层、基础</td></tr>
<tr><td rowspan="2">浇结构</td><td>尺寸偏差</td><td>3</td><td></td><td></td></tr>
<tr><td>外观质量</td><td>3</td><td></td><td></td></tr>
<tr><td rowspan="10">3</td><td rowspan="10">负一、二层结构</td><td rowspan="2">模板</td><td>模板安装</td><td>2</td><td>预检记录</td><td></td><td rowspan="10">墙柱、梁板梯</td></tr>
<tr><td>模板拆除</td><td>2</td><td>拆模申请</td><td>梁板送试块</td></tr>
<tr><td rowspan="4">钢筋</td><td>原材料</td><td>2</td><td rowspan="4">隐蔽记录</td><td>原材复试</td></tr>
<tr><td>加工</td><td>2</td><td></td></tr>
<tr><td>连接</td><td>2</td><td>拉拔试验</td></tr>
<tr><td>安装</td><td>2</td><td></td></tr>
<tr><td>混凝土</td><td>施工</td><td>2</td><td>坍落度记录、混凝土施工记录</td><td>混凝土试块（至少3组标、同、拆）</td></tr>
<tr><td rowspan="2">浇结构</td><td>尺寸偏差</td><td>2</td><td></td><td></td></tr>
<tr><td>外观质量</td><td>2</td><td></td><td></td></tr>
<tr><td>4</td><td>负一、二层砌体</td><td colspan="2">混凝土砌体</td><td>2</td><td></td><td>砂浆试块、砖送检</td><td>一层一检验批</td></tr>
<tr><td>5</td><td>基础防水</td><td colspan="2">卷材防水</td><td>2</td><td>隐蔽记录、防水效果检查记录</td><td>卷材送检复试</td><td>基础筏板，负一、二层外墙</td></tr>
<tr><td colspan="2">合计</td><td colspan="2"></td><td>39</td><td></td><td></td><td></td></tr>
</table>

表 6-6　主体结构分部工程的子分部工程、分项工程划分

分部工程	子分部工程	分项工程
主体结构	混凝土结构	模板、钢筋、混凝土、预应力、现浇结构、装配式结构
	劲钢（管）混凝土	焊接、螺栓连接、劲钢（管）与钢筋的连接、劲钢（管）制作、安装、混凝土
	砌体结构	砖砌体、混凝土小型空心砌体、石砌体、配筋砌体、填充砌体
	钢结构	钢结构焊接、坚固件连接、钢零星部件加工、钢结构组装及预拼装、单层钢结构安装、多层及高层钢结构
	木结构	方木与原木结构、胶合木结构、轻型木结构、木结构的防护
	网架和索膜结构	网架制作、网架安装、索架安装、网架防火、防腐粉料

表 6-7　建筑装饰装修分部工程的子分部工程、分项工程划分

分部工程	子分部工程	分项工程
建筑装饰装修	地面	基层铺设、整体面层铺设、板块面层铺设、木、竹面层铺设
	抹灰	一般抹灰、保温层抹灰、装饰抹灰、清水砌体勾缝
	门窗	木门窗制作安装、金属门窗安装、塑料门窗安装、特种门窗安装、门窗玻璃安装
	吊顶	整体面层吊顶、板块面层吊顶、格栅吊顶
	轻质隔断	板材隔墙、骨架隔墙、活动隔墙、玻璃隔墙
	饰面板（砖）	饰面板（砖）安装、饰面板（砖）粘贴
	幕墙	玻璃幕墙安装、金属幕墙安装、石材幕墙安装、陶板幕墙安装
	涂饰	水性涂料涂饰、溶剂型涂料涂饰、美术涂料
	裱糊与软包	裱糊、软包
	细部	厨柜制作与安装、窗帘盒、窗台板和暖气罩制作与安装、门窗金属制作与安装、护栏和扶手制作与安装、花饰制作与安装

表 6-8　屋面分部工程的子分部工程、分项工程划分

分部工程	子分部工程	分项工程
屋面	卷材防水屋面	保温层、找平层、卷材防水层、细部构造
	涂膜防水屋面	保温层、找平层、涂膜防水层、细部构造
	刚性防水屋面	细石混凝土防水层、密封材料嵌缝、细部构造
	瓦屋面	平瓦屋面、油毡瓦屋面、金属瓦屋面、细部构造
	隔热屋面	架空屋面、蓄水屋面、种植屋面

二、建筑工程检验批划分的原则与方法

检验批在《建筑工程施工质量验收统一标准》（GB 50300—2013）中是指按相同的生产条件或按规定的方式汇总起来供抽样检验用的，由一定数量的样本组成的检验体，它是建设工程质量验收划分中的最小验收单位。专业验收规范的规定检验批的划分方法如下：

1. 地基与基础

（1）《建筑地基基础工程施工质量验收标准》（GB 50202—2018）中没有具体规定检验批的划分方法，根据施工经验，地基、基础、基坑支护、地下水控制和边坡等子分部，一般划分为一个检验批，如果工程量很大或者施工组织设计与专项施工方案中要求分段施工的，可以按照施工段划分。

（2）《地下防水工程质量验收规范》（GB 50208—2011）中的第 3.0.13 条对分项工程检验批及抽样数量的规定如下：

1）主体结构防水工程和细部构造防水工程应按结构层、变形缝或后浇带等施工段划分检验批；

2）特殊施工法结构防水工程应按隧道区间、变形缝等施工段划分检验批；

3）排水工程和注浆工程应各为一个检验批；

4）各检验批的抽样检验数量：细部构造应为全数检查，其他均应符合本规范的规定。

2. 主体结构

（1）《混凝土结构工程施工质量验收规范》（GB 50204—2015）中没有具体规定检验批的划分方法，根据施工经验，模板、钢筋、混凝土、预应力、现浇结构和装配式结构的检验批应按照施工段划分，其中钢筋原材应按照进场计划划分检验批。

（2）《砌体结构工程施工质量验收规范》（GB 50203—2011）中第 3.0.20 条规定砌体结构工程检验批的划分应同时符合下列规定：

1）所用材料类型及同类型材料的强度等级相同；

2）不超过 250 m^3 砌体；

3）主体结构砌体一个楼层（基础砌体可按一个楼层计）；填充墙砌体量少时可多个楼层合并。

（3）《钢结构工程施工质量验收规范》（GB 50205—2017）中对检验批的划分方法规定如下：

1）单层钢结构安装工程可按变形缝或空间刚度单元等划分成一个或若干个检验批。地下钢结构可按不同地下层划分检验批。

2）多层及高层钢结构安装工程可按楼层或施工段等划分为一个或若干个检验批。地下钢结构可按不同地下层划分检验批。

3）钢网架结构安装工程可按变形缝、施工段或空间刚度单元划分成一个或若干检验批。

4）压型金属板的制作和安装工程可按变形缝、楼层、施工段或屋面、墙面、楼面等划分为一个或若干个检验批。其余分项工程的检验批划分与钢结构安装工程保持一致，或者根据现场情况进行合理的调整。

（4）《铝合金结构工程施工质量验收规范》（GB 50576—2010）中对检验批的划分方法规定如下：

1）单层铝合金安装工程应按变形缝或空间刚度单元等划分成一个或若干个检验批，多层铝合金结构安装工程应按楼层或施工段等划分为一个或若干个检验批。

2）铝合金空间网格结构安装工程应按变形缝、施工段或空间刚度单元划分成一个或若干个检验批。

3）铝合金面板的制作和安装工程应按变形缝、施工段、轴线等划分为一个或若干个检验批。

4）铝合金幕墙结构安装工程应按下列规定划分检验批：相同设计、材料、工艺和施工条件的幕墙工程每 500～1 000 m^2 为一个检验批，不足 500 m^2 应划分为一个检验批。每个检验批每 100 m^2 抽查不应少于一次，每处不应小于 10 m^2；同一单位工程的不连续的幕墙工程应单独划分检验批；异形或有特殊要求的幕墙检验批的划分，应根据幕墙的结构、工艺特点及幕墙工程规模，由监理单位（或建设单位）和施工单位协商确定。其余分项工程的检验批划分与铝合金结构安装工程保持一致，或者根据现场情况进行合理的调整。

（5）《钢管混凝土工程施工质量验收规范》（GB 50628—2010）中没有具体规定检验批的划分规则，根据施工经验，应参照混凝土和钢结构的相关验收规范和现场施工段制定检验批划分方案。

（6）《木结构工程施工质量验收规范》（GB 50206—2012）中对检验批的划分方法规定如下：

1）材料、构配件的质量控制应以一幢方木、原木结构房屋为一个检验批；构件制作安装质量控制应以整幢房屋的一楼层或变形缝间的一楼层为一个检验批。

2）轻型木结构材料、构配件的质量控制应以同一建设项目同期施工的每幢建筑面积不超过 300 m^2、总建筑面积不超过 3 000 m^2 的轻型木结构建筑为一检验批，不足 3 000 m^2 者应视为一检验批，单体建筑面积超过 300 m^2 时，应单独视为一检验批；轻型木结构制作安装质量控制应以一幢房屋的一层为一检验批。

3）木结构防护工程的检验批可分别按本规范第 4～6 章对应的方木与原木结构、胶合木结构或轻型木结构的检验批划分。

3. 建筑装饰装修

（1）《建筑地面工程施工质量验收规范》（GB 50209—2010）中第 3.0.21 条中建筑地面工程施工质量的检验，应符合下列规定：

1）基层（各构造层）和各类面层的分项工程的施工质量验收应按每一层次或每层施工段（或变形缝）划分检验批，高层建筑的标准层可按每三层（不足三层按三层计）划分检验批；

2）每检验批应以各子分部工程的基层（各构造层）和各类面层所划分的分项工程按自然间（或标准间）检验，抽查数量应随机检验不应少于 3 间；不足 3 间，应全数检查；其中走廊（过道）应以 10 延长米为 1 间，工业厂房（按单跨计）、礼堂、门厅应以两个轴线为 1 间计算；

3）有防水要求的建筑地面子分部工程的分项工程施工质量每检验批抽查数量应按其房间总数随机检验不应少于 4 间，不足 4 间，应全数检查。

（2）《建筑装饰装修工程施工质量验收规范》（GB 50210—2018）中对检验批的划分方法规定如下：

1）抹灰工程的各分项工程的检验批应按下列规定划分：相同材料、工艺和施工条件的室外抹灰工程每 1 000 m^2 应划分为一个检验批，不足 1 000 m^2 也应划分为一个检验批。相同材料、工艺和施工条件的室内抹灰工程每 50 个自然间（大面积房间和走廊按抹灰面积 30 m^2 为一间）应划分为一个检验批，不足 50 间也应划分为一个检验批。

2）门窗工程的各分项工程的检验批应按下列规定划分：同一品种、类型和规格的木门窗、金属门窗、塑料门窗及门窗玻璃每 100 樘应划分为一个检验批，不足 100 樘也应划分为一个检验批。同一品种、类型和规格的特种门每 50 樘应划分为一个检验批，不足 50 樘也应划分为一个检验批。

3）吊顶工程的各分项工程的检验批应按下列规定划分：同一品种的吊顶工程每 50 间应划分为一个检验批，不足 50 间也应划分为一个检验批，大面积房间和走廊可按吊顶面积每 30 m^2 计为 1 间。

4）轻质隔墙工程的各分项工程的检验批应按下列规定划分：同一品种的轻质隔墙工程每

50 间应划分为一个检验批，不足 50 间也应划分为一个检验批，大面积房间和走廊按轻质隔墙的墙面积每 30 m^2 计为 1 间。

5）饰面板工程的各分项工程的检验批应按下列规定划分：相同材料、工艺和施工条件的室内饰面板工程每 50 间应划分为一个检验批，不足 50 间也应划分为一个检验批，大面积房间和走廊按施工面积 30 m^2 为 1 间。相同材料、工艺和施工条件的室外饰面板工程每 1 000 m^2 应划为一个检验批，不足 1 000 m^2 也应划分为一个检验批。

6）幕墙工程的各分项工程的检验批应按下列规定划分：相同设计、材料、工艺和施工条件的幕墙工程每 1 000 m^2 应划分为一个检验批，不足 1 000 m^2 也应划分为一个检验批。同一单位工程的不连续的幕墙工程应单独划分检验批。对于异形或有特殊要求的幕墙，检验批的划分应根据幕墙的结构、工艺特点及幕墙工程规模，由监理单位（或建设单位）和施工单位协商确定。

7）涂饰工程的各分项工程的检验批应按下列规定划分：室外涂饰工程每一栋楼的同类涂料涂饰的墙面每 1 000 m^2 应划分为一个检验批，不足 1 000 m^2 也应划分为一个检验批。室内涂饰工程同类涂料涂饰的墙面每 50 间应划分为一个检验批，不足 50 间也应划分为一个检验批，大面积房间和走廊按涂饰面积每 30 m^2 为一个检验批。

8）裱糊或软包工程的各分项工程的检验批应按下列规定划分：同一品种的裱糊或软包工程每 50 间应划分为一个检验批，不足 50 间也应划分为一个检验批，大面积房间和走廊可按裱糊或软包面积每 30 m^2 为一间。

9）细部工程的各分项工程的检验批应按下列规定划分：同类制品每 50 间（处）应划分为一个检验批，不足 50 间（处）也应划分为一个检验批。每部楼梯应划分为一个检验批。

4. 屋面

《屋面工程质量验收规范》（GB 50207—2012）中第 3.0.14 条中规定屋面工程各分项工程宜按屋面面积每 500～1 000 m^2 划分为一个检验批，不足 500 m^2 应按一个检验批；每个检验批的抽检数量应按相关规范的规定执行。根据施工经验，标高不同的屋面宜划分为不同的检验批进行验收。

5. 建筑节能

《建筑节能工程施工质量验收规范》（GB 50411—2017）中规定如下：

摘录一：4.1.6 墙体节能工程验收的检验批划分应符合下列规定：采用相同材料、工艺和施工做法的墙面，每 500～1 000 m^2 划分一个检验批，不足 500 m^2 也为一个检验批。检验批的划分也可根据与施工流程相一致且方便施工与验收的原则，由施工单位与监理（建设）单位共同商定。

摘录二：幕墙节能工程的检验批划分规定宜按照上文“建筑装饰装修”中的规定划分。

摘录三：6.1.4 建筑外门窗工程的检验批应按下列规定划分：同一厂家的同一品种、类型、规格的门窗及门窗玻璃每 100 樘划分为一个检验批，不足 100 樘也为一个检验批；同厂家的同品种、类型和规格的特种门每 50 樘划分为一个检验批，不足 50 樘也为一个检验批；对于异形或有特殊要求的门窗，检验批的划分应根据其特点和质量，由监理（建设）单位和施工单位协商确定。

摘录四：屋面节能工程的检验批划分规则宜按照上文“屋面”中的规定划分。

摘录五：8.1.4 地面节能分项工程检验批划分应符合下列规定：检验批可按施工段或变形缝划分；当面积超过 200 m^2 时，每 200 m^2 可划分为一个检验批，不足 200 m^2 也为一个检验批。不同构造做法的地面节能工程应单独划分检验批。

摘录六：采暖系统、通风与空调节能工程、建筑配电与照明节能工程的验收，可按系统、接层等进行。

摘录七：空调与采暖系统冷热源设备、辅助设备及其管道和管网系统节能工程的验收，可分别按冷源和热源系统及室外管网进行检验批划分。

第七章 工程质量控制和评定

工程质量控制是以国家施工及验收规范、工程质量验评标准及工程建设规范强制性条文、设计图纸等为依据，督促承包单位全面实现工程项目合同约定的质量目标。对工程项目施工全过程实施质量控制，以质量预控为重点。对工程项目的人员、机械、材料、方法、环境等因素进行全面的质量控制，监督承包单位的质量保证体系落实到位。严格要求承包单位执行有关材料试验制度和设备检验制度。坚持不合格的建筑材料、构配件和设备不准在工程上使用。坚持本工序质量不合格或未进行验收不予签认，下一道工序不得施工。

工程质量评定就是对照设计要求和国家规范标准的规定，按照国家（部门）规定的有关评定规则，对工程在建设过程中及单位工程竣工后进行的质量检查评定，确定工程项目（单位工程）达到的质量等级。

第一节 影响工程质量的主要因素

工程项目管理中的质量控制主要表现为施工组织和施工现场的质量控制，控制的内容包括工艺质量控制和产品质量控制。影响质量控制的因素主要有人员、材料、方法、机械和环境五个方面。因此，对这五方面因素严格控制，是保证工程质量的关键。

1. 人员

参与工程建设的各方人员按其作用性质可划分为以下几类：

（1）决策层，参与工程建设的决策者。

（2）管理层，决策意图的执行者，包含各级职能部门、项目部的职能人员。

（3）作业层，工程实施中各项作业的操作者，包括技术工人和辅助工。

人的因素影响主要是指上述人员个人的质量意识及质量活动能力对施工质量形成的影响。作为控制对象，人应尽量避免失误；作为控制动力，应充分调动人的积极性，发挥人的主导作用。必须有效控制参与施工的人员素质，不断提高人的质量活动能力，才能保证施工质量。其中人员素质直接影响工程质量目标的成败，通常情况下，人员素质的高低是工程质量好坏的决定性因素。首先，决策层的素质更是关键，决策失误或指挥失误，对工程质量的危害更大。职能部门管理人员的能力素质直接影响其工作质量，尤其是一些专业技术岗位，必须具有高素质的技术管理知识和实际工作能力。其次，作业人员不仅应具有一定的技术水平，还应具有良好的心理状态和职业道德品质。因此，控制工程质量重要的是从控制人员素质抓起，管理者和操作者都应该持证上岗，严禁不懂基本专业知识和操作技能的人员上岗。

2. 材料

材料包括工程材料和施工用料，泛指构成工程实体的各类建筑材料、构配件、半成品等，种类繁多，规格成千上万。各类工程材料是工程建设的物质条件，因而材料的质量是工程质量的基础。工程材料选用是否合理、产品是否合格、材质是否经过检验、保管使用是否得当等，都将直接影响建设工程的质量，影响工程外表及观感，影响工程使用功能，影响工程使用寿命。材料质量不符合要求，工程质量就不可能达到标准。所以加强对材料的质量控制，是保证工程质量的重要基础。

对工程材料的质量控制，主要是控制其相应的力学性能、化学性能、物理性能，必须符合标准规定。为此，进入现场的工程材料必须有产品合格证或质量保证书、性能检测报告，并应符合设计标准要求；凡需现场抽样检测的建材必须检测合格才能使用；使用进口的工程材料必须符合我国相应的质量标准，并持有商检部门签发的商检合格证书；严禁不同性质的材料混放，造成材料性能蜕变。同时，还要注意设计、施工过程对材料、构配件、半成品的合理选用，严禁混用、少用、多用，以免造成质量失控。

3. 方法

施工方法包含整个建设周期内所采取的技术方案、施工工艺、工法和施工技术措施、组织措施、检测手段、施工组织设计等。施工方案正确与否，直接影响工程质量控制能否顺利实现。往往由于施工方案考虑不周而拖延进度，影响质量，增加投资。为此，制定和审核施工方案时，必须结合工程实际，从技术、管理、工艺、组织、操作、经济等方面进行全面分析、综合考虑，力求方案技术可行、经济合理、工艺先进、措施得力、操作方便，有利于提高质量、加快进度、降低成本。

4. 机械

机械设备可分为两类：一是指组成工程实体配套的工艺设备和各类机具，如电梯、泵机、通风设备等（以下简称工程用机具设备），它们的作用是与工程实体结合，保证工程形成的使用功能，其质量直接影响工程使用功能的发挥；二是施工机械和各类施工器具，它包括施工过程中使用的各类机具设备，包括大型垂直与横向移动建筑物件的运输设备，各类操作工具，各种施工安全措施，各类测量仪器、计量工具等。施工机械设备是所有施工方案和工法得以实施的重要物质基础，合理选择和正确使用施工机械设备是保证施工质量的重要措施。施工阶段必须综合考虑施工现场条件、建筑结构形式、施工工艺和方法、建筑技术经济等，合理选择机械的类型和性能参数，合理使用机械设备，正确操作。操作人员必须认真执行各项规章制度，严格遵守操作规程，并加强对施工机械的维修、保养、管理。

5. 环境

影响工程质量的环境因素较多，有工程地质、水文、气象、噪声、通风、振动、照明、污染等。环境因素对工程质量的影响具有复杂而多变的特点，如气象条件就变化万千，温度、湿度、大风、暴雨、酷暑、严寒都直接影响工程质量，往往前一工序就是后一工序的环境，前一分项、分部工程也就是后一分项、分部工程的环境。因此，根据工程特点和具体条件，应对影响质量的环境因素采取有效的措施严加控制。

此外，冬雨期、炎热季节、风季施工时，还应针对工程的特点，尤其是水下工程及高空作业等，拟定季节性保证施工质量的有效措施，以免工程质量受到冻害、干裂、冲刷等的危害。同时，要不断改善施工现场的环境，尽可能减少施工所产生的危害对环境的污染，健全施工现场管理制度，实行文明施工。环境因素对工程质量的影响，具有复杂多变和不确定性的特点。

6. 其他影响因素

除了上述五个因素对工程质量有影响外，还有下列因素也会影响工程质量：

（1）施工工期。

工期是指建设工程从正式开工至竣工交付的全过程所花的时间，常用天数表示。

合理的工期反映了工程项目建设过程必要的程序，为此国家制定了各类工程的工期定额，实施工期管理。目的是希望通过制定合理的工期，使建设施工能合理安排施工进度，科学管理，保证施工质量。工期目标不合理，盲目压工期、抢速度，将打乱建筑施工正常的节奏，导致蛮干，打乱了合理的工序搭接以及工程产品形成过程中必要的停止点，各种检测、实验的必需时间被挤占，正常施工秩序受到干扰，必然影响工程质量。

（2）工程造价。

在建设实施阶段通常把建筑安装费称为工程造价。也有把实施招标工程的中标价格称为合同造价，工程造价一般由工程成本、利润和税金组成。

价格是价值的体现。工程建设的造价、工期和质量三者之间存在相互依存与相互制约的关系。在一定的技术方案和工期、质量的条件下，工程所需的人工、材料和机械费用等成本是相对固定的，因而降低造价费用的空间是有限的。随意压低造价，将造成建设各方盲目压缩必需的质量成本及质量投入，从而使工程质量得不到充分的物质保证，影响质量目标的实现。

工程建设必须遵守客观规律，在一定的技术前提、一定的工期条件下，需要有一定的质量成本，该花钱的地方就应该花钱。通过优化管理，可以减少消耗，降低成本，但过低的成本是无法实现工程质量的。所以，严禁工程盲目压价，工程招投标中严禁任意分包、层层转包、层层压价，应成为造价控制的要点。

（3）市场准入。

市场准入是指各建设市场主体，包括发包方（业主）、承包方（勘察、设计、施工及设备材料供应单位）、中介方（工程咨询、监理单位、检测单位），只有具备符合规定的资质和条件，才能参与建设市场活动，建立承发包管理。这是建设市场管理的一项重要制度。

市场准入制度与工程质量有着密切的关系。如业主招标发包工程应具有一定的能力和条件，承包方参与投标要有相应的资质等级，设备材料应有合格证、性能检测报告，否则就不准参与建设市场交易。市场准入不仅有利于建设市场秩序管理，而且对参与建设各方从总体素质上予以控制，对保证工程质量有重要的影响。建设市场准入把关不严，存在无证设计、无证施工、借证卖照、资质挂靠、越级和超越规定范围承包，或逃避市场管理、搞私下交易等情况，必然对建设工程质量构成严重威胁。不少工程发生重大质量事故，均与参与建设各方违反市场准入规定有关。因此严格市场准入管理，是保证工程质量不可忽略的重要环节。

第二节　工程质量控制的方法

一、施工准备阶段的质量控制方法

施工准备是为保证施工生产正常进行而事先做好的工作。施工准备工作不仅是在工程开工前要做好，而且贯穿于整个施工过程。施工准备的基本任务就是为施工项目建立一切必要的施工条件，确保施工生产顺利进行，确保工程质量符合要求。

1. 技术资料、文件准备的控制

（1）施工项目所在地的自然条件及技术经济条件的调查资料。

对施工项目所在地的自然条件及技术经济条件的调查，是为选择施工技术和组织方案收集基础资料，并以此作为施工准备工作的依据。因此，要尽可能详细，并能为工程施工服务。

（2）施工组织设计。

施工组织设计是指导施工准备和组织施工的全面性技术经济文件。对施工组织设计要进行两方面的控制：一是选定施工方案后，制定施工进度时，必须考虑施工顺序、施工流向，主要分部分项工程的施工方法，特殊项目的施工方法和技术措施能否保证工程质量；二是制定施工方案时，必须进行技术经济比较，使工程项目满足符合性、有效性和可靠性的要求，取得工期短、成本低、安全生产、效益好的经济质量。

（3）有关质量管理方面的法律、法规性文件及质量验收标准。

质量管理方面的法律、法规规定了工程建设参与各方的质量责任和义务，质量管理体系建立的要求、标准，质量问题的处理要求、质量验收标准等，都是进行质量控制的重要依据。

（4）工程测量控制资料。

施工现场的原始基准点、基准线、标高及施工控制网等数据资料，是施工之前进行质量控制的一项基础工作，这些数据是进行工程测量控制的重要内容。

2. 采购质量控制

采购质量控制主要包括对采购产品及其供方的控制，制定采购要求和验收采购产品。建设项目的工程分包，也符合规定的采购要求。

对采购的质量控制，一是要审查供方资质和信誉，二是充分利用合同管理来进行控制。

3. 质量教育与培训

通过教育培训和其他措施提高员工的能力，增强质量和顾客意识，使员工达到所从事的质量工作对能力的要求。

项目领导班子应着重以下几方面的培训：

1）质量意识教育；

2）充分理解和掌握质量方针和目标；

3）质量管理体系有关方面的内容；

4）质量保持和质量改进意识。

4. 设计交底和图纸审核的控制

设计图纸是进行质量控制的重要依据。为使施工单位熟悉有关图纸，充分了解拟建工程的特点、设计意图和工艺与质量要求，减少图纸差错，消灭图纸中的质量隐患，要做好设计交底和图纸审核工作。

设计交底，是由设计单位向施工单位有关人员进行设计交底，主要包括地形、地质、水文等自然条件，施工设计依据，设计意图，施工注意事项等。

交底后，由施工单位提出图纸中的问题和疑问，以及要解决的技术难题。经各方协商研究，拟定出解决办法。

图纸审核的主要内容包括：设计是否满足抗震、防火、环境卫生等要求；图纸与说明是否齐全；图纸中有无遗漏、差错或相互矛盾之处，图纸表示方法是否清楚并符合标准要求：所需材料来源有无保证，能否替代；施工工艺、方法是否合理，是否切合实际，是否便于施工，能否保证质量要求；施工图及说明书中涉及的各种标准、图册、规范、规程等，施工单位是否具备。

5. 施工质量交底

（1）施工质量技术交底。

施工质量技术交底是在施工过程中，按工程施工的需要进行设计交底、施工组织设计交底、施工方案交底、分部分项工程施工技术交底、设计变更交底及必要的工序开始前的工法工序交底等。施工质量技术交底是有层次、有重点、有针对性的一项重要的质量技术管理制度内容，交底活动应在每项工作开始前进行，并贯穿于整个施工过程。

1）施工技术交底的分类施工技术交底主要包括：设计交底、施工组织设计交底、施工方案交底、分部分项工程施工技术交底、设计变更交底及必要的工序开始前的工法工序交底。

2）施工技术交底的主要内容是工程在施工过程中按工程施工的需要进行设计交底、施工组织设计交底、施工方案交底、分部分项工程施工技术交底、设计变更交底及必要的工序开始前的工法工序交底。

①设计交底：在接受工程施工任务后，由设计人员向施工单位的有关人员做设计技术交底，使其了解本工程的设计意图、设计要求和业主对工程建设的要求。这种交底一般在图样会审时进行。

②施工组织设计交底：工程开工前，项目施工组织设计批准后，施工组织设计的编制人员应向施工人员做施工组织设计交底，以做好施工准备工作。施工组织设计交底的内容包括：明确项目范围、施工条件、工程特点、难点、施工组织、计划安排、特殊技术要求、重要部位技术措施、主要施工工艺及施工方法、质量、安全技术措施、新技术推广计划、项目适用的技

术规范、政策等。

③施工方案交底：工程施工前，项目施工方案批准后，施工方案的编制人员应向施工作业人员做施工方案的技术交底。施工方案交底的内容包括：具体工作内容，该工程的施工程序和顺序、操作方法、施工工艺、质量标准、安全注意事项，新产品、新材料、新技术、新工艺即“四新”项目以及特殊环境、特种作业等也必须向施工施工作业人员交底。

④分部分项工程施工技术交底：在每一个分部分项工程施工前，工程技术人员应向施工人员做分部分项工程施工技术交底，以避免施工过程中出现质量通病。分部分项工程施工技术交底的内容包括：该分部分项施工程序和顺序、施工工艺、操作方法、要领、质量控制、安全措施、常见质量通病的预防等。

⑤设计变更交底：外部信息或指令可能引起施工发生较大变化时应及时向作业人员交底，其外部信息或指令主要指设计变更。另外，当工程洽商对施工的影响程度较大时，也应进行技术交底。

（2）建立施工技术交底制度。

1）施工技术交底的要求。

①在技术负责人的主持下，项目部应建立适应本工程正常履行与实施的施工技术交底制度。

②明确项目技术负责人、技术人员、施工员、管理人员、操作人员的责任。应在工程开工前界定哪些项目的技术交底是重要的，对于重要的技术交底，其交底内容编制完成后应由项目技术负责人审核或批准，交底时技术负责人应到位。

③技术交底应分层次展开，直至交底到施工操作人员。交底必须在作业前进行，并有书面交底资料。

④技术交底前应有书面的技术交底资料或示范、样板演示的准备。

⑤技术交底记录是履行职责的凭据，应及时完成。技术交底记录的表格应有统一的标准格式，交底人员应认真填写表格并在表格上签字，接受交底人也应在交底记录上签字。

⑥技术交底资料和记录应由交底人或资料员进行收集、整理，并妥善保存。竣工后作为工程档案进行归档。

⑦一般情况下，工程施工仅做一次技术交底是不适宜的，当技术人员认为不交底难以保证施工的正常进展时应及时交底。

2）施工技术交底的管理要求。

技术交底记录中的内容应与施工项目内容、施工工艺、材料、施工人员的技术水平、现场施工机具设备状况以及现场作业环境相对应，技术交底应能体现工程的特点，有针对性，不能千篇一律。同时，技术交底的对象应准确，所有应接受交底的人员均应同时或分次完成技术交底。技术交底是工程管理与施工的重要依据，技术交底应在该项目实施前完成并形成记录。

3）施工技术交底的形式。

施工技术交底以书面形式或视频、语音课件、PPT 文件、样板观摩等方式进行。交底后，交底人应组织被交底人认真讨论并及时回答被交底人提出疑问。交底人应事先将交底资料移交技术负责人审核确认，交底双方在技术交底书上签字确认，交底人负责将记录移交给项目资料员存档保管。

（3）施工技术交底的实施。

技术交底是主管工程技术人员在项目开工前向有关管理人员和施工作业人员介绍工程概况和特点、设计意图、采用的施工工艺、操作方法和技术保证等措施。

①技术交底的责任：技术交底中要明确技术负责人、施工员、管理人员、操作人员的责任。

②技术交底的展开：技术交底应该分层次展开，直至交底到施工操作人员。交底必须在作业前进行，并有书面技术交底资料。

③技术交底前的准备：应该有书面的技术交底资料或示范、样板演示的准备。

④技术交底的记录：作为履行职责的凭据，技术交底记录的表格应有统一标准格式，交底人员应认真填写表格并在表格上签字，接受交底人也应在交底记录上签字。

⑤交底文件的归档：技术交底资料和记录应由交底人整理归档。

⑥交底责任人的界定：重要的技术交底应在开工前界定。交底内容编制后应由项目技术负责人批准，交底时技术负责人应到位。

⑦机电工程技术交底的重点：设备构件的吊装焊接工艺与操作要点，调试与试运行，大型设备基础预埋件、构件的安装，隐蔽工程的施工要点，管道的清洗、试验及试压等。

⑧例外原则：外部信息或指令可能引起施工发生较大变化时应及时向作业人员交底。

二、施工阶段的质量控制方法

1. PDCA 质量控制方法

PDCA 质量控制方法是指工程项目在施工安装和施工验收阶段，指挥和控制工程施工组织关于质量的相互协调的方法，使工程项目施工围绕产品质量满足不断更新的质量要求，而开展的策划、组织、计划、实施、检查、监督和审核等所有管理活动的总和。

（1）计划（Plan）是质量管理的首要环节，通过制订计划，确定质量管理的方针、目标，以及实现方针、目标的措施和行动方案。

（2）实施（Do）包括计划行动方案的交底和按计划规定的方法及要求落实的施工作业技术活动。首先，要根据质量管理计划进行行动方案交底和落实。其次，计划的执行要依靠质量保证工作体系，也就是要依靠思想工作体系，做好教育工作；依靠组织体系，即完善组织机构、责任制、规章制度等项工作；依靠产品形成过程的质量控制做好质量控制工作，以确保质量计划的执行。

（3）检查（Check）是指对计划实施过程进行的各项检查，包括作业者的自检、互检和专职管理者专检。检查执行的情况和效果，及时发现计划执行过程中的偏差和问题。

（4）处理（Action）是指对于质量检查所发现的质量问题或质量不合格，及时进行原因分析，采取必要的措施加以纠正。

质量管理的全过程就是反复按照 PDCA 的循环周而复始地运转，每运转一次，工程质量就提高一步。PDCA 循环具有大环套小环、互相衔接、互相促进、螺旋式上升，形成循环和不断推进等特点。

2. 质量控制的方法

（1）质量控制流程方法。

施工质量控制是在明确的质量方针指导下，通过对施工方案和资源配置的计划、实施、检查和处置，进行施工质量目标的事前控制、事中控制和事后控制的系统过程。

1）事前控制阶段。

①事前控制是在正式施工活动开始前进行的质量控制，事前控制是先导。事前控制主要是预先进行周密的质量计划，包括质量策划、管理体系、岗位设置，把各项质量职能活动，包括作业技术和管理活动建立在有充分能力、条件保证和运行机制的基础上。对于建设工程项目，尤其是施工阶段的质量预控，就是通过施工质量计划、施工组织设计或施工项目管理实施规划的制定过程，运用目标管理手段，实施工程质量事前预控。

②事前质量预控通过编制施工质量计划，明确质量目标，制定施工方案，设置质量管理点，落实质量责任，分析可能导致质量目标偏离的各种影响因素，针对这些影响因素制定有效的预防措施，防患于未然。

③事前质量预控要针对质量控制对象的控制目标、活动条件、影响因素进行周密分析，找出薄弱环节，制定有效的控制措施和对策。

2）事中控制阶段。

①事中控制是指在施工过程中进行的质量控制，事中控制是关键。事中控制主要是采取自主控制和监督控制相结合的方式。自主控制是第一位的，作业者在作业过程中对自己的质量活动行为的约束和技术能力的发挥，以完成预定质量目标的作业任务。监督控制包括企业内部质量管理部门和企业外部相关质量管理部门（政府质量监督机构、业主和监理单位等）的监控。事中质量控制的目标是确保每一道工序质量合格，杜绝质量事故发生。

②事中质量控制关键是增强质量意识，使操作者自我约束、自主控制，坚持质量标准是根本，监督控制是必要的补充，没有前者或用后者取代前者都是不正确的，有效进行过程质量控制在于创造一种过程控制的机制和活力。

③事中质量控制主要包括完善工序质量控制，把影响工序质量的因素都纳入管理范围；及时检查和审核质量统计分析资料和质量控制图表，抓住影响质量的关键问题进行处理和解决；严格工序间交接检查，做好各项隐蔽验收工作，加强交接检验制度的落实，对达不到质量要求的前道工序决不交给下道工序施工，直至质量符合要求为止；对完成的分部分项工程，按相应的质量验收标准和规范进行检查、验收；审核设计变更和图样修改等。

3）事后控制阶段。

①事后控制是指对施工的产品进行质量检查验收，事后质量把关。事后质量控制的核心就是坚持不合格的工序或产品不流入下道工序。事后质量控制的任务就是对质量活动结果进行评价、认定，对工序质量偏差进行纠正，对不合格产品进行整改和处理。事后质量控制具体体现在施工质量验收各个环节的控制方面。

②事后质量控制主要包括：按照施工质量验收统一标准规定的质量验收划分，从施工作业工序开始，依次做好检验批、分项工程、分部工程及单位工程的施工质量验收，通过多层次的设防把关，严格验收，控制建设工程项目的质量目标；防止施工顺序不当或交叉作业造

成相互干扰、污染和损坏已完工成品，对已完工成品要采取防护、覆盖、封闭、包裹等相应措施进行保护；设备单体试运转、各系统调试、机电联合调试前，由项目技术负责人负责组织专业工程师编制专项调试方案，经项目技术负责人及项目经理审核、审批后，还需报监理及业主审批，无方案或者方案未经审核、审批前不得盲目安排调试工作；方案批准后项目技术负责人必须组织机电专业工程师和调试人员进行技术交底和调试方案的学习，并请设备厂家专业工程师担任技术顾问，熟悉和掌握调试程序和方法；整理所有的技术资料，并编目、归档。

事前质量控制、事中质量控制和事后质量控制是质量控制的三大环节，不是孤立和截然分开的，它们之间构成有机的系统过程，实质上就是质量管理 PDCA 循环的具体化，并在每一次流动循环中不断提高，达到质量管理和质量控制的持续改进。

（2）制定施工质量控制阶段图（如图 7-1 所示）。

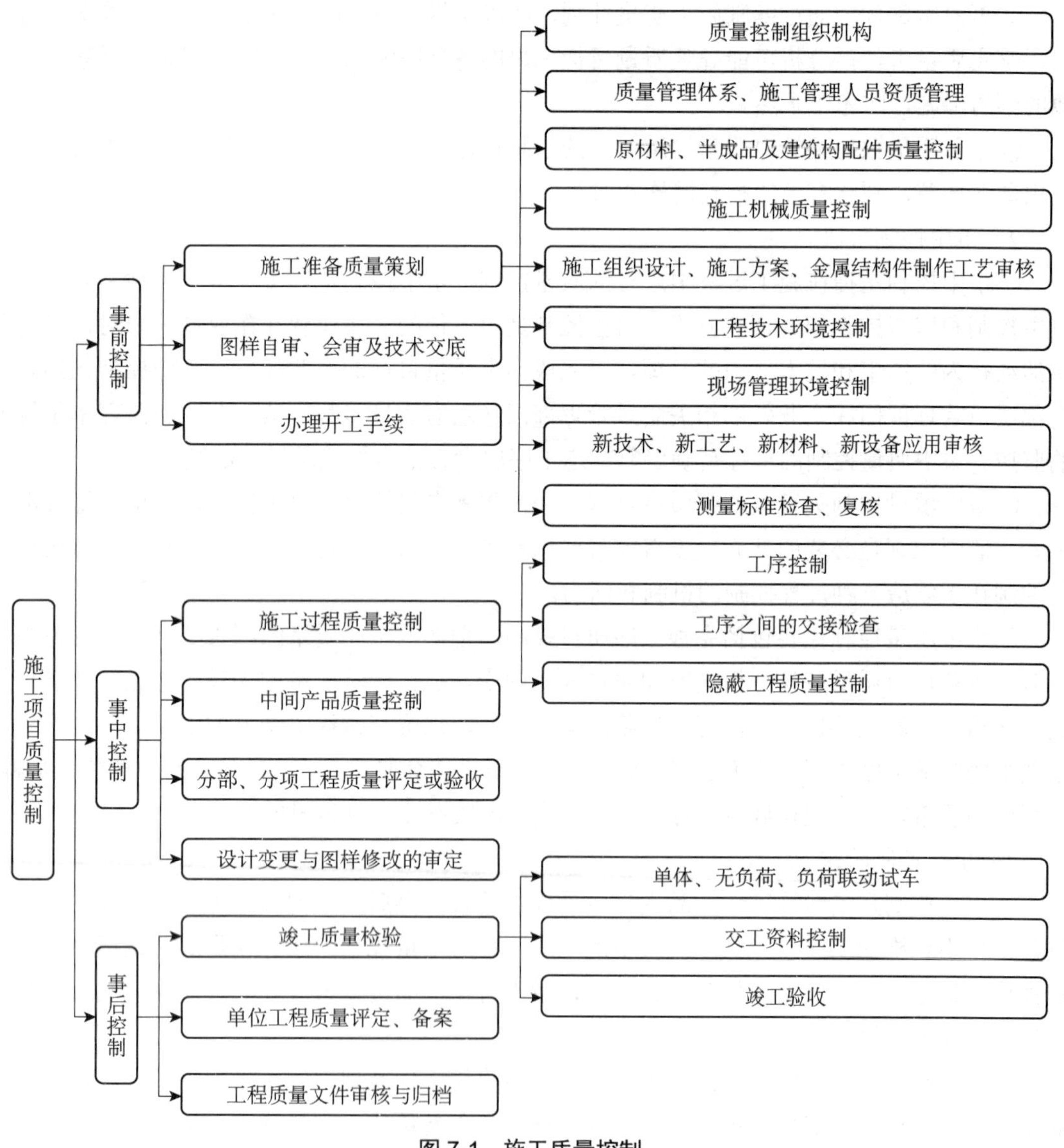

图 7-1　施工质量控制

三、交工验收阶段的质量控制方法

1. 生产要素质量控制措施

施工生产要素是施工质量形成的物质基础，包括人员、材料、方法、机械、环境。施工准备阶段项目部对五方面要素要精心策划、精细管理、严格控制、统一思想，确保工程质量目标实现，并在施工过程中不断总结经验，提高管理水平，达到质量管理和质量控制的持续改进。这五方面对产品质量的影响因素如图 7-2 所示。

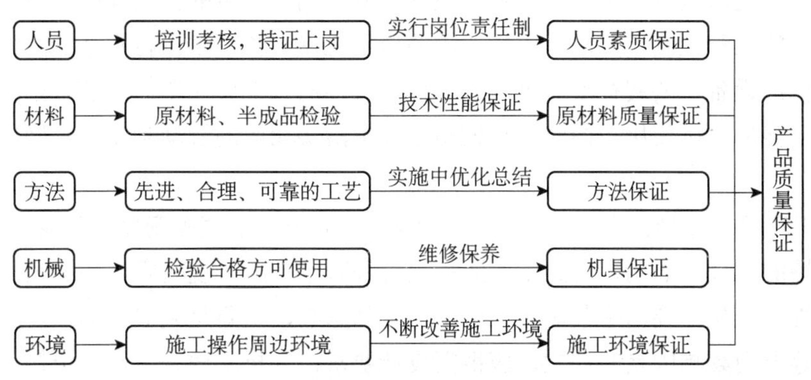

图 7-2　五方面对产品质量的影响因素

（1）劳动主体的控制。劳动主体的质量包括工程各类参与人员的生产技能、文化素养、生理体能、心理行为等方面的个体素质及经过合理组织充分发挥其潜在能力的群体素质。因此，要通过择优录用、加强思想教育及技能方面的教育培训，合理组织、严格考核，并辅以必要的激励机制，使企业员工的潜在能力得到最好的组合和充分发挥，从而保证劳动主体在质量控制系统中发挥主体自控作用。劳动主体控制的重点是加强项目管理人员进行质量意识教育和组织能力训练，对劳务分包的资质考核和施工人员的资格考核，坚持工种按规定持证上岗制度。

（2）劳动对象的控制。原材料、半成品及设备是构成工种实体的基础，其质量是工程项目实体质量的重要组成部分。故加强原材料、半成品及设备的质量控制，不仅是保证工程质量的必要条件，也是实现工程项目投资目标和进度目标的前提。对原材料、半成品及设备进行质量控制的主要内容为：控制材料设备性能、标准与设计文件的相符性；控制材料设备各项技术性能指标、检验测试指标与标准要求的相符性；控制材料设备进场验收程序及质量文件资料的齐全程度等。在施工过程中，认真贯彻执行质量程序文件中材料设备在封样、采购、进场检验、抽样检测及质保资料提交等方面一系列明确规定的控制标准。

（3）施工工艺的控制。施工工艺的先进合理是直接影响工程质量、工程进度及工程造价的关键因素，施工工艺的合理可靠也直接影响工程施工安全。因此在工程项目质量控制系统中，制定和采用先进、合理、可靠的施工技术工艺方案，是工程质量控制的重要环节。

对施工方案质量控制的主要内容包括：全面正确地分析工程特征、技术关键及环境条件等资料，明确质量目标、验收标准、控制的重点和难点。制定合理有效的、有针对性的施工技术方案和组织方案，前者包括施工工艺、施工方法，后者包括施工区段划分、施工流向及劳动组织等。合理选用施工机械设备和施工临时设施，合理布置施工总平面图和各阶段施工平面图。选用和设计保证质量与安全的机具、模具、脚手架等施工设备。编制工程所采用的新材料、新技术、新工艺、新设备的专项技术方案和质量管理方案。

（4）施工设备的控制。对施工所用的机械设备，包括起重设备、各项加工机械、专项技术设备、检查测量仪表设备及人货两用电梯等，应根据工程需要，从设备选型、主要性能参数及使用操作要求等方面加以控制。脚手架等施工设施，除按适用的标准定型选用外，一般需要按设计及施工要求进行专项设计，对其设计方案及制作质量的控制及验收应作为重点进行控制。按现行施工管理制度要求，工程所用的施工机械、脚手架，特别是危险性较大的现场安装的起重机械设备，要履行安装方案的审批手续，而且安装完毕启用前必须经专业管理部门的验收，合格后方可使用。同时，在使用过程中落实相应的管理制度，以确保其安全正常使用。

（5）施工环境的控制。环境因素主要包括地质水文状况、气象变化及其他不可抗力因素，以及施工现场的通风、照明、安全卫生防护设施等劳动作业环境内容。环境因素对工程施工的影响一般难以避免，要消除其对施工质量的不利影响，主要是采取预测预防的控制方法：对地质水文等方面影响因素的控制，应根据设计要求，分析工程岩土地质资料，预测不利因素，并会同设计等方面采取相应的措施，如地埋管道回填等技术控制方案。对天气气象方面的不利条件，应在施工方案中制定专项施工方案，明确施工措施，落实人员、器材等方面各项准备以紧急应对，从而控制其对施工质量不利影响。环境因素造成的施工中断，往往也会对工程质量造成不利影响，必须通过加强管理、调整计划措施，加以控制。

（6）施工质量管理要求见表 7-1。

表 7-1　施工质量管理要求

序号	关键活动	管理要求	时间要求	工作文件
1	样板施工	项目部应编制样板实施计划，每个分项工程或工种均要制作样板	按项目质量管理计划时间要求	样板实施计划
2		样板应经业主、监理、设计和施工四方验收合格后，方可大面积施工	及时	样板验收记录
3	过程检查	每道工序完成后，专业工程师组织进行自检、专检、交接检，并做好记录。质量工程师应做好每天的监督检查工作。项目部应每周组织一次工程质量大检查，并做好检查记录	及时	自检记录 专检记录 交接检记录
4	检验批、分项、分部工程验收	相关人员按照统一验收标准要求参加验收。如有机电各分部验收时，也应通知设计、监理项目负责人参加	及时	验收记录
5		机电各分部验收时，三级单位总工程师，质量管理部门应参加验收	及时	
6	单位工程预验收	单位工程竣工验收前，应进行预验收，由项目总工上报二级、三级单位组织进行。预验收通过后，项目部向监理、业主提交工程验收报告	及时	工程验收记录表

续表

序号	关键活动	管理要求	时间要求	工作文件
7	竣工验收及交付	相关人员按照统一验收标准要求参加单位工程竣工验收，竣工验收通过后，及时向业主办理交付手续	及时	竣工验收单
8	竣工工程质量情况报表	逐级填写上报竣工工程质量情况报表	每月	竣工工程质量情况报表

2. 质量管理控制程序

工程质量管理主要通过对人、机械、材料、方法和环境的管理来实现，通过制定相应的质量管理程序以确保质量目标的实现。

（1）工序质量控制程序。为使每道施工工序高质量完成，从而保证整个工程质量处于受控状态，建立工序质量保证程序，如图 7-3 所示。

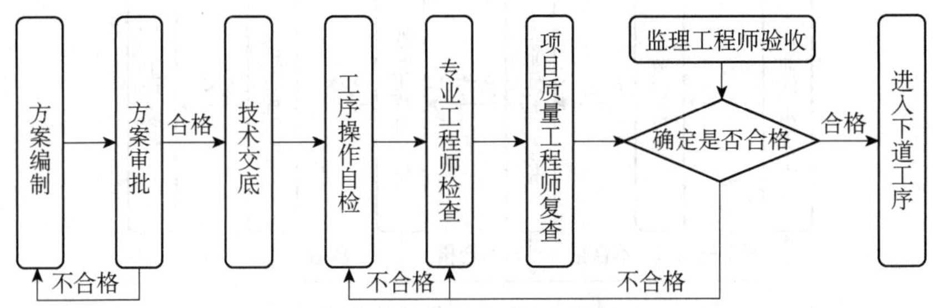

图 7-3　工序质量控制程序

（2）物资采购程序。物资采购部负责物资统一采购、供应与管理，并根据质量管理体系要求，对本工程所需采购的物资进行严格的质量检验和控制，物资采购流程如图 7-4 所示。

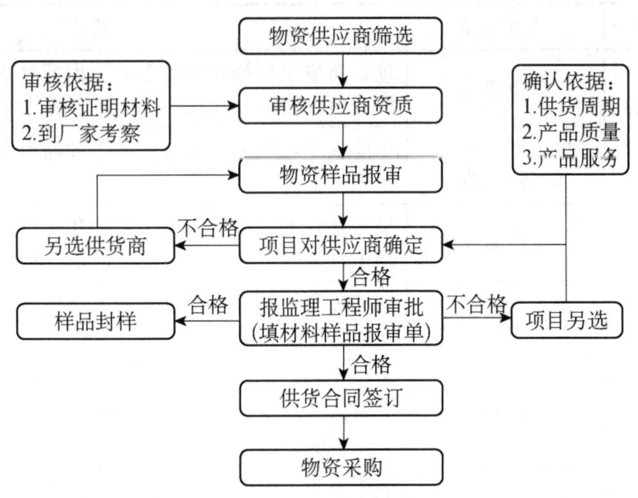

图 7-4　物资采购流程

（3）材料进场报验程序。材料运至施工现场后由物资采购部会同专业工程师、质量工程师并邀请监理工程师检查验收，验收流程如图 7-5 所示。

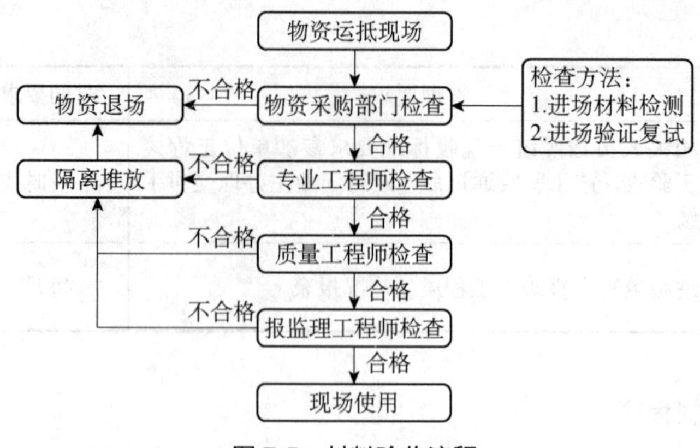

图 7-5　材料验收流程

（4）隐蔽工程验收程序。当需要隐蔽部位施工完毕并且三检完成后邀请监理验收，隐蔽工程验收程序如图 7-6 所示。

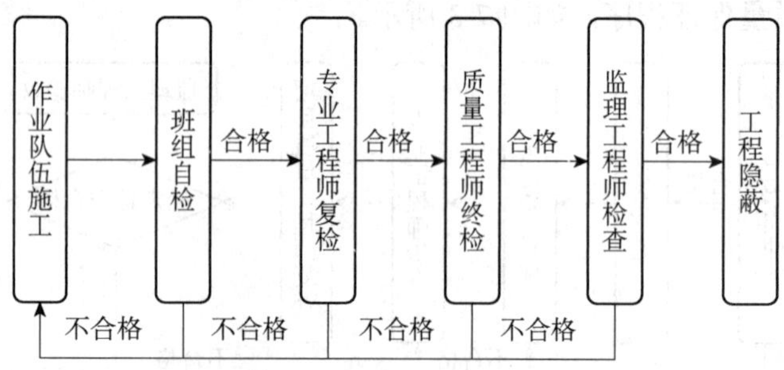

图 7-6　隐蔽工程验收程序

（5）检验批、分项工程、分部工程、单位工程质量验收程序见表 7-2。

表 7-2　工程质量验收程序

序号	验收内容	验收程序	验收
1	检验批、分项工程	自检验收	项目质量工程师和项目专业工程师对预验收检验批和分项工程自检合格后，向监理工程师申请验收
		检验批、分项工程验收	由监理工程师组织项目质量工程师和项目专业工程师等进行验收
2	分部工程	自检验收	项目负责人、项目质量工程师和项目专业工程师对预验收分部工程进行自检合格后，向总监理工程师申请验收
		分部工程验收	总监理工程师组织项目负责人、项目质量工程师和项目专业工程师等进行验收
3	单位工程	自检验收	单位工程完工后，项目依据质量标准，设计图样等组织有关人员进行检查评定，自检合格后，向业主提交工程验收报告和完成的质量资料，申请验收
		单位工程验收	业主负责人组织设计、监理、施工等单位负责人参与单位工程验收

3. 质量管理制度项目相关质量管理制度见表 7-3

表 7-3　质量管理制度

序号	制度名称	制度内容
1	项目质量责任制	明确各级人员的质量责任，各级职能部门、人员在各自的业务范围内对实现质量目标各项要求负责；竖向到底，一环不漏
2	技术交底制度	坚持以技术进步来保证施工质量的原则，编制有针对性的施工组织设计，积极采用新工艺、新技术；针对特殊工序要编制有针对性的作业指导书。每个工种、每道工序施工前进行各级技术交底，包括项目技术负责人对专业工程师的技术交底，专业工程师对班组长的技术交底，班组长对作业班组的技术交底
3	质量奖罚制度	依据国家质量验收规范和企业质量标准，每周进行一次现场质量大检查，检查结果和日常检查验收的资料作为奖罚的依据。通过规范的奖罚管理，使操作工人自觉增强质量意识，并积极参与到质量活动当中，也使管理人员认真找出工作中的不足，提高管理水平
4	材料进场检验制度	建立合格材料供应商的档案，并从列入档案的供应商中采购材料，对采购的建筑材料、构配件和设备的质量承担相应的责任，材料进场必须进行材料产品外观质量的检查验收和材质复核检验，同时要检查厂家或供应商提供的“质保书”“准用证”（规定有要求的）“检测报告”，不合格的材料不得使用
5	工程质量检验制度	（1）用于本工程的材料、成品、半成品、建筑构配件、器具和设备进行现场验收和按规定进行复验； （2）施工的各道工序应按施工技术标准进行质量控制，每道工序完成后，应进行工序交接检验； （3）质量工程师检查制度，质量工程师检查时有质量一票否决权，检查发现工程质量不合格而需要返工的必须进行返工，返工的工程不计操作者的工作量，并与操作者的工作业绩挂钩； （4）班组检验，操作者检验制度，操作者对自己施工的工程质量必须进行检查，可以以个人为单位，也可以以班组为单位进行检查，制定与其工程量挂钩的制度； （5）各专业工程之间进行中间交接检验，明确质量责任； （6）实行每月定期质量检查制度，由项目经理组织质检部门和工程技术部门人员参加，检查发现的问题要认真分析，找准主要原因，提出改进措施，限期进行整改
6	三检制度	实行自检、互检、交接检，并做好记录。 （1）自检：分操作人员自检和班组自检。工班长在每日收工前对班组完成工作量进行一次自检，做出记录，工后讲评； （2）互检：指同一工种或多工种之间，由工程队组织不定期相互检查，主要是互相观摩、交流经验，推广先进操作技术，达到互相促进、共同提高的目的； （3）交接检：指同一工种多班制上下班之间或工种的上下工序之间交接检查。各工班应做到不合格不出手、不出班组、上道工序不合格，下道工序不施工； （4）检查中发现的质量问题及时处理。处理情况由质量检查员及时记入施工日志，并限期纠正
7	隐蔽工程验收制度	隐蔽工程由专业班组自检合格后，由项目质量工程师组织项目专业工程师等进行项目验收，项目自检验收合格后报现场监理工程师验收，验收合格后才能隐蔽并进行下道工序施工，隐蔽工程未经质量检查人员签认而自行隐蔽或覆盖的，应揭盖补验，由此产生的全部损失由责任单位自负
8	成品保护制度	项目管理人员合理安排施工工序，减少交叉作业，前后工序之间做好交接工作，并做好记录。防止施工顺序不当或交叉作业造成相互干扰、污染和损坏已完工成品，对已完成品要采取防护、覆盖、封闭、包裹等相应措施进行保护
9	工程质量验收制度	项目按国家工程质量规范进行工程质量检查验收，既作为工程质量的记录，也作为工程量核算及操作人员考核的依据

续表

序号	制度名称	制度内容
10	质量例会制度	通过每周质量例会以及每月质量检查讲评，对工程质量做全面总结，指出施工中存在的质量问题，对于施工中出现的质量问题以及技术问题采用会诊的方式加以解决
11	样板引路制度	施工操作要注意工序的优化，工艺的改进和工序的标准化操作，提高工序的操作水平、操作质量。每个分项工程都要在开始大面积操作前做出示范样板，把标准实物化，统一操作要求，明确质量目标，以实现向业主做出的承诺
12	质量检查评定制度	（1）项目经理部主管领导、工程技术人员、质量检查人员，均应掌握承建工程质量检验评定标准，对工程质量进行检查、监督和质量等级评定； （2）凡经检验合格工程，必须按规定及时填写分项、分部和单位工程检验评定表，作为考核质量成绩和验工计价凭证；检验不合格分项工程，按未完工程处理； （3）各级检验评定具体分工：分项工程由施工队负责，分部和单位工程由项目经理部负责； （4）项目经理部质量管理部门不定期对其抽查，对不符合《建筑工程施工质量验收统一标准》要求的，不予验收
13	质量否决制度	对不合格检验批、分项、分部工程必须进行处理。不合格检验批、分项工程流入下道工序，要追究专业工程师的责任；不合格分部工程流入下道工序，要追究专业工程师和项目负责人的责任
14	验工签证制度	验工计价是控制工程质量的重要手段，未经质量检查、监理人员签证的工程项目和数量，施工班组相应的工程量不予计价、付款
15	培训上岗制度	项目所有管理及操作人员应经过业务知识技能培训，并持证上岗，严禁无证指挥、无证操作
16	竣工检查制度	（1）质量指标应符合《建筑工程施工质量验收统一标准》规定，是否按照规定完成建设工程设计和合同约定各项规定内容，实物尺寸和强度应符合设计要求； （2）内业资料是否全部达到标准，各项质量记录内容应齐全，具有准确性、完善性和可追测性； （3）复查质量评定记录和质量保证资料，如发现问题，应列项处理，并限期整改完成； （4）勘察、设计、施工、工程监理等单位分别签署质量合格文件是否齐全有效

四、设置施工质量控制点的原则和方法

采用质量控制点的方式进行质量控制是目前施工质量管理比较成熟的经验，而工程质量控制点的设立工作是基础，是根据工程质量特性进行重点控制的依据。质量控制点由参建各方讨论后确定。

1. 设置质量控制点的原则

（1）对产品的适用性（性能、精度、寿命、可靠性、安全性等）有严重影响的关键质量特性、关键部位或重要影响因素应设置质量控制点。

（2）对工艺有严格要求，对下道工序的工作有严重影响的关键特性部位应设置质量控制点。

（3）隐蔽工程是必检点。

（4）对质量不稳定，频繁出现不合格品的环节应设置质量控制点。

（5）对重要不良项目（质量通病）应设置质量控制点。

（6）对紧缺物资或可能对生产安全有严重影响的关键项目应设置质量控制点。

（7）对采用新工艺、新技术、新材料、新结构的部位应设置质量控制点。

（8）选择的质量控制点应准确并便于有效控制。

2. 质量控制点划分形式

工序质量控制点根据重要程度的不同，划分为三个等级：

（1）A 级为重要质量控制点，是确保工程质量的关键。该控制点的工程质量需经项目部、监理单位、施工承/分包商四方确认；

（2）B 级为较为重要的质量控制点，该控制点的工程质量需经监理单位、施工承/分包商两方确认；

（3）C 级为一般质量控控制点，由施工承/分包商的质量检查部门进行检查，各相关质量管理部门抽查；

（4）所有质量控制点必须经施工承/分包商自检合格后，才能向相关单位和部门报验。

3. 工序质量控制点控制内容

（1）各参建单位应根据相关施工规范和本规定的要求，结合所承担的工程项目，制定相应控制内容。A、B 级控制点的质量控制内容需经业主、监理单位审查同意及备案；

（2）对 C 级控制点，要求承包商根据设计文件及相关施工规范，结合所承担的工程项目制定相应工序质量控制点和控制内容，并报监理工程师审批。

4. 质量控制点设置后的实施要点

（1）要求施工承包方的质量控制工程师、技术员把质量控制点的质量特性及控制措施向施工人员交底，务必使有关人员真正理解，树立以预防为主的思想。

（2）监理公司和巡视的各专业工程师、质量控制工程师在施工现场要进行重点抽检、检查，对关键的质量控制点要进行旁站监督。严格要求施工人员按规程规范认真作业，保证每个环节的质量。

（3）按规定做好检查，认真记录检查结果。运用数据统计方法对控制要素进行分析，不断加以改进，直至质量控制点验收合格。

5. 质量控制点的执行程序

（1）A 级工程质量控制点在确认施工承包方自检合格、有自检记录情况下，由施工方填写《停检点通知单》报监理公司、业主项目部验收。必要时通知设计现场代表、供货商等参加。根据质量监督站设置的停检点要求，提前 48 h 向质量监督站报验，在自检完成后，按照监督组的要求安排相关责任人员陪检。

1）施工方技术人员应在规定时间内会同监理公司、项目组等相关人员对报检项目进行质量检查，如不合格，责令施工承包方在限定时间内进行整改后重新检查；如合格，应按规定及时在交工资料上签字确认，要求确认签字时间不超过 3 个工作日。

2）如业主项目部人员未在规定时间内到达现场，可委托监理先行履行检查，但应对检查结果予以确认。

3）如施工方未按规定程序进行报检，监理公司和业主项目部专业工程师有权责令施工方对已隐蔽工程进行剥露或返工处理，否则不予计量。

4）检查完成后，填写《质量控制点检查统计记录》，以防漏检。

（2）B 级工程质量控制点。

1）在确认施工方已自检合格、有自检记录的情况下，在规定时间内填写《停检点通知单》报监理公司进行质量检查。

2）如施工方未按规定进行报检，监理公司有权责令施工承包方对已隐蔽工程进行剥露或返工处理。

3）检查完成后，填写《质量控制点检查统计记录》，以防漏检。

4）业主项目部专业工程师、设计现场代表等有随时参加 B 级工程质量控制点检查的权利。

（3）C 级工程质量控制点施工方技术人员加强现场巡检，发现质量问题，根据情况填写《工作联系单》或《工程质量整改通知单》下发到作业队或班组并跟踪整改。建筑工程工序质量控制点表见表 7-4。

表 7-4 建筑工程工序质量控制点

序号	控制点	等级	表式	备注
一、桩基工程				
1	定位放线	A		
2	预制桩检查	B		
3	预制桩试验检查	B		
4	预制桩施工质量检查	B		
5	灌注桩施工质量检查	B		
6	桩基础承载力和性检测检查	B		
7	桩基工程验收	A		
8	工序过程控制	C		
二、土方工程				
1	工程定位（高程）测量	A		
2	地基验槽	A		
3	检查回填土压实密度	B	试验报告	
4	土方工程验收	B		
5	工序过程控制	C		
三、钢筋混凝土构筑物工程				
1	验证材料合格证证书及材料试验报告	B		
2	审定混凝土试块报告及质量评定记录	B		
3	工程定位测量	A		
4	地基验槽（坑）	A		
5	检查钢筋绑扎质量	B		
6	检查钢筋绑扎焊接情况及试验报告	B		
7	检查模板尺寸、支撑、刚度、稳定性	B		
8	基础混凝土浇筑	B		
9	混凝土试块通条件养护检查	B		

续表

序号	控制点	等级	表式	备注
10	检查预埋件、预埋管、预留洞的位置	B		
11	检查预埋地脚螺栓	B		
12	基础交按	A		
13	大型基础沉降观测	A		
14	隐蔽工程检查（重要设备基础及部位）	B		
15	工序过程控制	C		
	四、钢筋混凝土构件工程			
1	检查构件合格证及出厂试验报告	B		
2	构件载荷试验记录	B		
3	钢筋混凝土构件吊装验收	B		
4	检查构件接头焊接和灌浆质量	B		
5	隐蔽工程检查	B		
6	工序过程控制	C		
	五、建筑工程			
1	验证材料、半成品和成品合格证及材料试验报告	B		
2	审定混凝土试块报告及质量评定记录	B		
3	工程定位测量	B		
4	地基验槽（坑）	B		天然地基为A2
5	检查钢筋绑扎质量	B		
6	检查钢筋绑扎焊接情况	B		
7	检查预埋件、预埋管、预留洞的位置	B		
8	基础验收	A		
9	沉降缝、伸缩缝和防震缝处理检查	B		
10	留槎、接槎、通缝和马牙槎检查	B		
11	灰缝厚度和饱满度	B		
12	主体验收	A		
13	防水工程质量检查验收	B		
14	防腐工程施工	B		
15	防潮层的检查	B		
16	屋面工程检查	B		
17	门窗及附件安装的质量检查	B		
18	装饰工程检查	B		
19	防静电地板材料及安装质量的检查	B		
20	电气工程试验检查	A		
21	地面检查	B		
22	沉降观测	B		

续表

序号	控制点	等级	表式	备注
23	楼层测量	B		
24	工序过程控制	C		
	六、混凝土水池			
1	验证材料合格证证书及材料试验报告	B		
2	审定混凝土试块报告及质量评定记录	B		
3	验线	B		
4	验槽	A		
5	底板钢筋和池板模板检查	B		
6	池壁钢筋和池壁模板检查	B		
7	池盖钢筋检查	B		
8	后浇带钢筋和后浇带模板检查	B		
9	混凝土浇筑检查	B		
10	施工缝清理	B		
11	注水试漏			
12	池内外防腐	B		
13	回填土	B		
14	验收	A		
15	工序过程控制	C		
	七、道路			
1	原材料验证	B		
2	路基	B		
3	基层	B		
4	面层	B		
5	路缘石	B		
6	路肩	B		
7	验收	A		
8	工序过程控制	C		
	八、钢结构			
1	检查材料及连接件合格证、材料及连接件复验	A		
2	检查焊工资质	A		
3	焊接材料检查及复验	B		
4	检查焊接质量	B		
5	工程定位测量	B		
6	钢结构安装	B		
7	H 型钢结构安装	B		
8	高强螺栓连接检查	B		
9	塔架杆件挠曲失高实测	B		

续表

序号	控制点	等级	表式	备注
10	塔架安装	B		
11	防腐涂料检验及防腐施工	B		
12	防火涂料检验及施工	B		
13	钢结构交安	A		
14	工序过程控制	C		

第三节　工程质量检查、验收、评定的知识

根据《建筑工程施工质量验收统一标准》（GB 50300—2013）的规定，建筑工程质量验收划分为单位工程、分部工程、分项工程和检验批并分别进行验收。

一、常见工程质量检查仪器、设备的使用方法

1. 专项检测

（1）地基基础工程检测（见表 7-5）。

表 7-5　地基基础工程检测的主要仪器设备

序号	项目名称	检测方法	主要仪器设备
1	★地基承载力静载检测	★浅层平板静载荷试验	☆1 000 kN 千斤顶 2 台 ☆10 mm 以上量程百分表 4 只 ☆最大受荷 1 000 kN 成套主、副梁 2 套
		★深层平板静载荷试验	
		★岩基载荷试验	
		★复合地基静载荷试验	
2	★桩的承载力检测	★单桩竖向抗压静载荷试验	☆同型号千斤顶总吨位不低于 12 000 kN ☆最大受荷不低于 10 000 kN 的成套主、副梁 1 套 ☆静载自动测试仪 1 套
		单桩竖向抗拔静载荷试验	最大受荷不低于 1 000 kN 主梁 1 套
		单桩水平静载荷试验	最大受荷不低于 1 000 kN 主梁 1 套
		带承台桩水平静载荷试验	
		高应变动力检测	100 kN 以上整体大锤 1 套 拟合法软件 1 套
3	★桩身性检测	★低应变反射波法	☆动测仪 1 套
		声波透射法	☆声波检测仪 1 套
		钻芯法	☆100 m 钻芯机 1 台
4	★锚杆锁定力检测	★土层锚杆抗拔试验	☆1 000 kN 穿心千斤顶 1 台
		岩石锚杆抗拔试验	

续表

序号	项目名称	检测方法	主要仪器设备
5	静力、动力触探检测		静力触探仪、动力触探仪

注：1. “★”项为地基基础工程检测专项资质必须开展的检测项目。
2. “☆”项为必备设备。
3. 10 000 kN 成套主、副梁必须有正规设计图纸，并标明最大受荷。

（2）主体结构工程现场检测。

建筑工程完成全部主体结构施工后，应对主体结构进行结构检测。检测合格后汇同完整的质量控制资料，由总监理工程师组织参建主体各方进行主体工程分部验收，验收合格后才能进入装饰装修工程阶段。包括混凝土回弹检测，钢筋保护层厚度检测等（见表 7-6）。

表 7-6　主体结构工程现场检测的主要仪器设备

序号	项目名称	检测方法	主要仪器设备
1	★混凝土强度检测	★回弹法	回弹仪
		超声—回弹综合法	超声波测试仪、回弹仪
		★钻芯法	钻芯机、压力机
		拔出法	抗拔仪
2	★砂浆强度检测	★回弹法	回弹仪
		贯入法	贯入仪
		推出法	推出仪
		筒压法	压力机
		射钉法	射钉枪
3	★砌体强度检测	★原位轴压法	原位压力机
		扁顶法	扁式液压千斤顶
		原位单剪法	千斤顶、压力表
		原位单砖双剪法	原位剪切仪
4	★钢筋保护层	★无损检测法	钢筋保护层测定仪
		破损检测法	
5	★混凝土预制构件结构性能	载荷试验法	荷载、百分表
6	★后置埋件抗拔试验	抗拔试验	拉拨仪、百分表
7	建筑物变形观测	沉降观测	精密水准仪
		倾斜观测	经纬仪

注：“★”项为主体结构工程现场检测专项资质必须开展的检测项目。

（3）建筑幕墙工程检测。

建筑幕墙需要做建筑物理性能检测（抗风压性能、空气渗透性能、雨水渗漏性能、平面变形性能检测报告）、硅酮结构胶、耐候密封胶的相容性、粘结性试验报告、后置埋件现场拉拔力检测报告等（见表 7-7）。

表 7-7　建筑幕墙工程检测的主要仪器设备

序号	项目名称	检测方法	主要仪器设备
1	★建筑幕墙的气密性、水密性、风压变形性能、平面变形性能检测	★静压风洞气密试验	幕墙自动检测仪
		★静压风洞水密试验	
		★静压风洞抗风压试验	
		★平面层间位移试验	
2	★硅酮胶相容性检测	★相容性试验方法	电子拉力试验机、水紫外线辐照试验箱
3	硅酮胶剥离粘结性试验	剥离粘结性试验方法	
4	★硅酮胶标准条件下的拉伸试验	★拉伸粘结性的测定	电子拉力试验机
5	★硅酮胶邵式硬度	★硫化橡胶邵式 A 硬度试验方法	邵式橡胶硬度机

注：1. 试件高度应包括一个半层高，试件必须包括典型的垂直接缝和水平接缝。
2. “★”项为建筑幕墙工程检测专项资质必须开展的检测项目。

（4）钢结构工程检测。

钢结构力学性能检测（拉伸、弯曲、冲击、硬度）、钢结构紧固件力学性能检测（抗滑移系数、轴力）、钢结构金相检测分析（显微组织分析、显微硬度测试）、钢结构化学成分分析、钢结构无损检测、钢结构应力测试和监控、涂料检测、盐雾试验等成套检测技术的集成称为钢结构检测技术（见表 7-8）。

表 7-8　钢结构工程检测的主要仪器设备

序号	项目名称			检测方法	主要仪器设备
1	★钢结构焊接质量无损检测		外观质量	目测	焊接检验尺、目测
			★表面缺陷	渗透探伤法	渗透剂
				磁粉探伤法	磁粉探伤仪
			★内部缺陷	射线探伤	射线探伤机
				★超声波探伤	超声波探伤仪
2	★钢结构防腐及防火涂装检测			测厚法	覆层测厚仪
3	★轻钢结构		高强度螺栓楔负载	拉伸试验	万能材料试验机
			★高强度螺栓连接副扭矩系数或预拉力	轴力—扭矩法电动扳手	轴力测试仪、扭矩测试仪
			★高强度螺栓连接摩擦面的抗滑移系数	拉伸试验	万能材料试验机
	★钢网架结构	★螺栓球节点	网架螺栓表面硬度	硬度法	硬度计
			★杆件承载力	拉伸试验	万能材料试验机
			★螺栓球最大螺孔承载力	拉伸试验	万能材料试验机
		★焊接球节点	★试件承载力	拉伸试验	万能材料试验机
4	钢网架结构的挠度检测			下弦挠度检测	精密水准仪、经纬仪
5	钢材、钢铸件力学性能			拉伸试验 弯曲试验	万能材料试验机
6	焊接材料性能检测			力学性能 化学分析	万能材料试验机等

注：“★”项为钢结构工程检测专项资质必须开展的检测项目。

（5）建筑节能检测。

建筑节能检测是用标准的方法、适合的仪器设备和环境条件，由专业技术人员对节能建筑中使用原材料、设备、设施和建筑物等进行热工性能及与热工性能有关的技术操作，它是保证节能建筑施工质量的重要手段。与常规建筑工程质量检测一样，建筑节能工程的质量检测分实验室检测和现场检测两大部分（见表 7-9）。

表 7-9　建筑节能检测的主要仪器设备

<table>
<tr><th>序号</th><th colspan="2">项目名称</th><th>检测方法</th><th>主要仪器设备</th></tr>
<tr><td rowspan="4">1</td><td rowspan="4">建筑材料节能性能</td><td>★导热系统</td><td></td><td>导热系数测定仪</td></tr>
<tr><td>密度</td><td></td><td></td></tr>
<tr><td>含水率</td><td></td><td></td></tr>
<tr><td>强度</td><td></td><td></td></tr>
<tr><td rowspan="2">2</td><td colspan="2" rowspan="2">建筑构件热阻或传热系数</td><td>防护热箱法</td><td>防护热箱</td></tr>
<tr><td>★热流计法</td><td>热流计</td></tr>
<tr><td>3</td><td colspan="2">建筑外门、外窗气密性检测和保温性能检测（K 值）</td><td></td><td>门窗物理性能检测仪</td></tr>
<tr><td rowspan="3">4</td><td rowspan="3">围护结构</td><td rowspan="2">围护结构热阻或传热系数</td><td>★热流计法</td><td>热流计</td></tr>
<tr><td>防护热箱法</td><td>防护热箱</td></tr>
<tr><td>围护结构热工缺陷</td><td>红外摄像法</td><td>红外摄像仪</td></tr>
<tr><td rowspan="11">5</td><td rowspan="11">外墙外保温系统及其组成材料性能</td><td>耐候性</td><td></td><td>耐候性试验设备</td></tr>
<tr><td>抗风荷载性能</td><td></td><td>门窗物理性能检测仪</td></tr>
<tr><td>抗冲击性能</td><td></td><td>重物荷载</td></tr>
<tr><td>★拉伸粘结强度</td><td></td><td>抗拔仪</td></tr>
<tr><td>★系统热阻试验</td><td></td><td>防护热箱</td></tr>
<tr><td>耐冻融性能</td><td></td><td>冻融箱</td></tr>
<tr><td>吸水量</td><td></td><td>天平、磅秤</td></tr>
<tr><td>★抗拉强度</td><td></td><td>拉力试验机</td></tr>
<tr><td>抹面层不透水性</td><td></td><td>压力水槽</td></tr>
<tr><td>水蒸气渗透性能</td><td></td><td>试验箱</td></tr>
<tr><td>玻纤网耐碱拉伸试验</td><td></td><td>拉伸试验机</td></tr>
</table>

注：“★”项为建筑节能检测专项资质必须开展的检测项目。

（6）室内环境检测。

室内环境检测就是运用现代科学技术方法以间断或连续的形式定量地测定环境因子及其他有害于人体健康的室内环境污染物的浓度变化，观察并分析其环境影响过程与程度的科学活动（见表 7-10）。

表 7-10　室内环境检测的主要仪器设备

序号	项目名称		检测方法	主要仪器设备
1	★室内环境污染物	氡	现场检测法	测氡仪
			活性炭盒法	低本底多道γ能谱仪
		游离甲醛	酚试剂分光光度法	分光光度计
			气相色谱法	气相色谱仪
			现场检测法	甲醛测定仪
		苯	气相色谱法	气相色谱仪
		氨	靛酚蓝分光光度法	分光光度计
			离子选择电极法	离子计
		总挥发性有机化合物	气相色谱法	带热解吸装置的气相色谱仪
2	土壤中氡浓度	氡	现场检测	测氡仪

注："★"项为室内环境检测专项资质必须开展的检测项目。

（7）设备安装工程检测（见表 7-11）。

表 7-11　设备安装工程检测的主要仪器设备

序号	项目名称		检测方法	主要仪器设备
1	★建筑给水、排水及采暖工程（水压试验）		现场测试	水压试压泵
2	★建筑电气工程（绝缘电阻、接地电阻）		现场测试	绝缘电阻测试仪接地电阻测试仪
	通风与空调工程	温度、湿度		温度计、温度计
		风压、风量		微压计、风速计
		风速		风速仪
		流量		流量计
		噪声		声强计
		水压		试压泵

注："★"项为设备安装工程检测专项资质必须开展的检测项目。

（8）建筑智能化工程检测。

建筑智能化工程检测（见表 7-12），是工程项目竣工时建筑物需要检测的一个项目。是由质监站认可的，具有智能检测资质的检测单位来实施的。

表 7-12　建筑智能化工程检测主要仪器设备

序号	项目名称		检测方法	主要仪器设备
1	建筑设备监控系统检测	★空调与通风系统	现场测试与监控值比较一致性； 改变系统参数对电器设备工作状态进行检查	万用表、电工参数测试仪、点温计、温湿度测量仪、照度计
		变配电系统		
		公共照明系统		
		给排水系统		
		热源和热交换系统功能检测		
2	综合布线	★多模光纤衰减	现场测试值与标准要求比对	综合布线分析仪
		★双绞线衰减、串扰、回损等		
		同轴电缆特性阻抗		

续表

序号	项目名称		检测方法	主要仪器设备
3	信息网络系统	网络连通性	根据拓扑图，网管工作站应能和任何一台网络设备通信； 多种字节的数据包发送和接收分析	网络测试仪、协议分析仪、漏洞扫描仪
		服务器、交换机、路由器性能		
		系统安全产品销售许可证检查		
		防火墙和防病毒系统检查		
		网络性能、流量、碰撞率、错误率、广播率、时延		
4	有线电视和卫星电视系统	系统输出电平 60～80 dB	输出端口测试	场强仪
5	安全防范系统	电视监控系统	功能检查输出端口测试	视频测试卡、示波器、耐压测试仪、绝缘电阻测试仪、万用表、噪声测试仪
		入侵报警系统		
		巡更管理系统		
		出入口控制（门禁）系统		
		停车场（库）管理系统		
6	电源与接地	★电源与接地系统接地措施	钢纤入接地	万用表 接地电阻测试仪
		★接地电阻		

注：“★”项为建筑智能化工程检测专项资质必须开展的检测项目。

（9）预拌商品混凝土检测（见表 7-13）。

表 7-13　预拌商品混凝土检测的主要仪器设备

序号	项目名称		检测方法	主要仪器设备
1	★水泥物理力学性能检验	★细度		负压筛、天平、养护箱、抗折仪、恒速压力机、标准养护室（箱）
		★安定性	试饼法	
			★雷氏夹法	
		★凝结时间		
		★胶砂强度		
2	★砂常规检验	★颗粒级配		烘箱、试验筛、天平
		★密度		
		★含泥量、泥块含量		
		云母含量		
		★含水率、吸水率		
3	★石常规检验	★颗粒级配		烘箱、试验筛、天平、压力试验机
		★密度		
		★含泥量		
		泥块含量		
		★含水率、吸水率		
		针、片状颗粒含量		
		压碎指标值		

续表

序号	项目名称		检测方法	主要仪器设备
4	★混凝土	★配合比设计、强度、抗冻、抗渗、凝结时间		压力机、搅拌机、振实台、标准养护室（自动温湿度控制）
5	★砂浆	★强度、配合比设计		
6	★混凝土掺加剂	★减水率、泌水率比、收缩率比、抗压强度比、凝结时间差、限制膨胀率		胶砂搅拌机、压力试验机、振实台、坍落度筒、贯入阻力仪、标准养护室、收缩仪、膨胀仪
7	沥青、沥青混合料	针入度、延度、软化点、马歇尔稳定度、抗压强度、配合比设计		沥青性能设备一套
8	★掺和料（粉煤灰）	★烧失量 ★需水量比 ★细度 ★三氧化硫量 含水量 抗压强度比		天平、马弗炉、负压筛析仪

注：“★”项为预拌商品混凝土检测专项资质必须开展的检测项目。

2. 见证取样检测

见证取样检测的主要仪器设备见表 7-14。

表 7-14 见证取样检测的主要仪器设备

序号	项目名称	检测参数名称	主要仪器设备
1	★水泥物理力学性能检验	标准稠度用水量 细度 ★安定性 ★凝结时间 ★胶砂强度	负压筛析仪、沸煮箱、电动抗折机、压力机（300 kN 恒应力）、水泥软练设备一套、标准养护室（箱）
2	★钢筋（含焊接与机械连接）力学性能检验	★拉伸试验（屈服点、抗拉强度） ★延伸率 ★弯曲 反复弯曲	万能试验机（300 kN 和 600 kN 或 600 kN 和 1 000 kN 各一台）、反复弯曲仪
3	★建筑用砂常规检验	★密度 ★含泥量 泥块含量 ★含水率、吸水率 ★颗粒级配 云母含量	烘箱、标准筛、天平、台秤
4	★建筑用卵石、碎石常规检验	★颗粒级配 ★密度 ★含泥量 泥块含量 ★含水率、吸水率 针、片状颗粒含量 压碎指标值	烘箱、标准筛、天平、磅秤、压力试验机、压碎指标值测定仪

续表

序号	项目名称	检测参数名称	主要仪器设备
5	★混凝土强度检验	★立方体抗压强度 ★混凝土配合比设计 抗冻性能 抗渗性能 ★凝结时间	混凝土搅拌机、振实台、标准养护室（箱）、压力试验机（2 000 kN 恒应力）、坍落度仪、抗渗仪、贯入阻力仪、冻融箱（−40℃）
6	★砂浆强度检验	★砌筑砂浆试块强度 ★砌筑砂浆配合比设计	砂浆搅拌机、标准养护室（箱）、压力机、稠度仪等
7	★简易土工试验	★含水率、界限含水率 ★土粒比重、相对密度、颗分击实 ★密实度 圆锥动力触探试验	环刀、烘箱、天平（0.1～0.01g）、密度测定仪、台称、击实仪、液、塑限联合测定仪、灌砂筒、动力触探仪
8	★混凝土外加剂	★减水率 泌水率比 收缩率比 ★抗压强度比 ★凝结时间差 限制膨胀率	胶砂搅拌机、压力试验机、振实台、坍落度筒、贯入阻力仪、标准养护室、收缩仪、膨胀仪
9	★掺合料（粉煤灰）	★烧失量 ★需水量比 ★细度 ★三氧化硫量 含水量 抗压强度比	天平、马弗炉、负压筛析仪
10	预应力钢绞线检验	最大负荷 伸长率 尺寸测量 表面质量 每米质量测量	万能试验机、专用夹具
11	锚夹具检验	硬度试验 锚具的静载锚固性能	硬度计、万能试验机
12	★沥青	★针入度 ★延度 ★软化点	针入度仪、延度仪、软化点测定仪
13	沥青混合料	马歇尔稳定度、抗压强度 配合比设计	压力试验机、马歇尔稳定度仪、沥青混合搅拌机、击实仪
14	★防水卷材	★拉力试验 ★最大拉力时延伸率 ★不透水性 耐热度 低温柔度	拉力机（5 000N）、低温制冷仪、不透水仪、烘箱
15	★墙体材料（强度）	★各类砖砌块力学性能 体积密度试验 冻融试验 碳化试验	压力试验机（2 000 kN 恒应力）、冻融箱、干燥箱、气体分析仪、转子流量计

续表

序号	项目名称	检测参数名称	主要仪器设备
16	无机非金属建筑材料、装修材料	放射性指标	低本底多道γ能谱仪
17	人造木板及饰面人造木板	游离甲醛	环境测试舱
			穿孔萃取仪、分光光度计、干燥箱
			分光光度计、干燥箱
18	涂料、胶黏剂	TVOC	气相色谱仪
		游离甲醛	分光光度计
		苯	气相色谱仪
		TDI	气相色谱仪
19	水性处理剂	TVOC	气相色谱仪
		游离甲醛	分光光度计

注："★"项为申请见证取样检测资质所必须开展的检测项目。

二、检验批和分项工程检查验收评定的内容及要求

1. 检验批质量检验评定的内容及要求

（1）验收合格条件。

1）检验批合格质量的条件：主控项目和一般项目的质量经抽样检验合格；具有完整的施工操作依据，质量检查记录。

2）分项工程质量验收的合格条件：分项工程所含的检验批均应符合合格质量的规定；分项工程所含的检验批质量验收记录应完整。

3）单位（子单位）工程质量验收合格条件：单位（子单位）工程所含分部（子分部）工程的质量均应验收合格；质量控制资料应完整。

单位工程合格的条件必须所含分部工程质量合格，分部工程质量合格必须所含分项工程质量合格；分项工程质量合格必须所含检验批质量合格。检验批作为构成单位工程质量合格的最基本的最小单元，如果单位工程中有一个分项工程的检验批不合格，这个单位工程的质量就不能评为合格。

（2）检验批验收，标准应明确。

各专业施工质量验收规范中对各检验批中的主控项目和一般项目的验收标准都有具体的规定，但对有一些不明确的还需进一步查证，例如，规范中提出符合设计要求的仅土建部分就约有 300 处，这些要求应在施工图纸中去找，施工图中无规定的，应在开工前图纸会审时提出，要求设计单位书面答复并加以补充，供日后验收作为依据。另外，验收规范中提出按施工组织设计执行的条文就约有 30 处，因此施工单位应按规范要求的内容编制施工组织设计，并报送监理审查签认，作为日后验收的依据。

（3）检验批验收，施工单位自检合格是前提。

工程质量的验收均应在施工单位自行检查评定的基础上进行。《建筑法》第 58 条规定：

建筑施工企业对工程的施工质量负责。建筑工程验收中，经常发现施工单位自检表数字与实际的工程中存在较大的差距，这都是施工单位不严格自检造成。有些工程施工单位将“自控”与“监理”验收合二为一，这都是不正确的，这实际是对工程质量的极端不负责任。《实施工程建设强制性标准监督规定》（建设部令　第 81 号）第 18 条规定：“施工单位违反工程建设强制性标准的，责令改正，处工程合同价款 2%以上、4%以下的罚款，造成的损失，情节严重的，责令停业整顿，降低资质等级或吊销资质证书。”

（4）检验批验收、报验是手续。

《建设工程质量管理条例》中规定，未经监理工程师签字，建筑材料建筑构配件和设备不得在工程上使用或安装，施工单位不得进行下一道工序的施工。未经总监理工程师签字，建设单位不拨付工程款，不进行竣工验收。《建设工程监理规范》规定，实行监理的工程，施工单位对工程质量检查验收实行报验制，并规定了报验表的格式。

工程质量报验是系统工程。施工单位报验时应附有相应工序和部位的工程质量检查证明。分项、分部单位工程质量检验评定报审时，应附有相关的质量检验的评定标准要求的资料及规范规定的表格。通过报验这一个系统工程，监理工程师可全面了解施工单位的施工记录，质量管理体系等一系列问题，便于发现问题，更好地控制检验批的质量，报验是施工单位要重视质量管理，对工程质量郑重其事，是质量管理中的必然程序。

分工程验收及分项工程验收应由不同层次的工程师实施验收。同理，检验批验收的记录，应由施工项目的专业质量检查员填写，监理工程师、施工方为专业质量检查员，只有他们才有权在检验批质量验收记录上签字。监理工程师应为具有国家或省部级颁发监理工程师岗位证书的，才算是合法的验收签字人。施工单位的专业质量检查员，应是专职管理人员，是经总监理工程师确认的质量保证体系中的固定人员，并应持证上岗。

（5）检验批验收，内容要全面，资料应完备。

检验批验收，一定要仔细、慎重，对照规范，验收标准，设计图纸等一系列文件，全面细致地检查，对主控项目，一般项目中所有要求核查施工过程中的施工记录，隐蔽工程检查记录，材料、构配件、设备复验记录等，通过检验批验收，消除发现的不合格项，避免遗留质量隐患。

检验批质量验收资料应包括以下资料：检验批质量报验表；检验批质量验收记录表；隐蔽工程验收记录表（如发生）；施工记录（如需要）；材料、构配件、设备出厂合格证及进场复验单；验收结论及处理意见；检验批验收，不合格项要有处理记录，监理工程师签署验收意见。

2. 分项工程质量检验评定的内容及要求

一个完整的建筑工程项目是由很多分项工程组成的，分项工程也是工程预算中最基本的计量单位，如土方开挖、混凝土浇筑等就是分项工程。分项工程施工完成后，施工单位应该对其进行质量检验。

（1）分项工程质量检验评定的内容。

工程项目质量评定和验收程序是按分项工程、分部工程、单位工程依次进行的，所以对分项工程的质量评定，涉及分部工程、单位工程的质量评定和工程能否验收。分项工程的质量评定主要有以下内容：

1）保证项目。是涉及结构安全或重要使用性能的分项工程，它们应全部满足标准规定的要求。保证项目中包括的主要内容有：重要材料、成品、半成品及附件的材质，检查出厂证明及试验数据；构件的强度、刚度和稳定性等数据，检查试验报告；工程进行中和完毕后必须进行检测，现场抽查或检查试验记录。

2）检验项目。是对结构的使用要求、使用功能、美观等都有较大影响，必须通过抽样检查来确定是否合格，是否达到优良的工程内容，它在分项工程质量评定中的重要性仅次于保证项目。主要内容有：允许有一定的偏差项目，但又不宜纳入实测项目，因此在检验项目中用数据规定出“优良”和“合格”的标准；对不能确定偏差值而又允许出现一定缺陷的项目，则以缺陷的数量来区分“合格”和“优良”；采用不同影响部位区别对待的方法来划分“优良”和“合格”；用程度来区分项目的“合格”与“优良”。

3）实测项目。是指对每个分项工程操作中容易或必然产生一定偏差的项目。根据一般操作水平，结合对结构性能或使用功能、观感等所允许的影响程度，给予一定的允许偏差范围。允许偏差值的数据有以下几种：有“正”“负”要求的数值；偏差值无“正”“负”概念的数值；要求大于或小于某一数值；要求在一定的范围内的数值；采用相对比例值确定偏差值。

（2）分项工程质量验收标准。

分项工程是分部工程的组成部分，它是按照不同的施工方法、不同材料的不同规格等确定的。分项工程所含的检验批均应符合合格质量的规定；分项工程所含的检验批的质量验收记录应完整。

由此可见，分项工程在整个建筑工程中占重要地位，正是众多分项工程才构成了完整的项目。分项工程质量检验评定的内容主要包括保证项目、实测项目和检验项目。其中保证项目应该是最基础的，涉及分项的结构安全和主要功能使用情况。要想分项工程验收合格，就要其所含检验批工程全部合格，并且质量控制资料完整。

3. 工程质量的评定知识

（1）评定规定。

建筑工程实行施工质量优良评定的工程，应在施工组织设计中制定具体的创优措施。应先由施工单位按规定自行检查评定，然后由监理或相关单位验收评价。评价结果应以验收评价结果为准。工程结构和单位工程施工质量优良评价均应出具评定报告。工程结构施工质量优良评定应在地基及桩基工程、结构工程以及附属的地下防水层完工，且主体工程质量验收合格的基础上进行。应在施工过程中对施工现场进行必要的抽查，以验证其验收资料的准确性。多层建筑至少抽查一次，高层、超高层、规模较大工程及结构较复杂的工程应增加抽查次数。

现场抽查应做好记录，对抽查项目的质量状况进行详细记载，采取随机抽样的方法。

单位工程施工质量优良评价应在工程结构施工质量优良评价的基础上，经过竣工验收合格之后进行，工程结构质量评价达不到优良的，单位工程施工质量不能评为优良。单位工程施工质量优良的评价，应对工程实体质量和工程档案进行全面的检查。

（2）评价内容。

工程结构、单位工程施工质量优良评价的内容应包括工程质量评定得分，科技、环保、节能项目加分和否决项目。工程结构施工质量优良评定应按施工现场质量保证条件、地基及桩基工程、结构工程的评价内容逐项检查。结合施工现场的抽查记录和各检验批、分项、分部（子分部）工程质量验收记录，进行统计分析，按规定对相应表格的各项检查项目给出评分。工程结构、单位工程施工质量凡出现下列情况之一的不得进行优良评定：

1）使用国家明令淘汰的建筑材料、建筑设备、耗能高的产品及民用建筑挥发性有害物质含量释放量超过国家规定的产品。

2）地下工程渗漏超过有关规定、屋面防水出现渗漏、超过标准的不均匀沉降、超过规范规定的结构裂缝，存在加固补强工程以及施工过程出现重大质量事故的。

3）评定项目中设置否决项目，确定否决的条件是：其评价得分达不到二档，实得分达不到 85%的标准分值；没有二档的为一档，实得分达不到 100%的标准分值。设置的否决项目为地基承载力、复合地基承载力及单桩竖向抗压承载力；混凝土结构工程实体钢筋保护层厚度、钢结构工程焊缝内部质量及高强度螺栓连接副紧固质量；给水排水及采暖工程承压管道、设备水压试验，电气安装工程接地装置、防雷装置的接地电阻测试，通风与空调工程通风管道严密性试验，电梯安装工程电梯安全保护装置测试，智能建筑工程系统检测等。

4）有以下特色的工程可适当加分（加分为权重值计算后的直接加分，加分只限一次）：获得部、省级及其以上科技进步奖，以及使用节能、节地、环保等先进技术获得部、省级奖的工程可加 0.5～3 分；获得部、省级科技示范工程或使用先进施工技术并通过验收的工程可加 0.5～1 分。

（3）评定方法。

1）性能检测检查评价方法应符合下列规定：

检查标准：检查项目的检测指标（参数）一次检测达到设计要求及规范规定的为一档，取 100%的标准分值；按有关的规范规定，经过处理后达到设计要求及规范规定的为三档，取 70%的标准分值。

检查方法：现场检测或检查检测报告。

2）质量记录检查评价方法应符合下列规定：

检查标准：材料、设备合格证（出厂质量证明书）、进场验收记录、施工记录、施工试验记录等资料完整、数据齐全并能满足设计及规范要求，真实、有效、内容填写正确，分类整理规范，审签手续完备的为一档，取 100%的标准分值；资料完整、数据齐全并能满足设计及规范要求，真实、有效，整理基本规范，审签手续基本完备的为二档，取 85%的标准分值；资料基本完整并能满足设计及规范要求，真实、有效，内容审签手续基本完备的为三档，取 70%的标准分值。

检查方法：检查资料的数量及内容。

3）尺寸偏差及限值实测检查评价方法应符合下列规定：

检查标准：检查项目为允许偏差项目时，项目各测点实测值均达到规范规定值，且有80%及其以上的测点平均实测值小于等于规范规定值0.8倍的为一档，取100%的标准分值；检查项目各测点实测值均达到规范规定值，且有50%及其以上，但不足80%的测点平均实测值小于等于规范规定值0.8倍的为二档，取85%的标准分值；检查项目各测点实测值均达到规范规定的为三档，取70%的标准分值。

检查项目为双向限值项目时，项目各测点实测值均能满足规范规定值，且其中有50%及其以上测点实测值接近限值的中间值的为一档，取100%的标准分值；各测点实测值均能满足规范规定限值范围的为二档，取85%的标准分值；凡有测点经过处理后达到规范规定的为三档，取70%的标准分值。

检查项目为单向限值项目时，项目各测点实测值均能满足规范规定值的为一档，取100%的标准分值；凡有测点经过处理后达到规范规定的为三档，取70%的标准分值。

当允许偏差、限值两者都有时，取较低档项目的判定值。

检查方法：在各相关同类检验批或分项工程中，随机抽取10个检验批或分项工程，不足10个的取全部进行分析计算。必要时，可进行现场抽测。

4）观感质量检查评价方法应符合下列规定：

检查标准：每个检查项目的检查点按“好”“一般”“差”给出评价，项目检查点90%及其以上达到“好”，其余检查点达到一般的为一档，取100%的标准分值；项目检查点“好”的达到70%及其以上但不足90%，其余检查点达到“一般”的为二档，取85%的标准分值；项目检查点“好”的达到30%及其以上但不足70%，其余检查点达到“一般”的为三档，取70%的标准分值。

检查方法：观察辅以必要的量测和检查分部（子分部）工程质量验收记录，并进行分析计算。

三、检验批和分项工程质量验收记录表的填写内容和方法

1. 检验批质量验收记录表填写说明

按《建筑工程施工质量验收统一标准》（GB 50300—2013）中的要求。

（1）表的名称及编号。

1）检验批由监理工程师或建设单位项目技术负责人组织项目专业质量检查员等进行验收，表的名称应在制定专用表格时就印好，前边印上分项工程的名称。表的名称下边注上“质量验收规范的编号”。

2）检验批表的编号按全部施工质量验收规范系列的分部工程、子分部工程统一为8位数的数码编号，写在表的右上角，前6位数均印在表上，后留两个空格，检查验收时填写检验批的顺序号。其编号规则为：第1、第2位数字是分部工程的代码01～09，地基与基础为01，主体结构为02，建筑装饰装修为03，建筑屋面为04，建筑给水、排水及采暖为05，建筑电气为06，智能建筑为07，通风与空调为08，电梯为09。第3、第4位数字是子分部工程的代码。第5、第6位数字是分项工程的代码。第7、第8位数字是分项工程检验批验收的顺序

号。由于在大体量高层或超高层建筑中，同一个分项工程会有很多检验批的数量，故留了 2 位数的空位置。

如地基与基础分部工程，无支护土方子分部工程，土方开挖分项工程，其检验批表的编号为 010101□□，第一个检验批编号为 010101□□。

3）子分部工程中有些项目可能在两个分部工程中出现，这就要在同一个表上编两个分部工程及相应子分部工程的编号；如砖砌体分项工程在地基与基础和主体结构中都有，砖砌体分项工程检验批的表编号为 010701□□，020301□□。

4）分项工程可能在几个子分部工程中出现，这就应在同一个检验批表上编几个子分部工程及子分部工程的编号。如建筑电气的接地装置安装，在室外电气、变配电室、备用和不间断电源安装及防雷接地安装的子分部工程中都有。

其编号为：060109□□
060206□□
060608□□
060701□□

4 行编号中第一行的第 5、第 6 位数字是 09，是指室外电气子分部工程的第 9 个分项工程，第二行的 06 是指变配电室子分部工程的第 6 个分项工程，其余类推。

5）分项工程在验收时也将其划分为几个不同的检验批来验收。如混凝土结构子分部工程的混凝土分项工程，分为原材料、配合比设计、混凝土施工 3 个检验批来验收。又如建筑装饰装修分部工程建筑地面子分部工程中的基层分项工程，其中有几种不同的检验批。故在其表名下加标罗马数字（Ⅰ）（Ⅱ）（Ⅲ）……。

（2）表头部分的填写。

1）检验批表编号的填写，在 2 个方框内填写检验批序号，如为第 11 个检验批，则填为 11。

2）单位（子单位）工程名称，按合同文件上的单位工程名称填写，子单位工程标出该部分的位置。分部（子分部）工程名称，按验收规范划定的分部（子分部）名称填写。验收部位是指一个分项工程中的验收的那个检验批的抽样范围，要标注清楚，如二层①～⑮轴线砖砌体。

3）施工单位、分包单位，填写施工单位的全称，与合同上公章名称相一致。项目经理填写合同中指定的项目负责人。在装饰、安装分部工程施工中，有分包单位时，应填写分包单位全称，分包单位的项目经理也应是合同中指定的项目负责人。这些人员由填表人填写，不要本人签字，只是标明他是项目负责人。

4）施工执行标准名称及编号。这是这次验收规范编制的一个基本思路，由于验收规范只列出验收的质量指标，其工艺等只提出一个原则要求，具体的操作工艺就靠企业标准了。只有按照不低于国家质量验收规范的企业标准来操作，才能保证国家验收规范的实施。如果没有具体的操作工艺，保证工程质量就是一句空话。企业必须制定企业标准（操作工艺、工艺标准、工法等），并对工人进行培训、技术交底，来规范工人班组的操作。为了能成为企业的标准体系的重要组成部分，企业标准应有编制人、批准人、批准时间、执行时间、标准名称及编号。填表时只要将标准名称及编号填写上，就能在企业的标准系列中查到其详细情况，并要在施工现场有这项标准，工人在执行这项标准。

（3）质量验收规范的规定栏。

规定栏中填写具体的质量要求。由于制表时就已填写好验收规范中主控项目、一般项目的全部内容。所以，只将质量指标归纳、简化描述或题目及条文号填写上，作为检查内容提示，以便查对验收规范的原文；对计数检验的项目，将数据直接写出来。这些项目的主要要求，用注的形式放在表的背面。如果是将验收规范的主控、一般项目的内容全摘录在表的背面，这样方便查对验收条文的内容。根据以往的经验，这样做就会引起只看表格、不看验收规范的后果，规范上还有基本规定、一般规定等内容，它们虽然不是主控项目和一般项目的条文，但这些内容也是验收主控项目和一般项目的依据。所以，验收规范的质量指标不宜照搬全抄，只需注明主要要求及如何判定即可。

（4）主控项目、一般项目施工单位检查评定记录。

填写方法分以下几种情况，判定验收不验收均按施工质量验收规定进行判定。

1）对定量项目直接填写检查的数据。

2）对定性项目，当符合规范规定时，采用打“√”的方法标注；当不符合规定时，采用打“×”的方法标注。

3）有混凝土、砂浆强度等级的检验批，按规定取试件后，填写试件编号，待试件试验报告出来后，对检验批进行判定，并在分项工程验收时进一步进行强度评定及验收。

4）对既有定性又有定量的项目，各个子项目质量均符合规范规定时，采用打“√”来标注；否则采用打“×”来标注。无此项内容的打“—”来标注。

5）对一般项目合格点有要求的项目，应是其中带有数据的定量项目；定性项目必须基本达到。定量项目中每个项目都必须有80%以上（混凝保护层为90%）检测点的实测数值达到规范规定。其余20%按各专业施工质量验收规范规定，不能大于150%，钢结构为120%，也就是说，有数据的项目，除必须达到规定的数值外，其余可放宽的，最大放宽到150%。

6）“施工单位检查评定记录”栏的填写，有数据的项目，将实际测量的数值填入格内，超企业标准的数字，而没有超过国家验收规范的用符号“○”将其圈住；对超过国家验收规范的用符号“△”圈住。

（5）监理（建设）单位验收记录。

在施工过程中，通常监理人员应进行平行、旁站或巡回的方法进行监理，对施工质量进行察看和测量，并参加施工单位的重要项目的检测。对新开工程或首件产品进行全面检查，以了解质量水平和控制措施的有效性及执行情况，在整个过程中随时可以测量等。在检验批验收时，对主控项目、一般项目应逐项进行验收。对符合验收规范规定的项目，填写“合格”或“符合要求”，对不符合验收规范规定的项目，暂不填写，待处理后再验收，但应做标记。

（6）施工单位检查评定结果。

1）施工单位自行检查评定合格后，应注明“主控项目全部合格，一般项目满足规范规定要求”。

2）专业工长（施工员）和施工班、组长栏目由本人签字，以示承担责任。专业质量检查员代表企业逐项检查评定合格，填写表格并写明结果，签字后，交监理工程师或建设单位项目专业技术负责人验收。

（7）监理（建设）单位验收结论。

主控项目、一般项目验收合格，混凝土、砂浆试件强度待试验报告出来后判定，其余项目已全部验收合格。注明“同意验收”。专业监理工程师或建设单位的专业技术负责人签字。土方开挖工程检验批质量验收记录的样表见表 7-15。

表 7-15　土方开挖工程检验批质量验收记录

010101□□01

<table>
<tr><td colspan="4">单位（子单位）工程名称</td><td colspan="15">××市光明花园 8 号商住楼</td></tr>
<tr><td colspan="4">分部（子分部）工程名称</td><td colspan="10">地基与基础分部</td><td colspan="4">验收部位</td><td>基槽</td></tr>
<tr><td colspan="3">施工单位</td><td colspan="11">××市建筑工程公司</td><td colspan="4">项目经理</td><td>×××</td></tr>
<tr><td colspan="4">施工执行标准名称及编号</td><td colspan="15">QB/T 010101 土方开挖工艺标准</td></tr>
<tr><td colspan="3">分包单位</td><td colspan="9"></td><td colspan="6">分包项目经理</td><td></td></tr>
<tr><td colspan="8">施工质量验收规范的规定</td><td colspan="10" rowspan="3">施工单位检查评定记录</td><td rowspan="3">监理（建设）单位验收记录</td></tr>
<tr><td colspan="3" rowspan="3">项目</td><td colspan="5">允许偏差或允许值/mm</td></tr>
<tr><td rowspan="2">柱基基坑基槽</td><td colspan="2">挖方场地平整</td><td rowspan="2">管沟</td><td rowspan="2">地（路）面基层</td></tr>
<tr><td>人工</td><td>机械</td><td></td><td></td><td></td><td></td><td></td><td></td><td></td><td></td><td></td><td></td><td rowspan="6">符合施工验收规范要求</td></tr>
<tr><td rowspan="3">主控项目</td><td>1</td><td>标高</td><td>−50</td><td>±30</td><td>±50</td><td>−50</td><td>−50</td><td>4</td><td>4</td><td>5</td><td>8</td><td>7</td><td>6</td><td>9</td><td>6</td><td>9</td><td>6</td></tr>
<tr><td>2</td><td>长度、宽度（由设计中心线向两边量）</td><td>+200
−50</td><td>+300
−100</td><td>+500
−150</td><td>+100</td><td>—</td><td>9</td><td>8</td><td>1</td><td>2</td><td>2</td><td>1</td><td>2</td><td>2</td><td>2</td><td>2</td></tr>
<tr><td>3</td><td>边坡</td><td colspan="5">设计要求</td><td colspan="10">1∶0.8</td></tr>
<tr><td rowspan="2">一般项目</td><td>1</td><td>表面平整度</td><td>20</td><td>20</td><td>50</td><td>20</td><td>20</td><td>4</td><td>4</td><td>5</td><td>8</td><td>7</td><td>6</td><td>9</td><td>6</td><td>9</td><td>6</td></tr>
<tr><td>2</td><td>基底土性</td><td colspan="5">设计要求</td><td colspan="10">与勘察报告相符</td></tr>
<tr><td colspan="3" rowspan="2">施工单位检查评定结果</td><td colspan="4">专业工长（施工员）</td><td colspan="7">×××</td><td colspan="4">施工班组长</td><td>×××</td></tr>
<tr><td colspan="16">符合施工验收规范标，合格项目专业质量检查员：×××　　　　×年×月×日</td></tr>
<tr><td colspan="3">监理（建设）单位验收结论</td><td colspan="16">验收合格
专业监理工程师：×××
（建设单位项目专业技术负责人）：　　　　×年×月×日</td></tr>
</table>

2. 分项工程质量验收记录表填写说明

按《建筑工程施工质量验收统一标准》（GB 50300—2013）的要求。

（1）验收人及内容。

分项工程验收由监理工程师组织项目专业技术负责人等进行。分项工程验收是在检验批验收合格的基础上进行，通常起一个归纳整理的作用，是一个统计表，没有实质性验收内容。只要注意三点就可以了，一是检查检验批是否将整个工程覆盖，有没有漏掉的部位；二是检查有混凝土、砂浆强度要求的检验批，到龄期后能否达到规范规定；三是将检验批的资料统一，依次进行登记整理，方便管理。

（2）表的填写。

表名填上所验收分项工程的名称。表头及检验批部位、区段、施工单位检查评定结果，由施工单位项目专业质量检查员填写，由施工单位的项目专业技术负责人检查后给出评价并签字，交监理单位或建设单位验收。

（3）审查。

监理单位的专业监理工程师（或建设单位的专业负责人）应逐项审查，同意项填写“合格或符合要求”，不同意项暂不填写，待处理后再验收，但应做标记。注明验收和不验收的意见，如同意验收则签字确认，若不同意验收，请指出存在的问题，明确处理意见和完成时间。模板拆除分项工程质量验收记录的样表（见表 7-16）。

表 7-16　模板拆除分项工程质量验收记录的样表

GD25001□□

工程名称	广州南沙大角山海滨公园完善零星绿化工程	结构类型	框架结构	检验批数	21
施工单位	广州市伟盛园林建筑绿化工程有限公司	项目经理	皮志远	项目技术负责人	胡干才
分包单位		分包单位负责人		分包项目经理	
序号	检验批部位、区、段	施工单位检查评定结果		监理（建设）单位验收结论	
1	A～H×1～3 轴首层梁	合格			
2	A～H×3～5 轴首层梁	合格			
3	A～D×5～7 轴首层梁	合格			
4	D～H×5～7 轴首层梁	合格			
5	A～H×1～3 轴首层板	合格			
6	A～H×3～6 轴首层板	合格			
7	A～H×6～7 轴首层板	合格			
8	A～H×1～2 轴柱	合格			
9	A～H×3～5 轴柱	合格			
10	A～C×6～7 轴柱	合格			
11	E～H×6～7 轴柱	合格			
12	A～H×1～4 轴圈梁	合格			
13	A～H×4～7 轴圈梁	合格			
14	A～H×1～3 轴屋面梁	合格			
15	A～H×3～6 轴屋面梁	合格			
16	A～C×6～7 轴屋面梁	合格			
17	C～H×6～7 轴屋面梁	合格			

续表

序号	检验批部位、区、段	施工单位检查评定结果	监理（建设）单位验收结论
18	A～H×1～3 轴屋面板	合格	
19	A～H×3～6 轴屋面板	合格	
20	A～H×6～7 轴屋面板	合格	
21	入口处混凝土台阶、散水	合格	
检查结论	符合设计及规范要求，分项工程合格。 项目专业技术负责人： 年　月　日	验收结论	监理工程师 （建设单位项目专业技术负责人）： 年　月　日

3. 分部（子分部）工程验收记录表填写说明

按《建筑工程施工质量验收统一标准》（GB 50300—2013）的相关要求。

由于单位工程体量的增大，复杂程度的增加，专业施工单位的增多，为了分清责任、及时整修等，分部（子分部）工程的验收就显得较为重要，以往一些到单位工程阶段进行验收的内容，现在被移到分部（子分部）工程，除了分项工程的核查外，还有质量控制资料核查，安全、功能项目的检测，观感质量的验收等。

分部（子分部）工程应由施工单位将自行检查评定合格的表填写好后，由项目经理交监理单位或建设单位验收。由总监理工程师组织施工项目经理及有关勘察（地基与基础部分）、设计（地基与基础及主体结构等）等单位项目负责人进行验收，交按表的要求进行记录。

（1）表名及表头部分。

1）表名：分部（子分部）工程的名称填写要具体，写在分部（子分部）工程的前边，并分别划掉分部或子分部。

2）表头部分的工程名称填写工程全称，与检验批、分项工程、单位工程验收表的工程名称一致。

3）结构类型填写按设计文件提供的结构类型。层数应分别注明地下和地上的层数。

施工单位填写单位全称。与检验批、分项工程、单位工程验收表填写的名称一致。

技术部门负责人及质量部门负责人多数情况下填写项目的技术及质量负责人，只有地基与基础、主体结构及重要安装分部（子分部）工程应由施工单位的技术部门及质量部门负责人签字。

4）分包单位的填写，有分包单位时才填，没有时就不填写，主体结构不应进行分包。分包单位名称要写全称，与合同或图章上的名称一致。分包单位负责人及分包单位技术负责人一栏，填写本项目的项目负责人及项目技术负责人。

（2）验收内容。

验收内容共有以下四项内容。

1）分项工程。按分项工程第一个检验批施工先后的顺序，将分项工程名称填写上，在第二格内分别填写各分项工程实际的检验批数量，即分项工程验收表上的检验批数量，并将各分项工程评定表按顺序附在表后。

施工单位检查评定栏，填写施工单位自行检查评定的结果。核查一下分项工程是否都通过验收，有关有龄期试件的合格评定是否达到要求；有全高垂直度或总标高检验项目的应进行检查验收。自检符合要求的，可打“√”标注，否则打“×”标注。有“×”的项目不能交给监理单位或建设单位验收，应进行返修，达到合格后再提交验收。监理单位或建设单位由总监理工程师或建设单位项目专业技术负责人组织审查，在符合要求后，在验收意见栏内签注“同意验收”意见。

2）质量控制资料。应按单位（子单位）工程质量控制资料核查记录中的相关内容来确定所验收的分部（子分部）工程的质量控制资料项目，按资料核查的要求，逐项进行核查。能基本反映工程质量情况，达到保证结构安全和使用功能的要求，即可通过验收。全部项目都通过，即可在施工单位检查评定栏内打“√”标注“检查合格”，并送监理单位或建设单位验收，由监理单位总监理工程师组织审查，在符合要求后，在验收意见栏内签注“同意验收”意见。

有些工程可按子分部工程进行资料验收，在些工程可按分部工程进行资料验收，由于工程不同，不强求统一。

3）安全和功能检验（检测）报告。这个项目是指竣工抽样检测的项目，能在分部（子分部）工程中检测的，尽量放在分部（子分部）工程中检测。检测内容按单位（子单位）工程安全和功能检验资料核查及主要功能抽查记录中相关内容确定核查和抽查项目。在核查时要注意，在开工之前确定的项目是否都进行了检测。逐一检查每个检测报告时，核查每个检测项目的检测方法、程序是否符合有关标准规定；检测结果是否达到规范的要求；检测报告的审批程序签字是否完整；并在每个报告上标注审查同意。每个检测项目都通过审查，即可在施工单位检查评定栏内打“√”，标注“检查合格”。由项目经理送监理单位或建设单位验收，监理单位总监理工程师或建设单位项目专业负责人组织审查，在符合要求后，在验收意见栏内签注“同意验收”意见。

4）观感质量验收。在观感质量验收时，实际不单单是外观质量，还有能启动或运转的要启动或试运转，能打开看的打开看，有代表性的房间、部位都应走到，并由施工单位项目经理组织进行现场检查，经检查合格后，将施工单位填写的内容填写好后，由项目经理签字后交监理单位或建设单位验收。监理单位由总监理工程师或建设单位项目专业负责人为主导共同确定质量评价——“好”“一般”“差”。由施工单位的项目经理和总监理工程师或建设单位项目专业负责共同签认。如评价观感质量差的项目，能修理的，尽量修理，如果确难修理时，只要不影响结构安全和使用功能的可采用协商解决的方法进行验收，并在验收表上注明，然后将验收评价结论填写在分部（子分部）工程观感质量验收意见栏内。

（3）验收单位签字认可。

按参与工程建设责任单位的有关人员应亲自签名，以示负责，并便追查质量责任。

勘察单位可只签认地基基础分部（子分部）工程，由项目负责人亲自签认；设计单位可只签地基基础、主体结构及重要安装分部（子分部）工程，由项目负责人亲自签认；施工单位总承包单位必须由项目经理亲自签认，有分包单位的分包单位也必须签认其分包的分部（子分部）工程，由分包项目经理亲自签认。

监理单位作为验收方，由总监理工程师亲自签认验收；如果按规定不委托监理单位的工程，可由建设单位项目专业负责人亲自签认验收。模板拆除分项工程质量验收记录的样表见表 7-17。

表 7-17　模板拆除分项工程质量验收记录

编号：0203

<table>
<tr><td colspan="2">单位（子单位）工程名称</td><td></td><td>子分部工程数量</td><td>1</td><td>分项工程数量</td><td>7</td></tr>
<tr><td colspan="2">施工单位</td><td></td><td>项目负责人</td><td></td><td>技术（质量）负责人</td><td></td></tr>
<tr><td colspan="2">分包单位</td><td></td><td>分包单位负责人</td><td></td><td>分包内容</td><td></td></tr>
<tr><td>序号</td><td>子分部工程名</td><td>分项工程名称</td><td>检验批</td><td colspan="2">施工单位</td><td>监理（建设）单位</td></tr>
<tr><td>1</td><td>钢结构</td><td>钢结构焊接</td><td>4</td><td colspan="2">主控项目全部合格，一般</td><td></td></tr>
<tr><td>2</td><td>钢结构</td><td>紧固件连接</td><td>3</td><td colspan="2">主控项目全部合格，一般</td><td></td></tr>
<tr><td>3</td><td>钢结构</td><td>钢零部件加工</td><td>1</td><td colspan="2">主控项目全部合格，一般</td><td></td></tr>
<tr><td>4</td><td>钢结构</td><td>钢构件组装及预拼装</td><td>2</td><td colspan="2">主控项目全部合格，一般</td><td></td></tr>
<tr><td>5</td><td>钢结构</td><td>单层钢结构安装</td><td>1</td><td colspan="2">主控项目全部合格，一般</td><td></td></tr>
<tr><td>6</td><td>钢结构</td><td>压型金属板</td><td>1</td><td colspan="2">主控项目全部合格，一般</td><td></td></tr>
<tr><td>7</td><td>钢结构</td><td>防腐涂料涂装</td><td>4</td><td colspan="2">主控项目全部合格，一般</td><td></td></tr>
<tr><td colspan="4">质量控制资料</td><td colspan="2">完整</td><td></td></tr>
<tr><td colspan="4">安全和功能检验结果</td><td colspan="2">合格</td><td></td></tr>
<tr><td colspan="4">观感质量检验结果</td><td colspan="2">一般</td><td></td></tr>
<tr><td colspan="2">综合验收结论</td><td colspan="5">主控项目全部合格，一般项目符合规范要求</td></tr>
<tr><td colspan="2">施工单位
项目负责人：
年　月　日</td><td colspan="2">勘察单位
项目负责人：
年　月　日</td><td colspan="2">设计单位
项目负责人：
年　月　日</td><td>监理（建设）单位
总监理工程师：
（建设单位项目负责人）
年　月　日</td></tr>
</table>

表 7-18 是建筑工程分部（子分部）工程、分项工程划分。

表 7-18　建筑工程分部（子分部）工程、分项工程划分

<table>
<tr><td>序号</td><td>分部工程</td><td>子分部工程</td><td>分项工程</td></tr>
<tr><td rowspan="2">1</td><td rowspan="2">地基与基础</td><td>无支护土方</td><td>土方开挖、土方回填</td></tr>
<tr><td>有支护土方</td><td>排桩、降水、排水、地下连续墙、锚杆、土钉墙、水泥土桩、沉井与沉箱、钢及混凝土支撑</td></tr>
</table>

续表

序号	分部工程	子分部工程	分项工程
1	地基与基础	地基及基础处理	灰土地基，砂和砂石地基，碎砖三合土地基，土工合成材料地基，粉煤灰地基，重锤夯实地基，强夯地基，振冲地基，砂桩地基，预压地基，高压喷射注浆地基，土和灰土挤密桩地基，注浆地基，水泥粉煤灰碎石桩地基，夯实水泥土桩地基
		桩基	锚杆静压桩及静力压桩，预应力离心管桩，钢筋混凝土预制桩，钢桩，混凝土灌注桩（成孔、钢筋笼、清孔、水下混凝土灌注）
		地下防水	防水混凝土，水泥砂浆防水层，卷材防水层，涂料防水层，金属板防水层，塑料板防水层，细部构造，喷锚支护，复合式衬砌，地下连续墙，盾构法隧道；渗排水、盲沟排水，隧道、坑道排水；预注浆、后注浆，衬砌裂缝注浆
		混凝土基础	模板、钢筋、混凝土，后浇带混凝土，混凝土结构缝处理
		砌体基础	砖砌体，混凝土砌块砌体，配筋砌体，石砌体
		劲钢（管）混凝土	劲钢（管）焊接、劲钢（管）与钢筋的连接，混凝土
		钢结构	焊接钢结构，栓接钢结构，钢结构制作，钢结构安装，钢结构涂装
2	主体结构	混凝土结构	模板，钢筋，混凝土，预应力、现浇结构，装配式结构
		劲钢（管）混凝土结构	劲钢（管）焊接，螺栓连接、劲钢（管）与钢筋的连接，劲钢（管）制作、安装，混凝土
		砌体结构	砖砌体，混凝土小型空心砌块，石砌体，填充墙砌体，配筋砖砌体
		钢结构	钢结构焊接，紧固件连接，钢零部件加工，单层钢结构安装，多层及多层钢结构安装，钢结构涂装、钢结构组装，钢结构预拼装，钢网架结构安装，压型金属板
		木结构	方木和原木结构、胶合木结构、轻型木结构，木构件防护
		网架和索膜结构	网架制作、网架安装、索膜安装、网架防火、防腐涂料
3	建筑装饰装修	地面	整体面层：基层、水泥混凝土面层、水泥砂浆面层、水磨石面层、防油渗面层、水泥钢（铁）屑面层、不发火（防爆的）面层； 板块面层：基层、砖面层（陶瓷锦砖、缸砖、陶瓷地砖和水泥花砖面层）、大理石面层和花岗岩面层，预制板块面层（预制水泥混凝土、水磨石板块面层）、料石面层（条石、块石面层）、塑料板面层、活动地板面层、地毯面层； 木竹面层：基层、实木地板面层（条材、块材面层）、实木复合地板面层（条材、块材面层）、中密度（强化）复合地板面层（条材面层）、竹地板面层
		抹灰	一般抹灰，装饰抹灰，清水砌体勾缝
		门窗	木门窗制作与安装、金属门窗安装、塑料门窗安装、特种门安装、门窗玻璃安装
		吊顶	暗龙骨吊顶、明龙骨吊顶
		轻质隔墙	板材隔墙、骨架隔墙、活动隔墙、玻璃隔墙
		饰面板（砖）	饰面板安装、饰面砖安装
		幕墙	玻璃幕墙、金属幕墙、石材幕墙
		涂饰	水性涂料涂饰、溶剂型涂料涂饰、美术涂饰
		裱糊与软包	裱糊、软包

续表

序号	分部工程	子分部工程	分项工程
3	建筑装饰装修	细部	橱柜制作与安装，窗帘盒、窗台板和暖气罩制作与安装，门窗套制作与安装，护栏和扶手制作与安装，花饰制作与安装
4	建筑屋面	卷材防水屋面	保温层，找平层，卷材防水层，细部构造
		涂膜防水屋面	保温层，找平层，涂膜防水层，细部构造
		刚性防水屋面	细石混凝土防水层，密封材料嵌缝，细部构造
		瓦屋面	平瓦屋面，油毡瓦屋面，金属板屋面，细部构造
		隔热屋面	架空屋面，蓄水屋面，种植屋面
5	建筑给水、排水及采暖	室内给水系统	给水管道及配件安装、室内消火栓系统安装、给水设备安装、管道防腐、绝热
		室内排水系统	排水管道及配件安装、雨水管道及配件安装
		室内热水供应系统	管道及配件安装、辅助设备安装、防腐、绝热
		卫生器具安装	卫生器具安装、卫生器具给水配件安装、卫生器具排水管道安装
		室内采暖系统	管道及配件安装、辅助设备及散热器安装、金属辐射板安装、低温热水地板辐射采暖系统安装、系统水压试验及调试、防腐、绝热
		室外给水管网	给水管道安装、消防水泵接合器及室外消火栓安装、管沟及井室
		室外排水管网	排水管道安装、排水管沟与井池
		室外供热管网	管道及配件安装、系统水压试验及调试、防腐、绝热
		建筑中水系统及游泳池系统	建筑中水系统管道及辅助设备安装、游泳池水系统安装
		供热锅炉及辅助设备安装	锅炉安装、辅助设备及管道安装、安全附件安装、烘炉、煮炉和试运行、换热站安装、防腐、绝热
6	建筑电气	室外电气	架空线路及杆上电气设备安装，变压器、箱式变电所安装，成套配电柜、控制柜（屏、台）和动力、照明配电箱（盘）及控制柜安装，电线、电缆导管和线槽敷设，电线、电缆穿管和线槽敷设，电缆头制作、导线连接和线路电气试验，建筑物外部装饰灯具、航空障碍标志灯和庭院路灯安装，建筑照明通电试运行地，接地装置安装
		变配电室	变压器、箱式变电所安装，成套配电柜、控制柜（屏、台）和动力、照明配电箱（盘）安装，裸母线、封闭母线、插接式母线安装，电缆沟内和电缆竖井内电缆敷设，电缆头制作、导线连接和线路电气试验，接地装置安装，避雷引下线和变配电室接地干线敷设
		供电干线	裸母线、封闭母线、插接式母线安装，桥架安装和桥架内电缆敷设，电缆沟内和电缆竖井内电缆敷设，电线、电缆穿管和线槽敷线，电缆头制作、导线连接和线路电气试验
		电气动力	成套配电柜、控制柜（屏、台）和动力、照明配电箱（盘）及安装，低压电动机、电加热器及电动执行机构检查、接线，低压电气动力设备检测、试验和空载试运行，桥架安装和桥架内电缆敷设，电线、电缆导管和线槽敷设，电线、电缆穿管和槽敷线，电缆头制作、导线连接和线路电气试验，插座、开关、风扇安装
		电气照明安装	成套配电柜、控制柜（屏、台）和动力、照明配电箱（盘）安装，电线、电缆导管和线槽敷设，电线、电缆头制作、导线连接和线路电气试验，普通灯具安装，专用灯具安装，插座、开关、风扇安装，建筑照明通电试运行

续表

序号	分部工程	子分部工程	分项工程
6	建筑电气	备用和不间断电源安装	成套配电柜、控制柜（屏、台）和动力、照明配电箱（盘）安装，柴油发电机组安装，不间断电源的其他功能单元安装，裸母线、封闭母线、插接式母线安装，电线、电缆导管和线槽敷线，电缆头制作、导线连接和线路电气试验，接地装置安装
		防雷接地安装	接地装置安装，避雷引下线和变配电室接地干线敷设，建筑物等电位连接，接闪器安装
7	智能建筑	通信网络系统	通信系统、卫星及有线电视系统、公共广播系统
		办公自动化系统	计算机网络系统、信息平台及办公自动化应用软件、网络安全系统
		建筑设备监控系统	空调与通风系统、变配电系统、照明系统、给排水系统、热源和热交换系统、冷冻和冷却系统、电梯和自动扶梯系统、中央管理工作站与操作分站、子系统通信接口
		火灾报警及消防联动系统	火灾和可燃气体探测系统、火灾报警控制系统、消防联动系统
		安全防范系统	电视监控系统、入侵报警系统、巡更系统、出入口控制（门禁）系统、停车管理系统
		综合布线系统	缆线敷设和终接、机柜、机架、配线架的安装、信息插座和光缆芯线终端的安装
		智能化集成系统	集成系统网络、实时数据库、信息安全、功能接口
		电源与接地	智能建筑电源、防雷及接地
		环境	空间环境、室内空间环境、视觉照明环境、电磁环境
		住宅（小区）智能化系统	火灾自动报警及消防联动系统、安全防范系统（含电视监控系统、入侵报警系统、巡更系统、门禁系统、楼宇对讲系统、住户对讲呼救系统、停车管理系统）、物业管理系统（多表现场计量及远程传输系统、建筑设备监控系统、公共广播系统、小区网络及信息服务系统、物业办公自动化系统）、智能家庭信息平台
8	通风与空调	送排风系统	风管与配件制作；部件制作；风管系统安装；空气处理设备安装；消声设备制作与安装，风管与设备防腐；风机安装；系统调试
		防排烟系统	风管与配件制作；部件制作；风管系统安装；防排烟风口、常闭正压风口与设备安装；风管与设备防腐；风机安装；系统调试
		除尘系统	风管与配件制作；部件制作；风管系统安装；除尘器与排污设备安装；风管与设备防腐；风机安装；系统调试
		空调风系统	风管与配件制作；部件制作；风管系统安装；空气处理设备安装；消声设备制作与安装；风管与设备防腐；风机安装；风管与设备绝热；系统调试
		净化空调系统	风管与配件制作；部件制作；风管系统安装；空气处理设备安装；消声设备制作与安装；风管与设备防腐；风机安装；风管与设备绝热；高效过滤器安装；系统调试
		制冷设备系统	制冷机组安装；制冷剂管道及配件安装；制冷附属设备安装；管道及设备的防腐与绝热；系统调试
		空调水系统	管道冷热（媒）水系统安装；冷却水系统安装；冷凝水系统安装；阀门及部件安装；冷却塔安装；水泵及附属设备安装；管道与设备的防腐与绝热；系统调试

续表

序号	分部工程	子分部工程	分项工程
9	电梯	电力驱动的曳引式或强制式电梯安装工程	设备进场验收，土建交接检验，驱动主机，导轨，门系统，轿厢，对重（平衡重），安全部件，悬挂装置，随行电缆，补偿装置，电气装置，整机安装验收
		液压电梯安装工程	设备进场验收，土建交接检验，液压系统，导轨，门系统，轿厢，平衡重，安全部件，悬挂装置，随行电缆，电气装置，整机安装验收
		自动扶梯、自动人行道安装工程	设备进场验收，土建交接检验，整机安装验收

四、分部工程和单位工程质量验收的内容及要求

1. 分部工程

建筑工程质量验收标准将分部工程划分为地基与基础、主体结构、装饰装修、屋面、给排水及供暖、通风与空调、建筑电气、建筑智能化、建筑节能、电梯 10 个分部，分项工程可按主要工种、材料、施工工艺、设备类别进行划分。

（1）地基与基础工程分为无支护土方、有支护土方、地基处理、桩基、地下防水、混凝土基础、砌体基础、劲钢（管）混凝土结构、钢结构 9 个子分部工程。其中混凝土基础子分部又分为以下分项工程：模板安装、模板拆除、钢筋加工、钢筋安装、混凝土原材料及配合比、混凝土施工、现浇结构外观及尺寸偏差、混凝土设备基础尺寸分项工程也指检验批。

（2）主体分部工程有混凝土结构、劲钢（ 管）混凝土结构、砌体结构、钢结构、木结构、网架和索膜结构 6 个子分部工程。

（3）装饰装修工程有抹灰工程、门窗工程、吊顶工程、轻质隔墙工程、饰面板（砖）工程 、幕墙工程、涂饰工程、细部工程 、橱窗制作和安装 10 个子分部工程。

（4）屋面工程有卷材防水屋面、涂膜防水屋面、刚性防水屋面、瓦屋面、隔热屋面 5 个子分部工程。

（5）建筑给水、排水及采暖分部工程划分为以下子分部工程：室内给水系统、室内排水系统、室内热水供应系统、卫生器具安装、室内采暖系统、室外给水管网、室外排水管网、室外供热管网、建筑中水系统及游泳池系统、供热锅炉及辅助设备安装和太阳能热水系统。

（6）通风空调分部工程划分为以下子分部工程：送排风系统、防排烟系统、除尘系统、空调风系统、净化空调系统、制冷设备系统、空调水系统和地源热泵系统。

（7）建筑电气分部工程划分为以下子分部工程：室外电气、变配电室、供电干线、电气动力、电气照明安装、备用和不间断电源安装、防雷及接地安装。

（8）智能化分部工程划分为以下子分部工程：通信网络系统、计算机网络系统、建筑设备监控系统、火灾报警及消防联动系统、会议系统与信息导航系统、专业应用系统、安全防范系统、综合布线系统、智能化集成系统、电源与接地、计算机机房工程和住宅（小区）智能化系统。

（9）建筑节能分部工程划分为以下子分部工程：围护系统节能、供暖空调设备及管网节能、电气动力节能、监控系统节能和可再生能源。

（10）电梯分部工程划分为以下子分部工程：电力驱动的曳引式或强制式电梯安装、液压电梯安装和自动扶梯、自动人行道安装。

2. 分部（子分部）工程验收条件

（1）所含分项工程的质量均应验收合格。

（2）质量控制资料应齐全。

（3）有关安全、节能、环境保护和主要使用功能的抽样检验结果应符合相应规定。

（4）观感质量应符合要求。

3. 分部工程质量验收原则

分部（子分部）工程质量验收检查要求验收的原则：分部工程中只有一个子分部工程时，子分部就是分部工程。当有几个子分部工程时，可以一个子分部、一个子分部地进行质量验收。然后应核查各子分部的质量控制资料，进行观感质量评价等。其各项内容的具体验收如下：

（1）检查每个分项工程验收是否正确；注意查对所含分项工程有没有漏、缺或是没有进行验收；检查分项工程的资料时，每个验收资料的内容是否有缺漏项，以及分项验收人员的签字是否齐全及符合规定。

（2）核查质量控制资料是否齐全，这项验收内容实际也是统计、归纳和核查，主要包括三个方面的内容：核查和归纳各检验批的验收记录资料，查对其是否齐全；核查和归纳各检验批的施工操作依据、质量检查记录，查对其是否配套，包括有关施工工艺（企业标准）、原材料、构配件出厂合格证及按规定进行的试验资料的程度；核对各种资料的内容、数据及验收人员的签字是否规范等。

（3）分部工程有关安全及功能的检测和抽样检测结果应符合有关规定的检查，这项验收内容包括安全及功能两个方面的检测资料。抽样检测项目在各专业质量验收规范中已有明确规定，在验收时应注意三个方面的工作：检查规范中规定的检验的项目是否都进行了验收，不能进行检测的项目应该说明原因；检查各项检测记录（报告）的内容、数据是否符合要求，包括检测项目的内容，所遵循的检测方法标准、检测结果的数据是否达到规定的标准；核查资料的检测程序、有关取样人、检测人、审核人、试验负责人，以及公章签字是否齐全等。

（4）观感质量验收应符合要求。分部（子分部）工程的观感质量检查，是经过现场工程的检查，由检查人员共同评价确定的，分为好、一般、差。

4. 分部（子分部）工程验收评定表

分部（子分部）工程质量应由总监理工程师组织施工单位项目负责人和有关的勘察、设计单位项目负责人等进行验收，并应按表 7-19 的要求记录。

表 7-19　分部（子分部）工程验收记录

工程名称		结构类型		层数	
施工单位		技术部门负责人		质量部门负责人	
分包单位		分包单位负责人		分包技术负责人	

续表

<table>
<tr><th>序号</th><th>分项工程名称</th><th>检验批数</th><th colspan="2">施工、分包单位检查结果</th><th colspan="2">验收结论</th></tr>
<tr><td>1</td><td></td><td></td><td colspan="2"></td><td colspan="2"></td></tr>
<tr><td>2</td><td></td><td></td><td colspan="2"></td><td colspan="2"></td></tr>
<tr><td>3</td><td></td><td></td><td colspan="2"></td><td colspan="2"></td></tr>
<tr><td>4</td><td></td><td></td><td colspan="2"></td><td colspan="2"></td></tr>
<tr><td>5</td><td></td><td></td><td colspan="2"></td><td colspan="2"></td></tr>
<tr><td>6</td><td></td><td></td><td colspan="2"></td><td colspan="2"></td></tr>
<tr><td colspan="3">质量控制资料</td><td colspan="2"></td><td colspan="2"></td></tr>
<tr><td colspan="3">安全、功能检查结果</td><td colspan="2"></td><td colspan="2"></td></tr>
<tr><td colspan="3">外观质量</td><td colspan="2"></td><td colspan="2"></td></tr>
<tr><td>综合验收结论</td><td colspan="6"></td></tr>
<tr><td>分包单位
项目负责人：
年 月 日</td><td colspan="2">施工单位
项目负责人：
年 月 日</td><td>设计单位
项目负责人：
年 月 日</td><td colspan="2">勘察单位
项目负责人：
年 月 日</td><td>监理单位
项目负责人：
年 月 日</td></tr>
</table>

5. 单位工程划分原则

根据《建筑工程施工质量验收统一标准》（GB 50300—2013），单位工程划分原则是：

（1）具备独立施工条件并能形成独立使用功能的建筑物或构筑物为一个单位工程。

（2）建筑规模较大的单位工程，可将其能形成独立使用功能的部分划分为一个子单位工程。

6. 单位工程质量验收规定

单位工程质量验收也称质量竣工验收，是建筑工程投入使用前的最后一次验收，也是最重要的一次验收。验收合格应符合以下条件：

（1）所含分部工程的质量均应验收合格。工程质量验收的前提条件为施工单位自检合格，验收时施工单位对自检中发现的问题已完成整改。

（2）质量控制资料。主控项目和一般项目的划分应符合各专业验收规范的规定；见证检验的项目、内容、程序、抽样数量等应符合国家、行业和地方有关规范的规定；考虑到隐蔽工程在隐蔽后难以检验，因此隐蔽工程在隐蔽前应进行验收，验收合格后方可继续施工。

（3）所含分部工程有关安全、节能、环境保护和主要使用功能的检验资料。应涉及安全、节能、环境保护和主要使用功能的分部工程检验。

资料应复查合格，这些检验资料与质量控制资料同等重要。资料复查时要全面检查，不得有漏检缺项，其次复核分部工程验收时补充进行的见证抽样检验报告，这体现了对安全和主要使用功能等的重视。

（4）主要使用功能的抽查结果应符合相关专业验收规范的规定。对主要使用功能应进行抽查。这是对设备安装工程质量的综合检验，也是用户最为关心的内容，体现了本标准完善手段、过程控制的原则，也将减少工程投入使用后的质量投诉和纠纷。因此，在分项、分部工程验收合格的基础上，竣工验收时再做全面检查。抽查项目是在检查资料文件的基础上由参加验收的各方人员商定，并用计量、计数的方法抽样检验，检验结果应符合有关专业验收规范的规定。

（5）观感质量应符合要求。观感质量可通过观察和简单的测试确定，观感质量的综合评价结果应由验收各方共同确认并达成一致。对影响观感及使用功能或质量评价为差的项目应进行返修。

7. 检查

单位工程验收评定组织单位工程完工后，施工单位应自行组织有关人员进行检查评定，并向建设单位提交工程验收报告。建设单位收到工程验收报告后，应由建设单位（项目）负责人组织施工、勘察、设计、监理等单位（项目）负责人进行单位工程验收。验收程序如下：

（1）工程完工后，施工单位自行组织有关人员进行检查评定。

（2）自行验收合格后提交竣工验收报告（申请验收）。

（3）建设单位收到竣工验收报告后，由建设单位（项目）负责人组织施工、勘察、设计、监理等单位（项目）负责人进行单位工程验收。

（4）分包单位对所承包的工程项目检查评定，总包单位派人参加，验收合格后将资料交总包。

8. 单位（子单位）工程质量竣工验收记录

单位工程质量竣工验收、单位工程质量控制资料核查、单位工程安全和功能检验资料核查和单位工程观感质量检查应按表 7-20～表 7-23 填写记录。“单位（子单位）工程质量竣工验收记录”由施工单位填写，验收结论由监理单位填写。综合验收结论经参加验收各方共同商定，由建设单位填写，应对工程质量是否符合设计文件和相关标准的规定及总体质量水平做出评价。

表 7-20　单位（子单位）工程质量竣工验收记录

<table>
<tr><td>工程名称</td><td></td><td>结构类型</td><td></td><td>建筑面积及层数</td><td></td></tr>
<tr><td>施工单位</td><td></td><td>技术负责人</td><td></td><td>开工日期</td><td></td></tr>
<tr><td>项目负责人</td><td></td><td>项目技术负责人</td><td></td><td>完工日期</td><td></td></tr>
<tr><td>序号</td><td colspan="2">项目</td><td colspan="2">验收记录</td><td>验收结论</td></tr>
<tr><td>1</td><td colspan="2">分部工程</td><td colspan="2"></td><td></td></tr>
<tr><td>2</td><td colspan="2">质量控制资料检查</td><td colspan="2"></td><td></td></tr>
<tr><td>3</td><td colspan="2">安全及使用功能检查</td><td colspan="2"></td><td></td></tr>
<tr><td>4</td><td colspan="2">观感质量验收</td><td colspan="2"></td><td></td></tr>
<tr><td>5</td><td colspan="2">综合验收结论</td><td colspan="2"></td><td></td></tr>
<tr><td rowspan="2">参加验收单位</td><td>建设单位</td><td>施工单位</td><td>设计单位</td><td>勘察单位</td><td>监理单位</td></tr>
<tr><td>项目负责人：
年　月　日</td><td>项目负责人：
年　月　日</td><td>项目负责人：
年　月　日</td><td>项目负责人：
年　月　日</td><td>总监理工程师：
年　月　日</td></tr>
</table>

表 7-21　单位工程质量控制资料核查记录

<table>
<tr><td colspan="2">工程名称</td><td>××××工程</td><td>施工单位</td><td colspan="4">××××公司</td></tr>
<tr><td rowspan="2">序号</td><td rowspan="2">项目</td><td rowspan="2">资料名称</td><td rowspan="2">份数</td><td colspan="2">施工单位</td><td colspan="2">监理（建设）单位</td></tr>
<tr><td>核查意见</td><td>核查人</td><td>核查意见</td><td>核查人</td></tr>
<tr><td>1</td><td rowspan="12">建筑与结构</td><td>图纸会审、设计变更、洽商记录</td><td></td><td></td><td></td><td></td><td></td></tr>
<tr><td>2</td><td>工程定位测量、放线记录</td><td></td><td></td><td></td><td></td><td></td></tr>
<tr><td>3</td><td>原材料出厂合格证书及进场检（试）验报告</td><td></td><td></td><td></td><td></td><td></td></tr>
<tr><td>4</td><td>施工试验报告及见证检测报告</td><td></td><td></td><td></td><td></td><td></td></tr>
<tr><td>5</td><td>隐蔽工程验收记录</td><td></td><td></td><td></td><td></td><td></td></tr>
<tr><td>6</td><td>混凝土施工记录</td><td></td><td></td><td></td><td></td><td></td></tr>
<tr><td>7</td><td>预制构件、预拌混凝土合格证</td><td></td><td></td><td></td><td></td><td></td></tr>
<tr><td>8</td><td>地基基础、主体结构检验及抽样检测资料</td><td></td><td></td><td></td><td></td><td></td></tr>
<tr><td>9</td><td>分项、分部工程质量验收记录</td><td></td><td></td><td></td><td></td><td></td></tr>
<tr><td>10</td><td>工程质量事故及事故调查处理资料</td><td>—</td><td></td><td></td><td></td><td></td></tr>
<tr><td>11</td><td>新材料、新工艺施工记录</td><td>—</td><td></td><td></td><td></td><td></td></tr>
<tr><td>12</td><td></td><td></td><td></td><td></td><td></td><td></td></tr>
<tr><td>1</td><td rowspan="8">给排水与采暖</td><td>图纸会审、设计变更、洽商记录</td><td></td><td></td><td></td><td></td><td></td></tr>
<tr><td>2</td><td>材料、配件出厂合格证书及进场检（试）验报告</td><td></td><td></td><td></td><td></td><td></td></tr>
<tr><td>3</td><td>管道、设备强度试验、严密性试验记录</td><td></td><td></td><td></td><td></td><td></td></tr>
<tr><td>4</td><td>隐蔽工程验收记录</td><td></td><td></td><td></td><td></td><td></td></tr>
<tr><td>5</td><td>系统清洗、灌水、通水、通球试验记录</td><td></td><td></td><td></td><td></td><td></td></tr>
<tr><td>6</td><td>施工记录</td><td></td><td></td><td></td><td></td><td></td></tr>
<tr><td>7</td><td>分项、分部工程质量验收记录</td><td></td><td></td><td></td><td></td><td></td></tr>
<tr><td>8</td><td></td><td></td><td></td><td></td><td></td><td></td></tr>
<tr><td>1</td><td rowspan="8">建筑电气</td><td>图纸会审、设计变更、洽商记录</td><td></td><td></td><td></td><td></td><td></td></tr>
<tr><td>2</td><td>材料、设备出厂合格证书及进场检（试）验报告</td><td></td><td></td><td></td><td></td><td></td></tr>
<tr><td>3</td><td>设备调试记录</td><td></td><td></td><td></td><td></td><td></td></tr>
<tr><td>4</td><td>接地、绝缘地阻测试记录</td><td></td><td></td><td></td><td></td><td></td></tr>
<tr><td>5</td><td>隐蔽工程验收记录</td><td></td><td></td><td></td><td></td><td></td></tr>
<tr><td>6</td><td>施工记录</td><td></td><td></td><td></td><td></td><td></td></tr>
<tr><td>7</td><td>分项、分部工程质量验收记录</td><td></td><td></td><td></td><td></td><td></td></tr>
<tr><td>8</td><td></td><td></td><td></td><td></td><td></td><td></td></tr>
<tr><td>1</td><td rowspan="2">通风与空调</td><td>图纸会审、设计变更、洽商记录</td><td></td><td></td><td></td><td></td><td></td></tr>
<tr><td>2</td><td>材料、设备出厂合格证书及进场检（试）验报告</td><td></td><td></td><td></td><td></td><td></td></tr>
</table>

续表

序号	项目	资料名称	份数	施工单位		监理（建设）单位	
				核查意见	核查人	核查意见	核查人
3	通风与空调	隐蔽工程验收记录					
4		通风、空调系统调试记录					
5		施工记录					
6		分项、分部工程质量验收记录					
1	电梯	土建布置图纸会审、设计变更、洽商记录					
2		设备出厂合格证书及开箱检验记录					
3		隐蔽工程验收记录					
4		施工记录					
5		接地、绝缘地阻测试记录					
6		负荷试验、安全装置检查记录					
7		分项、分部工程质量验收记录					
1	建筑智能化	图纸会审、设计变更、洽商记录、施工图及设计说明					
2		材料、设备出厂合格证技术文件及进场检（试）验报告					
3		隐蔽工程验收记录					
4		系统功能测定及设备调试记录					
5		系统技术、操作和维护手册					
6		系统管理、技术人员培训记录					
7		系统检测报告					
8		分项、分部工程质量验收记录					
1	建筑节能	设计文件及图纸会审记录、设计变更和洽商					
2		主要材料、设备和构件的质量证明文件、进场检验记录、进场核查记录、进场复验报告、见证试验报告					
3		隐蔽工程验收记录和相关图像资料					
4		分项、分部工程质量验收记录					
5		外墙围护结构节能构造现场实体检验报告					

结论（由监理或建设单位填写）：

施工单位技术负责人：　　　　　　　　　　总监理工程师：
施工单位项目经理：　　　　　　　　　　　（建设单位项目技术负责人）
年　月　日　　　　　　　　　　　　　　　年　月　日

注：抽查项目由验收组协商决定。

表 7-22　单位工程观感质量检查记录

<table>
<tr><td colspan="2">工程名称</td><td colspan="2"></td><td>施工单位</td><td></td></tr>
<tr><td>序号</td><td colspan="2">项目</td><td colspan="2">抽查质量状况</td><td>质量评价</td></tr>
<tr><td>1</td><td rowspan="11">建筑与结构</td><td>主体结构外观</td><td colspan="2">共检查　点，好　点，一般　点，差　点</td><td></td></tr>
<tr><td>2</td><td>室外墙面</td><td colspan="2">共检查　点，好　点，一般　点，差　点</td><td></td></tr>
<tr><td>3</td><td>变形缝</td><td colspan="2">共检查　点，好　点，一般　点，差　点</td><td></td></tr>
<tr><td>4</td><td>水落管、屋面</td><td colspan="2">共检查　点，好　点，一般　点，差　点</td><td></td></tr>
<tr><td>5</td><td>室内墙面</td><td colspan="2">共检查　点，好　点，一般　点，差　点</td><td></td></tr>
<tr><td>6</td><td>室内顶棚</td><td colspan="2">共检查　点，好　点，一般　点，差　点</td><td></td></tr>
<tr><td>7</td><td>室内地面</td><td colspan="2">共检查　点，好　点，一般　点，差　点</td><td></td></tr>
<tr><td>8</td><td>楼梯、踏步、护栏</td><td colspan="2">共检查　点，好　点，一般　点，差　点</td><td></td></tr>
<tr><td>9</td><td>门窗</td><td colspan="2">共检查　点，好　点，一般　点，差　点</td><td></td></tr>
<tr><td>10</td><td>雨罩、台阶、坡道、散水</td><td colspan="2">共检查　点，好　点，一般　点，差　点</td><td></td></tr>
<tr><td></td><td></td><td colspan="2"></td><td></td></tr>
<tr><td>1</td><td rowspan="5">给排水与采暖</td><td>管道接口、坡度、支架</td><td colspan="2">共检查　点，好　点，一般　点，差　点</td><td></td></tr>
<tr><td>2</td><td>卫生器具、支架、阀门</td><td colspan="2">共检查　点，好　点，一般　点，差　点</td><td></td></tr>
<tr><td>3</td><td>检查口、扫除口、地漏</td><td colspan="2">共检查　点，好　点，一般　点，差　点</td><td></td></tr>
<tr><td>4</td><td>散热器、支架</td><td colspan="2">共检查　点，好　点，一般　点，差　点</td><td></td></tr>
<tr><td></td><td></td><td colspan="2"></td><td></td></tr>
<tr><td>1</td><td rowspan="4">建筑电气</td><td>配电箱、盘、板、接线盒</td><td colspan="2">共检查　点，好　点，一般　点，差　点</td><td></td></tr>
<tr><td>2</td><td>设备器具、开关、插座</td><td colspan="2">共检查　点，好　点，一般　点，差　点</td><td></td></tr>
<tr><td>3</td><td>防雷、接地</td><td colspan="2">共检查　点，好　点，一般　点，差　点</td><td></td></tr>
<tr><td></td><td></td><td colspan="2"></td><td></td></tr>
<tr><td>1</td><td rowspan="7">通风与空调</td><td>风管、支架</td><td colspan="2">共检查　点，好　点，一般　点，差　点</td><td></td></tr>
<tr><td>2</td><td>风口、风阀</td><td colspan="2">共检查　点，好　点，一般　点，差　点</td><td></td></tr>
<tr><td>3</td><td>风机、空调设备</td><td colspan="2">共检查　点，好　点，一般　点，差　点</td><td></td></tr>
<tr><td>4</td><td>阀门、支架</td><td colspan="2">共检查　点，好　点，一般　点，差　点</td><td></td></tr>
<tr><td>5</td><td>水泵、冷却塔</td><td colspan="2">共检查　点，好　点，一般　点，差　点</td><td></td></tr>
<tr><td>6</td><td>绝热</td><td colspan="2">共检查　点，好　点，一般　点，差　点</td><td></td></tr>
<tr><td></td><td></td><td colspan="2"></td><td></td></tr>
<tr><td>1</td><td rowspan="4">电梯</td><td>运行、平门、开关门</td><td colspan="2">共检查　点，好　点，一般　点，差　点</td><td></td></tr>
<tr><td>2</td><td>层门、信号系统</td><td colspan="2">共检查　点，好　点，一般　点，差　点</td><td></td></tr>
<tr><td>3</td><td>机房</td><td colspan="2">共检查　点，好　点，一般　点，差　点</td><td></td></tr>
<tr><td></td><td></td><td colspan="2"></td><td></td></tr>
<tr><td>1</td><td rowspan="3">智能建筑</td><td>机房设备安装及布局</td><td colspan="2">共检查　点，好　点，一般　点，差　点</td><td></td></tr>
<tr><td>2</td><td>现场设备安装</td><td colspan="2">共检查　点，好　点，一般　点，差　点</td><td></td></tr>
<tr><td>3</td><td></td><td colspan="2"></td><td></td></tr>
</table>

表 7-23 单位（子单位）工程观感质量检查记录

<table>
<tr><td colspan="2">工程名称</td><td colspan="2"></td><td>施工单位</td><td></td></tr>
<tr><td>序号</td><td colspan="2">项目</td><td colspan="2">抽查质量状况</td><td>质量评价</td></tr>
<tr><td>1</td><td rowspan="6">室内燃气</td><td>钢管防腐</td><td colspan="2"></td><td></td></tr>
<tr><td>2</td><td>管道连接</td><td colspan="2"></td><td></td></tr>
<tr><td>3</td><td>管道安装</td><td colspan="2"></td><td></td></tr>
<tr><td>4</td><td>支架及管卡安装</td><td colspan="2"></td><td></td></tr>
<tr><td>5</td><td>计量表等器具安装</td><td colspan="2"></td><td></td></tr>
<tr><td></td><td></td><td colspan="2"></td><td></td></tr>
<tr><td colspan="3">观感质量综合评价</td><td colspan="3"></td></tr>
<tr><td colspan="6">结论：

施工单位项目负责人：　　　　　　总监理工程师（建设单位项目负责人）：
年　月　日　　　　　　　　　　年　月　日</td></tr>
</table>

注：1. 本表格内容填写需来源《观感质量现场检查原始记录》。
2. 对质量评价为差的项目应进行返修。

五、隐蔽工程内容及要求

隐蔽工程由于其隐蔽性及难检查性，在工程里面作为重要控制检查项目（见表 7-24）。隐蔽工程检查记录应分专业、分系统（机电工程）、分区段、分部位、分工序、分层进行（见表 7-25）。隐蔽工程未经检查或验收未通过，不允许进行下一道工序的施工。安装工程隐蔽验收，符合专项检查的填写专项检查记录表，没有专项检查记录的填写通用记录表。

表 7-24 建筑隐蔽工程验收项目内容

分部	项目	检查内容
地基基础与主体结构	土方工程	基槽、房芯回填前检查基底清理、基底标高、槽底几何尺寸；钎擦记录及探点平面布置图，钎径、锤重，落距；基坑局部加固处理记录、平面图
	支护工程	检查锚杆、土钉的品种、规格、数量、质量、位置、插入长度、钻孔直径、深度和角度；检查地下连续墙的成槽宽度、深度、垂直度钢筋笼规格、位置、槽底清理、沉渣厚度
	桩基工程	检查钢筋笼规格、尺寸沉渣厚度、清孔情况
	地基处理	人工地基试验记录；换土换层，灰土挤密桩，碾压夯实，排水固结，化学加固的方法、深度、标高、位置、数量、质量；处理平面图；土壤试验报告；试压资料；灰土打桩资料
	地下防水工程	检查混凝土变形缝、施工缝、后浇带、穿墙套管、埋设件等设置的形式和构造；人防出口止水做法；防水层基层、防水材料规格、厚度、铺设方法、阴阳角处理、搭接密封处理等

续表

分部	项目	检查内容
地基基础与主体结构	砌体工程	基础标高；主要断面尺寸；砖、砌体和砂浆配合比及强度等级
	混凝土结构工程（基础、主体）	检查用于绑扎的钢筋品种、规格、数量、位置、锚固和接头位置、搭接长度、保护层厚度和除锈、除污情况、钢筋代用变更及插筋处理；检查钢筋连接型式、连接种类、接头位置、数量及焊条、焊剂、焊口形式、焊缝长度、厚度及表面清渣和连接质量
	预应力工程	检查预留孔道的规格、数量、位置、形状、端部预埋垫块；预力筋下料长度、切断方法、竖向位置偏差、固定、护套的完整性；锚具、夹具、连接点组装
	钢结构工程	检查地脚螺栓规格、位置、埋设方法、紧固；焊条品种、焊口规格、焊缝长度、数量、外观、清渣、焊接质量
	保温	外墙内、外保温构造节点做法
建筑装饰装修	地面工程	检查各基层（垫层、找平层、隔离层、防水层、填充层、地龙骨）材料品种、规格、铺设厚度、方式、坡度、标高、表面情况、密封材料、粘结情况
	抹灰工程	具有加强措施的抹灰应检查其加固构造的材料规格、铺设、固定、搭接
	门窗工程	检查预埋件和锚固件、螺栓等的规格数量、位置、间距、埋设方式、与框的连接方式、防腐处理、缝隙的炭填、密封材料的粘结
	吊顶工程	检查吊顶龙骨及吊件材质、规格、间距、连接方式、固定方法、表面防火、防腐处理、外观情况、接缝和边缝情况、填充和吸声材料的品种、规格、铺设、固定情况
	轻质隔墙工程	检查预埋件、连接件、拉结筋的规格位置、数量、连接方式、与周边墙体及顶棚的连接、龙骨连接、间距、防火、防腐处理、填充处理设置
	饰面砖（板）工程	检查预埋件、后置埋件、连接件规格、数量、位置、连接方式、防腐处理等有防水构造的部分应检查找平层、防水层的构造做法，同地面工程检查
	幕墙工程	检查构件之间以及构件与主体结构的连接点的安装及防腐处理；幕墙四周、幕墙与主体结构之间间隙节点的处理、封口的安装；幕墙伸缩缝、沉降缝、防震缝及墙面砖角节点的安装；幕墙防雷接地节点的安装
	细部工程	检查预埋件、后置埋件和连接件的规格、数量、位置、连接方式、防腐处理
建筑屋面工程	各种屋面	检查基层、找平层、保温层、防水层、隔离层材料的品种、规格、厚度、铺设方式、搭接宽度、接缝处理、粘结情况；附加层、天沟、檐沟、泛水和变形缝细部做法、隔离层设置、密封处理部位
建筑给水排水及采暖	直埋于地下或结构中，暗敷的管道和有关设备，以及有防水要求的管道	检查管材、管件、阀门、设备的材质与型号、安装位置、标高、坡度；防水套管的定位及尺寸；管道连接做法及质量；附件使用，支架固定，以及是否已按照设计要求及施工规范完成强度严密性、冲洗等试验
	有绝热、防腐要求的管道和相关设备	检查绝热方式、绝热材料的材质与规格、绝热管道与支吊架之间的防结露措施、防腐处理次梁及做法
	埋地的采暖热水管道	在保温层、保护层完成后，所在部位进行回填之前，应进行隐检；检查安装位置、标高、坡度；支架做法；保温层、保护层设置
建筑电气	埋于结构内的各种导管	检查导管的品种、规格、位置、弯扁度、弯曲半径、连接、跨接地线、防腐、管盒固定、管口处理、敷设情况、保护层、需焊接部位的焊接质量

续表

分部	项目	检查内容
建筑电气	利用结构钢筋做的避雷引下线	检查轴线位置、钢筋数量、规格、搭接长度、焊接质量、与接地极、避雷网、均压环等连接点的焊接情况
	金属门窗、幕墙与避雷引下线的连接	检查连接材料的品种、规格、连接位置和数量连接方式和质量
	等电位及均压环暗埋	检查使用材料的品种、规格、安装位置、连接方式、连接质量、保护层厚度
	接地极装置埋设	检查接地极的位置、间距、数量、材质、埋深、接地极的连接方式、连接质量、防腐情况
	不进入吊顶内的电线和线槽	检查导管的品种、规格、位置、弯扁度、弯曲半径、连接、距接地线、防腐、需焊接部位的焊接质量、管盒固定、管口处理、固定方式固定间距；检查线槽品种、规格、位置、连接、接地、防腐、固定方法、固定间距及其他管线的位置关系等
	直埋电缆	检查电缆的品种、规格、埋设方式、埋深、弯曲半径、标桩埋设情况等
	不进入的电缆沟敷设电缆	检查电缆的品种、规格、弯曲半径、固定间距、标识情况等
通风与空调	敷设于竖井内、不进入吊顶内的风道	检查风道的标高、材质、接头、接口严密情况、附件、部件安装位置、支、吊、托架安装、固定，活动部件是否灵活可靠、方向正确，风道分支、变径处理是否合理，是否符合要求，是否已按照设计要求及施工规范规定完成风管的漏光、漏风检测、空调水管道的强度严密情况、冲洗等试验
	有绝热、防腐要求的风管、空调水管及设备	检查绝热形式与做法、绝热材料的材质和规格、防腐材料及做法。绝热管道与支吊架之间应垫以绝热衬垫或经防腐材料的木衬垫，其厚度应与绝热层厚度相同，表面平整，衬垫接合面的空隙应填实
电梯工程	各种电梯	检查电梯承重梁、起重吊环埋设；电梯钢丝绳头灌注；电梯井道内导轨、层门的支架、螺栓埋设
其他		完工后无法进行检查的工程；重要结构部位和有特殊要求的隐蔽工程

表 7-25　建筑设备安装工程隐蔽验收记录

<table>
<tr><td colspan="2">分项工程名称</td><td colspan="3">电线导管敷设</td><td>子分部工程名称</td><td></td></tr>
<tr><td colspan="2">隐蔽部位</td><td colspan="3"></td><td>项目经理</td><td></td></tr>
<tr><td colspan="2">施工技术负责人</td><td colspan="3"></td><td>施工图号</td><td></td></tr>
<tr><td colspan="7">施工执行标准名称及编号：《建筑电气安装工程施工质量验收规范》（GB 50303—2015）</td></tr>
<tr><td rowspan="7">隐蔽工程内容</td><td>序号</td><td>工程分项隐蔽验收批部位</td><td>单位</td><td>数量</td><td>施工单位全数检查情况及说明</td><td>监理建设（单位）验收记录</td></tr>
<tr><td>1</td><td></td><td></td><td></td><td></td><td rowspan="6">同意验收</td></tr>
<tr><td>2</td><td></td><td></td><td></td><td></td></tr>
<tr><td>3</td><td></td><td></td><td></td><td></td></tr>
<tr><td>4</td><td></td><td></td><td></td><td></td></tr>
<tr><td>5</td><td></td><td></td><td></td><td></td></tr>
<tr><td>6</td><td></td><td></td><td></td><td></td></tr>
</table>

续表

隐蔽工程内容	序号	工程分项隐蔽验收批部位	单位	数量	施工单位全数检查情况及说明	监理建设（单位）验收记录
	7					同意验收
	8					

施工单位全数检查评定结果：

项目专业质量检查员：　　　　项目专业技术负责人：　　　　年　月　日

监理（建设）单位验收结论：

专业监理工程师
（建设单位项目技术负责人）：　　　　监理（建设）项目部（章）　　　　年　月　日

设计技术交底会议等列入须经设计人员参与隐蔽验收的部位签证

设计单位参加验收人意见：

验收人签名：　　　　年　月　日

注：该记录由施工项目专业质量检查员填写，监理工程师（建设单位项目技术负责人）组织项目专业技术负责人等进行验收。记录时应首先说明是否按设计图号施工，如有设计变更应立即在备用竣工图纸上用红色文字注明变更情况或绘制变更补充图；无论有无设计变更，监理（建设）单位的旁站监督人均应在备用竣工图号上签字认可后，才能办理该部位隐蔽验收手续。隐蔽验收时，必须严格按照国家施工质量验收规范的主控项目，一般项目的内容要求全数检查，无论有不合格处必须当即整改达到合格后才能办理隐蔽验收手续。检查评定结论必须语言规范，并针对主控项目、一般项目的内容要求，填写真实可靠的结果或结论。

1. 隐蔽工程检查程序

隐蔽工程检查程序：隐蔽工程施工完毕后，由专业施工员填写隐蔽工程检查记录表，由项目技术负责人组织，监理单位旁站，施工单位质检员、专业施工员共同参加，验收符合要求后，由监理单位签署审核意见，并下审核结论。

2. 隐蔽工程检查依据

隐蔽工程检查依据：施工图纸、图纸会审记录、设计变更、洽商记录；有关国家现行标准、规范：工程建设国家标准（GB），建筑工程行业标准（JGJ），城镇建设工程行业标准（CJJ），中国工程建设标准化协会标准（CECS），地方标准（DB），相关施工方案；材料、构配件、设备出厂质量证明、试（检）验报告；检验批质量验收记录等。

3. 隐蔽工程主要检查项目

（1）地基基础工程与主体结构工程。

①土方工程：基槽、房芯回填前检查基底清理、基底标高情况等。

②支护工程：检查锚杆、土钉的品种、规格、数量、位置、插入长度、钻孔直径、深度和角度等。检查地下连续墙的成槽宽度、深度、垂直度、钢筋笼规格、位置、槽底清理、沉渣厚度等。

③桩基工程：检查钢筋笼规格、尺寸、沉渣厚度、清孔情况等。

④地下防水工程：检查混凝土变形缝、施工缝、后浇带、穿墙套管、埋设件等设置的形式和构造。人防出口止水做法：防水层基层、防水材料规格、厚度、铺设方式、阴阳角处理、搭接密封处理等。

⑤结构工程（基础、主体）：检查用于绑扎的钢筋品种、规格、数量、位置、锚固和接头

位置、搭接长度、除锈及除污情况、保护层垫块厚度和位置、钢筋代换变更及插筋处理等。检查钢筋连接型式、连接种类、接头位置、数量及焊条、焊剂、焊口形式、焊缝长度、厚度及表面清渣和连接质量等。检查预埋件、预留孔洞预留位置、牢固性等。

⑥预应力工程：检查预留孔道的规格、数量、位置、形状、端部预埋垫板、预应力筋下料长度、切断方法、竖向位置偏差、固定、护套的完整性、锚具、夹具、连接点组装等。

⑦钢结构工程：检查钢结构原材、焊接材料及地脚螺栓规格、位置、埋设方法、紧固、制作和安装等要求。

（2）建筑装饰装修工程。

①地面工程：检查各基层（垫层、找平层、隔离层、防水层、填充层、地龙骨）材料品种、规格、铺设厚度、方式、坡度、标高、表面情况、密封处理、粘结情况等。

②抹灰工程：具有加强措施的抹灰应检查其加强构造的材料规格、铺设、固定、搭接等。

③门窗工程：检查预埋件和锚固件、螺栓等的规格数量、位置、间距、埋设方式、与框的连接方式、防腐处理、缝隙的嵌填、密封材料的粘结等。

④吊顶工程：检查吊顶龙骨及吊件材质、规格、间距、连接方式、固定方法、表面防火、防腐处理、外观情况、接缝和边缝情况、填充和吸声材料的品种、规格、铺设、固定情况等。

⑤轻质隔墙工程：检查预埋件、连接件、拉结筋的规格位置、数量、连接方式、与周边墙体及顶棚的连接、龙骨连接、间距、防火、防腐处理、填充材料设置等。

⑥饰面板（砖）工程：检查预埋件、后置埋件、连接件规格、数量、位置、连接方式、防腐处理等。有防水构造的部位应检查找平层、防水层的构造做法，同地面工程检查。

⑦幕墙工程：检查构件之间以及构件与主体结构的连接节点的安装及防腐处理；幕墙四周、幕墙与主体结构之间间隙节点的处理、封口的安装；幕墙伸缩缝、沉降缝、防震缝及墙面转角节点的安装；幕墙防雷接地节点的安装等。

⑧细部工程：检查预埋件、后置埋件和连接件的规格、数量、位置、连接方式、防腐处理等。

（3）建筑屋面工程。

检查基层、找平层、保温层、防水层、隔离层材料的品种、规格、厚度、铺贴方式、搭接宽度、接缝处理、粘结情况；附加层、天沟、檐沟、泛水和变形缝细部做法、隔离层设置、密封处理部位等。

（4）建筑给水、排水及采暖工程。

1）直埋入地下或结构中，暗敷设于沟槽、管井、进入吊顶内的给水、排水、雨水、采暖、消防管道和相关设备，以及有防水要求的套管：检查管材、管件、阀门、设备的材质与型号、安装位置、标高、坡度；防水套管的定位及尺寸；管道连接做法及质量；附件使用、支架固定，以及是否已按照设计要求及施工规范规定完成强度、严密性、冲洗、灌水、通球等试验。

2）有绝热、防腐要求的风管、空调水管及设备：检查绝热形式与做法、绝热材料的材质和规格、防腐处理材料及做法。绝热管道与支吊架之间应垫以绝热衬垫或经防腐处理的木衬垫，其厚度应与绝热层厚度相同，表面平整，衬垫接合面的空隙应填实。

（5）电梯工程隐检。

检查电梯承重梁、起重吊环埋设；电梯钢丝绳头灌注；电梯井内导轨、层门的支架、螺栓埋设等。

（6）智能建筑工程。

1）埋在结构内的各种导管：检查导管的品种、规格、位置、弯曲度、弯曲半径、连接、跨接地线、防腐、需焊接部位的焊接质量、管盒固定、管口处理、敷设情况、保护层等。

2）不能进入吊顶内的导管：检查导管的品种、规格、位置、弯曲度、弯曲半径、连接、跨接地线、防腐、需焊接部位的焊接质量、管盒固定、管口处理、固定方法、固定间距等。

3）不能进入吊顶内的线槽：检查其品种、规格、位置、连接接地、防腐、固定方法、固定间距等。

4）直埋电缆：检查电缆的品种、规格、埋设方法、埋深、弯曲半径、标桩埋设情况。

5）不进入电缆沟敷设的电缆：检查电缆的品种、规格、弯曲半径、固定方法、固定间距、标识情况等。

（7）建筑节能工程。

1）墙体节能工程应对下列部位或内容进行隐蔽工程验收，并应有详细的文字记录和必要的图像资料：保温层附着的基层及其表面处理、保温板粘结或固定、锚固件、增强网铺设、墙体热桥部位处理、预置保温板或预制保温墙板的板缝及构造节点、现场喷涂或浇注有机类保温材料的界面、被封闭的保温材料厚度、保温隔热砌块填充墙体等。

2）幕墙节能工程施工中应对下列部位或项目进行隐蔽工程验收，并应有详细的文字记录和必要的图像资料：被封闭的保温材料厚度和保温材料的固定、幕墙周边与墙体的接缝处保温材料的填充、构造缝、结构缝、隔汽层、热桥部位、断热节点、单元式幕墙板块间的接缝构造、冷凝水收集和排放构造、幕墙的通风换气装置等。

3）建筑外门窗工程施工中，应对门窗框与墙体接缝处的保温填充做法进行隐蔽工程验收，并应有隐蔽工程验收记录和必要的图像资料。

4）屋面保温隔热工程应对下列部位进行隐蔽工程验收，并应有详细的文字记录和必要的图像资料：基层、保温层的敷设方式、厚度、板材缝隙填充质量、屋面热桥部位、隔汽层等。

5）地面节能工程应对下列部位进行隐蔽工程验收，并应有详细的文字记录和必要的图像资料：基层、被封闭的保温材料厚度、保温材料粘结、隔断热桥部位等。

6）采暖系统应随施工进度对与节能有关的隐蔽部位或内容（被封闭的采暖保温管道及附件等）进行验收，并应有详细的文字记录和必要的图像资料。

7）通风与空调系统应随施工进度对与节能有关的隐蔽部位或内容进行验收，并应有详细的文字记录和必要的图像资料。通常主要隐蔽部位检查内容有地沟和吊顶内部的管道、配件安装及绝热、绝热层附着的基层及其表面处理、绝热材料粘结或固定、绝热板材的板缝及构造节点、热桥部位处理等。

8）空调与采暖系统冷热源和辅助设备及其管道和室外管网系统，应随施工进度对与节能有关的隐蔽部位或内容进行验收，并应有详细的文字记录和必要的图像资料。通常主要的隐蔽部位检查内容有地沟和吊顶内部的管道安装及绝热、绝热层附着的基层及其表面处理、绝热材料粘结或固定、绝热板材的板缝及构造节点、热桥部位处理等。

（8）预检工程检查验收（或称为技术复核）是指施工单位在施工前或施工过程中，对重要分项工程的施工质量和管理人员的工作质量，在自检的基础上进行复核的一项技术工作（见表7-26）。它是防止施工中的差错，保证工程质量，预防质量事故发生的一项有效的技术管理制度。在全国工程建设强制性标准实施监督检查标准中，已将预检工程记录列为重要的技术资料之一。

预检工作由项目技术负责人组织，专业工长、班组长参加，质量员核定。重点工程或重要施工部位应邀请建设（监理）、设计或质监单位的代表参加。工程预检是贯彻工程质量“预防为主”的重要环节。未经预检的项目或预检不合格的项目不得进行下道工序施工。

有些预检项目可以与分项工程质量验收工作一道进行。但应有不同的侧重点，并应分别填写预检记录和质量验收表归入各自的技术档案中。

表 7-26　预检验收项目内容

项目	检查内容
模板	检查几何尺寸、轴线、标高、预埋件及预留孔位置、模板牢固情况、接缝严密情况、起拱情况、清扫口留置、模内清理、脱模剂涂刷、止水要求等；节点做法，放样检查
设备基础和预制构件安装	检查设备基础位置、混凝土强度、标高、几何尺寸、预留孔、预埋件
地上混凝土结构施工缝	检查留置方法、位置、接槎处理
管道预留孔洞	检查预留孔洞的尺寸、位置、标高
管道预埋套管（预埋件）	检查预埋套管（预埋件）的规格、型式、尺寸、位置、标高
机电各系统的明装管道（包括进入吊顶内）、设备安装	检查位置、标高、坡度、材质、防腐、接口方式、支架形式、固定方式
电气明配管（包括进入吊顶内）	检查导管的品种、规格、位置、连接、弯扁度、弯曲半径、跨接地线、焊接质量、固定、防腐、外观处理
明装线槽、桥架、母线（包括能进入吊顶内）	检查材料的品种、规格、位置、连接、接地、防腐、固定方法、固定间距
明装等电位连接	检查连接导线的品种、规格、连接配件、连接方法
屋顶明装避雷带	检查材料的品种、规格、连接方法、焊接质量、固定、防腐情况
变配电装置	检查配电箱、柜基础槽钢的规格、安装位置、水平与垂直度、接地的连接质量；配电箱、柜的水平与垂直度；高低压电源进出口方向、电缆位置
机电表面器具（包括开关、插座、灯具、风口、卫生器具等）	检查位置、标高、规格、型号、外观效果
其他	依据现行施工规范。对于其他涉及工程结构安装的实体质量及建筑观感，须做质量控制的重要工序，应填写预检记录

4. 其他隐蔽工程检查内容及项目

（1）装饰装修用材料合格证；中文说明书及相关性能的检测报告；对品种、规格、外观和尺寸的进场验收记录；进口产品商品检验报告；材料复验报告。

装修装修隐蔽工程验收记录中门窗工程的隐蔽应包括：预埋件和锚固件；隐蔽部位的防腐；填嵌处理。

（2）吊顶工程的隐蔽应包括：吊顶内管道；设备的安装及水管试压；木龙骨防火、防腐处理；预埋件或拉结筋；吊杆安装；龙骨安装；填充材料的设置。

（3）轻质隔墙的隐蔽应包括：骨架隔墙中设备管线的安装及水管试压；木龙骨防火、防腐处理；预埋件或拉结筋；龙骨安装；填充材料的设置。饰面板工程的隐蔽应包括：预埋件或后置埋节；连接节点；防水层。

（4）细部工程的隐蔽应包括：

①预埋件或后置埋件。

②护栏与预埋件的连接节点：特种门及附件的生产许可文件，人造木板及饰面人造木板的甲醛含量检测报告。

③室内装修中的水性涂料、水性胶黏剂、水性处理剂的总挥发性有机化合物（TVOC）和游离甲醛含量检测报告；溶剂型涂料、溶剂型胶黏剂的总挥发性有机化合物（TVOC）、苯、游离甲苯二异酸酯（TDI）（聚酯类）含量检测报告。

④大理石、花岗岩等天然石放射性有害物质含量检测报告饰面板后置埋件的现场拉拔检测报告（内业留存）。外墙饰面砖样板的粘结强度检测报告（内业留存）。

⑤装饰装修施工记录竣工图（图纸须由原设单位或具有相应资质的设计单位对建筑物的安全性进行确认）。

⑥幕墙设计图及建筑物设计单位对幕墙设计图的确认（内业留存）。幕墙工程用材料五金配件、构件及组件的产品合格证书；性能检测报告；进场验收记录和复试报告。幕墙工程用硅酮胶的认定证书和抽查合格证明；进口硅酮结构胶的商检证（指定检测机构出具的硅酮结构胶相容性和离粘结性试验报告；石材用密封胶的耐污染性试验报告）。后置埋现场拉拔强度检测报告（内业留存）。幕的抗压性能、空气渗透性能水渗漏性能及平面变性能检测报告（内业留存），打胶养护。

（5）节能隐蔽工程验收记录。

1）墙体节能工程应对下列部位或内容进行隐蔽工程验收，并应有详细的文字记录和必要的图像资料：保温层附着的基层及其表面处理、保温板粘结或固定、锚固件、增强网铺设、墙体热桥部位处理、预置保温板或预制保温墙板的板缝及构造节点、现场喷涂或浇注有机类保温材料的界面、被封闭的保温材料厚度、保温隔热砌块填充墙体等。

2）幕墙节能工程施工中应对下列部位或项目进行隐蔽工程验收，并应有详细的文字记录和必要的图像资料：被封闭的保温材料厚度和保温材料的固定、幕墙周边与墙体的接缝处保温材料的填充、构造缝、结构缝、隔汽层、热桥部位、断热节点、单元式幕墙板块间的接缝构造、冷凝水收集和排放构造、幕墙的通风换气装置等。

3）建筑外门窗工程施工中，应对门窗框与墙体接缝处的保温填充做法进行隐蔽工程验收，并应有隐蔽工程验收记录和必要的图像资料。

4）屋面保温隔热工程应对下列部位进行隐蔽工程验收，并应有详细的文字记录和必要的图像资料：基层、保温层的敷设方式、厚度、板材缝隙填充质量、屋面热桥部位、隔汽层等。

5）地面节能工程应对下列部位进行隐蔽工程验收，并应有详细的文字记录和必要的图像资料：基层、被封闭的保温材料厚度、保温材料粘结、隔断热桥部位等。

第八章　工程质量问题的分析预防及处理

当前的建筑施工现场操作不规范，施工质量问题较为普遍。究其原因，一是施工前，不能够预想到可能发生的质量问题；二是质量问题发生时，不能准确、全面地分析其发生原因；三是质量问题发生后，不能够有针对性地提出合理、有效、经济的处理方案。

本章结合实际施工现场经验，介绍施工现场中常见的质量问题的种类，分析质量问题发生的主要原因，并对相应的质量问题提出合理有效的预防措施。

第一节　施工质量问题的分类与识别

工程产品质量没有满足某个规定的要求，称为质量不合格；工程产品质量没有满足某个预期的使用要求或合理的期望（包括适用性与安全性的要求），称为质量缺陷。在建设工程中通常所称的工程质量缺陷，一般是指工程不符合国家或行业现行有关技术标准、设计文件及合同中对质量的要求。缺陷按照严重程度不同，可分为三类：

（1）轻微缺陷。不影响结构的承载力、刚度及其完整性，也不影响结构的近期使用，但有碍观瞻或影响耐久性，如墙面不平整，地面、路面混凝土龟裂，混凝土构件表面局部缺浆、起砂，钢板上有划痕、夹渣等。

（2）使用缺陷。不影响结构的承载力，却影响结构的使用功能，或使结构的使用功能下降，有时还会使人产生不舒适感和不安全感，如屋面和地下室渗漏，装饰物受损，梁的挠度偏大，墙体因温差而出现斜向和竖向裂纹等。

（3）危及承载力缺陷。或表现为材料的强度不足，或表现为结构构件截面尺寸不够，或表现为连接构造质量低劣，如混凝土振捣不实，配筋欠缺，钢结构焊接有裂纹、咬边现象，地基发生过大沉降等。这类缺陷威胁到结构的承载力和稳定性，如不及时消除，可能会导致建筑工程结构的局部或整体的破坏。

由工程质量不合格或质量缺陷引发，造成一定的经济损失、工期延误，危及人的生命安全或财产安全，影响社会正常秩序的事件，称为工程质量事故。工程质量事故可能发生在决策、规划、勘察、设计、材料、设备、施工、监理、试验检测、使用、维护等各个阶段。

影响工程质量的因素众多而且复杂多变，难免会出现某种质量事故或不同程度的质量缺陷。因此，正确分析质量事故产生的原因，妥善处理质量事故，总结经验教训，改进质量管理与质量保证体系，使工程质量事故减少到最低程度，是质量管理工作中的一项重要内容。工程全过程中，应重视工程质量不良可能带来的严重后果，切实加强对质量风险的分析，及早制定对策和措施，重视对质量事故的防范和处理，避免已发事故的进一步恶化和扩大。

一、常见施工质量问题的分类及特点

1. 按质量问题的严重程度分类

根据《关于做好房屋建筑和市政基础设施工程质量事故报告和调查处理工作的通知》（建质〔2010〕111 号）的规定，工程质量事故的等级按照工程质量事故造成的人员伤亡或者直接经济损失划分为 4 个等级：

（1）特别重大事故，是指造成 30 人以上死亡，或者 100 人以上重伤，或者 1 亿元以上直接经济损失的事故；

（2）重大事故，是指造成 10 人以上 30 人以下死亡，或者 50 人以上 100 人以下重伤，或者 5 000 万元以上 1 亿元以下直接经济损失的事故；

（3）较大事故，是指造成 3 人以上 10 人以下死亡，或者 10 人以上 50 人以下重伤，或者 1 000 万元以上 5 000 万元以下直接经济损失的事故；

（4）一般事故，是指造成 3 人以下死亡，或者 10 人以下重伤，或者 100 万元以上 1 000 万元以下直接经济损失的事故。

以上等级划分所称的“以上”包括本数，所称的“以下”不包括本数。

没有造成人员伤亡，直接经济损失没有达到 100 万元的为工程质量问题。

2. 按质量问题发生的部位和现象分类

地基问题：地基不均匀下沉、边坡失稳塌方、填方地坪下沉等；

基础问题：基础错位、变形过大、基础上浮、桩基偏移、桩身断裂等；

错位问题：建筑物方位不准、结构体几何尺寸偏差、预埋件和预留洞（槽）位移等；

开裂问题：砌体结构、混凝土结构开裂等；

变形问题：结构件受力倾斜、扭曲等；

倒塌问题：建筑物整体或局部倒塌。

3. 按质量问题的不可见性分类

隐性问题：结构或构件承载力不足、混凝土强度达不到规定要求等；

功能问题：隔声隔热达不到设计要求等。

4. 按质量问题产生的原因分类

（1）程序原因。

从事建设工程活动，没有严格执行基本建设程序，没有坚持先勘察、后设计、再施工的原则。在基本建设一系列规定程序中，勘察、设计、施工是保证工程质量最关键的三个阶段。近年来，边勘察、边设计、边施工的“三边工程”屡禁不止，因地质资料不全盲目设计、施工图纸不完整盲目施工造成的质量事故不胜枚举。

（2）技术原因。

地质情况估计错误；结构设计计算错误；采用的技术不成熟，或采用没有得到实践检验充分证实可靠的新技术；采用的施工方法和工艺不当。

（3）社会原因。

社会上存在的弊端和不正之风导致腐败，腐败引发建设中的错误行为恶性循环。工程质量事故频发，重要原因是由于工程建设领域存在严重的腐败行为，内外勾结，贪赃枉法。

二、常见施工质量问题的识别

建筑工程处于不同的阶段，发生的质量事故也有所不同。通过对建设实施阶段发生的质量事故现象及原因进行分析，能够更好地识别施工质量问题。

1. 工程地质勘察阶段原因

（1）不进行地质勘察，盲目估计地基承载力，地基承载能力不足或地基变形太大，造成建（构）筑物产生过大不均匀沉降，导致结构裂缝或倒塌，或因地基破坏而引起建（构）筑物的倒塌。

（2）勘察精度和深度不足。地质勘察的钻孔间距太大，不能准确反映地基的实际情况；地质勘察深度不足，没有查清深层有无软弱层、墓穴、空洞，因而导致建（构）筑物的质量事故。

（3）地质勘察报告不详细、不准确，甚至错误，导致基础设计错误；勘察报告与实际图纸不符等。

（4）弄虚作假，不做地质勘探，抄袭或盲目套用邻区地质勘察资料。

2. 工程设计阶段

工程设计中有时存在失误，如结构方案不正确；结构设计简图与实际受力情况不符；作用在结构上的荷载漏算或少算；结构内力计算错误、组合错误；不按规范的规定验算结构稳定性；违反结构构造的规定，设计构造不当；不懂得制表原理，套用了不适用的图表以致计算书失误等。

构造设计不合理常见的有：

（1）建筑构造不合理。如沉降缝、伸缩缝设置不当，新旧建筑连接构造不良，圈梁和地梁设置不当造成砖墙裂缝等。

（2）钢筋混凝土梁构造不当。如梁的高跨比太小，箍筋间距太大，纵向受拉钢筋在受拉区截断，梁断面较高时两侧面不设纵向构造钢筋，主次梁交接处梁受集中荷载，不设附加钢筋（吊筋、箍筋）等，均易导致梁裂缝。

（3）墙体连接构造不当。建（构）筑物的转角和内外墙连接处、不同砌体材料的连接处，如处理不当，容易导致砖墙开裂，甚至倒塌。

（4）墙梁构造问题。砖墙如砌在钢筋混凝土梁上，梁本身在正常挠度下（如相对挠度小于 $L/400$ 时，L 为梁长）是没有问题的，但是这一挠度在墙内引起的剪力与拉力，足以导致墙身裂缝。

3. 主要建材引起的质量事故原因

（1）水泥。

1）安定性不合格。如果将安定性不合格的水泥用到工程上，就可能造成严重的事故。

2）水泥质量差，强度不足，造成严重的质量事故。

3）袋装水泥重量不足，在配制混凝土时，工地上习惯采用以袋计量的方法，因此造成水泥用量不足，混凝土强度偏低。

4）水泥错用或混用，主要是工地管理混乱，使用的水泥由多家生产并有多种型号，进场时间记录不详，各种水泥堆放时没有清楚地分开，又无明显的标志，导致错用水泥。

5）水泥受潮或过期。水泥的实际强度除了与出厂质量有关外，还与水泥的保管条件、贮存时间长短有关。不少工地使用受潮、结块或过期水泥时，事先不测定水泥的实际强度，以调整配合比，致使混凝土或砂浆强度不足。

（2）钢材。

1）钢材强度不合格。在钢筋混凝土工程中，所用的钢筋材质证明与材料不配套，进场钢筋未按照施工规范的规定进行检验后再使用，使不合格的钢筋用到了工程上。

2）钢材裂缝。有些钢材虽然材质合格，但是钢材中存在生产过程中形成的裂缝，因现场管理不严而用到工程上。

3）脆断。钢材脆断有材质问题，也有施工方法不当引起的脆断问题。钢筋的脆断常发生在粗钢筋电弧点焊后。

（3）砂、石。

1）岩性。使用石灰石碎石作骨料，碎石中混入了经过煅烧但未烧透的石灰石，这种碎石在已经硬化的混凝土中逐渐熟化，引起混凝土爆裂。有些碎石含有活性氧化硅，与碱含量较高（超过 0.6%）的水泥一起配制混凝土时，会造成混凝土开裂，使其强度和弹性模量下降。

2）粒径、级配与泥含量。砂石粒径太小，级配不良，孔隙率大，都会导致水泥用量和水用量加大，将会影响混凝土和砂浆的强度，或使混凝土收缩加大。如果使用特细砂，问题将更为严重。砂中泥含量高，不仅影响混凝土强度，而且还影响抗冻性、抗渗性和耐久性。

3）有害杂质含量超标。

（4）砖。

1）强度不足。砌体的抗压强度与砖的强度等级密切相关，砖的强度低下，导致砌体强度大幅度下降，进而造成房屋倒塌的事故。

2）尺寸形状问题。砖在烧制、运输和施工中，可能造成砖的变形和尺寸偏差较大，这对砌体的承载力等将产生不利的影响。而断砖、碎砖使用不合理，通缝过多过长，会造成墙体开裂，甚至会引起建筑物的倒塌。

3）除了黏土砖外，还有许多新型材料制作的砖的替代品，质量不稳定。如硅酸盐砖和蒸压灰砂砖、粉煤灰砖、煤矸石砖及各类砌块等，这些砖的替代品普遍存在体积稳定性问题。

（5）外加剂。

外加剂品种繁多，用法各异，如果使用的外加剂品质差或变质，或使用不当，均会造成质量事故。

1）混凝土中外加剂使用不当。外加剂掺量不准确将造成混凝土强度不足，对所使用的各种外加剂的性能了解不够，因错用而达不到预期的效果。

2）砌筑砂浆掺用外加剂的问题。外加剂的掺量直接砂浆的性能，掺量不准确，使用中控制不严格都可能造成砂浆强度不足。因此《砌体工程施工质量验收规范》（GB 50203—2011）规定：凡在砂浆中掺入有机塑化剂、早强剂、缓凝剂、防冻剂等，应经检验和试配符合要求后，方可使用。

（6）防水、保温隔热及装饰材料

1）防水卷材质量不良。

2）保温隔热材料问题。常见的是质量密度、导热系数达不到设计要求；运输保管中，保温隔热材料受潮，湿度加大，使材料的密度加大，一方面影响建筑功能，另一方面导致结构超载，影响结构安全。

3）装饰装修材料问题。按《建筑装饰装修工程质量验收规范》（GB 50210—2018）的规定，装饰装修的范围很广，施工工艺、施工方法有很多种，使用的材料的种类很多，因而材料质量问题较多。在一般抹灰工程中，最常见的有石灰膏熟化不透，使抹灰层产生鼓泡。因砂子太细、含泥量太大、级配不好、水泥强度太低等易造成水泥地面起灰。在涂饰工程中，抹灰面未干即进行油漆作业，使漆膜起鼓或变色，抹灰面泛碱；漆料太稀，含重质颜料过多，涂漆附着力差，使漆面流坠。在木装修工程中，木装饰的材质差，含水率高，易产生挠曲变形。在裱糊与软包工程中，壁纸花饰不对称，表面有花斑，色相不统一，花饰与纸边不平行等。

（7）钢筋混凝土制品。

1）制成的混凝土强度不合格，或尚未达到规定强度就出厂。

2）制品中的钢筋错位，如焊接骨架变形、主筋移位、预埋钢筋错位等。

3）尺寸、形状、外观问题。尺寸偏差超过施工验收规范的规定，发生扭曲变形等。如构件扭曲、翘曲、缺棱，混凝土蜂窝、孔洞、露筋；在预应力空心楼板中，由此而导致预应力值降低，影响钢丝与混凝土共同工作，降低了构件的承载能力，甚至引起楼板突然断塌。

4）裂缝。构件制品的各种裂缝除影响外观外，还可能影响构件的承载力和耐久性。

5）预埋铁件错位、漏放。这将导致结构安装困难，连接节点不牢固等问题。

4. 施工阶段造成质量事故的原因

（1）管理方面。

违反国家有关规定，违反《建设工程质量管理条例》规定等。

1）施工单位没有建立质量责任制，无相应的规章制度，项目经理、技术负责人和施工管理负责人经常调换。

2）施工单位不按照工程设计图和施工技术标准施工，擅自修改工程设计，偷工减料。施工单位在施工过程中发现设计文件和设计图有差错的，没有及时提出意见和建议。

3）施工单位不按照工程设计要求、施工技术标准和合同约定对建筑材料、建筑构配件、设备和商品混凝土进行检验，检验没有书面记录和专人签字；未经检验或者检验不合格就使用。

4）施工单位没有建立、健全施工质量的检验制度，不严格工序管理，没有做好隐蔽工程的质量检查和记录。隐蔽工程在隐蔽前，施工单位没有通知建设单位和建设工程质量监督机构。

5）施工人员对涉及结构安全的试块、试件及有关材料，没有在建设单位或者工程监理单位监督下现场取样，并送具有相应资质等级的质量检测单位进行检测。

6）施工单位没有建立、健全教育培训制度，缺乏对职工的教育培训；未经教育培训或者考核不合格的人员就安排上岗作业。

（2）施工技术管理问题。

1）无图施工。有的工程无设计图，有的是私人设计或无证单位设计的错误图样，由此造成的事故均较严重。这类事故大多发生在县以下的施工企业中，或发生在建设单位自营的工程中。

2）不按图纸施工。

3）图样未会审就施工。图样中常常发现建筑图与结构图有矛盾，土建图与水电、设备图有矛盾，基础图与实际地质情况不符，设计要求与施工条件有矛盾等，通过图样会审就可以发现问题并解决矛盾。但有些单位不进行图样会审就匆忙施工，往往因此酿成质量事故。不熟悉图样就仓促施工，由此造成的事故多出现在测量放线中，有的把工程的方向搞错，有的把位置搞错，在工业建筑中这类事故的后果往往十分严重。

4）不了解设计意图，盲目施工。如在装配式结构中，有的构件吊环的设计，不仅是考虑满足施工的需要，还考虑承受一定的使用荷载，因此要求把吊环埋入接头混凝土中，但因施工时不了解设计意图，随意将吊环切除而酿成了事故。

5）未经设计同意，擅自修改设计。如任意修改柱与基础的连接方式，以及梁与柱连接节点构造，改变了原设计的铰接或刚接方案而酿成了事故。

（3）不遵守施工规范的规定。

1）违反材料使用的有关规定。施工规范规定材料必须有质量证明文件，有的还需在进场后复验，对可疑材料，应检验合格后，方可使用等。有的施工人员不遵守这些规定，把不合格的材料用到了工程上。

2）不按规定校验计量器具。例如，磅秤、电子秤未定期校验，造成配料不准；千斤顶油泵、油压表等不按规定检验，造成预应力值发生较大误差等。

3）违反地基及基础工程施工规范规定，如砂和砂石地基用料不当、级配不良，密实度达不到要求等。

4）违反砖石工程施工及验收规范的规定。例如，砌筑砂浆配合比不是通过试验确定，而是随意套用；不按规定制作和养护砂浆试块，砌筑砂浆强度无法控制；不按规定随时检查并校正砌体的平整度、垂直度、灰缝厚度及砂浆饱满度等。

5）违反混凝土施工规范的规定。最常见的有任意套用配合比，混凝土的制备、浇筑、成型、养护工艺不当，不按规定预留试块，试块不按规定进行标准养护，现浇结构中不按规定位置和方法留置施工缝等。

6）不按规范规定进行检查验收。例如，地基不验收就施工基础；地基基础不办理隐蔽工程验收就施工上部结构；前一分部或分项工程未经验收，就进行后续工程施工等。

（4）施工方案和技术措施不当。

1）施工方案考虑不周。例如，大体积混凝土浇筑温度控制和管理方案不完善，造成温度裂缝；装配式建筑施工时，构件场地及制作方法考虑不周，导致构件运输、堆放中产生裂缝；吊装机具和方法选择不当，造成构件断裂；临时固定措施不力，造成倒塌等。

2）技术组织措施不当。例如，现浇框架结构中，柱与梁之间没有必要的技术间歇时间导致裂缝；有些需要连续浇筑的结构，在中午或晚上停歇时没有必要的技术组织措施，造成不允许的冷缝；装配式结构安装时，焊接设备、焊工数量不足，导致构件连接固定未及时完成等。

3）缺少可行的季节性施工措施。例如，雨期施工时，对截水、排水措施考虑不周，边坡坡度太陡均易造成边坡塌方事故；冬期施工时，没有适当的防冻、早强或保温措施等。

4）不认真贯彻执行施工组织设计。不少质量事故是因为违反了施工组织设计的规定而造成的，如随意改变结构吊装顺序，无根据地加快工程进度，不按照规定的时间拆模，不按规定的位置预制大型构件等。

（5）技术管理制度不完善。

1）未建立各级技术责任制。技术工作没有实行统一领导和分级管理，因此不能做到事事有人管，人人有专责，导致技术工作上出现漏洞而发生事故。

2）主要技术工作无明确的管理制度。如图样会审、技术核定、材料试验、混凝土与砂浆试块的取样和管理、技术培训以及施工技术资料的收集与整理等方面的工作无明确的规定，这些或导致事故的发生，或使工程质量的检查验收发生困难而留下隐患。

3）技术交底不认真，又不做书面记录，或交底不清。例如，设计和施工比较复杂或有特殊要求的部位不认真交底，在采用新结构、新材料、新技术和新工艺时，未进行必要的技术交底，都容易造成事故。

（6）施工技术人员问题。

1）技术业务素质不高。不少施工员无学历、无职称、无岗位证书，不知道应该做哪些主要技术工作，更不知道应该怎样做好这些工作，其中多数对基本的结构理论知识一无所知，不熟悉施工验收规范和操作规程，因而导致了一些不应发生的事故。

2）使用不当。在生产第一线的施工技术人员主要精力大多放在材料、劳动力、生活福利等方面的工作上，很少有时间研究解决施工技术问题，也较少到工地进行具体检查指导。

3）操作质量低劣。

（7）施工实践与理论问题。

尽管建筑科学已有了很长的历史，但施工中仍然有很多问题无法解决，实践与理论相矛盾。例如，施工中忽视结构理论：诸如不懂土力学基本原理，造成不应发生的塌方或建（构）筑物移位或裂缝；不能正确区别预制构件在使用和施工阶段的受力性质；忽视砌体工程施工稳定性；对装配式结构施工中各阶段的强度、刚度和稳定性认识不足；施工荷载不控制，造成严重超载；不验算悬挑结构在施工中的稳定性；模板与支架，以及脚手架设置不当；在混凝土结构中，任意改预制为现浇，造成传力途径或内力性质改变等。

1）土压力理论的适用性问题。目前土压力理论都是在一定的条件下研究推导出来的，都有一定的使用条件，如果不考虑施工场地实际的地质条件，盲目死搬硬套，必然会造成质量隐患或造成重大的质量事故。

2）边坡稳定问题。对边坡稳定的条件认识不清，造成边坡塌方，甚至发生人员伤亡。如边坡坡度太陡，坡顶堆放土方或建筑材料，边坡附近机械振动影响，地面水或雨水浸入土方内等都易引起塌方。又如在稳定的边坡坡脚挖除土方，因破坏了边坡的稳定条件，造成塌方或滑坡等。

3）施工阶段受力性质变化问题。

①柱、预制桩等构件是按轴心或偏心受压构件设计计算的，而在运输、安装过程中，这类构件的受力情况会发生变化，变为受弯或压弯或拉弯构件，如构件的支点（吊点）位置确定得不恰当，极易使构件产生过宽的裂缝，甚至断裂。

②梁、板类受弯构件施工时的支点或吊点位置往往改变了构件的受力情况，与构件使用阶段的受力情况差别很大。如较长的梁、板采用汽车运输，因受车厢长度的限制，构件往往向车后悬挑相当长度，极易使支点附近构件的上部产生裂缝，严重时会造成断裂。尤其要指出的是，简支的预应力板往往仅在下部配预应力筋，而上部配筋甚少，一旦在运输安装中形成反弯矩，极易造成构件严重裂缝。

③屋架等构件往往平卧生产，在翻身起吊时其受力情况与使用阶段不同，屋架扶直后，吊装中的吊点数量、位置等也影响屋架各杆件的受力情况，极易造成屋架开裂或损坏。

④装配式结构工程，在结构未完全吊装固定前，构件的受力情况与使用阶段差别很大。

4）施工阶段的强度问题。

①现浇钢筋混凝土结构施工各阶段的强度问题。如成型阶段各种临时结构的可靠性，拆模时混凝土应达到的最低强度，拆模后结构承受各种荷载的强度等应予以足够的重视。特别要注意的是拆模后构件的强度及其所能承受的最大荷载，因为刚刚拆模的构件强度不足，有些严重的工程事故就是在正常的施工荷载下发生的。

②装配式结构施工各阶段的强度。诸如大型构件拆除底模时，混凝土应达到的最低强度；构件起吊运输强度；构件安装后的实际强度等，这些强度如不能满足一定的要求，均可能出现质量事故。需要注意，不少构件吊装强度往往只有设计强度的 70%，而构件安装后，有的立即就承受了 100%的荷载，甚至超载，由此而造成的事故也屡见不鲜。

③砌体的施工强度问题。如砌体砌筑速度过快，一次砌筑高度过高，砂浆此时尚无强度，造成砌体变形，甚至垮塌。

④其他施工强度问题，如混凝土强度不足就张拉预应力筋，冬期施工的混凝土未做好保温措施而受冻，强度大幅度下降等。

5）施工阶段的稳定性问题。

①柱、墙等竖向构件在施工阶段失稳倒塌。例如，有的柱吊装后，未设置足够的支撑和缆风绳而倒塌；有的山墙未及时施工屋盖，以致在大风中倒塌；有的地下工程用砖墙代替模板，

施工中失稳倒塌等。

②悬挑结构施工中失稳倒塌。

③屋盖施工中失稳倒塌，如施工中临时支撑或缆风绳不足，未及时安装永久性支撑或安装后未最后固定，屋面板或檩条未与屋架焊牢等。

④其他施工原因失稳倒塌事故。例如，装配式框架施工中因临时支撑不足和施工顺序错误失稳倒塌；升板工程中，群柱失稳倒塌；滑模工程中，支撑杆失稳而倒塌等。

6）施工荷载问题。

①不控制施工荷载，施工阶段的荷载常常失控，不少工程质量事故均与此有关。

②不了解施工荷载的特点而造成事故。如在砌墙时，为方便操作，往往把材料集中堆放在房间中央，这种荷载分布特点易使构件因承受超越自身承载能力的荷载而发生事故。

7）施工临时结构可靠性问题。

①模板工程。模板及支架不按照施工规范的要求进行设计与施工，酿成事故。这主要有两方面的问题：首先是模板构造不合理，模板构件的强度、刚度不足，往往造成混凝土裂缝，或部分破坏；其次是模板的支撑构件的强度、刚度不足，或整体稳定性差，往往造成模板工程倒塌。

②脚手架工程。脚手架因稳定性不足，特别是整体稳定性差而垮塌，造成人员伤亡。

③井架等简易提升机械倒塌。倒塌的主要原因是有的机械设计计算不过关，或稳定性差，或零配件质量有问题。如井架倒塌的常见原因是缆风绳失效等。

5. 其他

1）施工任务转包问题。有的施工单位不顾国家规定，擅自将工程任务转包给无力承担的单位或个人，转包后不检查指导，以致工程质量问题层出不穷，甚至酿成倒塌事故。

2）土建施工单位与其他专业施工单位不协调。如水电、设备安装人员在已完成的土建工程上凿洞、开槽，严重削弱了构件截面而造成事故等。

3）不认真查处质量事故。施工中发现了明显的质量缺陷，不认真检查，不调查分析，无根据地盲目处理，有的甚至掩盖施工缺陷，给工程留下了隐患。

4）不总结经验教训，不开展质量教育。出了事故后，不按照“三不放过”（事故原因不清不放过，事故责任者和群众没有受到教育不放过，没有防范措施不放过）的原则总结经验教训，对职工进行质量教育，而是事过境迁，无案可查，使类似事故重复发生。

5）其他外因作用或灾害性事故。例如，建筑物在施工过程中，因遇大风而倒塌；建（构）筑物在大雪后屋盖倒塌；火灾、爆炸等引起的建（构）筑物整体失稳事故；酸、碱、盐等化学腐蚀；地震造成的房屋开裂和倒塌等。

第二节　建设工程中常见的质量问题

建设工程不同的分部分项工程因其施工特点不同，施工中常见的质量问题也各有不同。

下面对模板、混凝土、地基基础、砌筑、钢筋和屋面防水工程在施工中常见的质量问题加以描述。

一、模板施工中的质量问题

1. 模板未清理干净的质量问题

模板内残留木块、浮浆残渣、碎石等建筑垃圾，拆模后发现混凝土中有缝隙，且有垃圾夹杂物。

2. 接缝不严的质量问题

由于模板间接缝不严有间隙，混凝土浇筑时产生漏浆，混凝土表面出现蜂窝，严重的出现孔洞、露筋。

3. 隔离剂使用不当的质量问题

模板表面用废机油涂刷造成混凝土污染，或混凝土残浆不清除即刷隔离剂，造成混凝土表面出现麻面等缺陷。

4. 轴线位移的质量问题

混凝土浇筑后拆除模板后，发现承重构件实际位置与建筑物轴线位置有偏移。

5. 标高偏差的质量问题

测量时，发现混凝土结构层标高及预埋件、预留孔洞的标高与施工图不符。

6. 结构变形的质量问题

拆模后发现混凝土柱、梁、墙出现鼓凸、缩颈或翘曲现象。

7. 模板支撑选配不当使结构变形的质量问题

由于模板支撑体系选配和支撑方法不当，结构混凝土浇筑时产生变形。

8. 封闭或竖向模板无排气孔、浇捣孔的质量问题

由于封闭或竖向的模板无排气孔，混凝土表面易出现气孔等缺陷；高柱、高墙（超过 3 m）模板未留浇捣孔，易出现混凝土浇捣不实或空洞现象。

9. 带形基础模板缺陷的质量问题

沿基础通长方向，模板上口不直，宽度不准；下口陷入混凝土内；侧面混凝土麻面、露石子；拆模时上段混凝土缺损；底部上模不牢。

10. 墙模板缺陷的质量问题

炸模、倾斜变形，墙体不垂直；墙体厚薄不一，墙面高低不平；墙根跑浆、露筋，模板底部被混凝土及砂浆裹住，拆模困难；墙角模板拆不出。

11. 柱模板缺陷的质量问题

（1）炸模，从而造成截面尺寸不准，鼓出、漏浆，混凝土不密实或蜂窝麻面。

（2）偏斜，一排柱子不在同一轴线上。

（3）柱身扭曲，致使梁柱接头处偏差大。

12. 梁模板缺陷的质量问题

梁身不平直，梁底下挠；梁侧模板崩坍；拆模后发现梁身侧面鼓出有水平裂缝、掉角、上口尺寸加大、表面毛糙；局部模板嵌入柱梁间，拆除困难。

13. 构造柱模板缺陷的质量问题

构造柱经常采用胶合板模板，混凝土浇筑拆模后，表面平整度差，振捣密实性差，有胀模现象。

14. 板模板缺陷的质量问题

板底混凝土面不平；板中部下挠；采用木模板时梁边模板嵌入梁内不易拆除。

15. 楼梯模板缺陷的质量问题

楼梯侧帮露浆、麻面，底部不平。

16. 雨篷模板缺陷的质量问题

雨篷根部漏浆露石子，混凝土结构变形。

二、混凝土施工中的质量问题

1. 强度不够、均质性差

同批混凝土试块的抗压强度平均值低于设计要求强度等级。

2. 蜂窝

混凝土结构表面缺少水泥砂浆而形成石子外露，石子之间形成空隙类似蜂窝状的窟窿。

3. 麻面

混凝土局部表面出现缺浆和许多小凹坑、麻点，形成粗糙面，但无钢筋外漏现象。

4. 孔洞

混凝土中孔穴深度和长度均超过保护层厚度。

5. 漏筋

构件内钢筋未被混凝土包裹而外露。

6. 疏松、脱落

混凝土结构、构件浇筑脱模后，表面出现酥松、剥落等情况，表面强度比内部要低很多。

7. 松散

混凝土柱、墙、基础浇筑后，在距顶面50～100 mm高度内有粗糙、松散现象，有明显的颜色变化，内部出现多孔性，基本上是砂浆，无石子分布其中，强度较下部为低，影响结构的受力性能和耐久性，经不起外力冲击和磨损。

8. 缝隙和薄夹层

主要是混凝土内部处理不当的施工缝，以及混凝土内有外来杂物而造成的夹层。

9. 缺棱掉角

结构或构件边角处混凝土局部掉落，不规则，棱角有缺陷。

10. 凹凸、鼓胀

混凝土表面出现棱角不直、翘曲不平等，偏差超过允许值。

11. 烂脖子

基础、柱、墙混凝土浇筑后，在柱、基础台阶处，或柱、墙底板交接处，出现蜂窝状空隙，台阶或底板混凝土被挤隆起的现象。

12. 剪力墙混凝土烂根

剪力墙根部由于施工原因造成混凝土质量问题。

13. 框架柱烂根

框架柱烂根。

14. 混凝土板表面不平整

混凝土表面凹凸不平，或板厚薄不一，表面不平。

15. 后浇带混凝土疏松、开裂、渗漏等质量通病

疏松、开裂、渗漏、不干净等。

16. 混凝土裂缝

（1）塑性裂缝。

裂缝在结构表面出现，形状很不规则且长短不一，互不连贯，类似干燥的泥浆面。在混凝土浇筑初期（一般在浇筑后 4 h 左右），当混凝土本身与外界气温相差悬殊，或本身温度长时间过高（40℃以上）而气候很干燥的情况下出现。塑性裂缝又称龟裂，属于干缩裂缝，普遍出现。

（2）干缩裂缝。

表面温度裂缝走向无一定规律性。梁板式或长度尺寸较大的结构，裂缝多平行于短边；大面积结构裂缝常纵横交错。

深进的和贯穿的温度裂缝，一般与短边方向平行或接近于平行，裂缝沿全长分段出现，中间较密。裂缝宽度大小不一，一般在 0.5 mm 以下。裂缝宽度沿全长没有太大的变化。

温度裂缝多发生在施工期间，缝宽受温度变化影响较明显，冬季较宽，夏季较细。沿断面高度，裂缝大多呈上宽下窄状，但个别也有下宽上窄的情况。遇上下边缘区配筋较多的结构，有时也出现中间宽两端窄的梭形裂缝。

（3）不均匀沉陷裂缝。

不均匀沉陷裂缝多属贯穿性裂缝，其走向与沉陷情况有关，有的在上部，有的在下部，一般与地面垂直或呈一定角度方向发展。较大的不均匀沉陷裂缝，往往上下或左右有一定的差距，裂缝宽度受温度变化影响较小，因荷载大小而异，且与不均匀沉降值成比例。

三、地基基础施工中的质量问题

地基与基础工程质量，对建筑物的安全使用和耐久性影响很大。基础或地基的质量事故，常常会引起地面塌陷、梁板结构断裂、墙柱开裂等质量事故，从而影响建筑物的正常使用，甚至危及人们的生命安全。

1. 土方工程

土方工程施工中造成的质量问题，其危害性往往十分严重，如引起建筑物沉陷、开裂、位移、倾斜，甚至倒塌。

（1）场地积水。

场地范围内局部或大面积出现积水。这不仅影响场地平整的正常施工，而且给场地平整后的工程施工及其工程质量带来较大的影响。

（2）土方坍塌。

（3）土方回填沉陷。

基坑（槽）土方回填，因施工不当而造成基坑（槽）填土局部或大片出现沉陷，造成室外道路、散水等空鼓下沉、开裂，建筑物基础积水，有的甚至引起建筑结构的不均匀沉降和开裂；在房芯土回填时，填土局部或大片下沉，造成建筑物底层地面空鼓、开裂，甚至塌陷破坏。

（4）深基坑支护事故。

深基坑工程中，基坑支护常见的问题有：

1）支护结构整体失稳。常见的现象有支护结构顶部发生较大位移，严重的向基坑内滑动或倾覆；支护桩底发生较大的位移，桩身后仰，支护结构倒塌。

2）支护结构断裂破坏。

3）基坑周围产生过大的地面沉降，影响周围建筑物、地下管线、道路的使用和安全。

4）基坑底部隆起变形。坑底隆起不仅破坏了基坑底土体的稳定性，使土体承载力降低，还造成基坑周围地面沉降，而且当基坑内设有内支撑时，还造成支撑体系中立柱的上抬，使支撑体系遭到破坏。

5）产生流砂。流砂可以发生在坑底，也可能出现在支护桩的桩体之间。

2. 多层建筑基础工程

多层建筑大多采用浅基础。基础工程发生质量事故，都有可能对建筑物的功能、安全造成极大的影响。基础工程常见的工程质量事故有基础轴线偏差、基础标高错误、预留洞和预埋件的标高和位置错误等，还包括基础变形、沉降等基础工程质量事故。

3. 桩基础工程

桩基础能适应各种地质条件、各种建（构）筑物荷载和沉降要求，具有承载力高、稳定性好、变形量小、沉降收敛快等特性。桩基础工程的施工具有较强的技术性，又属于隐蔽工程，在施工过程中如处理不当，就会发生工程质量事故。

预制桩打入施工。钢筋混凝土预制桩常采用锤击沉桩施工。常见的质量事故有断桩、桩顶碎裂、桩倾斜过大、桩顶位移过大、单桩承载力低于设计要求等。

在沉桩过程中，桩身突然倾斜错位。当桩尖处土质条件没有特殊变化，而贯入度逐渐增加或突然增大，同时，当桩锤跳起后桩身随之出现回弹现象，基本可以判定桩身已断。

桩顶碎裂是指在锤击作用下，桩顶出现混凝土掉角、碎裂、坍塌，甚至桩顶钢筋全部外露等现象。

4. 钢筋混凝土灌注桩施工

钢筋混凝土灌注桩是在桩位上成孔，然后放入钢筋笼，再灌注混凝土而成。钢筋混凝土灌注桩按成孔方式不同，分为钻孔灌注桩、沉管灌注桩和人工挖孔灌注桩等。钻孔灌注桩又分为干作业成孔灌注桩和湿作业成孔灌注桩。

（1）干作业成孔灌注桩施工。

干作业成孔灌注桩常用螺旋钻机直接钻出桩孔，适用成孔深度内无地下水的地质条件。

干作业成孔灌注桩常见的质量事故有孔底虚土多、桩身混凝土质量差、塌孔、桩孔倾斜或偏斜、桩顶位移偏差大等。

（2）湿作业成孔灌注桩施工。

湿作业成孔灌注桩是用泥浆或清水护壁并排土成孔的灌注桩，适用于一般黏性土、淤泥和淤泥质土及砂土地基，尤其适宜在地下水位较高的土层中成孔。

湿作业成孔灌注桩施工常见的质量事故有塌孔、成孔偏斜、桩身夹泥、断桩等。

（3）沉管灌注桩施工。

沉管灌注桩是利用锤击沉桩法或振动沉桩法，将带有钢筋混凝土桩靴或带有活瓣式桩尖的钢桩管沉入土中，然后灌注混凝土并拔管而成。配有钢筋时，则在规定标高处吊放钢筋骨架。

沉管灌注桩属于挤土成孔，施工中如处理不当，常易发生断桩、缩颈、桩靴进水或进泥、吊脚桩等质量事故。

四、砌筑施工中的质量问题

1. 砌筑砂浆质量问题

砌筑砂浆的和易性差，保水性不好，使砌筑时铺摊和挤浆存在困难，影响砂浆与砖的粘结力，降低砌体的抗压、抗拉和抗剪强度；或砌筑砂浆强度波动较大、匀质性差。

2. 砌体质量问题

用不合格的砖砌墙。砌体强度达不到设计要求，墙体受压、受潮时易酥松，使砌体产生裂缝，严重的还会产生倒塌事故；用干砖砌墙，砂浆很难铺摊，砖缝不易饱满，干砖与砂浆的粘结性差，使墙体很容易渗水，砌体质量低劣，强度不满足要求。

3. 砌筑过程中常见问题

（1）砌筑方案错误。

1）采用包心砌法，砖块之间没有错缝搭接，垂直缝从下至上为通缝，而通缝不能传递剪力，使砖柱不能成为整体，当砖柱承受偏心荷载时，产生部分压缩和部分拉伸，使包心柱在外力作用下失稳破坏。

2）砌筑砌体时采用了错误的组砌方式，如实心墙采用五顺一丁甚至二十多顺一丁的组砌方式，砖互不衔接，不能相互传递剪力而过早破坏。

（2）纵横墙接槎不牢。

砌体的转角处和交接处普遍留直槎，但不按规定放置拉结钢筋；有的工程留斜槎不符合要求，如只在墙身下面 1 m 范围留斜槎，上部还是留直槎；还有的工程几乎都是先将一层的外墙砌至平口，在所有的内外墙交接处均留直槎，然后转入砌内墙；接槎马虎，有的接槎处灰缝中几乎没有砂浆。这些都严重影响房屋的整体性和抗震性。

（3）灰缝砂浆不饱满。

块体间砂浆不饱满，空缝处的砌体抗拉和抗剪强度下降，荷载作用下易使砌体产生裂缝，影响其强度。另外，雨水会从缝中渗入，隔声、隔热、保温性能差，影响建筑物的正常使用。

（4）清水墙面质量问题。

清水墙面水平灰缝不直，墙面凹凸不平；清水墙面“游丁走缝”，即大面积清水墙面出现丁砖竖缝歪斜、宽窄不均匀，丁不压中（丁砖在下层条砖上不居中），窗台部位与窗间墙部位的上下竖缝发生错位等；产生“螺钉墙”，即砌完一个层高的墙体时，同一层的标高差一定砖的厚度，不能交圈等。

4. 墙体局部损坏事故

砌体工程中墙体局部损坏主要表现为裂缝、墙体渗水、局部倒塌。

砌体结构的裂缝对建筑物的影响是多方面的，在使用方面，它既影响安全、美观，又影响使用要求。对建筑结构本身而言，裂缝使砌体的整体性受到破坏，降低结构强度、刚度和稳定性。在风雨及温度等外界条件下，裂缝还可以加快砌体材料的破坏，影响建筑物的耐久性。裂缝的种类有时很难鉴别，需要综合很多因素来分析。开裂的原因也往往不是唯一的，因此不能简单肯定一方面原因而否定另一方面原因，应针对具体情况分清主次。

墙体渗漏水，会使室内或室外墙面潮湿、污损，影响建筑物的正常使用。

局部倒塌问题往往涉及设计、施工、使用等诸多因素。

五、钢筋施工中的质量问题

1. 钢筋表面锈蚀

（1）浮锈。

钢筋表面附有较均匀的细粉末，呈黄色或淡红色。

（2）陈锈。

锈迹粉末较粗，用手捻略有微粒感，颜色砖红，有的呈红褐色。

（3）老锈。

锈斑明显，有麻坑，出现起层的片状分离现象，锈斑几乎遍及整根钢筋表面，呈较暗的深褐色，严重的接近黑色。

2. 钢筋成型尺寸不准

已成型的钢筋长度和弯曲角度与图纸不合。

3. 同一连接区段内钢筋接头过多

在绑扎或安装钢筋骨架时，发现同一连接区段内受力钢筋接头过多，有接头的钢筋截面面积占总截面面积的百分率超出规范规定的数值。

4. 钢筋绑扎搭接接头松脱

在钢筋骨架搬运过程中或振捣混凝土时，发现绑扎搭接接头松脱。

5. 钢筋套筒接头露丝

钢筋套筒连接，拧紧后钢筋外露丝扣超过一个完整扣。

6. 接套筒的钢筋断丝、生锈、接头顶部不平

接套筒的钢筋断丝、生锈、接头顶部不平。

7. 箍筋间距不一致、加密区未加密、未套住主筋

按图纸上标注的箍筋间距绑扎梁的钢筋骨架，最后发现有一个间距与其他间距不一致，或实际所用箍筋数量与钢筋材料表上的数量不符；箍筋加密区未加密；箍筋未套住主筋。

8. 钢筋遗漏

在检查核对绑扎好的钢筋骨架时，发现某号钢筋遗漏。

9. 骨架歪斜

钢筋骨架绑完后或堆放一段时间后产生歪斜现象。

10. 钢筋保护层厚度不够、施工保护不足、钢筋移位

现场施工中，钢筋保护层厚度不足，钢筋移位。浇筑混凝土前，钢筋网已被破坏。

11. 露筋

混凝土结构构件拆模时发现其表面有钢筋露出。

12. 基础钢筋倒钩

绑扎基础底面钢筋网时，钢筋弯钩被平放。

13. 柱子外伸钢筋错位

下柱外伸钢筋从柱顶甩出，由于位置偏离设计要求位置过大，与上柱钢筋搭接不上。

14. 柱钢筋弯钩方向不对

柱钢筋骨架绑成后，安装时发现弯钩超出模板范围。

15. 梁箍筋弯钩与纵筋相碰

梁的支座处，箍筋弯钩与纵向钢筋相碰。

16. 双层钢筋网片移位

配有双层钢筋网片的平板，一般常见上部网片向构件截面中部移位（向下沉落），但只有构件被碰损露筋时才能发现。

17. 板中钢筋的混凝土保护层不准

1）预制板制成后，板底出现裂缝。凿开混凝土检查，发现保护层不准。

2）现浇板浇筑混凝土前发现板中钢筋的混凝土保护层厚度没有达到规范要求。

18. 薄板露钩

浇筑混凝土后发现薄板表面有钢筋弯钩露出。

19. 钢筋网上、下钢筋混淆

在肋形楼盖系统中，楼板的钢筋网所含双向钢筋中，哪个方向的钢筋在上、哪个方向的钢筋在下，图纸未表示，以致出现含糊混淆、莫衷一是的情况。

六、屋面施工中的质量问题

屋面防水工程位于房屋建筑的顶部，它不仅受外界气候变化和周围环境的影响，而且还与地基不均匀沉降和主体结构的变位密切相关。屋面防水工程的质量，直接影响建筑物的使用功能和寿命。要确保屋面防水工程的质量，必须认真抓好设计、材料、施工、维护四个主要环节，设计是前提，材料是基础，施工是关键，维护是保证。

1. 刚性平屋面的防水质量问题

防水屋面常用材料是细石混凝土，内配双向钢筋网片，其质量通病主要有防水层开裂、防水层起壳与起砂、分格缝渗漏、砖砌女儿墙开裂、现浇钢筋混凝土女儿墙垂直裂缝、屋面泛水处渗漏、檐沟及天沟处渗漏、防水层渗漏、保护层施工质量不良。

2. 柔性卷材屋面的防水质量问题

卷材防水屋面是一种传统的防水做法，也是一种比较简单的平屋顶构造。从其设计构造上来看，一般由结构层、隔热层（保温层）、隔汽层、找平层、防水层等组成。这种屋面除了结构承重以外，还具有隔汽、防潮、隔热、保温、防水等多种功能同时它还具有减少空间高度、节约建材、提高建筑耐火等级、降低工程造价等优点，因此到目前为止在房屋屋面防水中仍广泛应用。

卷材防水屋面的主要质量问题是卷材铺贴后出现气泡，且大多数工程均有程度不同的气泡，气泡面积一般在 0.5%～2.0%，严重的可达 15%以上。产生的气泡多呈蜂窝状，大小不等，分散不均。这种气泡虽然在短时间内不会引起屋面漏水，但长期在大气的作用下，很容易遭到破坏。如果气泡较多，就很易使屋面高低不平，容易产生积水，从而加快卷材的腐烂速度，降低使用年限。

第三节　质量问题的原因分析

不同的分部分项工程，在施工中质量问题产生的原因也不同。下面对模板、混凝土、地基基础、砌筑、钢筋和屋面防水工程在施工中常见质量问题的产生原因加以分析。

一、模板施工中的质量问题的原因分析

1. 模板未清理干净的原因分析

（1）钢筋绑扎完毕，模板位置未用压缩空气或压力水清扫。

（2）封模前未进行清扫。

（3）墙柱根部、梁柱接头最低处未留清扫孔，或所留位置不当无法进行清扫。

2. 接缝不严的原因分析

（1）翻样不认真或有误，模板制作马虎，拼装时接缝过大。

（2）木模板制作粗糙，拼缝不严。

（3）木模板安装周期过长，因木模干扁造成裂缝。

（4）浇筑混凝土时，木模板未提前浇水湿润，使其胀开。

（5）钢模板接缝措施不当。

（6）钢模板变形未及时修整。

（7）梁、柱交接部位，接头尺寸不准、错位。

3. 隔离剂使用不当的原因分析

（1）拆模后不清理混凝土残浆即刷隔离剂。

（2）隔离剂涂刷不匀或漏涂，或涂层过厚。

（3）使用废机油作隔离剂，既污染了钢筋及混凝土，又影响了混凝土表面的装饰质量。

4. 轴线位移的原因分析

（1）轴线测放产生误差。

（2）翻样不认真或技术交底不清，模板拼装时组合件未能按规定到位。

（3）墙、柱模板根部和顶部无限位措施或限位不牢，发生偏位后又未及时纠正，造成累积误差。

（4）支模时，未拉水平和竖向通线，且无竖向垂直度控制措施。

（5）模板刚度差，未设水平拉杆或水平拉杆间距过大。

（6）混凝土浇筑时未均匀对称下料，或一次浇筑高度过高造成侧压力过大挤偏模板。

（7）对拉螺栓、顶撑、木模使用不当或松动造成轴线偏位。

5. 标高偏差的原因分析

（1）楼层无标高控制点或控制点偏少，控制网无法闭合；竖向模板根部未找平。

（2）模板顶部无标高标记，或未按标记施工。

（3）高层建筑标高控制线转测次数过多，累计误差过大。

（4）预埋件、预留孔洞未固定牢，施工时未重视施工方法。

（5）楼梯踏步模板未考虑装修层厚度。

6. 结构变形的原因分析

（1）支撑及围檩间距过大，模板刚度差。

（2）组合小钢模，连接件未按规定设置，造成模板整体性差。

（3）墙模板无对拉螺栓或螺栓间距过大，螺栓规格过小。

（4）竖向承重支撑的地基土未夯实，未垫板，也无排水措施，造成支承部分地基下沉。

（5）门窗洞口模板支撑不牢固，在混凝土振捣时模板被挤偏。

（6）梁、柱模板卡具间距过大，或未夹紧模板，或对拉螺栓配备数量不足，以致局部模板无法承受混凝土振捣时产生的侧向压力，导致局部爆模。

（7）浇筑墙、柱混凝土速度过快，一次浇灌高度过高，振捣过度。

（8）采用木模板或胶合板模板施工，经验收合格后未及时浇筑混凝土，长期日晒雨淋而变形。

7. 模板支撑选配不当使结构变形的原因分析

（1）支撑选配未经过安全验算，承载能力及刚度不足，混凝土浇筑后模板变形。

（2）支撑稳定性差，无保证措施，混凝土浇筑后支撑自身失稳，使模板变形。

8. 封闭或竖向模板无排气孔、浇捣孔的原因分析

（1）墙体内大型预留洞口底模未设排气孔，易使混凝土对称下料时产生气囊，导致混凝土不实。

（2）高柱、高墙侧模无浇捣孔，造成混凝土浇灌自由落距过大，易离析或振动棒不能插到位，造成振捣不实。

9. 带形基础模板缺陷的原因分析

（1）模板安装时，挂线垂直度有偏差，模板上口不在同一直线上。

（2）钢模板上口未用圆钢穿入洞口扣住，仅用钢丝对拉，有松有紧；或木模板上口未钉木带，浇筑混凝土时，其侧压力使模板下端向外推移，以致模板上口受到向内推移的力而内倾，使上口宽度大小不一。

（3）模板未撑牢，在自重作用下模板下垂。浇筑混凝土时，部分混凝土由模板下口翻上来，未在初凝时铲平，造成侧模下部陷入混凝土内。

（4）模板平整度偏差过大，残渣未清除干净；拼缝缝隙过大，侧模支撑不牢。

（5）木模板临时支撑直接撑在土坑边，以致支撑处由于土体松动而掉落。

10. 墙模板缺陷的原因分析

（1）钢模板事先未做排版设计，未绘排列图；相邻模板未设置围檩或围檩间距过大，对拉螺栓选用过小或未拧紧；墙根未设导墙，模板根部不平，缝隙过大。

（2）模板制作不平整，厚度不一致，相邻两块墙模板拼接不严、不平，支撑不牢，没有采用对拉螺栓来承受混凝土对模板的侧压力，以致混凝土浇筑时炸模；或因选用的对拉螺栓直径太小或间距偏大，不能承受混凝土侧压力而被拉断。

（3）模板间支撑方法不当。

（4）混凝土浇筑分层过厚，振捣不密实，模板受侧压力过大，支撑变形。

（5）角模与墙模板拼接不严，水泥浆漏出，包裹模板下口。拆模时间太迟，模板与混凝土粘结力过大。

（6）未涂刷隔离剂，或涂刷后被雨水冲走。

11. 柱模板缺陷的原因分析

（1）柱箍间距太大或不牢，或木模钉子被混凝土侧压力拔出。

（2）测放轴线不认真，梁柱接头处未按大样图安装组合。

（3）成排柱子支模不跟线、不找方，钢筋偏移未扳正就套柱模。

（4）柱模未保护好，支模前已歪扭，未整修好就使用；板缝不严密。

（5）模板两侧松紧不一，未进行模板柱箍和穿墙螺栓设计。

（6）模板上有混凝土残渣，未很好清理，或拆模时间过早。

12. 梁模板缺陷的原因分析

（1）梁底模未按设计要求或规范规定起拱；未根据水平线控制模板标高。

（2）模板没有支撑在坚硬的地面上。混凝土浇筑过程中，由于荷载增加，泥土地面受潮降低了承载力，支撑随地面下沉变形。

（3）模板支设未校直撑牢，支撑整体稳定性不够。

（4）侧模承载能力及刚度不够，拆模过迟或模板未使用隔离剂。

（5）木模板采用易变形的木材制作，混凝土浇筑后变形较大，使混凝土产生裂缝、掉角和表面毛糙。

13. 构造柱模板缺陷的原因分析

（1）采用的模板刚度差，两侧模板组装松紧不一。

（2）未采用对拉螺栓，仅采用对顶支撑或钢丝拉结固定模板。

（3）未采用振捣棒振捣密实。

（4）浇捣口处混凝土处理马虎。

14. 板模板缺陷的原因分析

（1）板底模板不平，混凝土接触面平整度超过允许偏差。

（2）模板龙骨用料较小或间距偏大，不能提供足够的强度及刚度，底模未按设计或规范要求起拱，造成挠度过大。

（3）板下支撑底部不牢，混凝土浇筑过程中荷载不断增加，支撑下沉，板模下挠。

（4）采用木模板时将板模板铺钉在梁侧模上面，甚至略伸入梁模内，浇筑混凝土后，板模板吸水膨胀，梁模也略有外胀，造成边缘一块模板嵌牢在混凝土内。

15. 楼梯模板缺陷的原因分析

（1）楼梯底模采用钢模板，遇有不能满足模数配齐时，以木模板相拼，楼梯侧帮模也用木模板制作，易形成拼缝不严密，造成跑浆。

（2）底板平整度偏差过大，支撑不牢靠。

16. 雨篷模板缺陷的原因分析

（1）雨篷根部底板模支立不当，混凝土浇筑时漏浆。

（2）雨篷根部胶合板模板下未设托木，混凝土浇筑时根部模板变形。

（3）悬挑雨篷其根部混凝土较前端厚，模板施工时，模板支撑未被重视，未采取相应措施。

二、混凝土施工中的质量问题的原因分析

1. 混凝土强度不够、均质性差的原因分析

产生混凝土强度不足的原因是多方面的，主要是由于混凝土配合比设计、搅拌、现场浇捣和养护四个方面的原因造成的。

（1）配合比设计方面有时不能及时测定水泥的实际活性，影响了混凝土配合比设计的正确性；另外，套用混凝土配合比时选用不当及外加剂用量控制不准等，都有可能导致混凝土强度不足。

（2）搅拌方面任意增加用水量，配合比称料不准，搅拌时颠倒加料顺序及搅拌时间过短等造成搅拌不均匀，导致混凝土强度降低。

（3）现场浇捣方面主要是施工中振捣不实，以及发现混凝土有离析现象时，未能及时采取有效措施来纠正。

（4）养护方面主要是不按规定的方法、时间对混凝土进行妥善的养护，以致造成混凝土强度降低。

2. 混凝土蜂窝的原因分析

混凝土配合比不准确，浆少而石子多，或搅拌不均造成砂浆与石子分离，或浇筑方法不当，或振捣不足，以及模板严重漏浆。

3. 混凝土麻面的原因分析

模板表面粗糙不光滑，模板湿润不够，隔离剂涂刷不均或局部漏刷、失效，接缝不严密，振捣不实或发生漏浆。

4. 混凝土孔洞的原因分析

混凝土结构内存在空隙，砂浆严重分离，石子成堆，砂与水泥分离。另外，有泥块等杂物掺入也会形成孔洞。

5. 漏筋的原因分析

（1）灌注混凝土时，钢筋保护层垫块位移，或垫块太少或漏放，致使钢筋紧贴模板外漏。

（2）结构构件截面小，钢筋过密，石子卡在钢筋上，使水泥砂浆不能充满钢筋周围，造成漏筋。

（3）混凝土配合比不当，产生离析，靠模板部位缺浆或模板漏浆。

（4）混凝土保护层太小或保护层处混凝土漏振或振捣不实；或振捣棒撞击钢筋或踩踏钢筋，使钢筋位移，造成漏筋。

（5）木模板未浇水湿润，吸水粘结或脱模过早，拆模时缺棱、掉角，导致漏筋。

6. 混凝土疏松、脱落的原因分析

（1）木模板未浇水湿透或湿润不够，混凝土表层水泥水化需要的水分被吸去，造成混凝土脱水疏松、脱落。

（2）炎热刮风天气浇筑混凝土，脱模后未适当护盖浇水养护，造成混凝土表层快速脱水产生疏松。

（3）冬期低温浇筑混凝土，未采取保温措施，结构混凝土表面受冻，造成疏松剥落。

7. 混凝土松散的原因分析

（1）混凝土配合比不当，砂率不合适，水灰比过大，混凝土浇捣后石子下沉，上部造成松顶。

（2）振捣时间过长，造成离析，并使气体浮于顶部。

（3）混凝土的泌水没有排除，使顶部形成一层含水量大的砂浆层。

8. 混凝土缝隙和薄夹层的原因分析

（1）施工缝未经接缝处理、未清除表面水泥薄膜和松动石子、未除去软弱混凝土、表面未湿润就灌注混凝土。

（2）施工缝处锯屑、泥土、砖块等杂物未清除或未清除干净。

（3）混凝土浇灌高度过大，未设串筒、溜槽，造成混凝土离析。

（4）接缝处混凝土未振捣密实。

9. 混凝土缺棱掉角的原因分析

（1）木模板未充分浇水湿润或湿润不够；混凝土浇筑后保养不好，造成脱水，强度低，或模板吸水膨胀将边角拉裂，拆模时，棱角被粘掉。

（2）低温施工过早拆除侧面非承重模板。

（3）拆模时，边角受外力或重物撞击，或保护不好，棱角被碰掉。

（4）模板未涂刷隔离剂，或涂刷不匀。

10. 混凝土凹凸、鼓胀的原因分析

（1）模板支撑在松软地基上，不牢固或刚度不够，混凝土浇灌后局部产生较大侧向变形。

（2）模板支撑不够或穿墙螺栓未锁紧，导致结构胀模，造成鼓胀。

（3）混凝土浇筑未分层进行，一次下料过多或用吊斗直接往模板内倾倒，或振捣混凝土时间过长，振动钢筋模板，造成跑模或较大变形。

（4）组合柱浇筑混凝土时，利用半砖外墙作模板，由于墙侧向刚度差，使组合柱容易发生膨胀，同时影响外墙平整。

11. 混凝土烂脖子的原因分析

基础、柱或墙根部混凝土浇筑后，接着往上浇筑，由于此时台阶或底板部分混凝土尚未沉实凝固，在重力作用下脱落形成蜂窝和空隙（俗称烂脖子、掉脚）。

12. 剪力墙混凝土烂根的原因分析

（1）混凝土水灰比过大，造成烂根。混凝土水灰比过大，浆石易离析，振捣时石子沉底，浆液上浮，形成了烂根。这种烂根往往是通透性的，即水能从墙的一边渗透到另一边。

（2）剪力墙根部楼面混凝土不平，漏浆而造成烂根。烂根一般发生在墙模板和楼面有缝隙的一侧，其深度通常不超过墙体厚度的1/10。

（3）墙侧模根部跑模漏浆，造成烂根。

墙侧模板的底部定位固定不牢，浇振捣墙体混凝土时，模板向外扩张变形造成跑模，通常在较厚的墙体使用木模时较多发生。变形较大者，造成墙根部混凝土成喇叭状，同时伴随烂根出现，但通常烂不到墙身部位；跑模轻微者，在墙根部产生漏浆而形成的烂根。但通常也只是浅表性烂根。

（4）入模高度过大，混凝土浆、石分离造成烂根。

剪力墙模板通常都是一次支模到顶，混凝土入模高度基本都在2.70 m以上，混凝土下落时与墙内钢筋网片反复碰撞，致使石子先坠底，振捣时由于底部缺浆，石子不能上浮、浆液不能完全充满墙根部位，而造成烂根。这类烂根，通常为不通透状态，但烂根深度不等。相同墙高时，往往墙厚越小烂根越深。

（5）墙根部欠振造成烂根。

混凝土欠振包括漏振，是人为的操作错误。主要有交接班时，交代不清，造成漏振；振捣人员技术不熟练，振捣不匀。

浇筑流程不合理，振捣人员少，造成混凝土塑性损失，振动不实而形成了烂根。这类烂根，往往是局部的，其状态多为局部明显不密实。

（6）墙根部侧面水平钢筋紧贴模板，造成烂根。

墙体外侧水平钢筋或暗柱箍筋紧贴模板，往往在最下一层水平钢筋距底20 mm时，混凝土浆液不能到达，不但造成烂根，而且还露筋。这类烂根通常是浅表性的，常发生于竖向钢筋和箍筋较密的暗柱根部。

（7）墙根部积水，造成烂根。

泵送时润泵水和砂浆集中排放在墙模内，形成模内积水造成烂根。

商品混凝土的泌水淤积在墙体根部造成烂根，并且根部混凝土表面强度降低。

13. 框架柱混凝土烂根的原因分析

（1）管理人员、施工人员责任心差，框架柱混凝土浇筑时，混凝土振捣不到位，振捣时间不够，导致混凝土不密实。

（2）框架柱混凝土浇筑之前，柱子根部未浇筑水泥砂浆，导致柱子根部出现烂根现象。

（3）框架柱根部有杂物未清理干净。

（4）框架柱根部模板不严密，混凝土浇筑时出现漏浆。

14. 混凝土板表面不平整的原因分析

（1）模板未支撑在坚硬土层上，或支撑面不足，或支撑松动，致使新浇灌混凝土早期养护时发生不均匀下沉。

（2）混凝土浇筑后，表面仅用铁锹拍平，未用抹子找平压光，造成表面粗糙不平。

（3）混凝土未达到一定强度时，上人操作或运料，使表面出现凹陷或印痕。

15. 后浇带混凝土疏松、开裂、渗漏等质量通病的原因分析

（1）底板施工阶段因素。

由于后浇带内钢筋应穿过模板，而该部位纵向钢筋较多，因而难以做到模板的严丝合缝，在振捣混凝土时难免混凝土浆从模板缝隙流入后浇带内，而一旦流入地梁内则难以清除。若不及时清除，待其硬化后清除则更加困难，若采用剔凿的措施则易导致钢筋损伤而降低钢筋的结构承载力。

（2）上部结构施工阶段因素。

从后浇带留设到浇筑后浇带混凝土需经历较长时间，期间后浇带内极易落入建筑垃圾，即使提前将其盖严待浇筑混凝土时也易落入粉状垃圾，并且将该部分垃圾清除存在一定难度，尤其是地梁内垃圾清除难度更大，即使地梁内空间较大，采取人工进入剔凿则会浪费大量的人力和物力，并会影响施工工期。

16. 混凝土裂缝的原因分析

（1）塑性裂缝。

1）混凝土浇筑后，表面没有及时覆盖，受风吹日晒，表面游离水分蒸发过快，产生急剧的体积收缩，而此时混凝土早期强度很低，不能抵抗这种变形应力而导致开裂。

2）使用收缩率较大的水泥，水泥用量过多，或使用过量的粉砂。

3）混凝土水灰比过大，模板过于干燥。

（2）干缩裂缝。

1）表面温度裂缝，多由于本体温差较大造成。

混凝土结构，特别是大体积混凝土基础浇筑后，在硬化期间放出大量水化热，内部温度不断上升，使混凝土表面和内部温差很大。当温度产生非均匀的降温时（如施工中注意不够，过早拆除模板；冬期施工，过早除掉保温层，或受到寒潮袭击），将导致混凝土表面急剧的温度变化而产生较大的降温收缩，此时表面受到内部混凝土的约束，将产生很大的拉应力，而混凝土早期抗拉强度和弹性模量很低，因而出现裂缝（这种裂缝又称为内约束裂缝）。但这种温差仅在表面处较大，离开表面就很快减弱。因此，裂缝只在接近表面较浅的范围出现，表面层以下结构仍保持完整。

2）深进的和贯穿的裂缝多由于结构温差较大，受到外界的约束而引起的。

当大体积混凝土基础、墙体浇灌在坚硬地基（特别是岩石地基）或厚大的老混凝土垫层上时，没有采取隔离层等放松约束的措施，若浇灌时混凝土温度很高，加上水泥水化热的作用，后期混凝土冷却收缩时，全部或部分受到地基、混凝土垫层或其他外部结构的约束，在混凝土浇筑后 2～3 个月或更长时间出现较深的裂缝，有时是贯穿性的，将破坏结构的整体性。基础工程长期不回填，受风吹日晒或寒潮袭击作用；框架结构的梁、墙板、基础梁，由于与刚度较大的柱、基础连接，或预制构件浇筑在台座伸缩缝处，因温度变形受到约束，降温时也常出现这类裂缝。采用蒸汽养护的预制构件，混凝土降温控制不严，降温过速，或养生窑坑急剧揭盖，使混凝土表面剧烈降温，而受到肋部或胎模的约束，常导致构件表面或肋部出现裂缝。

（3）不均匀沉陷裂缝。

1）结构、构件下面的地基未经夯实和必要的加固处理，混凝土浇筑后，地基因泡水引起不均匀沉降。

2）平卧生产的预制构件，如屋架、梁等，由于侧向刚度较差，在弦、腹杆件或梁的侧面常出现不均沉陷裂缝。

3）模板刚度不足，模板支撑间距过大或支撑底部松动，以及过早拆模，也常导致不均匀沉陷裂缝出现。

三、地基基础施工中的质量问题的原因分析

1. 土方工程

（1）造成场地积水的主要原因。

1）场地排水措施不当。如场地四周未设置排水沟，或排水沟设置不合理等。

2）场地平整填土面积较大或较深时，回填未分层压实，土的密实度很差，遇水产生不均匀下沉。

3）填土土质不符合要求，加速了场地的积水。如填土采用了冻土、膨胀土等，遇水产生不均匀沉陷，从而引起积水。积水的后果又加速了沉陷，甚至引起塌方。

（2）土方坍塌。

边坡的稳定与工程的各种因素有关，引起土方开挖塌方或滑坡的主要原因有：

1）基坑（槽）开挖较深，放坡坡度不够；或开挖不同土层时，没有根据土的特性分别放成不同的坡度，致使边坡失去稳定造成塌方。

2）在有地表水、地下水作用的情况下，未采取有效的降排水措施，致使土体自重增加，土的内聚力降低，抗滑力下降，在重力作用下失去稳定而引起边坡塌方。

3）边坡坡顶堆载过大或离坡顶过近。如边坡坡顶不适当的堆置弃土或建筑材料、在坡顶附近修建建筑物、施工机械离坡顶过近或过重等，从而引起边坡失稳。

（3）土方回填沉陷。

造成土方回填沉陷的主要原因有：

1）回填土质不符合要求。如回填土干土块较多，受水浸泡易产生沉陷；回填土中含有大量的有机杂质、碎块草皮；大量采用淤泥和淤泥质土等含水量较大的土质作回填土。

2）回填土未按规定的厚度分层回填、夯实；或者底部松填，仅表面夯实。

3）回填土时，对基坑（槽）中的积水、淤泥杂物未清除就回填；对室内回填处局部有软弱土层的，施工时未经处理或未发现，使用后，负荷增加，造成局部塌陷。

4）回填土时，采用人工夯实，或采用水泡法沉实，致使密实度未达到要求。

（4）在基坑工程施工中，质量事故的主要原因。

1）支护结构强度不足，结构构件发生破坏。

2）支护桩埋深不足。

3）基底土失稳。

4）支护用的灌注桩质量不符合要求；桩的垂直度偏差过大，或相邻桩出现相反方向的倾斜，造成桩体之间出现漏洞；钢支撑的节点连接不牢，支撑构件错位严重；基坑周围乱堆材料设备，任意加大坡顶荷载；挖土方案不合理，未分层进行。

5）不重视现场监测。

6）降水措施不当。采用人工降低地下水位时，没有采用回灌措施保护邻近建筑物。

7）基坑暴露时间过长。

2. 多层建筑基础工程

（1）基础错位。

基础错位事故主要包括基础轴线偏差、基础标高错误、预留洞和预埋件的标高和位置的错误等。造成基础错位事故的主要原因有：

1）勘测失误。如勘测不准确造成的滑坡而引起基础错位，甚至引起过量下沉和变形等。

2）设计的错误。包括：

①制图错误，审图时又未及时发现纠正；

②设计措施不当，如对软弱地基未做适当处理，选用的建筑结构方案不合理等；

③土建、水、电、设备施工图不一致。

3）施工问题。包括：

①测量放线错误。如读图错误、测量错误、测量标志移位、施工放线误差大及误差积累等。

②施工工艺方面。如场地平整及填方区密实度差；基础工程完成后进行土方的单侧回填造成的基础移位或倾斜，甚至导致基础破裂；模板刚度不足或支撑不良；预埋件由于固定不牢而造成水平位移、标高偏差或倾斜过大等；混凝土浇筑工艺和振捣方法不当等。

③地基处理不当。如地基暴露时间过长，漫水或扰动后，未做处理；施工中发现的局部不良地基未经处理或处理不当。

④相邻建筑影响或地面堆载大而引起的基础错位。

（2）基础变形。

基础变形事故是建筑工程较严重的质量事故，常见的基础变形事故有基础下沉量偏大；基础不均匀沉降；基础倾斜。

基础变形事故的原因是多方面的，造成基础变形事故的常见原因主要有：

1）地质勘测方面。

①未经勘测即设计、施工。

②勘测资料不足、不准或勘测深度不够，勘测资料错误。

③勘测提供的地基承载力太大，导致地基剪切破坏形成斜坡。

2）地下水位的变化。

①施工中采用不合理的人工降低地下水位的施工方法，导致地基不均匀下沉。

②地基浸泡水。基坑长期泡水后承载力降低而产生的不均匀下沉，形成倾斜。

③建筑物动用后，大量抽取地下水，造成建筑物下沉。

3）设计方面。

①建造在软弱地基或湿陷性黄土地基上，设计上未采用必要的措施或采用的措施不当，造成基础产生过大的沉降或不均匀沉降等。

②地基土质不均匀，物理力学性能相差较大；地基土层厚薄不均，压缩变形差异大。

③建筑物的上部结构荷载差异大，建筑体形复杂，导致不均匀沉降。

④建筑上部结构荷载重心与基础形心的偏心距过大，加剧了偏心荷载的影响，增大了不均匀沉降。

⑤建筑整体刚度差，对地基不均匀沉降较敏感。

⑥整板基础的建筑物，当原地面标高差很大时，基础室外两侧回填土厚度相差过大，会增加底板的附加偏心荷载。

⑦地基处理不当，如挤密桩长度差异大，导致同一建筑物下的地基加固效果不均匀。

4）施工方面。

①施工程序及方法不当，如建筑物各部分施工先后顺序错误，在已有建筑物或基础底板基坑附近，大量堆放被置换的土方或建筑材料，造成建筑物下沉或倾斜。

②人工降低地下水位。

③施工时扰动或破坏了地基持力层的地质结构，使其抗剪强度降低。

④施工中各种外力，尤其是水平力的作用，导致基础倾斜。

⑤室内地面大量堆载，造成基础倾斜等。

3. 高层建筑基础工程

高层建筑多采用桩基础、筏板基础、箱形基础或桩基与箱形基础的复合基础，涉及深基坑支护、桩基施工、大体积混凝土浇筑、深层降水等施工问题。

高层建筑基础工程大体积混凝土产生裂缝的主要原因：

（1）没有选用矿渣硅酸盐水泥和低热水泥，水泥用量过大，没有充分利用掺加粉煤灰等掺合料来减少水泥的用量。

（2）没有注意好原材料的选择。如骨料级配差、含泥量大、水灰比偏大等。

（3）混凝土振捣不密实，影响了混凝土的抗裂性能。

（4）没有严格加强混凝土的养护和加强温度监测。

（5）发现混凝土温度变化异常，没有及时采取有效的技术措施。

（6）没有有效地减少边界约束作用。

（7）没有选择合理的混凝土浇筑方案。

（8）原大体积基础拆模后，没有及时回填土以保温保湿，使混凝土长期暴露。

（9）混凝土掺用外加剂时，品种、用量的使用不合理，没有达到预期效果。

4. 桩基础工程

预制桩打入施工。

常见的质量事故有断桩、桩顶碎裂、桩倾斜过大、桩顶位移过大、单桩承载力低于设计要求等。

1）桩身倾斜过大。桩身垂直偏差过大的主要原因是：

①预制桩质量差。桩顶面倾斜和桩尖位置不正或变形，容易造成桩倾斜。

②桩机倾斜。

③桩锤、桩帽和桩身的中心线不重合，产生锤击偏心。

④桩过密，打桩顺序不当产生较强烈的挤压效应。

⑤端遇孤石或坚硬障碍物。

2）断桩。产生断桩主要原因有：

①桩制作质量差，或堆放、起吊、运输的支点、吊点不当。

②沉桩过程中，桩身弯曲过大而断裂。

③桩身倾斜过大。

④接桩时焊接质量不合格。

3）桩顶碎裂。产生桩顶碎裂的主要原因是：

①桩顶强度不足。

②桩顶凹凸不平，桩顶平面与桩轴线不垂直，桩顶保护层厚。

③桩锤选择不合理。桩锤过大，过大的冲击能量造成桩顶混凝土碎裂；桩锤过小，桩顶受打击次数过多，桩顶混凝土被打碎。

④桩顶与桩帽接触面不平，桩顶局部受集中力作用而破碎。

4）顶位移偏差。桩身产生水平位移或桩身上升的主要原因是：

①桩位测量放线误差过大。

②施工中桩定位标志丢失或挤压偏高，造成错位。

③桩间距过小，土被挤到极限密实度而隆起。

④软土地基中较密的群桩，沉桩引起的空隙水压力把相邻的桩推向一侧或涌起。

5）单桩承载力低于设计要求。其主要原因是：

①桩沉入深度不足。

②桩深已达设计值，但桩端未进入规定的持力层。

③最终贯入度过大。

④桩倾斜过大、断裂等原因引起的承载力降低。

5. 钢筋混凝土灌注桩施工

（1）干作业成孔灌注桩施工。

干作业成孔灌注桩常见的质量事故有孔底虚土多、桩身混凝土质量差、塌孔、桩孔倾斜或偏斜、桩顶位移偏差大等。

1）孔底虚土多。成孔后孔底虚土过多，超过规范规定。产生的主要原因：

①土质差。如松散填土；含大量杂物的土层；淤泥、松散砂土等，成孔后或成孔过程中土体容易坍落。

②钻杆不直或使用过程中变形，在钻进过程中晃动造成孔径扩大，提钻时部分土滑落孔底。

③孔口的土未及时清理干净，未及时灌注混凝土，孔壁或孔底被雨水冲刷或浸泡。

2）桩身混凝土质量差，钢筋混凝土桩身表面有蜂窝、空洞、桩身夹土等。其原因主要：

①混凝土配合比不当，材料选用不合理，造成桩身混凝土强度低。

②浇注混凝土时，孔壁受到振动使孔壁土塌落，造成桩身夹土；或放钢筋笼时碰撞孔壁。

③没有按照合理的施工工艺边灌边振捣，混凝土不密实，出现蜂窝孔洞等。

④混凝土的搅拌时间或水灰比不一致造成和易性不匀、坍落度不一，灌注时有离析现象，使桩身出现分段不均匀的情况。

3）塌孔。成孔后，孔壁局部塌落的主要原因：

①在有砂卵石、卵石或流塑淤泥质土夹层中成孔，这些土层不能直立而塌落。

②局部有上层滞水渗漏作用，使该层坍塌。

③成孔没有及时浇筑混凝土。

4）桩孔偏斜或倾斜。成孔后，桩孔偏离桩轴线，桩孔垂直偏差大于规范要求的 1%。其主要原因：

①地面不平，使桩架导向杆不垂直。

②钻孔机架不正或不稳，运转过程中发生移动或倾斜。

③钻杆不直，钻头的定位尖与钻杆中心线不在同一轴线上。

④土质坚硬不匀，或成孔一侧有大石块把钻孔挤向一边。

（2）湿作业成孔灌注桩施工。

1）塌孔。钻孔灌注桩塌孔的主要原因：

①未按土质条件选用合适的成孔工艺和相应质量的泥浆，起不到护壁的作用。

②遇流砂、淤泥、松散土层时，钻孔速度过快。

③孔内水头高度不够或孔内出现承压水，降低了静水压力。

④钻杆不直，摇摆碰撞孔壁。

⑤清孔操作不当，供水管直接冲刷孔壁导致塌孔。

⑥清孔后泥砂密度、黏度降低，对孔壁压力减小。

⑦提升、下落冲锤、掏渣筒和放钢筋笼时碰撞孔壁。

⑧浇筑混凝土的导管碰撞孔壁。

2）成孔偏斜。成孔偏斜的主要原因：

①建筑场地土质松软，桩架不稳，钻杆导架不垂直。

②钻机磨损严重，部件松动。

③起重滑轮边缘、固定钻杆的卡孔和护筒三者不同轴，钻头和钻杆中心线不同轴，又未经常检查和校正。

④土层软硬差别大，或遇障碍物。

3）桩身夹泥、断桩。钻孔灌注桩桩身夹泥、断桩的主要原因：

①孔壁坍塌。

②水下浇筑混凝土时，导管提升出混凝土面或导管埋入混凝土深度不足。

③浇筑混凝土过程中产生卡管停浇。

④混凝土浇筑不及时。

（3）沉管灌注桩施工。

沉管灌注桩属于挤土成孔，施工中如处理不当，常易发生断桩、缩颈、桩靴进水或进泥、吊脚桩等质量事故。

1）单桩承载力低。单桩承载力低的主要原因：

①地质勘察资料不准。

②振动沉管桩过程中，设备功率太小或压力不足，或桩管细长刚度差，造成桩管沉不到设计标高。

③沉管中遇到硬夹层，又无适当措施处理。

④当群桩数量大、桩距小，随土层挤密后，可能出现沉管困难。

⑤遇到地下障碍物。

⑥由于缩颈、夹泥、桩身断裂、底部不实、成孔偏斜等原因引起的单桩承载力不足。

2）桩身缩颈。桩身缩颈的主要原因：

①混凝土配合比设计不合理，和易性差，流动度低，骨料粒径过大。

②拔管速度过快，拔管时管内混凝土量过少。

③桩管内壁不光滑，浇筑的混凝土与管壁粘结，拔管后使桩身变细。

④在淤泥或淤泥质软土中，沉管产生的挤土效应和超孔隙水压作用下，土壁挤压新浇而为凝结的混凝土，造成桩身缩颈。

⑤桩间距较小，邻近桩施工时挤压已成桩的新浇混凝土。

3）桩身断裂。沉管灌注桩桩身裂缝与断桩事故，常见的主要原因：

①灌注混凝土时，混凝土质量差或桩管壁摩擦阻力大，出现混凝土拒落，造成断桩。

②拔管速度过快，桩孔周围土体迅速回缩或塌孔形成断桩。

③桩距过小而未采用跳打法施工，挤断临近已浇但尚未凝固的混凝土桩。

④沉管时引起的振动挤压，将新浇筑混凝土桩剪断，尤其在土层变化处或软、硬土层界面处，更易发生这类事故。

⑤大量桩体混凝土嵌入土体，造成场地土体隆起，使桩身产生拉应力而断裂。

⑥桩基完成后，土方开挖时挖掘机铲斗撞击桩头造成桩身断裂。

4）吊脚桩。桩底部不实，无混凝土或混进泥砂。产生吊脚桩的主要原因：

①桩靴与桩管处封堵不严，造成桩管进泥水。

②桩靴尺寸过小，沉管时桩靴进入桩管，浇筑混凝土时又未被及时挤出，拔管后形成吊脚桩。

③桩靴质量差，沉管时破碎混同泥水进入桩管，灌注混凝土时形成松软层。

④采用活瓣式桩尖，浇筑混凝土时，活瓣未能及时张开，或没有完全张开。

四、砌筑施工中的质量问题的原因分析

1. 砌筑砂浆质量问题的原因分析

使用的材料质量不合格或者拌制砂浆的配合比错误。水泥的质量直接影响砂浆的性能，使用小厂生产的稳定性差的水泥，或使用储存时受潮结块的水泥，往往造成砂浆的强度等级偏低；砂的泥含量大，使砂浆的黏性大、收缩性大、强度低、耐久性差；拌制砂浆时各组成材料不计量，砂浆的配合比不准确，常使其强度波动性大，且多数强度偏低，从建筑倒塌事故分析来看，发生倒塌事故的砌筑砂浆强度等级一般都低于设计要求。

2. 砌体质量问题的原因分析

砖的强度是否符合设计要求是保证砌体受力性能的基础，如果采用强度低的砖，尤其是烧制过程中欠火的砖砌墙，必定使砌体的承载能力降低，达不到设计要求。另外，砖砌筑前浇水是砖砌体施工工艺的一部分，砖的湿润程度对砌体的施工质量影响较大。对比试验证明，适宜的含水率不仅可以提高砖与砌体之间的粘结力，提高砌体的抗剪强度，也可以使砂浆的强度保持正常增长，提高砌体的抗压强度。

3. 砌筑过程中常见问题的原因分析

（1）砌筑方案错误的原因分析。

管理人员对砌体质量的重要性认识不足，管理不善，砌筑工未经培训就上岗，对操作规程不熟悉，砌砖的基本功不够。

（2）纵横墙接槎不牢的原因分析。

现场管理混乱，对砌砖的瓦工安排不当，交接面处协调不到位；砌筑工的基本素质低，对操作规程不熟悉或违章作业。

（3）灰缝砂浆不饱满的原因分析。

水泥砂浆的和易性较差，砌筑时挤浆费劲，操作者用大铲或瓦刀铺刮砂浆后，底灰产生空穴，砂浆层不饱满，砖与砂浆层的粘结较差；有时由于铺灰过长，砌筑速度跟不上，砂浆中

的水分被底砖吸收，使砌上的砖与砂浆不能粘结；用干砖砌墙，使砂浆早期脱水而降低强度，干砖表面的粉屑起隔离作用，减弱了砖与砂浆层的粘结；砌筑工的基本功不扎实，砌砖时挤浆不足，产生空头缝。

（4）清水墙面质量问题的原因分析。

管理松散，怕麻烦，砌墙时不立皮数杆，使得水平缝失控，层高误差大；断砖应用不当，有的将断砖集中砌在某一部位，造成连续通缝。

4. 墙体局部损坏事故的原因分析

（1）墙体裂缝的原因分析。

1）温度裂缝。混凝土和砖的温度线膨胀系数不同，两者相差 2 倍左右。所以当砌体结构升温时，因为两者温度变形的差异将在结构中产生温度应力。当作用于构件的温度应力超过混凝土与砖砌体的抗拉强度时，将出现裂缝。温度裂缝在经过夏季或冬季后形成，随气温或环境温度变化，在温度最高或最低时，裂缝长度、宽度最大，数量最多，但不会无限制地扩展恶化。

温度裂缝多数出现在房屋的顶部附近；在未采暖的寒冷地区房屋还可能在下部出现冷缩裂缝，在房屋中部附近出现竖向裂缝。

2）沉降裂缝。当地基存在局部软弱地基，或地基浸水，或地基为侵入膨胀土，或荷载不均匀时，容易引起不均匀沉降，由此产生的裂缝，称为沉降裂缝。

3）荷载裂缝。由于承载能力不足引起的裂缝，简称荷载裂缝。由于砖石砌体的抗拉强度较小，结构脆性较大，裂缝荷载比较接近或几乎等于破坏荷载，因此，砖石砌体的荷载裂缝往往是砌体破坏的特征或前兆，应及时分析和处理。

（2）墙体渗漏事故的原因分析。

外墙或窗框周边遇风雨天气出现渗水、漏水，使室内墙面潮湿、污损，损坏装饰面层或家具；悬挑阳台根部渗水；砌体上各种埋件缝隙渗水，污染外墙面。以上现象都影响建筑物的正常使用。

墙体渗漏事故的原因可归纳如下：

1）墙体砌筑不规范，灰缝砂浆不饱满，留有空隙。

2）穿墙孔洞（如脚手架眼）未封堵密实。

3）窗框周边与墙体接触面的缝隙没有填嵌密实或因砂浆干缩产生裂缝。

4）悬挑阳台根据其负弯矩分布情况设计，上表面水平下表面倾斜，且外薄内厚，雨水易沿斜面流淌到根部，污染墙面。

5）铁爬梯及其他预埋铁件与墙体连接处封堵不严而渗水，致使铁锈污水污染外墙面。

（3）砌体局部倒塌事故。

砌体局部倒塌最多的部位是柱、墙。柱、墙结构倒塌的原因主要有以下几种：

1）设计构造方案欠佳或计算简图错误。

2）设计强度不足。不少柱、墙倒塌的原因是未进行结构计算。

3）稳定性不足。有些设计人员只注意了墙体承载力的计算，忽视了墙体高厚比和局部承压计算。

4）施工期失稳。例如，灰砂砖含水率过高，砂浆太稀，砌筑中失稳垮塌；毛石墙砌筑工艺不当，又无足够的拉结力，砌筑中也易垮塌；一些较高墙的墙顶构件没有安装时，墙体一端自由，易在大风等水平荷载作用下倒塌。

5）施工工艺错误或施工质量低劣。例如，现浇梁、板拆模过早，这部分荷载传递至砌筑不久的砌体上，因砌体强度不足而倒塌；墙轴线错位后处理不当；砌体变形后用撬棍校直；配筋砌体中漏放钢筋；冬季采用冻结法施工，解冻期无适当措施等，均可导致砌体倒塌。

6）材料质量不合格。砖墙强度不足或用断砖砌筑，砂浆实际强度低下等原因均可能引起倒塌。

7）旧房加层。不经论证就在既有建筑上加层，导致墙柱破坏而倒塌。

五、钢筋施工中的质量问题

1. 钢筋表面锈蚀的原因分析

（1）保管不善，受到雨、雪侵蚀。

（2）存放期过长。

（3）仓库环境潮湿，通风不良。

2. 钢筋成型尺寸不准的原因分析

（1）下料不准确。

（2）画线方法不对或误差大。

（3）用手工弯曲时，扳距选择不当。

（4）角度控制没有采取保证措施。

3. 同一连接区段内钢筋接头过多的原因分析

（1）忽略了某些杆件不允许采用绑扎接头的规定。

（2）错误取用有接头的钢筋截面面积占总截面面积的百分率数值。

（3）钢筋配料时疏忽大意，没有认真安排原材料下料长度的合理搭配。

（4）分不清钢筋位于受拉区还是受压区。

4. 钢筋绑扎搭接接头松脱的原因分析

搭接处没有扎牢，或搬运时碰撞、压弯接头处。

5. 钢筋绑扎节点松扣的原因分析

（1）用于绑扎的钢丝太硬或粗细不适当。

（2）绑扣形式不正确。

6. 钢筋套筒接头露丝的原因分析

接头的拧紧力矩值没有达到标准或漏拧。

7. 接套筒的钢筋断丝、生锈、接头顶部不平的原因分析

（1）套筒连接钢筋未及时安装保护帽。

（2）接头顶部未打磨。

（3）力矩扳手未进行定期检测。

8. 箍筋间距不一致、加密区未加密、未套住主筋的原因分析

（1）图纸上所注间距为近似值，按近似值绑扎，则间距或根数有出入。

（2）未按规范对箍筋加密区的箍筋加密。

9. 钢筋遗漏的原因分析

工作管理不当，没有深入熟悉图纸内容和研究各号钢筋安装顺序。

10. 钢筋骨架歪斜的原因分析

（1）绑扎不牢，或绑扣形式选择不当；接点间隔绑扣时，绑扎点太稀。

（2）梁中纵向构造钢筋或拉筋太少。

（3）柱中纵向构造钢筋少，未按规范规定设置复合箍筋。

（4）堆放骨架的地面不平；骨架受压或受意外力碰撞。

11. 钢筋保护层厚度不够、施工保护不足、钢筋移位的原因分析

（1）钢筋下料和图纸不符。

（2）土建与电气施工没有很好的配合。

（3）钢筋绑扎结束后，没有采取保护措施。

12. 露筋的原因分析

（1）保护层砂浆垫块垫得太稀或脱落。

（2）钢筋成型尺寸不准确，钢筋骨架绑扎不当，骨架外形尺寸偏大，局部抵触模板。

（3）振捣混凝土时，振动器撞击钢筋，使钢筋移位或引起绑扣松散。

13. 基础钢筋倒钩的原因分析

操作疏忽，绑扎过程中没有将弯钩扶起。

14. 柱子外伸钢筋错位的原因分析

（1）钢筋安装后虽已检查合格，但由于固定钢筋措施不可靠，发生变位。

（2）浇筑混凝土时被振动器或其他操作机具碰歪撞斜，没有及时校正。

15. 柱钢筋弯钩方向不对的原因分析

绑扎疏忽，将弯钩方向朝外。

16. 梁箍筋弯钩与纵筋相碰的原因分析

梁箍筋弯钩应放在受压区，从受力角度看，这是合理的；从构造角度看，在受压区，纵向钢筋根数少，与箍筋弯钩相处不显得拥挤。但是，在特殊情况下，例如，在连续梁支座处，受压区在截面下部，箍筋弯钩位于下面则有可能被钢筋压“开”，在这种情况下，只好将箍筋弯钩放在受拉区（截面上部）。这样的做法虽不合理，但为了加强钢筋骨架的牢固程度，避免箍筋接头被压开口，习惯上也只好这样对待。

此外，当前高层建筑中，采用框架结构形式的工程几乎全部需要抗震设防，箍筋弯钩应采用 135°弯钩，且平直部分长度较长，故箍筋弯钩与梁上部第二层纵向钢筋必然相抵触。

17. 双层钢筋网片移位的原因分析

（1）网片固定方法不当。

（2）振捣时碰撞钢筋。

（3）绑扎不牢。

（4）被施工人员踩踏。

18. 板中钢筋的混凝土保护层不准的原因分析

（1）保护层砂浆垫块厚度不准，或垫块垫得太少。

（2）当采用翻转模板生产预制平板时，或浇筑阳台板、挑檐板等悬臂板时，保护层处在混凝土浇捣位置上方，如果没有采取可靠措施，钢筋网片向下移位。

19. 薄板露钩的原因分析

因板薄，钢筋弯钩立起高度超过板厚。

20. 钢筋网上、下钢筋混淆的原因分析

在高层建筑中，楼面、屋面板和基础底板多以纵横交叉的肋梁形式出现，肋梁的布置随楼面各功能区的布置而改变，因此，各交叉梁构成的矩形板大小不一，沿整个楼面的某方向或为“短边”，或为“长边”是不确定的。

对于四边支承的板，配筋方案是依据板的边长关系确定的，即所谓“单向板”或“双向板”。双向板由于板的长边与短边长度接近时，受力状况就两个方向而言，基本上是对称的，板面钢筋网哪个方向钢筋应放在上面或放在下面，本来就没有“规矩”。但由于整个板面很大，每个方向总是布置着许多边长不同的板，它们的配筋又是统一的（即整个楼面一般只配置两层钢筋片网，截面下部和上部各一片），无法为沿某方向的几块板而按考虑受力特征进行配筋布置，所以设计人员一般不作说明，让施工人员自行处理，导致施工图上不明确而引起施工管理的人员无所适从。

六、屋面施工中的质量问题的原因分析

1. 刚性平屋面的防水质量问题的原因分析

（1）细石混凝土屋面防水层开裂的原因分析。

1）结构裂缝。因地基不均匀沉降，屋面结构层产生较大的变形等原因使防水层开裂。此类裂缝通常发生在屋面板的拼缝上，宽度较大，并穿过防水层上下贯通。

2）温度裂缝。因季节性温差、防水层上下表面温差较大，且防水层变形受约束时，产生的温度应力会使防水层开裂。温度裂缝一般是有规则的，通长的，裂缝分布较均匀。

3）收缩裂缝。主要由防水层混凝土干缩和冷缩而引起。一般分布在混凝土表面，纵横交错，没有规律性，裂缝一般较短、较细。

4）施工裂缝。因混凝土配合比设计不当、振捣不密实、收光不好及养护不良等，使防水层产生不规则的、长度不等的断续裂缝。

（2）细石混凝土屋面防水层起壳的原因分析。

造成细石混凝土屋面防水层起壳的主要原因：

1）在施工过程中，未能按施工规范和质量验收标准进行施工，特别是没有认真对混凝土表面进行压实、收光。

2）在混凝土浇捣完毕后，未能按混凝土所要求的条件进行养护，从而造成混凝土表面水

分蒸发过快，形成防水层起壳的质量问题。

3）防水层长期暴露于大气层中，经长期日晒雨淋后，混凝土面层发生碳化现象而形成起壳的质量问题。

（3）细石混凝土屋面分格缝渗漏的原因分析。

由于屋面防水有一定的坡度，因此横向分隔缝比较容易排水，而屋面上的纵向分隔缝处易产生渗漏。造成细石混凝土屋面分格缝渗漏的主要原因：

1）在阳光直接照射和其他介质的侵蚀下，缝中的嵌缝材料很容易老化，从而失去防水功能；

2）由于建筑物的不均匀沉降和嵌缝材料的干缩，油膏或胶泥与板缝很容易因粘结不良或脱开，从而形成渗漏；

3）油膏或胶泥上部的卷材保护层翘边、拉裂或脱落。

（4）砖砌女儿墙开裂的原因分析。

1）女儿墙太长（超过 20～30 m）而未设伸缩缝，气温剧烈变化时膨胀收缩量比较大，很容易产生垂直裂缝或八字形裂缝。

2）女儿墙与下部的屋顶钢筋混凝土圈梁的温度线膨胀系数不同，当温度变化较大时，女儿墙与圈梁之间因变形差异而错位，很容易产生水平裂缝。

3）刚性防水层或密铺隔热板夏季受热膨胀，会对女儿墙产生挤压，使女儿墙与圈梁之间错位，从而产生水平裂缝。

4）采用现浇钢筋混凝土材料时，若水平钢筋配置数量不足，会使女儿墙出现垂直裂缝。

5）施工质量低劣，混凝土振捣不密实，是女儿墙垂直裂缝的重要原因之一。

（5）屋面泛水处渗漏的原因分析。

1）泛水高度不够，当水位超过泛水高度时，很容易在泛水处产生渗漏。

2）防水层上口墙部未设泛水托（短挑臂），且端头未做柔性密封处理，或柔性处理不符合要求，导致雨水渗入室内。

3）泛水托滴水线（鹰嘴）不符合要求，产生爬水现象。

（6）檐沟、天沟处渗漏水的原因分析。

1）设置的檐沟太浅，当遇到大雨或暴雨时，落水不及，雨水沿防水层与檐口之间的缝隙进入室内。

2）当刚性防水层与檐口梁连在一起，防水层收缩时在连接处开裂而引起渗漏。

3）未设置滴水线或设置的滴水线失效。

（7）块体刚性防水层砂浆面层起壳起砂和开裂的原因分析。

1）养护不良。

2）砂浆面层经长期日晒风化，表面容易发生起砂的质量问题。

3）砂浆面层抹得过厚，压光时不易密实，易发生脱壳现象和龟裂现象。

4）砂浆面层与垫层粘结不牢。

（8）块体刚性防水层渗漏。

砖垫层不符合设计要求，或者砖的质量较差；面层砂浆的配合比不当，或者厚度或强度不足；施工温度过高或过低，再加上养护不良等原因都有可能块体刚性防水层渗漏。

（9）粉末状憎水材料防水层渗褐的原因分析。

基层处理不当；保护层施工质量不良；屋面节点处渗漏；保护层开裂等均会造成渗漏。

2. 柔性卷材屋面的防水质量问题分析

卷材防水屋面的主要质量问题是卷材铺贴后出现气泡，从气泡被剖开检查的情况分析气泡形成的原因为：在卷材防水层中粘结不牢，且存有水分和气体，当受到太阳照射或人工热源的影响后，因体积膨胀而造成。

第四节　质量问题的处理原则及方法

建设工程发生了质量问题后，必须对其进行相应的处理。

一、质量问题处理的原则

1. 事故情况清楚

一般包括事故发生时间，事故情况描述，并附有必要的图样与说明，事故观测记录和发展变化规律等。

2. 事故性质明确

主要应明确区分以下三个问题：

（1）是结构性的还是一般性的问题。如建（构）筑物裂缝是因承载力不足，还是地基不均匀沉降或温度、湿度变化所致；又如构件产生过大的变形，是结构刚度不足还是施工缺陷造成等。

（2）是表面性的还是实质性的问题。如混凝土表面出现蜂窝麻面，就需要查清内部有无孔洞；对钢筋混凝土结构，还要查明钢筋锈蚀情况等。

（3）区分事故处理的迫切程度。如事故不及时处理，建（构）筑物会不会突然倒塌；是否需要采取防护措施，以免事故扩大恶化等。

3. 事故原因分析准确和全面

如地基承载能力不足造成事故，应该查清是地基土质不良，还是地下水位改变；或者出现侵蚀性环境，是原地质勘察报告不准，还是发现新的地质构造；或是施工工艺或组织管理不善而造成等。又如结构或构件承载力不足，是设计截面太小，还是施工质量低劣，或是超载等。

4. 事故评价基本一致

对发生事故部分的建筑结构质量进行评估，主要包括建筑功能、结构安全、使用要求以及对施工的影响等评价。有关结构受力性能的评价，常用检测技术的各种方法，取得实测数据，结合工程实际构造等情况进行结构验算，有的还需要做荷载试验，确定结构实际性能。

在进行上述工作时，要求各有关单位的评价基本一致。

5. 处理目的、要求明确

常见的处理目的和要求有：达到设计要求，保证构造物的安全；恢复外观；防渗堵漏；封闭保护；复位纠偏；减少荷载；结构补强；限制使用；拆除重建等。事故处理前，有关单位对处理的要求应基本统一，避免事后无法给出一致的结论。

6. 事故处理所需资料齐全

包括相关施工图、施工原始资料（材料质量证明，各种施工记录，试块的试验报告，检查验收记录等）、事故调查报告、有关单位对事故处理的意见和要求等。

二、质量问题的常用处理方法与适用范围

1. 表面处理

表面处理主要应用于建筑物外表的修复，常用方法有以下三种：

（1）表面修补。

例如，装饰层空鼓、脱落、变色等的修补。

（2）填缝封闭。

例如，混凝土或砌体中的温度收缩裂缝，用水泥浆或水泥砂浆进行表面修补。

（3）表面覆盖。

例如，有的表面缺陷影响外观，而修补效果又不良时，常增加表面覆盖层处理。

2. 局部修复

局部修复主要指结构或构件出现局部缺陷而进行的修复，其作用除了修补外，还有防止缺陷再出现，有的还可达到结构补强的效果，常用的有以下几种：

（1）孔洞填补。

结构材料或连接材料施工中表面出现孔洞，在清理后作填补修复。例如，混凝土孔洞有时可采用清除松动部分后，用强度高一级的混凝土修补，或用环氧混凝土修补等。

（2）加筋嵌缝。

砌体开裂后，在砖缝内埋设钢筋进行修补。

（3）预应力钢筋挤缝。

混凝土构件开裂后，在垂直裂缝方向钻孔、安装螺栓，施加预应力进行修补。

（4）孔洞及裂缝灌浆。

混凝土结构的内部孔洞，或混凝土、砌体产生裂缝，可用灌浆法处理，灌浆材料可用水泥类或化工类材料。

（5）补做预埋件或预留洞槽。

对施工中遗漏的或错位严重的预埋件、预留洞，按设计图纸要求补做。

（6）其他处理。

钢结构或装配式节点或钢筋焊接，出现焊缝尺寸不足、气孔、夹渣、焊接裂缝、明显烧伤、焊瘤等缺陷时，需采用补焊或其他措施进行局部修复。

3. 复位纠偏

复位纠偏主要用于基础、结构或构件、预埋件乃至整个建筑物的错位、变形事故的处理，常用方法有以下几种：

（1）机械复位。

包括基础错位后用千斤顶推移或吊车吊移到正确位置；柱墙或建筑物倾斜后，用机械方法顶或拉正扶直；建筑物整体错位后用机械推拉整体平移复位等。

（2）施工中逐步纠正。

现挠框架柱出现较大偏斜后，经验算证明不影响结构安全的前提下，可以在后续工作施工中逐步纠正。

（3）地基处理纠偏。

用处理地基的方法，减少地基沉降或调整地基不均匀沉降，而达到建筑物纠偏的目的。

（4）扩大基础或构件。

基础错位后，采用加大基础的方法，使上部结构仍能按原设计要求连接。上部结构或构件错位不太大时，也可采用扩大构件尺寸达到复位纠偏的目的。

（5）增加连接件。

装配式构件制作、安装中发生较大偏差时，节点连接构造达不到设计要求或规范规定，此时常采用增加或加大连接件尺寸的方法处理。

（6）地脚螺栓错位处理。

偏差不大时，常用幔弯法纠正；偏差较大时，常用重埋或利用原螺栓作锚脚，加焊型钢后，在型钢上按正确位置重新焊接新的螺栓。

（7）其他处理。

装配式结构偏差太大，可改为现浇结构；屋架倾斜值超过规定，而且纠正困难，可采用增设支撑的方法处理等。

4. 地基基础托换技术

地基基础托换技术有以下几种：

（1）加深或加大基础。

加深或加大基础的目的在于增加基础承载力。

（2）桩式托换。

桩式托换包括用混凝土预制桩或灌注桩、钢管桩以及灰土、石灰、砂、石等材料的挤密桩等。

（3）灌浆托换。

根据灌浆材料的不同，有硅化、水泥硅化、碱液加固、碱液混合等方法。根据灌浆工艺的不同，有气压、液压、电化学法以及高压喷射注浆法等。

（4）纠偏技术。

纠偏技术可分为以下三类：

1）迫降纠偏。如加载、锚桩加压、降水、注水、排土或掏土（砂），以及解除地基应力等方法。

2）顶升纠偏。如静压桩顶升纠偏、托梁顶升纠偏等。

3）压桩掏土纠偏。在建筑物一侧压桩，另一侧掏土，调整不均匀沉降。

4）其他纠偏方法。如采用排水、支挡、减重和增设护坡等综合治理措施。

5. 桩基事故处理

桩基事故处理主要用于打入桩、灌注桩、挤密桩的质量事故处理，常用方法有以下几类：

（1）补桩。

如果遇到桩尖未达到设计要求的持力层，或桩入土深度明显不足，或桩位偏差过大，以及灌注桩垂直度偏差过大等事故，通常采用在事故桩附近补设一根或数根桩的方法处理，有时还需扩大桩基承台。

（2）改变打桩工艺。

桩或桩管沉不到设计深度，常采用改变打桩工艺法处理。如震动沉管灌注桩在桩管通过细砂层时，可能因细砂层凝聚效应而导致桩管沉不下去，对活瓣桩尖可采用拔管后灌水 20～30 kg，再作震动沉管；对预制桩尖，可用暂停 2～3 h 后再继续沉管。又如灌注桩身缩颈，采用复打法处理。再如预制桩沉不下时，改用大桩锤低击法施打等。

（3）清除沉碴，压浆填实。

检查发现灌注桩底沉碴或虚土厚度超过规范规定时，可利用检查孔或新钻孔深入至桩孔底，先用内外套筒的套管通入 0.4～0.6 MPa 压力水，对桩底沉碴清孔，然后再以 0.4～0.6 MPa 压力用压浆机将 1∶2 的水泥浆压入桩底，分数次进行，直至全部压出水泥浆为止。

（4）静压。

成桩后发现单桩承载力严重不足，有时可采用静压法将桩压到需要的深度。

（5）加强基础承台。

如个别桩承载能力有问题，有时也可采用加强承台的方法处理。

（6）其他。

如减轻上部结构荷载；底层地面做架空楼板，以减少填土荷重；利用桩与天然地基的共同作用；灰土挤密桩质量不合格返工重做等。

6. 防渗堵漏

主要用于建筑物渗漏的处理，常用方法有以下几种：

（1）修复缺陷。

如墙面因温度裂缝导致渗漏，可采用凿缝嵌缝处理，材料可用聚氯乙烯胶泥条、建筑密封膏、防水胶石棉绒、防水胶水泥等。

（2）灌浆堵漏。

如地下工程渗漏常用氨凝或丙凝灌浆堵漏等。

（3）增加防水层。

如果屋面或墙面发生渗漏，可用玻璃丝布上喷涂多层防水涂料的防水层处理；也可采用增加钢丝网水泥面层处理等。

（4）提高结构材料的抗渗能力。

如混凝土内部压力灌浆，提高密实度和抗渗能力等。

（5）消除渗漏原因。

如采用引水、排水措施，以消除水源；又如屋面板温度裂缝增设隔热层，消除屋面板再次开裂的可能性后，再进行防水修复。

7. 减小荷载

主要用于地基基础、结构或构件承载能力不足事故的处理，常用方法有以下几种：

（1）底层地面架空。

取消回填土，减轻地基荷载。

（2）减轻结构自重。

如砖或混凝土墙改为轻质隔墙；钢筋混凝土屋盖改为轻钢石棉瓦屋盖等。

（3）改善建筑物使用条件。

如防止屋面积灰过多等。

（4）改变建筑物用途，减小活荷载。

（5）合理使用有缺陷的构件。

如将有缺陷的构件使用在建筑物端部，或伸缩缝处。

8. 改变结构方案或构造而减小内力

改变结构方案或构造而减小内力是指通过改变结构构造或计算简图，而达到减小结构内力的方法，主要适用于承载能力不足事故的处理。

9. 加固补强

主要用于结构或构件承载力不足事故的处理。

（1）加固补强方法。

1）加大截面法。几乎所有的结构或构件的加固都常用这种方法。混凝土和砌体结构需要加大截面时，除了用常规的方法外，还可用喷射混凝土或砂浆层的方法，由此形成的补强层与原有结构的连接较可靠，当补强层较厚时，用喷射混凝土；厚度较薄时，宜用砂浆，以减少回弹物。当喷射混凝土层较厚时，通常都敷设一层钢丝网，若喷射层厚度大于 75 mm 时，可用双层钢丝网，钢丝网格尺寸常用 50～75 mm。

2）组合结构法。用两种不同材料组成一个新的结构是加固补强常用的方法之一。例如，砌体结构外包钢筋混凝土或外包钢；混凝土结构外包钢；砖墙两侧增设钢筋网或型钢后，再做砂浆或混凝土层，组成“夹板墙”；钢结构构件四周浇筑混凝土后，组成劲性钢—混凝土构件等。

3）粘贴钢板法。这种加固方法适用于承受静力作用的、混凝土强度等级高于 C15 的一般受弯构件。当构件正截面承载能力不足时，可在受拉区表面用结构胶粘钢板进行加固；当构件斜截面承载能力不足时，可用粘贴“U”形箍板进行加固。

4）灌浆法。当大体积混凝土内部出现不密实等缺陷时，常采用压力灌浆法进行加固。当混凝土结构产生裂缝，为了恢复其整体性和使用功能，也可采用灌浆法处理，但对承载能力不足的裂缝，除了灌浆处理外，还应采取相应的加固措施。

5）增加钢筋法。当混凝土构件配筋不足时，可用凿除保护层，增设钢筋，并与原有钢筋焊牢后，再修复保护层的方法进行加固。有时还可采用增设密箍的方法，加固框架柱钢筋严重错位的节点；用螺旋筋约束柱法加固混凝土柱等。

6）加强连接法。当构件或节点连接承载力不足时，应根据结构类别与特征，分别采用下述方法加固。钢结构采用加长、加厚焊缝，增加连接螺栓或明钉等方法加强连接，必要时应加大连接件截面尺寸和长度；装配式混凝土结构，采用加大连接件截面和扩大现浇接头尺寸或提高混凝土强度等级的方法。

7）提高抗倾覆能力。如悬挑结构固定端处增加压重或加强与其他构件的连接；又如挡土墙增设锚定杆，提高抗倾覆能力等。

8）增设附加桁架。如在钢梁下增设桁架，即用原梁作上弦，增设腹杆及下弦杆，可较大幅度地提高承载力。

9）增加钢板箍法。混凝土或砖烟囱产生竖向裂缝，常用此法进行加固。

10）置换法。将受损坏的或不良的混凝土局部或全部凿除，用强度等级高一级的混凝土替代，称为置换法，主要适用于受火灾或受腐蚀的混凝土结构的加固，对施工错误造成的混凝土强度低下、承载力大幅度下降的结构或构件，也可采用此法加固。

11）绕丝法。用 A4 或 A5 钢丝（冷拔丝退火后用）在柱、梁外侧连续缠绕，使之成为约束混凝土，用来提高混凝土强度，或在梁的受剪区连续斜向缠绕，可以直接承受剪力；这种方法主要用于结构构件承载力不足时的加固。

（2）加固补强设计与施工注意事项。

加固补强设计与施工应注意以下事项：

1）对原有构件作出正确鉴定，以确定其可否利用或利用率。

2）后加的补强部分参与结构或构件的承载时，往往存在着应力滞后现象，因此在设计中应考虑适当的强度折减系数。

3）正确处理原有结构与加固部分的连接构造措施，确保两者共同工作。如老混凝土凿毛、清洗与充分湿润；又如原有钢结构或构件的油漆、锈污清理等。

4）对原有结构或构件采用适当的保护措施。例如，临时支护、控制处理阶段荷载、规定局部拆除方法与要求等。

5）明确规定加固补强后，允许加荷载的时间和其他要求。

10. 提高建筑物整体性

主要用于空旷房屋，或一般房屋整体性受到损害后的处理，常用方法有以下几种：

（1）增设钢筋混凝土构造柱。

（2）增设钢筋混凝土圈梁。

（3）增设螺栓拉杆。

（4）采用隔板深梁，提高框架结构整体性。

（5）屋架、屋盖增设支撑。

（6）楼盖增加混凝土整浇层。

（7）空旷房屋增设具有足够刚度的横墙等。

第五节　常见质量问题的预防措施

建设工程不同的分部分项工程在施工中常见的质量问题也不同，相应的预防措施亦有差别。下面对模板、混凝土、地基基础、砌筑、钢筋和屋面防水工程在施工中常见的质量问题提出相应的预防措施。

一、模板施工中的质量问题的预防措施

1. 模板未清理干净的预防措施

（1）钢筋绑扎完毕，用压缩空气或压力水清除模板内垃圾。

（2）在封模前，派专人将模内垃圾清除干净。

（3）墙柱根部、梁柱接头处预留清扫孔，预留孔尺寸≥100 mm×100 mm，模内垃圾清除完毕后及时将清扫口处封严。

2. 模板接缝不严的预防措施

（1）翻样要认真，严格按 1/50～1/10 的比例将各细部翻成详图，详细编注，经复核无误后认真向操作工人交底，强化工人质量意识，认真制作定型模板和拼装。

（2）严格控制木模板含水率，制作时拼缝要严密。

（3）加快木模板安装时间，并且浇筑混凝土时要提前浇水湿润木模板，使其胀开密缝。

（4）钢模板变形，特别是边框变形，要及时修整平直。

（5）钢模板间嵌缝措施要控制，不能用油毡、塑料布、水泥袋等去嵌缝堵漏。

（6）梁、柱交接部位支撑要牢靠，拼缝要严密，发生错位要校正好。

3. 模板隔离剂使用不当的预防措施

（1）拆模后，必须先清除模板上遗留的混凝土残浆，再刷隔离剂。

（2）严禁用废机油作隔离剂。隔离剂材料选用原则是既便于脱模，又便于混凝土表面装饰。选用的材料有皂液、滑石粉、石灰水及其混合液和各种专门化学制品隔离剂等。

（3）隔离剂材料宜拌成稠状，应涂刷均匀，不得流淌，一般刷两次为宜，以防漏刷，也不宜涂刷过厚。

（4）隔离剂涂刷后，应在短期内及时浇筑混凝土，以防隔离层遭受破坏。

4. 模板轴线位移的预防措施

（1）严格按 1/50～1/10 的比例将各部位翻成详图并注明各部位编号、轴线位置、几何尺寸、剖面形状、预留孔洞、预埋件等，经复核无误后认真对生产班组及操作工人进行技术交底，作为模板制作、安装的依据。

（2）模板轴线测放后，组织专人进行技术复核验收，确认无误后才能支模。

（3）墙、柱模板根部和顶部必须设可靠的限位措施，如采用现浇楼板混凝土上预埋短钢筋固定钢支撑，以保证底部位置准确。

（4）支模时要拉水平、竖向通线，并设竖向垂直度控制线，以保证模板水平、竖向位置准确。

（5）根据混凝土结构特点，对模板进行专门设计，以保证模板及其支架具有足够强度、刚度及稳定性。

（6）混凝土浇筑前，对模板轴线、支架、顶撑、螺栓进行认真检查、复核，发现问题及时进行处理。

（7）混凝土浇筑时，要均匀对称下料，浇筑高度应严格控制在施工规范允许的范围内。

5. 模板标高偏差的预防措施

（1）每层楼设足够的标高控制点，竖向模板根部须做找平。

（2）模板顶部设标高标记，严格按标记施工。

（3）建筑楼层标高由首层±0.000 控制，严禁逐层向上引测，以防止累计误差。当建筑高度超过 30 m 时，应另设标高控制线。每层标高引测点应不少于 2 个，以便复核。

（4）预埋件及预留孔洞在安装前应与图纸对照，确认无误后准确固定在设计位置上，必要时用电焊或套框等方法将其固定。在浇筑混凝土时，应沿其周围分层均匀浇筑，严禁碰击和振动预埋件与模板。

（5）楼梯踏步模板安装时应考虑装修层厚度。

6. 结构变形的预防措施

（1）模板及支撑系统设计时，应充分考虑其本身自重、施工荷载及混凝土的自重及浇捣时产生的侧向压力，以保证模板及支架有足够的承载能力、刚度和稳定性。

（2）梁底支撑间距应能够保证在混凝土重量和施工荷载作用下不产生变形，支撑底部若为泥土地基，应先认真夯实，设排水沟，并铺放通长垫木或型钢，以确保支撑不沉陷。

（3）组合小钢模拼装时，连接件应按规定放置，围檩及对拉螺栓间距、规格应按设计要求设置。

（4）梁、柱模板若采用卡具时，其间距要按规定设置，并要卡紧模板。

（5）梁、墙模板上部必须有临时撑头，以保证混凝土浇捣时，梁、墙上口宽度不变化。

（6）浇捣混凝土时，要均匀对称下料，严格控制浇灌高度，特别是门窗洞口模板两侧，既要保证混凝土振捣密实，又要防止过分振捣引起模板变形。

（7）对跨度不小于 4 m 的现浇钢筋混凝土梁、板，其模板应按设计要求起拱；当设计无具体要求时，起拱高度宜为跨度的 1/1 000～3/1 000。

（8）采用木模板、胶合板模板施工时，经验收合格后应及时浇筑混凝土，防止木模板长期日晒雨淋发生变形。

7. 模板支撑选配不当使结构变形的预防措施

（1）模板支撑系统根据不同的结构类型和模板类型来选配，以便相互协调配套。使用时，应对支承系统进行必要的验算和复核，尤其是支柱间距应经计算确定，确保模板支撑系统具有足够的承载能力、刚度和稳定性。

（2）木质支撑体系如与木模板配合，木支撑必须钉牢楔紧，支柱之间必须加强拉结连紧，木支柱脚下用木楔调整标高并固定。荷载过大的木模板支撑体系可采用枕木堆塔方法操作，用扒钉固定好。

（3）钢质支撑体系其钢楞和支撑的布置形式应满足模板设计要求，并能保证安全承受施工荷载，钢管支撑体系一般宜扣成整体排架式，其立柱纵横间距一般为 1 m 左右，荷载大时应采用密排形式，同时应加设斜撑和剪刀撑。

（4）支撑体系的基底必须坚实可靠，竖向支撑基底如为土层时，应在支撑底铺垫型钢或脚手板等硬质材料。

（5）施工中应注意逐层加设支撑，分层分散施工荷载。侧向支撑必须支顶牢固，拉结和加固可靠，必要时应打入地锚或在混凝土中预埋铁件和短钢筋头做撑脚。

8. 封闭或竖向模板无排气孔、浇捣孔的预防措施

（1）墙体的大型预留洞口（门窗洞等）底模应开设排气孔，使混凝土浇筑时气泡及时排出，以确保混凝土浇筑密实。

（2）高柱、高墙侧模要开设浇捣孔，以便于混凝土浇灌和振捣。

9. 带形基础模板缺陷的预防措施

（1）模板应有足够的承载能力和刚度，支模时，垂直度要找准确。

（2）钢模板上口应用ϕ8～ϕ10 圆钢套入模板顶端小孔内，中距 500～800 mm。木模板上口应钉木带，以控制带形基础上口宽度，并通长拉线，保证上口平直。

（3）上段模板应支承在预先横插圆钢或预制混凝土垫块上；木模板也可用临时木撑，以使侧模支承牢靠，并保持高度一致。

（4）发现混凝土由上段模板下翻至下段，应在混凝土初凝前轻轻铲平至模板下口，使模板下口不至于卡牢。

（5）混凝土呈塑性状态时切忌用铁锹在模板外侧用力拍打，以免造成上段混凝土下滑，形成根部缺损。

（6）组装前应将模板上残渣剔除干净，模板拼缝应符合规范规定，侧模应支撑牢靠。

（7）支撑直接撑在土坑边时，下面应垫木板，以扩大其接触面。木模板长向接头处应加拼条，使板面平整，连接牢固。

10. 墙模板缺陷的预防措施

（1）墙面模板应拼装平整，符合质量检验评定标准。

（2）有几道混凝土墙时，除顶部设通长连接木方定位外，相互间均应用剪刀撑撑牢。

11. 柱模板缺陷的预防措施

（1）成排柱子支模前，应先在底部弹出通线，将柱子位置兜方找中。

（2）柱子底部应做小方盘模板，或以钢筋角钢焊成柱断面外包框，保证底部位置准确。

（3）柱子支模前必须先校正钢筋位置。

（4）成排柱模支撑时，应先立两端柱模，校直与复核位置无误后，顶部拉通长线，再立中间各根柱模。柱距不大时，相互间应用剪刀撑及水平撑搭牢；柱距较大时，各柱单独拉四面斜撑，保证柱子位置准确。

（5）钢柱模由下至上安装，模板之间用楔形插销插紧，转角位置用连接角模将两模板连接，以保证角度准确。

（6）调节柱模每边的拉杆或顶杆上的花篮螺栓，校正模板的垂直度，拉杆或顶杆的支承点要牢固可靠地与地面成不大于45°的夹角。

（7）根据柱子断面的大小及高度，柱模外面每隔500～800 mm应加设牢固的柱箍，必要时增加对拉螺栓，防止炸模。

（8）柱模如用木料制作，拼缝应刨光拼严，门子板应根据柱宽采用适当厚度，确保混凝土浇筑过程中不漏浆、不炸模、不产生外鼓。

（9）模板上混凝土残渣应清理干净，柱模拆除时的混凝土强度应能保证其表面及棱角不受损伤。

12. 梁模板缺陷的预防措施

（1）梁底支撑间距应能保证在混凝土自重和施工荷载作用下不产生变形。梁底模应按设计或规范要求起拱。

（2）梁侧模应根据梁的高度进行配制，若超过600 mm，应加钢管围檩，上口则用圆钢插入模板上端小孔内。若梁高超过700 mm，应在梁中加对穿螺栓，与钢管围檩配合，加强梁侧模刚度及强度。

（3）支梁木模时应遵守边模包底模的原则。梁模与柱模连接处，应考虑梁模板吸湿后长向膨胀的影响，下料尺寸一般应略为缩短，使木模在混凝土浇筑后不致嵌入柱内。

（4）木模板梁侧模下口必须有夹条木，钉紧在支柱上，以保证混凝土浇筑过程中，侧模下口不致炸模。

（5）梁侧模上口模横档（次龙骨），应用斜撑双面支撑在支柱顶部。如有楼板，则上口横档应放在板模龙骨下。

（6）梁模用木模时尽量不采用黄花松或其他易变形的木材制作，并应在混凝土浇筑前充分用水浇透。

（7）模板支立前，应认真涂刷隔离剂两遍。

（8）当梁底距地面高度过高（一般为5 m以上）时，宜采用脚手钢管扣件支模或桁架支模。

（9）花篮梁模板一般可与预制楼板吊装相配合，注意这种模板支柱应能承受预制楼板重量、混凝土重量及施工荷载，同时应注意混凝土浇筑时模板支撑系统不得变形。

13. 构造柱模板缺陷的预防措施

（1）不得使用周转次数多、刚度差的胶合板模板，模板采用50 mm×100 mm方木作横肋，设穿墙螺栓以ϕ48钢管作围檩收紧。

（2）构造柱上口开设斜槽浇捣口，用小直径振动棒将混凝土振捣密实，严禁用器具撞击模板。

（3）混凝土坍落度不宜过大，浇捣口部位分层用微膨胀混凝土填实。

14. 板模板缺陷的预防措施

（1）楼板模板下的龙骨和牵杠木应由模板设计计算确定，确保有足够的强度和刚度，支承面要平整。

（2）支撑材料应有足够强度，前后左右相互搭牢增加稳定性；支撑如撑在软土地基上要采取措施消除泥地受潮后可能发生的下沉。

（3）板模板应按规定要求起拱。钢木模板混用时，缝隙必须嵌实，并保持水平一致。

（4）木模板的板模与梁模连接处，板模应铺到梁侧模外口齐平，避免模板嵌入梁混凝土内，以便于拆除。

15. 楼梯模板缺陷的预防措施

（1）侧帮在梯段处可用钢模板，以 2 mm 厚薄钢板模和 8 号槽钢点焊连接成型，每步两块侧帮必须对称使用，侧帮与楼梯立帮用“U”形卡连接。

（2）底模应平整，拼缝要严密，符合施工规范要求，若支撑杆细长比过大，应加剪刀撑撑牢。

（3）采用胶合板组合模板时，楼梯支撑底板的木龙骨间距宜为 300～500 mm，支承和横托的间距宜为 800～1 000 mm，托木两端用斜支撑支柱，下用楔块楔紧，斜撑间用牵杠互相拉牢，龙骨外面钉上外帮侧板，其高度与踏步口齐，踏步侧板下口钉一根小支撑，以保证踏步侧板的稳固。

16. 雨篷模板缺陷的预防措施

（1）认真识图，进行模板翻样，重视悬挑雨篷的模板及其支撑，确保有足够的承载能力、刚度及稳定性。

（2）雨篷底模板根部应覆盖在梁侧模板上口，其下用 50 mm×100 mm 木方顶牢，混凝土浇筑时，振点不应直接在根部位置。

（3）悬挑雨篷模板施工时，应根据悬挑跨度将底模向上反翘 2～5 mm，以抵消混凝土浇筑时产生的下挠变形。

（4）悬挑雨篷混凝土浇筑时，应根据现场同条件养护制作的试件，当试件强度达到设计强度的 100%以上时，方可拆除雨篷模板。

二、混凝土施工中的质量问题的预防措施

1. 混凝土强度不够、均质性差的预防措施

（1）水泥应有出厂合格证，新鲜无结块，过期水泥应经试验合格后才可使用。

（2）砂和石子的粒径、级配、含泥量应符合要求。

（3）严格控制混凝土配合比，保证计量准确。

（4）混凝土应按顺序拌制，保证搅拌时间和拌匀。

（5）防止混凝土早期受冻，冬期施工用普通水泥配制混凝土，强度达到 30%以上，矿渣水泥配制的混凝土达到 40%以上，才可遭受冻结。

（6）按施工规范要求认真制作混凝土试块，并加强对试块的管理和养护。

2. 混凝土蜂窝的预防措施

（1）认真设计，严格控制混凝土配合比，经常检查，做到计量准确。

（2）混凝土拌和均匀，坍落度适合。

（3）混凝土下料高度超过 2 m 应设串筒和溜槽。

（4）浇灌应分层下料，分层捣固，防止漏振。

（5）模板缝应堵塞严密，浇灌中应随时检查模板支撑情况，防止漏浆。

（6）基础、柱、墙根部应在下部浇完间歇 1～1.5 h，沉实后再浇上部混凝土，避免出现“烂脖子”。

3. 混凝土麻面的预防措施

（1）模板表面清理干净，不得粘有干硬水泥砂浆等杂物。

（2）浇灌混凝土前，模板应浇水充分湿润，模板缝隙，应用油毡纸、腻子等堵严。

（3）模板隔离剂应选用长效的，涂刷均匀，不得漏刷。

（4）混凝土应分层均匀振捣密实，至排除气泡为止。

4. 混凝土孔洞的预防措施

（1）在钢筋密集处及复杂部位，采用细石子混凝土浇灌，充满模板空间，认真分层振捣密实或配人工捣固。

（2）预留孔洞，应两侧同时下料，侧面加开浇灌口，严防漏振。

（3）砂石中混有黏土块、模板工具等杂物掉入混凝土内，应及时清除干净。

5. 混凝土漏筋的预防措施

（1）浇灌混凝土，应保证钢筋位置和保护层厚度正确，并加强检查。

（2）钢筋密集时应选用适当粒径的石子，保证混凝土配合比准确和良好的和易性。

（3）浇灌高度超过 2 m，应用串筒和溜槽进行下料，以防止离析。

（4）模板应充分湿润并认真堵好缝隙；混凝土振捣严禁撞击钢筋，在钢筋密集处应仔细振捣。

（5）操作时避免踩踏钢筋，如有踩弯或脱扣等及时调直修整。

（6）保护层混凝土要振捣密实。

（7）正确掌握脱模时间，防止过早拆模，碰坏棱角。

6. 混凝土疏松、脱落的预防措施

（1）木模板在混凝土浇筑前应湿透。

（2）炎热季节浇筑混凝土后应适当护盖浇水养护。

（3）冬期低温浇筑混凝土后应护盖保温防冻。

7. 混凝土松散的预防措施

（1）混凝土配合比设计，水灰比不要过大，以减少泌水性，同时应使混凝土拌合物有良好的保水性。

（2）在混凝土中掺加加气剂或减水剂，减少用水量，提高和易性。

（3）混凝土振捣时间不宜过长，应控制在 20 s 以内，不产生离析。

（4）混凝土浇至顶部时应排除泌水，并进行二次振捣和二次抹面。

（5）连续浇筑高度较大的混凝土结构时，随着浇筑高度的上升，分层减水。

（6）采用真空吸水技术，将多余游离水分吸去，提高顶部混凝土的密实性。

8. 混凝土缝隙和薄夹层的预防措施

（1）认真按施工验收规范要求处理施工缝表面。

（2）接缝处锯屑、泥土、砖块等杂物应清理干净。

（3）混凝土浇灌高度大于 2 m 应设串筒和溜槽。

（4）接缝处浇灌前应先浇 5～10 cm 厚原配合比无石子砂浆，或 10～15 cm 厚减半石子混凝土，以利接合良好，并加强接缝处混凝土的振捣密实。

9. 混凝土缺棱掉角的预防措施

（1）木模板在浇筑混凝土前应充分湿润，混凝土浇筑后应认真浇水养护。

（2）拆除侧面非承重模板时，混凝土应具有 1.2 MPa 以上强度。

（3）吊运模板，防止撞击棱角，运输时，将成品阳角用草袋等保护好，以免碰损。

10. 混凝土凹凸、鼓胀的预防措施

（1）模板支架及斜撑必须支撑在坚实地基上并有足够的支撑面积，以保证不发生下沉。

（2）柱模板应有足够数量的柱箍。

（3）混凝土浇筑前应仔细检查支撑是否牢固，穿墙螺栓是否锁紧，发现松动及时处理。

（4）墙浇筑混凝土时应分层进行，首层浇筑厚度为 50 cm，然后均匀捣实。

（5）上部每层浇筑厚度不得大于 1.0 m。

（6）防止一次下混凝土过多。

（7）为防止组合柱浇筑混凝土时发生鼓胀，应在外墙每隔 1 m 左右设两根拉条，与组合柱模板或内墙拉结。

11. 混凝土烂脖子的预防措施

（1）基础、柱、墙根部应在下部台阶（板或底板）混凝土浇筑完间歇 1.0～1.5 h，沉实后，再浇上部混凝土，以阻止根部混凝土向上滑动。

（2）基础台阶或柱、墙浇筑前，应先沿上部基础台阶或柱、墙模板底圈做成内外坡度，待上部混凝土浇筑完毕再将下部台阶或底板混凝土铲平、拍实、拍平。

12. 剪力墙混凝土烂根的预防措施

（1）对于混凝土水灰比过大而造成的烂根，应调整混凝土的水灰比，一般预拌泵送混凝土水灰比控制在≤0.45，使混凝土内的浆液稠度增大，保证在振动过程中混凝土内的浆液对石子有合适的浮力，从而达到放模的混凝土浆液和石子重新均匀布置、混凝土内的砂浆能充满模壳的所有空间，达到消除因混凝土水灰比过大而产生烂根的目的。

（2）对于剪力墙根部楼面混凝土不平漏浆而造成烂根，应在浇筑楼层混凝土时，严格按标高控制现浇板的厚度和平整度，将墙边外侧 25 cm 宽度范围内用 2 m 以上长度的刮杠，按标高刮平。在支模前沿墙边线粘贴单面胶海棉条，保证墙侧模安装校正后，与现浇板面严密无缝隙。

（3）对于墙侧模根部跑模漏浆而造成烂根，应准确计算墙体根部的模板侧压力，要有可靠的固定措施，通常可在现浇墙内加设对拉螺栓固定，约束墙体侧模向外变形。在墙体混凝土浇筑前，要严格检查验收，确保支模质量合格。混凝土浇筑过程中，要有专人看模，发现异常，要立即暂停浇灌，校正加固后方可继续浇筑。

（4）对于入模高度过大，混凝土浆石分离而造成烂根，应设法降低混凝土入模的高度，如可采用窜筒入模法；混凝土浇筑时，宜先在底部铺 5～10 cm 厚的与混凝土同强度等级的无石子砂浆；相对固定混凝土入模的部位，用振动棒边振动边将混凝土向前推引，自然向前流淌的混凝土可避免浆石分离。以上方法同时使用，完全可以避免烂根发生。

（5）对于墙根部欠振而造成烂根，应挑选有一定振捣经验的、有高度责任心的技术熟练的工人操作；前后班交接时，必须有质量监督或技术管理人员参加，组织好交接程序，前班人员给后班人员交代清楚已振和未振部位，并形成书面交接记录；认真编写混凝土浇筑方案，合理安排浇筑流程和流向，根据推进速度安排足够振捣人员，保证在规定的时间内振捣完毕。

（6）对于墙根部侧面水平钢筋紧贴模板造成烂根，应在浇筑现浇混凝土板前，认真放出上层墙身线，用钢筋定位卡具，准确固定出现浇板面的墙身钢筋位置。

（7）对于墙根部积水而造成烂根，应严格控制润泵水入模，将润泵砂浆均匀布在墙内，其厚度不宜大于 10 cm，及时排放淤积的泌水。

13. 框架柱混凝土烂根的预防措施

（1）模板支设。

1）模板支设之前，柱子钢筋外侧需挂砂浆垫块，以保证钢筋保护层厚度。

2）支设模板要牢固可靠、密实。

3）框架柱根部模板应挤拼密实，采用水泥砂浆护角封堵。

4）根部留设清扫口，混凝土浇筑之前将其根部杂物清扫干净。

（2）混凝土浇筑。

1）混凝土坍落度应保持在 180～200 mm。

2）混凝土浇筑之前应浇水对其模板、钢筋进行湿润。

3）混凝土浇筑时应提前浇筑 50～100 mm 厚与混凝土成分相同的水泥砂浆。

4）混凝土应分层浇筑，尤其是根部混凝土一次性浇筑高度不得超过 1 000 mm。

5）采取“上打下敲”的方法，避免出现混凝土不密实的现象发生。

6）梁板柱混凝土一并浇筑时，应先浇筑柱子混凝土，浇筑至梁底 50 mm 处，待柱子混凝土浇筑完毕后，再进行梁板混凝土浇筑。

7）混凝土浇筑时管理人员必须到场指挥监督。

（3）混凝土振捣。

1）应做好技术交底。

2）选择技术熟练、责任心强的振捣工进行混凝土振捣。

14. 混凝土板表面不平整的预防措施

(1) 模板应有足够的强度、刚度和稳定性，应支在坚实地基上，有足够的支撑面积，并防止浸水，以保证不发生下沉。

(2) 严格按施工规范操作，灌注混凝土后，应根据水平控制标志或弹线用抹子找平、压光，终凝后浇水养护。

(3) 混凝土强度达到 1.2 MPa 以上，方可在已浇结构上走动。

15. 后浇带混凝土疏松、开裂、渗漏等质量通病的预防措施

(1) 预留清理空间。

为方便后期清理后浇带内垃圾应预先留置清理空间，可在垫层浇筑时将后浇带内混凝土标高适当下移，并可在地梁侧面预留一定空间以保证人工进入。

(2) 底板混凝土施工阶段。

模板应采用快易收口网施工技术，其自身的孔网角形嵌合在浇筑混凝土时会自动嵌入从而形成永久模板，且该类网体易于定型而降低施工难度，同时采用该技术可减少蜂窝、麻面的生成，其收口孔眼在混凝土浇筑后可留设在表层而形成粗糙面，实现新旧混凝土间的良好粘结。

在混凝土浇筑时应结合厚度采取分层浇筑、分层振捣的措施，并控制振捣过程中振捣器距离模板间距和振捣时间，以免振捣过程中水泥浆流失严重。若后浇带内留设垂直施工缝则该部分可采用钢钎进行捣实。

(3) 后浇带防水施工。

后浇带防水包括底板防水和墙体防水。底板防水应先在垫层上施工一道防水以增强其抗渗效果，并在后浇带两侧设置挡水墙以防雨雪水进入后浇带，并应在外墙后浇带外砌筑挡土墙以方便土方及时回填。在后浇带施工过程中可采取无收缩混凝土进行浇筑，并应将后浇带断面进行凿毛处理后用高压水枪冲洗以将表面杂物清除干净，并应留置止水带以提高防水效果。

(4) 后浇带内混凝土施工。

若仅考虑混凝土的收缩变形，后浇带浇筑应在两个月之后，两侧混凝土可完成 60%以上收缩；若按沉降变形考虑则应在高层主体结构施工完成之后进行，将高层的差异沉降放过一部分，以减小后期混凝土差异沉降量。

浇筑时间也应该根据地基情况及其他情况区别对待。当采用天然地基，或以摩擦桩为主的桩基时，应在主体结构完成后再进行后浇带施工；当主体在卵石或基岩上或以端承桩为主的桩基时，主体结构达到一定高度方可浇筑后浇带。

由于后浇带内混凝土多采用具有伸缩性的混凝土，因而其必须在两侧混凝土龄期达到 60 d 后方可浇筑。若后浇带具有沉降性质则应待全部墙体施工完成后方可进行浇筑，或结合沉降观测数据，待沉降满足一定要求后方可进行浇筑。

后浇带混凝土的入模温度应低于两侧混凝土入模温度，浇筑前应将两侧侧板冲水湿润，将内部垃圾彻底清除干净。若钢筋存在锈蚀现象则必须进行除锈，并应将旧混凝土面浮浆清除、将旧混凝土表面进行凿毛后将表面微粒清除。浇筑时应保证后浇带内混凝土浇筑面稍高于两侧混凝土面。

后浇带内混凝土应采用无收缩或微膨胀混凝土，其强度等级应高于两侧混凝土一个等级，混凝土膨胀率应控制在 0.035%～0.045%，膨胀剂掺加率应为 10%～12%，不宜超过 15%，其他外掺剂用量也应通过试验确定。掺加外加剂的混凝土应严格计量各种原料，拌和过程中应充分搅拌以确保拌和均匀而具有良好的工作性能。混凝土运输过程中应严格防止漏浆、分层和离析，且混凝土应随拌随用。

后浇带部位混凝土浇筑应自上而下逐层进行，应确保浇筑后的混凝土无蜂窝、孔洞、漏筋、缝隙及夹渣等质量问题。待浇筑后的混凝土初凝后应在 12 h 内进行覆盖养护，养护时间不得少于 14 d，养护期间应保持混凝土湿润。

（5）钢筋处理。

施工所用钢筋应经过严格审查，合格后方可使用。施工中钢筋接头位置和数量应满足设计和规范要求，并保证同一构件内同一受力面内钢筋接头数量不超过一个。由于后浇带内钢筋数量众多，因而施工中应制作专用钢筋支架以保证对后浇带内钢筋逐一固定，并应绑扎牢固。后浇带底部钢筋应采用塑料垫块以控制保护层厚度，接槎部位模板应结合钢筋位置逐一进行切槽处理以保证钢筋位置正确、牢固地嵌入槽内。后浇带内梁和板的受力钢筋应先将其断开后再进行搭接。由于施工中梁体部位钢筋搭接、焊接处理难度较大，而焊接质量不能保证则会导致结构的安全隐患，因而遇到需截断梁体钢筋数量较多时，若存在没有断开的钢筋则会妨碍混凝土收缩，因此可将梁顶部钢筋在搭接后再次进行补焊，而梁底部钢筋则可不断开以利于加大配筋规格。该种措施不仅可减少因不全部断开梁体钢筋而导致对混凝土的收缩，并可避免全部断开梁钢筋而导致施工过程中处理钢筋的难题。

（6）垂直施工缝的处理。

若施工中垂直施工缝采用快易收口网，则可在混凝土初凝后用高压水将模板表面冲洗干净，而避免将模板拆除。若施工缝采用钢丝网模板则待混凝土初凝后用高压水冲洗，将表面浮浆等冲洗，直至露出内部骨料，同时应将钢丝网片冲洗干净，待混凝土终凝后可将钢丝网拆除并立即用高压水再次冲洗施工缝表面。若施工缝采用木模板则可结合现场实际和规范要求待混凝土浇筑后尽早拆除模板，并及时用人工凿毛或用高压水冲洗表面。若施工缝部位混凝土存在较严重的蜂窝或孔洞现象则应及时进行修补，若混凝土表面已硬化则应用人工凿毛或用凿毛机进行处理。

（7）后浇带结构类型。

对建筑存在高低差时则应在高低连接部位设置后浇带，并应采用高低缝的形式，该种类型后浇带模板支护和拆除均较容易，并增长其抗渗路线，同时易保证截面间的结合质量。后浇带内配筋率和后浇带宽度应能保证基础和上部结构能承担高层主体一部分沉降后，该部位第二次差异沉降面产生的内力和温度变形所产生的内力，结合计算的差异沉降量和最大温差在配筋上给予补强。

16. 混凝土裂缝的预防措施

（1）塑性裂缝。

1）配制混凝土时，应严格控制水灰比和水泥用量，选择级配良好的石子，减小孔隙率和砂率；同时，要振捣密实，以减少收缩量，提高混凝土抗裂度。

2）浇筑混凝土前，将基层和模板浇水湿润。

3）混凝土浇筑后，对裸露表面应及时用潮湿材料覆盖，认真养护。

4）在气温高、湿度低或风速大的天气施工，混凝土浇筑后，应及早进行喷水养护，使其保持湿润；大面积混凝土宜浇完一段，养护一段。此外，要加强表面的抹压和养护工作。

5）混凝土养护可采用表面喷养护剂，或覆盖湿草袋、塑料布等方法；当表面发现微细裂缝时，应及时抹压，再覆盖养护。

6）设挡风设施。

（2）干缩裂缝。

1）尽量选用低热或中热水泥（如矿渣水泥、粉煤灰水泥）配制混凝土；或混凝土中掺适量粉煤灰；或利用混凝土的后期强度，降低水泥用量，以减少水化热量。

2）选用良好级配的骨料，并严格控制砂、石子含泥量，降低水灰比，加强振捣，以提高混凝土的密实性和抗拉强度。

3）在混凝土中掺加缓凝剂，减缓浇筑速度，以利于散热，或掺木钙、减水剂，以改善和易性，减少水泥用量。

4）避开炎热天气浇筑大体积混凝土。必须在热天浇筑时，可采用冰水或深井凉水拌制混凝土，或设置简易遮阳装置，并对骨料进行喷水预冷却，以降低混凝土搅拌和浇筑的温度。

5）分层浇筑混凝土，每层厚度不大于 30 cm，以加快热量散发，并使温度分布均匀，同时也便于振捣密实。

6）大体积混凝土适当预留一些孔道，采取通冷水或冷气降温。

7）大型设备基础采取分块分层间隔浇筑（间隔时间 5～7 d），分块厚度 1～1.5 m，以利水化热散发和减少约束作用；或每隔 20～30 m 留一条 0.5～1.0 m 宽的临时间断缝（后浇带），40 d 后再用干硬性细石混凝土浇筑，以减少温度收缩应力。

8）浇筑混凝土后，表面应及时用草袋、锯末、砂等覆盖，并洒水养护。厚大基础可采取灌水养护（或在混凝土表面四周砌一皮砖进行灌水养护）。

夏季应适当延长养护时间，使之缓慢降温。在寒冷季节，混凝土表面应采取保温措施，以防寒潮袭击。拆模时，块体中部和表面温差不宜大于 20℃，以防止急剧冷却造成表面裂缝。基础混凝土拆模后要及时回填。

9）在岩石地基或较厚大的混凝土垫层上浇筑大体积混凝土时，可在岩石地基或混凝土垫层上浇沥青胶并撒铺 5 mm 厚或铺两层沥青油毡纸，以消除或减少约束作用。

10）蒸汽养护构件时，控制升温速度不大于 25℃/h，降温速度不大于 20℃/h，并缓慢揭盖，及时脱模，避免引起过大的温度应力。

（3）不均匀沉陷裂缝。

1）对松软土、填土地基应进行必要的夯实和加固。

2）避免直接在松软土或填土上制作预制构件，经压夯实处理后作预制场地。

3）构件制作场地周围应做好排水措施，并注意防止水管漏水或养护水浸泡地基。

4）模板应支撑牢固，保证有足够强度和刚度，并使地基受力均匀。拆模时间不能过早，应按设计或规范执行。

三、地基基础施工中的质量问题的预防措施

在地基处理和加固的施工中，必须严格按照设计要求和规范施工，确保质量。

1. 地基局部松软土的处理

当遇到填土、墓穴、淤泥等局部松软土时，如果坑的范围较小，其处理方法如下：

（1）将坑中松软虚土挖除，使坑底及四壁均见到天然土。

（2）采用与坑边的天然土层压缩性相近的材料回填。如天然土为较密实的黏土，可用 3∶7 灰土分层回填夯实；如为中密的可塑黏土或新近沉积黏土，则可用 1∶9 或 2∶8 灰土分层回填夯实。

当坑的范围较大或因其他条件限制，基槽不能开挖太宽，槽壁挖不到天然土层时，则应将该范围内的基槽适当加宽。

如果坑在槽内所占的范围较大（长度≥5 m），且坑底土质与槽底土质相同，也可将基础落深，做 1∶2 踏步与两端相接，踏步多少根据坑深而定，但每步高不大于 0.5 m，长度不小于 1.0 m。

在独立基础下，如松土坑的深度较浅时，可将松土坑内的松土全部挖除，将柱基落深；如松土坑较深时，可将一定深度范围内的松土挖除，然后用与坑边天然土压缩性相近的材料换填。

对于较深的松土坑（如坑深大于槽宽或大于 1.5 m 时），槽底处理后，还应考虑是否需要加强上部结构的强度，以抵抗由于可能发生的不均匀沉降而引起的内力。常用的处理方法是：在灰土基础上 1～2 皮砖处（或混凝土基础内）、防潮层下 1～2 皮砖处及首层顶板处配置 3～4 根直径 8～12 mm 的 HRB335 钢筋。

2. 枯井的处理

当枯井在基槽中间，井内填土已较密实，则先将井壁（或砖圈）挖去，至基槽底下 1 m（或更多些）。在此拆除范围内用 2∶8 或 3∶7 灰土分层夯实至槽底。

当枯井的直径大于 1.5 m 时，则应适当考虑加强上部结构的强度，如在墙内配筋或做地基梁跨越枯井。

若井在基础的转角处，除采用上述拆除回填的方法处理外，还应对基础加强处理。如采取从基础中挑梁的办法来解决；或者将基础延伸，再在基础墙内配筋或钢筋混凝土梁来加强。

3. 橡皮土的处理

黏土且含水量很大趋于饱和时，夯拍后会使土变成踩上去有一种颤动感觉的橡皮土。如发现地基土含水量很大趋于饱和时，要避免直接夯拍，可采用晾槽或掺石灰粉的办法来降低土的含水量。如已出现橡皮土，可铺填一层碎砖或碎石将土挤紧，或将颤动部分的土挖除，填以砂土或级配砂石。

四、砌筑施工中的质量问题的预防措施

1. 砌筑砂浆质量问题的预防措施

（1）水泥砂浆采用的水泥，在使用前要进行抽样测试，合格后方可使用。

（2）不同品种的水泥不能混用。这是由于各种水泥成分不一，混合使用后往往会发生材性变化和强度降低现象，引起工程事故。

（3）砂浆中砂的泥含量应符合规范的规定。

（4）严格控制配合比。按规范中有关砂浆配比的规定，认真计算配合比，在搅拌时必须认真计量，水泥、外加剂计量的允许偏差应控制在±2%以内，砂、石灰膏、生石灰计量的允许偏差应控制在±5%以内。建立施工计量工具校检、维修、保管制度。

（5）为改善砂浆的和易性及保水性，常掺入石灰膏作为塑化剂。生石灰熟化成石灰膏时，应用网过滤，熟化时间不少于 7 d，储存的石灰膏应经常浇水，保持湿润，防止干燥、冻结和污染。严禁使用脱水硬化的、受冻的、污染的石灰膏。

（6）砂浆必须随拌随用。一般气温情况下，水泥砂浆和混合砂浆分别不超过 2 h 和 3 h 用完。严禁隔日砂浆不经处理而继续使用。

（7）砂浆强度等级要按规定到现场随机抽样制作试块，以标准养护 28 d 的抗压试验结果为准。

（8）砂浆宜采用机械搅拌，搅拌时间要符合规范要求。

2. 砌体质量问题的预防措施

砌体用砖必须先抽样检测，合格后方可用于砌墙，凡不合格砖块严禁入场和使用；对已进场的砖须检查，剔除不合格的砖块；砌砖前和砌砖中要加强砖浇水的工序管理，设专人浇水，并提出浇砖方法和要求。砌筑砖砌体时，普通砖、空心砖应提前浇水湿润，含水率宜为 10%～15%；灰砂砖、粉煤灰砖含水率宜为 8%～12%。现场检验砖含水率的方法一般采用断砖法。

3. 砌筑过程中常见问题的预防措施

（1）砌筑方案错误的预防措施。

为了保证砖砌体的整体性，应严格按规范进行施工，规范要求在砌筑砖砌体时应上、下错缝，内外搭接，实心砖砌体可采用一顺一丁、梅花丁或三顺一丁的组砌形式，特别是不得采用包心砌法。工长应加强管理，认真协调好交接面处的施工顺序，明确责任。

（2）纵横墙接槎不牢的预防措施。

砖混建筑施工中，砌体的转角处和交接处的牢固性是保证房屋整体性的关键。规范要求砖砌体的转角处和交接处应同时砌筑，严禁无可靠措施的内外墙分砌施工。对不能同时砌筑而又必须留置的临时间断处应砌成斜槎。若留斜槎确有困难，除转角外，也可留直槎，但必须是凸槎，并沿墙高每隔不大于 500 mm 的距离加设拉结筋，其埋入长度每边均不得小于 500 mm。砖砌体的施工临时间断处的接槎部位本身就是受力薄弱环节，必须清理、润湿并填实砂浆。

（3）灰缝砂浆不饱满的预防措施。

水平灰缝的砂浆饱满程度对砌体强度和整体性影响很大，竖向灰缝对砌体抗剪强度影响显著。水平灰缝的砂浆饱满程度不得小于 80%；如果竖向灰缝不饱满则砌体的抗剪强度将降低 40%～50%。具体措施如下：

1）改善砂浆的和易性是确保灰缝砂浆饱满和提高粘结强度的关键。

2）改进砌筑方法。如采用“三一砌砖法”，即“一铲灰、一块砖、一揉挤”。

3）严禁用干砖砌墙。

（4）清水墙面质量问题的预防措施。

严格按施工工艺要求进行施工。砌墙前要在建筑物的四角和长度方向的中间立好皮数杆，并根据设计要求，将砖和砌块的规格及灰缝厚度在皮数杆上标明，并将竖向构造变化部位注明，灰缝的厚度应控制在 8～12 mm；断砖必须及时随整砖分散砌筑在内墙和受力较小的部位，不得砌在窗间墙或受力较大的墙垛处，也不能砌成四皮以上通缝。

4. 墙体局部损坏事故的预防措施

（1）墙体裂缝的预防措施。

1）温度裂缝的预防措施。温度裂缝在砌体结构中经常出现，虽然它不会造成过大的结构事故，但影响房屋的美观、适用性和耐久性，进而削弱墙体的承载能力和整体性。防范这种裂缝的主要措施有：

①建筑物温度伸缩缝的间距应满足《砌体结构设计规范》（GB 50003—2011）的规定。

②屋盖上设置保温层或隔热层。

③女儿墙与保温层宜软连接（设伸缩缝）。

④屋面应设置分格缝。

⑤顶层砌体门、窗洞口增加配筋。

⑥顶层砌体门、窗洞口粘贴“L”形钢筋网片，内外敷设。

⑦加大顶层砌体砌筑砂浆强度。

⑧顶层砌体门、窗洞口加小构造柱、小圈梁，与建筑物构造柱、圈梁连接为整体。

⑨加强施工工艺与施工技术，组砌按规范要求接槎，严禁使用碎砖。

⑩砌筑砂浆级配合理且必须饱满，加强墙体的整体性。

2）沉降裂缝和荷载裂缝的预防措施。裂缝影响房屋的美观、适用性和耐久性，严重的裂缝还会导致建筑物倒塌，必须从设计、施工和维修方面采取防范措施。防止裂缝的基本原则归结起来有以下几点：

①从设计开始防范。

②保证施工质量，遵守施工操作规程，严格按图施工，加强材料配置方面的管理。施工时合理安排施工顺序，对立面高低悬殊、荷载变化较大的建筑，应分期分阶段组织施工。一般应先施工荷载大的高层，后施工荷载较小的低层；先施工深基础，后施工浅基础，避免增加新的附加应力。对于沉降速度较慢的软土地基，需辅以其他措施，如在软土地基打砂桩、顶压等加速沉降。

③在建筑物使用期间，要经常检查、维修排水设施；要定期检查地下水管和暖气管道等隐蔽的有水管道的密封情况，出现问题及时处理。

（2）墙体渗漏事故的预防措施。

墙体施工时应加强管理，砌筑工需先经培训学习砌砖法后再上岗，及时封堵墙面的一切孔洞；嵌堵窗框缝隙时应先清洗接触面，然后在砂浆中加入一定量的胶体将缝隙嵌堵密实，窗套外口应做滴水槽，宽 10 mm，深 10 mm；对悬挑板应注意在底部抹灰时做好滴水槽，滴水槽距外边线 20 mm，槽深 10 mm，宽 10 mm，斜挑部分的外口和根部都要做滴水槽；铁件预埋前均应除锈，外露部分要涂刷优质防锈漆，待预埋件周围砂浆硬化后填嵌柔性防水密封胶，预埋件在砂浆没有硬化前，严禁碰撞和敲动。

（3）砌体局部倒塌事故的预防措施。

多数倒塌事故均与设计和施工两方面的原因有关。设计时要按照规范要求，施工时必须严格按施工工艺要求进行。一般民用建筑如住宅，由于有较密的横墙，横墙对纵墙有支撑作用，纵横墙的自由高度均较小，不会发生因墙体自由高度过大而失稳的破坏；对横墙较少而层高较大的一些建筑，尤其是工业建筑中没有横墙的厂房、仓库等，山墙的自由高度较大，施工时应引起足够的重视，尚未安装楼屋面板的墙、柱应适当加设支撑，控制其自由高度，防止遇大风而将墙体吹倒。这类事故均需经设计复核后，严格按照施工规范的要求重建。

五、钢筋施工中的质量问题的预防措施

1. 钢筋表面锈蚀的预防措施

（1）钢筋原料应存放在仓库或料棚内，保持地面干燥。

（2）钢筋必须用混凝土墩、砖或垫木垫起，离地面 200 mm 以上。

（3）库存堆放期尽量缩短，原则上先进库的先使用。

（4）工地临时保管钢筋原料时，应选择地势较高、地面干燥的露天场地，场地四周要有排水措施；根据天气情况，必要时加盖遮雨措施。

2. 钢筋成型尺寸不准的预防措施

（1）加强钢筋配料管理工作，根据单位设备情况和传统操作经验，预先确定各种形状钢筋下料长度调整值，配料时事先考虑周到。

（2）为了画线简单和操作可靠，要根据实际成型条件，制定一套画线方法以及操作时搭板子的位置规定备用。

（3）对于形状比较复杂的钢筋，如要进行大批成型，最好先放出实样，并根据具体条件预先选择合适的操作参数（画线过程、扳距取值等）以做示范。

3. 同一连接区段内钢筋接头过多的预防措施

（1）清楚规范中规定的“同一连接区段”含义。

（2）轴心受拉和小偏心受拉杆件中的受力钢筋接头不得采用绑扎。

（3）配料时按下料单钢筋编号再划出几个分号，注明哪个分号与哪个分号搭配，对于同一组搭配而安装方法不同的，要加文字说明。

（4）分不清钢筋所处部位是受拉区或受压区时，接头设置应按受拉区的规定。

（5）同一构件中相邻纵向受力钢筋的绑扎搭接接头宜相互错开。

钢筋绑扎搭接接头连接区段的长度为 1.3 倍搭接长度，凡搭接接头中点位于该连接区段长度内的搭接接头均属于同一连接区段。同一连接区段内纵向钢筋搭接接头面积百分率为该区段内有搭接接头的纵向钢筋截面面积与全部纵向钢筋截面面积的比值。

位于同一连接区段内的受拉钢筋搭接接头面积百分率：对梁类、板类及墙类构件，不宜大于 25%；对柱类构件，不宜大于 50%。当工程中确有必要增大受拉钢筋搭接接头面积百分率时，对梁类、板类及墙类构件，不宜大于 50%；对柱类构件，可根据实际情况放宽。

4. 钢筋绑扎搭接接头松脱的预防措施

（1）钢筋搭接处应用钢丝扎紧。扎结部位在搭接部分的中心和两端，共三处。

（2）搬运钢筋骨架应轻抬轻放。

（3）尽量在模内或模板附近绑扎搭接接头，避免搬运有搭接接头的钢筋骨架。

5. 钢筋绑扎节点松扣的预防措施

一般采用 20～22 号钢丝作为绑线。绑扎直径 12 mm 以下钢筋宜用 22 号钢丝；绑扎直径 12～16 mm 钢筋宜用 20 号钢丝；绑扎梁、柱等直径较大的钢筋可用双根 22 号钢丝，也可利用废钢丝绳烧软后破开钢丝充当绑线。

绑扎时要尽量选用不易松脱的绑扣形式，例如，绑平板钢筋网时，除了用一面顺扣外，还应加一些十字花扣；钢筋转角处要采用兜扣并加缠；对竖立的钢筋网，除了十字花扣外，也要适当加缠。

6. 钢筋套筒接头露丝的预防措施

（1）同径或异径接头连接时，应采用二次拧紧连接方法；单向可调，双向可调接头连接时，应采用三次拧紧方法。连接水平钢筋时，必须先将钢筋托平对正，用手拧紧，再按规定的力矩值，用力矩扳手拧紧接头。

（2）连接完的接头必须立即用油漆做上标记，防止漏拧。

（3）对外露丝扣超过一个完整扣的接头，应重新拧紧接头或进行加固处理，可采用电弧焊贴角焊缝加以补强。补焊的焊缝高度不小于 5 mm，焊条可选用 E5015，当连接钢筋为 HRB400 级钢筋时，必须先做可焊性试验，经试验合格后，方可采用焊接补强方法。

7. 接套筒的钢筋断丝、生锈、接头顶部不平的预防措施

（1）对操作工人进行培训，取得合格证后再上岗，操作时加强其责任心。

（2）下料时保证钢筋断面与钢筋轴线垂直，接头顶部应打磨，不宜用气割切断钢筋。

（3）套丝必须用水溶性切削冷却润滑液，不得用机油润滑或不加润滑油套丝。

（4）钢筋套丝质量必须用牙形规与卡规检查，钢筋的牙形必须与牙形规相吻合，其小端直径必须在卡规上标出的允许误差之内，锥螺纹丝扣完整牙数不得小于规范的规定。

（5）钢筋套丝质量必须逐个用牙形规与卡规检查。经检查合格后，应立即将其一端拧上塑料保护帽，另一端按规定的力矩数值，用扳手拧紧连接套。

（6）对丝扣有损坏的，应将其切除一部分或全部重新套丝。

8. 箍筋间距不一致、加密区未加密、未套住主筋的预防措施

根据构件配筋情况，预先算好箍筋实际分布间距，供绑扎钢筋骨架时作为依据。有时，也可以按图纸要求的间距，从梁的中心点向两端画线，做到间距一致。

9. 钢筋遗漏的预防措施

（1）绑扎钢筋骨架之前要基本上记住图纸内容，并按钢筋材料表核对配料单和料牌，检查钢筋规格是否齐全难确，形状、数量是否与图纸相符。

（2）在熟悉图纸的基础上，仔细研究各号钢筋绑扎安装顺序和步骤。

（3）整个钢筋骨架绑完后，应清理现场，检查有没有某号钢筋遗留。

10. 骨架歪斜的预防措施

（1）按设计规范规定，柱（一般指偏心受压柱）的截面高度（截面的长边长度）大于或等于 600 mm 时，在侧面应设置直径为 10～16 mm 的纵向构造钢筋，并相应地设置复合箍筋或拉筋；当柱子各边纵向钢筋多于 3 根时，应设置复合箍筋（但当柱子截面的短边长度不大于 400 mm 且纵向钢筋不多于 4 根时，可不设置复合箍筋），以使大部分纵向钢筋能被箍筋套住且位于箍筋转角处。有时图纸上并未按以上规定设置纵向构造钢筋或复合箍筋，则在施工时要加上，以改善钢筋骨架的牢靠程度，防止歪斜。

（2）加强钢筋骨架的保护和管理工作。

11. 钢筋保护层厚度不够、施工保护不足、钢筋移位的预防措施

（1）钢筋下料前，和图纸进对比，并到现场实际测量，核对好再下料。

（2）做好保护措施，浇筑混凝土时搭设马道、垫板，减少对钢筋网的破坏。

（3）钢筋施工，时刻用吊坠量垂直度，钢筋位置不要移位，发现移位和偏移，浇筑混凝土前纠正过来。在施工的时候，增加定位筋或者定位桩。

12. 露筋的预防措施

砂浆垫块垫得适量可靠；对于竖立钢筋，可采用埋有钢丝的垫块，绑在钢筋骨架外侧。

同时，为使保护层厚度准确，需用钢丝将钢筋骨架拉向模板，挤牢垫块；竖立钢筋虽然用埋有钢丝的垫块，垫块与钢筋绑在一起却不能防止它向内侧倾倒，因此需用钢丝将其拉向模板挤牢，以免解决露筋缺陷的同时，使保护层厚度超出允许偏差。此外，钢筋骨架如果是在模外绑扎，要控制好它的总外形尺寸，不得超过允许偏差。

13. 基础钢筋倒钩的预防措施

弯钩立起可以增强钢筋在混凝土中的锚固能力，而基础厚度很大，弯钩立起并不会出现露钩现象。因此，绑扎时切记要使弯钩朝上。

14. 柱子外伸钢筋错位的预防措施

（1）在外伸部分加一道临时箍筋，按图纸位置安设好，然后用样板、铁卡或木方卡好固定；浇筑混凝土前再复查一遍，如发生移位，则应矫正后再浇筑混凝土。

（2）注意浇筑操作，尽量不碰撞钢筋；浇筑过程中由专人随时检查，及时校核改正。

15. 柱钢筋弯钩方向不对的预防措施

绑扎时使柱的纵向钢筋弯钩朝向柱心。

16. 梁箍筋弯钩与纵筋相碰的预防措施

绑扎钢筋前应先规划箍筋弯钩位置，即放在梁的上部还是下部。如果梁上部仅有一层纵向钢筋，箍筋弯钩与纵向钢筋便不抵触，为了避免箍筋接头被压开口，弯钩可放在梁上部（构件受拉区），但应绑牢，必要时用电弧焊点焊几处；对于有两层或多层纵向钢筋的，则应将弯钩放在梁下部。

17. 双层钢筋网片移位的预防措施

利用一些套箍或各种“马凳”之类支架将上、下网片予以相互联系，成为整体；在板面架设跳板，供施工人员行走。跳板可支于底模或其他物件上，不能直接铺在钢筋网片上。

18. 板中钢筋的混凝土保护层不准的预防措施

（1）检查保护层砂浆垫块厚度是否准确、垫够。

（2）采取措施防止钢筋网片有可能随混凝土浇捣而沉落。

19. 薄板露钩的预防措施

检查弯钩立起高度是否超过板厚，如超过，则将弯钩放斜，甚至放倒。

20. 钢筋网上、下钢筋混淆

施工作业管理已日臻完善，施工规划、现场技术、质量检查、工程监理、班组交底等各个环节都要牵涉这个问题，因此，防止施工过程出现意见分歧，必须取得确定性做法的依据。但是，现有的许多工程施工图中对楼面配筋表达含糊，一般仅在平面图上画出两向钢筋，而缺少立面截面图，分不清哪个方向钢筋应在上或在下。既然问题出自设计单位，故应要求设计部门出具一份明确的说明，以使施工管理人员认识一致。

为避免有关部门为此事取得澄清意见而延误施工，应在图纸会审时或钢筋施工前提前向设计部门提出。

对类似肋形楼盖结构的工程，例如，对筏式基础，虽然与肋形楼盖受不同方向的力，但性质类似，应采取类似预防措施的做法。

六、屋面施工中的质量问题的预防措施

1. 刚性平屋面的防水质量问题的预防措施

（1）细石混凝土屋面防水层开裂的处理措施。

对已产生开裂的混凝土防水层，可按下述方法进行处理：

1）对于细而密集、分布面积较大的表面裂缝，可采用防水水泥砂浆罩面的方法处理；或在裂缝处剔出缝槽，并将表面清理干净，再刷冷底子油一道，干燥后嵌填防水油膏，上面用卷材进行覆盖。

2）对宽度在 0.3 mm 以上的裂缝，应剔成“V”形或“U”形切口后再做防水处理；如果裂缝深度较大并已露出钢筋时，应对钢筋进行除锈、防锈处理后，再做其他嵌填密封处理。

3）对宽度较大的结构裂缝，应在裂缝处将混凝土凿开形成分隔缝，然后按规定嵌填防水油膏。

（2）细石混凝土屋面防水层起壳的处理措施。

当防水层表面轻微起亮或起砂时，可先将表面凿毛，扫去浮灰杂质，然后加抹厚 10 mm 的 1∶1.5～1∶2.0 的防水砂浆。

（3）细石混凝土屋面分格缝渗漏的处理措施。

1）当缝内油膏或胶泥已老化或与缝壁粘结不良时，应将其彻底挖除，重新处理板缝后，再按要求嵌填密封材料。

2）当油毡保护层翘边时，先将翘边张口处清理干净，吹去尘土，冲洗干净并待其干燥后，涂胶结材料，然后将翘边张口处粘牢。

3）保护层发生断裂时，应先将保护层撕掉，清洗和处理板缝两侧基层后，重新按要求进行粘贴。

（4）砖砌女儿墙开裂的处理措施。

1）对于因防水层膨胀引起的女儿墙及防水层泛水的轻微裂缝，可采用封闭裂缝的方法处理，并加做隔热层。

2）当女儿墙开裂严重，有较大垂直裂缝、八字形裂缝、水平裂缝时，应拆除重砌，按要求设置伸缩缝和构造柱，并在墙与屋面板和防水层泛水之间留缝，缝内用密封材料嵌实。

（5）屋面泛水处渗漏的处理措施。

根据发生渗漏的原因采用密封或重做的方法处理。

（6）檐沟、天沟处渗漏水的处理措施。

1）当檐口裂缝引起渗漏时，将防水层开裂处凿一条上口宽 10～20 mm，深 5～10 mm 的“V”形槽，缝槽及基层清洗处理后，用密封材料封严。

2）当滴水线失效引起渗漏时，应将其凿毛并清洗干净后，按要求进行重抹。

（7）块体刚性防水层砂浆面层起壳起砂和开裂的处理措施。

1）由于日晒风化引起的表面起砂，只需将起砂面冲刷一下，扫去浮砂，重新用 1∶2 的防水砂浆铺设 5 mm 厚，压光即可。

2）对大面积的屋面龟裂，可采用喷涂憎水剂的方法进行处理。

3）当面层脱壳起鼓时，应将起鼓部分铲除，基层清理干净后重新铺抹一层约 15 mm 厚的 1∶2 的防水砂浆面层。

2. 柔性卷材屋面防水质量问题的防治措施

卷材防水屋面的主要质量问题是卷材铺贴后出现气泡，解决气泡的问题，主要是解决基层与卷材层之间出现的气泡。解决的关键是，避免施工中水分侵入基层，同时在卷材铺贴之后，对此处的水分采取适当的排除措施，这样屋面产生气泡的质量问题就可以得到改善和解决。

第九章　工程试验检测

第一节　施工试验检测的基本内容

试验检测工作是质量保证体系的重要组成部分，是检验工程质量的重要手段，是对质量问题进行分析的重要依据，因此必须严格执行有关规范、规程。

从事试验检测工作的人员，必须持有经考试合格发给的资质证书，要有强烈的责任心，以事实为依据，不得弄虚作假，试验检测人员必须严格执行操作规程实施细则，质量负责人经常对其工作进行监督并抽查。试验检测仪器、仪表必须定期检测、标定，其精度要符合试验检测标准要求，使用前调试准确。试验检测人员配合主管工程师根据设计要求、施工规范和施工工艺提出工程实施过程中材料的规格、运输方式、保管和使用的注意事项，并制订出正确的试验检测方法。材料进场前，试验人员要配合材料管理员查验出厂合格证，并检验外观质量，主要工程材料必须取样经复试合格后方可使用，不合格的严禁进场。对重要和较复杂的检测项目，试验检测人员一般不少于 2 人，除仪器对数据能自动记录外，要由检验人员读数、记录人员复诵，以防数据在传递过程中发生差错；要求试验检测人员对技术复杂工程和关键工序在施工中全过程跟踪检验试验检测，发现问题及时向施工负责人汇报。试验检测过程中必须认真做好原始记录，原始记录要完整无缺，真实可信，不得涂改。试验检测人员应运用误差分析知识正确处理数据，不得擅自取舍数据，根据所得的数据按有关公式计算，结果由质量负责人复核，根据计算结果提出对工程质量及施工方法的改进意见。

试验检测完成后，由试验检测人员填写试验检测报告，要求报告填写完整，做出正确的检验结论，最后由试验人或复核人签字，并有技术负责人签字。

一、施工准备阶段的试验检测项目

工程施工前的准备阶段是一个非常重要的环节，所做的一切工作都是为工程顺利进行而做的铺垫。不仅在开工前要做，开工后也要做，它是有组织、有计划、有步骤、分阶段地贯穿于整个工程建设的始终。认真细致地做好施工准备工作，对充分发挥各方面的积极因素，合理利用资源，加快施工速度、提高工程质量、确保施工安全、降低工程成本及获得较好经济效益都起着重要作用。其中施工准备阶段的试验检测也是十分重要的，同时也是必不可少的，主要有以下内容：

1. 房屋定位放样测量

工程定位，一般包括两个内容，一个是平面位置定位，一个是标高定位。

根据场地上建筑物主轴线控制点或其他控制点，将房屋外墙轴线的交点用全站仪或经纬仪投测至地面木桩顶面作为标志的小钉上，这就完成了工程的平面布置定位。根据施工现场水准控制点，将±0.000 标高引测到龙门桩上，这就完成了工程的标高定位。

（1）工程平面定位。用全站仪或经纬仪将房屋角点的设计坐标测设在地面的木桩上，以标示房屋的平面位置。

1）拟建建筑物与原有建筑物的相对定位。一般可根据设计图上给出的设计建（构）筑物与建（构）筑物的相对定位。或根据设计图上给出的设计建（构）筑物或道路中心线的位置关系数据，定出建（构）筑物主轴线的位置。

2）根据“建筑红线”及定位桩点的定位。所谓“建筑红线”系拨地单位在地面上测投的允许用地的边界点的连线，所谓定位桩点系“建筑红线”上标有坐标值或标有与拟建建筑物成某种关系值的桩点。

3）现场建立控制系统定位。是在建筑总平面图上在不同边长组成的方体或矩形格网系统。其格网的交点称为控制点。

（2）工程标高定位。设计±0.000 标高，有两种表示方法，一是绝对标高，即黄海高和；二是相对标高，即与周围地物的比较高度。

1）绝对标高表示的±0.000 的定位。施工图上一般均注明±0.000 相当绝对标高的数值，该数值可从建筑物附近的水准控制点或大地水准点引测，并在供放线的龙门桩或施工场地固定建筑物上标出。

2）相对标高表示的±0.000 的定位。施工图上一般±0.000 的定位。有些沿街建筑或房屋密集处的建筑。往往在施工图上直接标明±0.000 的位置与某建筑物或某地物的某处标高或成某数值关系，在±0.000 定位时，就可由该处进行引测。

2. 钢材原材料检测

通过对钢材原材料的检测确保产品符合生产工艺及质量技术要求（见表 9-1、表 9-2）。

表 9-1 热轧钢筋公称横截面积与理论重量

公称直径/mm	公称横截面面积/mm²	理论重量/（kg/m）
6	28.27	0.222
8	50.27	0.395
10	78.54	0.695
12	113.1	0.888
14	153.9	1.21
16	201.1	1.58
18	254.5	2.00
20	314.2	2.47
22	380.1	2.98
25	490.9	3.85

续表

公称直径/mm	公称横截面面积/mm²	理论重量/（kg/m）
28	615.8	4.83
32	804.2	6.31
36	1 018	7.99
40	1 257	9.87
50	1 964	15.42

表 9-2　钢筋实际重量与理论重量的允许偏差

公称直径/mm	实际重量与理论重量的偏差/%
6～12	±7
14～20	±5
22～50	±4

（1）理论质量检测。

测量钢筋质量偏差时，试件应从不同根钢筋上截取，数量不少于 5 根，每根试件长度不小于 500 mm。长度应逐根测量，应精确到 0.1 mm。测量试件总重量时，应精确到不大于总重量的 1%。

（2）力学性能检测。

钢筋的屈服强度 R_{eL}、抗拉强度 R_m、断后伸长率 A、最大力总伸长率 A_{gt} 等力学性能特征值应符合表 9-3 中的规定。

表 9-3　钢筋力学性能

牌号	R_{eL}/MPa	R_m/MPa	A/%	A_{gt}/%
	不小于			
HPB300	300	420	25	10
HRB335 HRBF335	335	455	17	7.5
HRB400 HRBF400	400	540	16	
HRB500 HRBF500	500	630	15	

直径 28～40 mm 各牌号钢筋的断后伸长率 A 可降低 1%；直径大于 40 mm 各牌号钢筋的断后伸长率 A 可降低 2%。有较高要求的抗震结构适用牌号为：在上表中已有牌号后加 E（如 HRB400E、HRBF400E）的钢筋。该类钢筋除应满足以下的要求外，其他要求与相对应的已有牌号钢筋相同。

钢筋实测抗拉强度与实测屈服强度之比不小于 1.25。

钢筋实测屈服强度与上表规定的屈服强度特征值之比不大于 1.30。

钢筋的最大总伸长率 A_{gt} 不小于 9%。

3. 钢结构连接性能检测

（1）钢材原材有关项目的检测，合格证、拉伸和弯曲试验；

（2）焊接工艺评定试验；

（3）焊缝无损检测，超声波、X 射线或磁粉等；

（4）高强度螺栓扭矩系数或预拉力试验；

（5）高强度螺栓连接面抗滑移系数检测；

（6）钢网架节点承载力试验；

（7）钢结构防火涂料性能试验等。

4. 水泥检测

通过水泥实验检测水泥质量和测定水泥物理力学性质指标，为配合比设计提供原始数据。同时评定水泥质量，对不合格水泥不能使用。

（1）水泥体积安定性实验。

水泥体积安定性是指水泥在凝结硬化过程中体积变化的均匀性。水泥中如果含有较多 CaO、MgO、SO3，就能使体积发生不均匀变化。

检测游离 CaO 危害性的测定方法——沸煮法，可以用饼法也可用雷氏法。沸煮法结果评定：煮毕，将热水放掉，打开箱盖，使箱体冷却到室温；取出煮后的雷氏夹试件，测量试件指针尖端的距离 *C*，精确到 0.5 mm；计算雷氏夹膨胀值（*C*−*A*）。当两个试件煮后膨胀值的平均值不大于 5.0 mm 时，认为该水泥体积安定性合格。如果两个试件的（C−*A*）值相差超过 4.0 mm，重做实验。

（2）水泥胶砂强度实验。

1）实验前将试模擦净，模板与底座的接触面上涂黄油，紧密装置，防止漏浆。内壁均匀刷一层机油。搅拌锅、叶片、下料漏斗等用湿布擦干净。

2）胶砂配合比。水泥：中国 ISO 标准砂=1∶3，水灰比=0.5，一锅成型三条试件的材料用量：水泥—450 g±2 g；中国标准砂—1 350 g±5 g；拌和水—225 L±1 L。

3）按规定程序搅拌试件成型，把空试模和模套固定在振实台上，用勺子将胶砂分两层装入试模。装第一层时，每个槽内约放 300 g 胶砂，用大播料器垂直加在模套顶部，沿每个槽来回一次将料层播平，接着振实 60 次；再装入第二层胶砂，用小播料器播平。再振实 60 次。振实完毕后，移走模套，取下试模，刮平尺刮平，在试模上做好标记。试件标准养护后，再做抗折强度实验：

①将抗折实验机夹具的圆柱表面清理干净，并调整杠杆处于平衡状态。

②用湿布擦去试件表面的水分和砂粒，将试件放入夹具内，使试件成型时的侧面与夹具的圆柱接触。调整夹具，使杠杆在试件折断时的位置尽量接近平衡位置。

③以 50 N/s±10 N/s 的速度进行加荷，直到试件被折断。记录破坏荷载 *P*（N）或抗折强度 *f* 折（MPa）。

④保持断块处于潮湿状态直至抗压实验开始。

⑤计算每条试件的抗折强度（精确到 0.1 MPa）

⑥每组试件的抗折强度，以三条棱柱体试件抗折强度测定值的算术平均值作为实验结果。当三个测定值中仅有一个超出平均值的±10%时，应剔除这个结果，以其余两个测定值的平均值作为实验结果；如果有两个测定值超出平均值的±10%时，该组结果作废。

确定抗压强度实验：

①将抗折实验的 6 个断块，立即在断块的侧面上进行抗压强度实验。抗压实验须用抗压夹具，使试件受压面积为 40 mm×40 mm。实验前，应将试件受压面与抗压夹具清理干净、试件的底面紧靠夹具上的定位销，断块露出压板外的部分应不少于 10 mm。

②在整个加荷过程中，夹具应位于压力机承压板中心，以 2 400 N/s±200 N/s 的速度加载直到破坏，记录破坏荷载 P（kN）。

③按下式计算每块试件的抗压强度（精确到 0.1 MPa）

4）每组试件的抗压强度，以 6 个抗压强度测定值的算术平均值作为实验结果。如果 6 个测值中有 1 个超出平均值的±10%时，应剔除这个结果，以剩下的 5 个测值的平均值作为结果。如果 5 个测值中再有超过他们的平均值±10%的，该组结果作废。

5. 混凝土配合比检测

（1）根据各种粗集料各筛孔的累计筛余率，按照规范的级配要求进行级配组成试验，得到各粗集料的掺配率。

（2）计算初步配合比；确定混凝土的配制强度；计算水灰比；选定单位用水量；计算单位水泥用量；选定砂率；计算粗、细集料单位用量。

计算出初步配合比，即水泥∶水∶细集料∶粗集料＝m_{c0}∶m_{w0}∶m_{s0}∶m_{G0}。

（3）试拌调整、提出基准配合比。

根据初步配合比，采用施工实际材料，进行试拌，测定混凝土拌合物的工作性（坍落度或维勃稠度），调整材料用量，提出一个满足工作性要求的“基准配合比”，即 m_{ca}∶m_{wa}∶m_{sa}∶m_{Ga}。

（4）检验强度、确定试验室配合比。

以基准配合比为基础，增加和减少水灰比，拟订几组（通常为三组）适合工作性要求的配合比，通过制备试块、测定强度，确定即符合强度和工作性要求，又较经济的试验室配合比，即 m_{cb}∶m_{wb}∶m_{sb}∶m_{Gb}。

（5）换算施工配合比。

根据工地现场材料的实际含水率，将试验室配合比，换算为工地配合比，即 m_c∶m_w∶m_s∶m_G 或 1∶m_w/m_c∶m_s/m_c∶m_G/m_c。

6. 砌体材料性能检测

（1）普通砖。

技术性质：国家标准《烧结普通砖》（GB/T 5101—2017）。

规格尺寸：240 mm×115 mm×53 mm。

1）强度等级（见表 9-4）。

表 9-4　普通砖强度等级

强度等级	抗压强度平均值≥	变异系数 $\delta \leqslant 0.21$	变异系数 $\delta > 0.21$
		强度标准值≥	单块最小值≥
MU30	30.0	22.0	25.0
MU25	25.0	18.0	22.0
MU20	20.0	14.0	16.0
MU15	15.0	10.0	12.0
MU10	10.0	7.5	7.5

2）抗风化性能：是烧结普通砖主要的耐久性之一。严重风化地区的砖必须进行冻融试验。其他地区的砖的抗风化性能符合规定时可不做冻融试验，否则，必须进行冻融试验。

3）泛霜：是指可溶性的盐在砖表面的盐析现象，一般呈白色粉末、絮团或絮片状，又称为起霜、盐析或盐霜。

4）石灰爆裂：是指砖的坯体中夹杂石灰石，当砖焙烧时，石灰石分解为生石灰留置于砖中，砖吸水后体内生石灰熟化产生体积膨胀而使砖发生胀裂现象。

（2）烧结多孔砖。

根据其尺寸规格分为 M 型和 P 型两类。M 的规格：190×190×90；P 的规格：240×115×90。

强度等级：多孔砖根据抗压强度平均值和抗压强度标准值或抗压强度最小值分为 MU30、MU25、MU20、MU15、MU10 5 个强度等级（见表 9-5）。

表 9-5　空心砖强度等划分标准

等级	强度等级/MPa	大面抗压强度	条面抗压强度/MPa		
		平均值不小于	单块值不小于	平均值不小于	单块最小值不小于
优等品	5.0	5.0	3.7	3.4	2.3
一等品	3.0	3.0	2.2	2.2	1.4
合格品	2.0	2.0	1.4	1.6	0.9

（3）蒸压加气混凝土砌块。

加气混凝土砌块的规格尺寸很多。长度一般为 600 mm，宽度有 100 mm、125 mm、150 mm、200 mm、250 mm、300 mm、120 mm、180 mm、240 mm 九种规格，高度有 200 mm、250 mm、300 mm 三种规格。但在实际应用中，尺寸可根据需要进行生产。

强度等级：加气混凝土砌块的强度级别是将试样加工成 100 mm×100 mm×100 mm 的立方体试件，一组三块，以平均抗压强度划分为 A1.0、A2.0、A2.5、A3.5、A5.0、A7.5、A10.0 共 7 个等级，同时要求各强度等级的砌块单块最小抗压强度分别不低于 0.8 MPa、1.6 MPa、2.0 MPa、2.8 MPa、4.0 MPa、6.0 MPa、8.0 MPa 的要求。

体积密度：加气混凝土砌块根据干燥状态下的体积密度划分为 B03、B04、B05、B06、B07、B08 共 6 个级别。体积密度和强度级别对照见表 9-6。

表 9-6　蒸压加气混凝土砌块的干体积密度

体积密度级别		B03	B04	B05	B06	B07	B08
体积密度	优等品	300	400	500	600	700	800
	一等品	330	430	530	630	730	830
	合格品	350	450	550	650	750	850

（4）混凝土小型空心砌块。

其中主规格尺寸为 390 mm×190 mm×190 mm，空心率不小于 25%。

抗压强度试验：每组 5 个砌块，上下表面用水泥砂浆抹平，养护后进行抗压试验，以 5 个砌块的平均值和单块最小值确定砌块的强度等级见表 9-7。

表 9-7　混凝土小型空心砌块强度等级

强度等级	砌块抗压强度/MPa	
	平均值不小于	单块最小值不小于
MU3.5	3.5	2.8
MU5.0	5.0	4.0
MU7.5	7.5	6.0
MU10.0	10.0	8.0
MU15.0	15.0	12.0
MU20.0	20.0	16.0

相对含水率指混凝土砌块出厂含水率与砌块的吸水率之比值，是控制收缩变形的重要指标。对年平均相对湿度大于 75%的潮湿地区，相对含水率要求不大于 45%；对年平均相对湿度 RH 在 50%～75%的地区，相对含水率要求不大于 40%；对年平均相对湿度 RH＜50%的地区，相对含水率要求不大于 35%。

抗渗性，用于外墙面或有防渗要求的砌块，尚应满足抗渗性要求。它以 3 块砌块中任一块水面下降高度不大于 10 mm 为合格。

此外，混凝土砌块的技术性质尚有抗冻性、干燥收缩值、软化系数和抗碳化性能等。

二、施工过程中的试验检测

在建筑工程的施工过程中，施工试验检测资料是一项很重要的内容，是工程竣工资料中必不可缺的组成部分。其资料的真实性、有效性、准确性和完整性，将影响到工程的竣工验收、评优、结算等工作。因此，在这里就要介绍施工过程中常用的试验检测。

首先，质量检测单位必须是经省级以上行政主管部门对其资质认可和质量技术监督部门对其计量认证的质量检测单位；检测单位及检测人员资质、计量合格证书及附表、登记备案证书等须报监理单位审查，并实行动态管理；必须建立《产品质量证明文件台账》及《试验与检测台账》，并在施工过程中及时入账；其次，工程所用的商品（预拌）混凝土，除了商品（预拌）混凝土生产企业专项试验室提供的配合比设计报告外，应有符合要求的第三方检测单位提供的平行试配报告；最后，送检过程中，需要核定检测单位是否超过其在备案范围内开展的业务项目；并熟悉各检测单位对送检样品的要求。

1. 地基承载力

（1）同类型、同处理工艺的地基：不应少于 3 点；1 000 m^2 以上工程，每 100 m^2 至少应有 1 点；3 000 m^2 以上工程，每 300 m^2 至少应有 1 点；每个独立基础下不应少于 1 点，条形基础槽，每 20 延米应有 1 点。

（2）同类型、同工艺的复合地基：不少于总数的 1%，且不应少于 3 处；有单桩检验要求时，不少于总数的 1%，且至少 3 根。

（3）同类型、同工艺的工程基础桩承载力和桩身质量：

1）承载力：采用静载荷载试验时，不少于总数的 1%，且不少于 3 根；当总数少于 50 根时，不应少于 2 根，采用高应变动力检测时，不少于总数的 2%，且不应少于 5 根。

2）桩身质量：灌注桩，不少于总数的 30%，且不应少于 20 根；其他桩，不少于总数的 20%，且不应少于 10 根。

2. 回填土压实度

（1）构造物四周回填按 50 延米/层；大面积回填按 500 m^2/层，每层为一组（每组 3 点）；

（2）管道沟槽回填按两井之间或 1 000 m^2，每层每侧为一组（每组 3 点）。

3. 桩基础检测

（1）桩基础工程质量检测必须符合《建筑基桩检测技术规范》（JGJ 106—2014）的有关规定。

（2）检测频率：基桩低应变法的检测数量不大于总桩数的 70%；超声波透射法的检测数量不少于总桩数的 30%，且不少于 10 根；钻孔抽芯法的检测数量不少于总桩数的 10%，且不少于 5 根。

4. 钢筋

（1）钢筋混凝土中的钢筋应符合设计要求和《钢筋混凝土用热轧光圆钢筋》（GB/T 1499.1—2017）、《钢筋混凝土用热轧带肋钢筋》（GB/T 1499.2—2018）、《冷轧带肋钢筋》（GB/T 13788—2017）、《低碳钢热轧圆盘条》（GB/T 701—2008）等的规定，并应有出厂质量证明书。

（2）进场的钢筋、钢板，应按现行国家标准有关的规定进行力学性能等检验。

（3）检测频率：按同一生产厂家、同一牌号、同一规格、同一批炉号，热轧钢筋、热处理钢筋不超过 60 t 为一批，冷轧带肋钢筋不超过 50 t 为一批，冷拉钢筋不超过 20 t 为一批，精轧螺纹钢筋不超过 100 t 为一批；钢板不超过 10 个炉批号为一批；其中不足相应数量也按一批计，每批抽检一次。

（4）钢筋接头钢筋的焊接接头质量应符合《钢筋焊接及验收规程》（JGJ 18—2012）的规定和设计要求；HRB335 和 HRB400 带肋钢筋机械连接接头质量应符合《钢筋机械连接通用技术规程》（JGJ 107—2016）的规定和设计要求，套筒应有出厂合格证；钢筋的焊接接头和机械连接接头应按现行国家标准有关的规定进行力学性能检验。

检测频率：凡需施焊的各种钢筋，应先进行钢筋的可焊性检验；施工过程中，在同条件下经外观检查合格的接头，焊接接头应以每 300 个为一批，机械连接接头以每 500 个为一批，其中不足相应数量也按一批计，每批抽检一次。

5. 水泥

（1）水泥的技术条件应符合《通用硅酸盐水泥》（GB 175—2007）的规定，并应有出厂检验报告和产品合格证。

（2）进场水泥，应按《混凝土结构工程施工质量验收规范》（GB 50204—2015）的规定进行标准稠度、安定性和凝结时间及胶砂强度的检验（水泥物理力学性能检验）。

（3）当在使用中对水泥质量有怀疑或出厂日期逾 3 个月（快硬硅酸盐水泥逾 1 个月）时，应进行复试。

（4）检测频率：按同一生产厂家、同一等级、同一品种、同一批号且连续进场的水泥，袋装不超过 200 t 为一批，散装不超过 500 t 为一批，每批抽样不少于一次，水稳碎石水泥不超过 300 t 抽检一次。

6. 砂、石

（1）砂应抽样检验其颗粒级配、细度模数、含泥量及规定要求的检验项，并应符合《普通混凝土用砂石质量及检验方法标准》（JGJ 52—2006）的规定。

（2）石子应抽验检验其颗粒级配、压碎值指标、针片状颗粒含量及规定要求的检验项，并应符合《普通混凝土用砂石质量及检验方法标准》的规定。

（3）检验频率：同产地、同品种、同规格且连续进场的，每 400 m^3 或 600 t 为一批，不足 400 m^3 或 600 t 也按一批计，每批至少抽检 1 次。

7. 砌筑砂浆抗压强度

（1）砂浆的强度等级以 MXX 表示，为 70.7 mm×70.7 mm×70.7 mm 试件标准养护 28 d 的抗压强度，常用的砂浆强度等级分别为 M20，M15，M10，M7.5，M5，M2.5 六个等级。

（2）检验频率：每个（主体）砌体构筑物、同一类型、同强度等级每 100 m^3 砌体的砂浆作为一批，不足 100 m^3 的按一个检验批计，每批取样不少于 1 组（1 组 6 块）；（附属）构筑物类型相同且单个砌体不足 30 m^3 时，该类型构筑物每次累计砌筑 100 m^3 作为一个检验批；（附属）砌体结构管渠可按两道变形缝之间的施工段作为一个检验批。

8. 混凝土抗压强度

（1）混凝土强度等级应按《混凝土强度检验评定标准》（GB/T 50107—2010）的规定检验评定，其结果必须符合设计要求。

（2）标准试件：每构筑物的同一配合比的混凝土，每工作班、每拌制 100 m^3 混凝土为一个验收批，应留置一组；当同一部位、同一配合比的混凝土一次连续浇筑超过 1 000 m^3 时，每拌制 200 m^3 混凝土为一个验收批，应留置一组；每次取样应至少留置 1 组标准养护试件，同条件养护试件的留置数应根据实际需要确定。

（3）同条件养护试件：根据施工方案要求，按拆模、施加预应力和施工期间临时荷载等需要的数量留置。

三、施工完成后的试验检测

施工完成后的试验检测是指建设工程依照国家有关法律、法规及工程建设规范、标准的规定完成工程设计文件要求和合同约定的各项内容，建设单位已取得政府有关主管部门（或其委托机构）出具的工程施工质量、消防、规划、环保、城建等验收文件或准许使用文件后进行试验检测，然后组织工程竣工验收并编制完成《建设工程竣工验收报告》。

施工完成后的试验检测是施工全过程的最后一道程序，也是工程项目管理的最后一项工作。它是建设投资成果转入生产或使用的标志，也是全面考核投资效益、检验设计和施工质量的重要环节。下面介绍主要的检测项目。

1. 混凝土抗压强度检测

（1）一般规定结构或构件混凝土强度检测宜具有下列资料：

工程名称及设计、施工、监理和建设单位名称；结构或结构名称、外形尺寸、数量及混凝土强度等级；水泥品种、强度等级、安定性、厂名；砂、石类、粒径；外加剂或掺合料品种、掺量；混凝土配合比；施工材料计量情况，模板、浇筑、养护情况及成型日期等；必要的设计图纸和施工记录；检测原因。

（2）结构或构件混凝土强度检测可采用下列两种方式，其适用范围及结构或构件数量应符合下列规定：

1）单个检测：适用于单个结构或构件的检测。

2）批量检测：适用于相同生产工艺条件下，混凝土等级相同，原材料、配合比、成型工艺。养护条件基本一致且龄期相近的同类结构或构件。按批进行检测的构件，抽检数量不得少于同批构件总数的10%～30%且构件数量不得少于10个。抽检构件时，应随机抽取并使所选构件具有代表性。

（3）每一个构件或构件的测区应符合下列规定：

1）每一个构件或构件测区数不应少于10个，对某一方向尺寸小于4.5 m，且另一方向尺寸小于0.3 m的构件，其测区数量可适当减少，但不少于5个。

2）相邻两测区的间距应控制在2 m以内，测区离构件端部或施工缝边缘的距离不宜大于0.5 m，且不宜小于0.2 m。

3）测区宜选在构件的两个相对可测面上，也可选在一个侧面上，且应均应分布。在构件的重要部位及薄弱部位必须布置测区，并应避开预埋件；

4）测区的面积不宜大于0.04 m^2。

5）检测面应为混凝土表面，并应清洁、平整、不应有疏松层、浮浆、油垢、涂层以及蜂窝、麻面，必要时可用砂轮清除疏松层合杂物，且不应有残留的粉末或碎屑。

6）对弹击时产生颤动的薄壁、小型构件应进行固定。

7）测区应有清晰的编号。

（4）回弹值的测量：

1）检测时，回弹仪的轴线应始终垂直于结构或构件的混凝土检测面上，缓慢施压，准确读数，快速复位。

2）测点宜在测区范围内均应分布，相邻两测点的净距不宜小于 20 mm，测点不应在气孔或外露石子上，同一测点应弹击一次。每一测区应记取 16 个回弹值，每一测点的回弹值读数估读至 1。

3）同一测区 16 个回弹值中的 3 个最大值和 3 个最小值应直接剔除，计算余下的 10 个回弹值的平均值。

4）应根据《回弹法检测混凝土抗压强度技术规程》（JGJ/T 23—2011）的有关规定对回弹平均值进行修正，以修正后的平均值作为该测区回弹值的代表值。

（5）混凝土抗压强度计算。

根据上述方法计算的回弹平均值，利用《回弹检测混凝土抗压强度技术规程》中的附表，结合现场测得的碳化深度值，查表得出该结构的混凝土强度。检测混凝土抗压强度是否在误差允许范围之内。

（6）检测报告。

回弹法评定结构或构件混凝土抗压强度报告，应包括下列主要内容：

建设单位名称、委托单位、施工单位、设计单位、工程名称和结构或构件名称、施工日期、检测原因、检测环境、检测依据、回弹仪生产厂、型号、出厂编号及检定证号、结构或构件的平均强度值、标准差、最小测区强度值及强度推定值、出具报告的单位名称（盖章）、审核人、检测负责人、试验人员的姓名、检测及出具报告的日期、其他需要说明的事项。

2. 钢筋保护层厚度的检测

（1）采用钢筋探测仪进行检测，仪器性能和操作要求应符合《混凝土中钢筋检测技术规程》（JGJ/T 152—2008）的有关规定。用剔凿原位检测法进行验证时，用钢筋探测仪检测混凝土保护层厚度；在已测定保护层厚度的钢筋上进行剔凿验证，验证点数不应少于表 9-8 中 B 类且不应少于 3 点；构件上能直接量测混凝土保护层厚度的点可计为验证点；应将剔凿原位检测结果与对应位置钢筋探测仪检测结果进行比较，当两者的差异不超过±2 mm 时，判定两个测试结果无明显差异；当检验批有明显差异校准点在表 9-8 控制的范围之内时，可直接采用钢筋探测仪检测结果；当检验批有明显差异校准点数冲过表 9-9 控制的范围时，应对钢筋探测仪量测的保护层厚度进行修正；当不能修正时应采取剔凿原位检测的措施。

表 9-8　检验批最小样本容量

检验批的容量	检测类别和样本最小容量			检验批的容量	检测类别和样本最小容量		
	A	B	C		A	B	C
2～8	2	2	3	91～150	8	20	32
9～15	2	3	5	151～280	13	32	50
16～25	3	5	8	281～500	20	50	80
26～50	5	8	13	501～1 200	32	80	125
51～90	5	13	20	—	—	—	—

表 9-9 钢筋检验批有明显差异校准点

样本容量	合格判定数	不合格判定数	样本容量	合格判定数	不合格判定数
2～5	1	2	32	7	8
8	2	3	50	10	11
13	3	4	80	14	15
20	5	6	125	21	22

剔凿原位检测混凝土保护层厚度的规定：采用钢筋探测仪确定钢筋位置；在钢筋位置上垂直于混凝土表面成孔；以钢筋表面至构件混凝土表面的垂直距离作为该测点的保护层厚度测试值。

（2）钢筋保护层厚度检测的要求。

工程质量检测时，混凝土保护层厚度的抽检数量及合格判定规则，宜按《混凝土结构工程施工质量验收规范》（GB 50204—2015）的有关规定执行。

结构性能检测时，钢筋保护层厚度检验的结构部位和构件数量，应符合下列要求：随机抽取构件，对梁、柱类应对全部纵向受力钢筋混凝土保护层厚度进行检测；对于墙、板类应抽取不少于 6 根钢筋（少于 6 根钢筋时应全检），进行混凝土保护层厚度检测；将各受检钢筋混凝土保护层厚度检测值按《混凝土结构现场检测技术标准》（GB/T 50784—2013）第 3.4.7 条计算均值推定区间；当均值推定区间上限值与下限值的差值不大于其均值的 10%时，该批钢筋混凝土保护层厚度检测值可按推定区间上限值或下限值确定；当均值推定区间上限值与下限值的差值大于其均值的 10%时，宜补充检测或重新划分检验批进行检测。当不具备补充检测或重新检测条件时，应以最不利检测值作为该批检验批混凝土保护层厚度检测值。依据《混凝土结构工程施工质量验收规范》（GB 50204—2015），对于纵向受力钢筋保护层厚度的允许偏差，梁类构件为+10 mm，−7 mm；板类构件允许偏差为+8 mm，−5 mm。受力钢筋的间距允许偏差为+10 mm，−10 mm。

（3）评定及检测报告。

当全部钢筋保护层厚度检验的合格率为 90%及以上时，钢筋保护层厚度的检验结果应判为合格。当全部钢筋保护层厚度检验的合格率小于 90%但不小于 80%，可再抽取相同数量的合格点率为 90%及以上时，钢筋保护层厚度的检验结果仍应判为合格；每次抽样检验结果中不合格的最大偏差均不应大于技术指标规定允许偏差的 1.5 倍。

报告内容包括：委托单位、建筑工程概况 、设计单位、施工单位及监理单位名称、检测项目、检测方法及依据标准、抽样方案及数量、检测日期、报告日期、检测项目的主要分类；检测数据和汇总结果；检测结果、检测结论、主检、审核和批准人员的签名。

3. 混凝土构件缺陷检测

混凝土构件缺陷检测宜分为外观缺陷检测和内部缺陷检测。

混凝土构件外观缺陷应按《混凝土结构工程施工质量验收规范》的有关规定进行分类并判定其严重程度。

（1）外观缺陷检测。

现场检测时，宜对受检范围内的构件外观缺陷进行全数检查；当不具备全数检查条件时，应注明未检查的构件或区域。混凝土构件外观缺陷的相关参数可根据缺陷的情况按下列方法检测：漏筋长度可用钢筋或卷尺量测；孔洞直径可用钢尺量测，孔洞深度可用游标卡尺量测；蜂窝和疏松的位置和范围可用钢尺或卷尺量测，委托方有要求时，可通过剔凿、成孔等方法量测蜂窝深度；麻面、掉皮、起砂的位置和范围可用钢尺或卷尺测量；表面裂缝的最大宽度可用裂缝专用测量仪器量测，表面裂缝长度可用钢尺或卷尺量测。

（2）内部缺陷检测。

对怀疑存在内部缺陷的构件或区域宜进行全数检测，当不具备全数检测条件时，可根据约定抽样原则选择下列构件或部位进行检测：

重要的构件或部位；混凝土构件内部缺陷宜采用超声法进行双面对测，当仅有一个可测面时，可采用冲击回波法和电磁波反射法进行检测，对于判别困难的区域应进行钻芯验证或剔凿验证。

如果用超声波检测混凝土构件内部缺陷时，声学参数的测量应符合下列规定：

应根据检测要求和现场操作条件，确定缺陷测试部位；测位混凝土表面应清洁、平整，必要时可用砂轮磨平或用高强度快凝砂浆抹平；抹平砂浆应与待测混凝土良好粘结；在满足首波幅度测读精度的条件下，应选择较高频率的换能器；换能器应通过耦合剂与混凝土测试表面保持紧密结合，耦合层内不应夹杂泥沙或空气；检测时应避免超声传播路径与内部钢筋轴线平行，当无法避免时，应使测线与该钢筋的最小距离不小于超声测距的1/6；应根据测距的大小和混凝土的外观质量，设置仪器发射电压、采样频率等参数，检测同一测位时，仪器参数宜保持不变；应读取并记录声时，波幅和主频值，必要时存取波形；检测中出现可以数据时应及时查找原因，必要时应进行复测校核或加密测点不测。

检测报告内容包括：委托单位、建筑工程概况、设计单位、施工单位及监理单位名称、检测项目、检测方法及依据标准、抽样方案及数量、检测日期，报告日期、检测项目的主要分类检测数据和汇总结果、检测结果、检测结论、编制后，首先部门内部进行审核；无问题后主检、审核人签字存档。

4. 钢结构主要构件变形的检测

（1）钢结构主要构件变形的实体检验内容包括：钢屋（托）架、钢桁架、钢梁、钢吊车梁等垂直度和侧向弯曲矢量的检测，钢柱垂直度的检测和网架结构挠度的检测。实体检验时主体结构中的主要构件所承受的静荷载应与设计要求相一致。

钢结构主要构件变形的实体检验，应由施工单位的项目技术负责人组织，在见证员的见证下，由施工单位选派经过培训考核合格的技术人员在现场进行。最终应具有检验记录和检验结果报告。

检验时间：钢结构主要构件变形的实体检验时间，应该分别在钢结构受检构件安装完成后进行。

检验方法：主要采用拉线、吊线、钢尺、塞尺实测或使用经纬仪、水准仪、全站仪测量等。

（2）检验数量与结果判定：

钢屋架、钢桁架及受压杆件等应抽查10%并不少于3件；标准钢柱应全部检查；非标准钢柱应抽查10%并不少于3个。

《钢结构工程施工质量验收规范》（GB 50205—2001）中给出了钢屋架、钢桁架、钢梁、钢网架及受压杆件的垂直度和侧向弯曲矢高的允许偏差。

对于钢网架，结构总拼完成后及屋面工程完成后应分别测量其挠度值，所测的挠度值不应超过相应设计值的1.15倍。检查数量为每一榀跨度24 m及以下钢网架结构，测量下弦中央一点；跨度24 m以上钢网架结构，测量下弦中央一点及各向下弦跨度的四等分点。检验方法用钢尺和水准仪实测。

5. 钢结构主体结构尺寸的实体检验

（1）主体结构尺寸的实体检验内容，包括结构整体垂直度、整体平面弯曲两项。应由施工单位的项目技术负责人组织，在见证员的见证下，由施工单位选派经过培训考核合格的技术人员在现场进行。最终应具有检验记录和检验结果报告。

检验时间：钢结构主体结构尺寸的实体检验时间，应该在钢结构的主体结构完成安装后进行。实体检验时主体结构的主要静荷载应与设计要求相一致。

检验方法：对于整体垂直度，可采用激光经纬仪、全站仪测量，也可根据各节柱的垂直度允许偏差累计（代数和）计算。对于整体平面弯曲，可按产生的允许偏差累计（代数和）计算。

（2）检验数据与结果判定。

无论对于单层还是多层钢结构的整体垂直度和整体平面弯曲的检查，均应对主要立面全部检查。对每个所检查的立面，除两列角柱外，尚应至少选取一列中间柱。

检验合格判定应符合《钢结构工程施工质量验收规范》（GB 50205—2001）规定的单层、多层钢结构主体结构的整体垂直度和整体平面弯曲的允许偏差要求。

6. 建筑物沉降检测

沉降观测的五定：所谓“五定”即通常所说的沉降观测依据的基准点、工作基点和被观测物上的沉降观测点，点位要稳定；所用仪器、设备要稳定；观测人员要稳定；观测时的环境条件基本上要一致稳定；观测路线、镜位、程序和方法要固定。

（1）观测点的设置：沉降观测点要埋设在最能反映建（构）物沉降特征且便于观测的位置。相邻点之间间距以15～30 m为宜，均匀地分布在建筑物的周围（埋设的沉降观测点要符合各施工阶段的观测要求，特别要考虑到装修装饰阶段因墙或柱饰面施工而破坏或掩盖住观测点）。埋入墙体的观测点，材料应采用直径不小于12 mm的钢筋，一般埋入深度不小于12 cm，钢筋外端要有90°弯钩弯上，并稍离墙体，以便于置尺测量。框架结构的建筑物每两层观测一次，竣工后再观测一次。水准点是对各观测点沉降的基准点，一定要选定相对固定的稳定的其他建筑物等适当部位，一般不少于2个。每次观察均需采用环形闭合方法，当场进行检查。同一观测点的两次观测之差不得大于1 mm。

（2）仪器：水准尺应使用受环境及温差变化影响小的高精度铝合金水准尺。在不具备铝合金水准尺的情况下，使用一般塔尺时应尽量使用第一段标尺。水准仪的精度不低于DS3级别。前后视距≤30 m，前后视距差≤1.0 m。沉降观测点相对于后视点的高差容差应≤1.0 mm。

（3）建立固定的观测路线：在控制点与沉降观测点之间建立固定的观测路线，并在架设仪器站点与转点处做好标记桩，保证各次观测均沿统一路线。完成沉降观测工作，要先绘制好沉降观测示意图并对每次沉降观测认真做好记录。沉降观测示意图应画出建筑物的底层平面示意图，注明观测点的位置和编号，注明水准基点的位置、编号和标高及水准点与建筑物的距离。并在图上注明观测点所用材料、埋入墙体深度、离开墙体的距离。

（4）观测方法：观测时先后视水准基点，接着依次前视各沉降观测点，最后再次后视该水准基点，两次后视读数之差不应超过±1 mm。另外，沉降观测的水准路线（从一个水准基点到另一个水准基点）应为闭合水准路线。

精度要求沉降观测的精度应根据建筑物的性质而定。

1）多层建筑物的沉降观测，可采用DS3水准仪，用普通水准测量的方法进行，其水准路线的闭合差不应超过有关的规定。

2）高层建筑物的沉降观测，则应采用DS1精密水准仪，用二等水准测量的方法进行，其水准路线的闭合差不应超过有关规定。

沉降观测是一项长期、连续的工作，为了保证观测成果的正确性，应尽可能做到四定，即固定观测人员，使用固定的水准仪和水准尺，使用固定的水准基点，按固定的实测路线和测站进行。

（5）沉降观测的成果整理。

1）整理原始记录每次观测结束后，应检查记录的数据和计算是否正确，精度是否合格，然后，调整高差闭合差，推算出各沉降观测点的高程，并填入“沉降观测表”中。

2）计算沉降量计算内容和方法是：

计算各沉降观测点的本次沉降量：

沉降观测点的本次沉降量=本次观测所得的高程−上次观测所得的高程

计算累积沉降量：

累积沉降量=本次沉降量+上次累积沉降量

将计算出的沉降观测点本次沉降量、累积沉降量和观测日期、荷载情况等记入“沉降观测表”中。

3）绘制沉降曲线为沉降曲线图，沉降曲线分为两部分，即时间与沉降量关系曲线和时间与荷载关系曲线。

绘制时间与沉降量关系曲线，首先，以沉降量s为纵轴，以时间t为横轴，组成直角坐标系。然后，以每次累积沉降量为纵坐标，以每次观测日期为横坐标，标出沉降观测点的位置。最后，用曲线将标出的各点连接起来，并在曲线的一端注明沉降观测点号码，这样就绘制出了时间与沉降量关系曲线。

绘制时间与荷载关系曲线，首先，以荷载为纵轴，以时间为横轴，组成直角坐标系。再根据每次观测时间和相应的荷载标出各点，将各点连接起来，即可绘制出时间与荷载关系曲线。

7. 建筑节能检测

（1）标准依据。

《建筑节能工程施工质量验收规范》（GB 50411—2007）对建筑节能工程的实体检验做了明确的规定，要求在建筑节能工程施工中对以下六项进行实体检验：外墙节能构造检验；外窗气密性检测；玻璃幕墙气密性检测；保温板粘结强度检测；锚固件拉拔力检测；外墙传热系数检测。

应由施工单位的项目技术负责人组织，在见证员的见证下，委托有资质的检测机构实施，也可由施工单位实施。最终应具有检验记录和检验结果报告。

（2）检验方法及时间：外墙节能构造的现场实体检验采用钻芯法。应在外墙施工完工后、节能分部工程验收前进行。

（3）取样部位与数量。

取样部位应由监理（建设）与施工双方共同确定，不得在外墙施工前预先确定；取样位置应选取节能构造有代表性的外墙上相对隐蔽的部位，并宜兼顾不同朝向和楼层；取样位置必须确保钻芯操作安全，且应方便操作；外墙取样数量为一个单位工程每种节能保温做法至少取 3 个芯样。取样部位宜均匀分布，不宜在同一个房间外墙上取两个或两个以上芯样。

（4）检验结果判定。

对钻取的芯样应做四项检查：

①对照设计图纸观察、判断保温材料种类是否符合设计要求；②必要时也可采用其他方法加以判断；③用分度值为 1 mm 的钢尺，在垂直于芯样表面（外墙面）的方向上量取保温层厚度，精确到 1 mm；④观察或剖开检查保温层构造做法是否符合设计和施工方案要求。

芯样中保温层厚度的测量，应在垂直于芯样表面（外墙面）的方向上用钢板尺实测，当实测厚度的平均值达到设计厚度的 95%及以上时，应判定保温层厚度符合设计要求；否则，应判定保温层厚度不符合设计要求。当现场实体检验出现不符合设计要求和标准规定的情况时，应委托有资质的检测机构扩大一倍数量抽样，对不符合要求的项目或参数再次检验。仍然不符合要求时应给出“不符合设计要求”的结论。

对于不符合设计要求的围护结构节能构造应查找原因，对因此造成的对建筑节能的影响程度进行计算或评估，采取技术措施予以弥补或消除后重新进行检测，合格后方可通过验收。

第二节　施工试验检测的方法

一、主要试验控制项目控制流程

1. 主要试验控制项目

施工过程质量检测试验的主要内容应包括土方回填、地基与基础、基坑支护、结构工程、装饰装修五类。施工过程质量检测试验项目、主要检测试验参数和取样依据可按表 9-10 的规定确定。

表 9-10　施工过程质量检测试验项目、主要检测试验参数和取样依据

<table>
<tr><th>序号</th><th>类别</th><th colspan="2">检测试验项目</th><th>主要检测试验参数</th><th>取样依据</th><th>备注</th></tr>
<tr><td rowspan="3">1</td><td rowspan="3">土方回填</td><td colspan="2" rowspan="2">土工击实</td><td>最大干密度</td><td rowspan="2">《土工试验方法标准》（GB/T 50123—1999）</td><td rowspan="2"></td></tr>
<tr><td>最优含水率</td></tr>
<tr><td colspan="2">压实程度</td><td>压实系数*</td><td>《建筑地基基础设计规范》（GB 50007—2011）</td><td></td></tr>
<tr><td rowspan="4">2</td><td rowspan="4">地基与基础</td><td colspan="2">换填地基</td><td>压实系数*或承载力</td><td rowspan="2">《建筑地基处理技术规范》（JGJ 79—2012）
《建筑地基基础工程施工质量验收规范》（GB 50202—2018）</td><td rowspan="2"></td></tr>
<tr><td colspan="2">加固地基、复合地基</td><td>承载力</td></tr>
<tr><td colspan="2" rowspan="2">桩基</td><td>承载力</td><td rowspan="2">《建筑桩基检测技术规范》（JGJ 106—2003）</td><td></td></tr>
<tr><td>桩身完整性</td><td>钢桩除外</td></tr>
<tr><td rowspan="4">3</td><td rowspan="4">基坑支护</td><td colspan="2">土钉墙</td><td>土钉抗拔力</td><td rowspan="4">《建筑基坑支护技术规程》（JGJ 120—2012）</td><td></td></tr>
<tr><td colspan="2" rowspan="2">水泥土墙</td><td>墙身完整性</td><td></td></tr>
<tr><td>墙体强度</td><td>设计有要求时</td></tr>
<tr><td colspan="2">锚杆、锚索</td><td>锁定力</td><td></td></tr>
<tr><td rowspan="12">4</td><td rowspan="12">结构工程</td><td rowspan="12">钢筋连接</td><td>机械连接工艺检验*</td><td rowspan="2">抗拉强度</td><td rowspan="2">《钢筋机械连接通用技术规程》（JGJ 107—2016）</td><td rowspan="2"></td></tr>
<tr><td>机械连接现场检验</td></tr>
<tr><td rowspan="2">钢筋焊接工艺检验*</td><td>抗拉强度</td><td rowspan="10">《钢筋焊接及验收规程》（JGJ 18—2012）</td><td></td></tr>
<tr><td>弯曲</td><td>适用于闪光对焊、气压焊接头</td></tr>
<tr><td rowspan="2">闪光对焊</td><td>抗拉强度</td><td rowspan="2"></td></tr>
<tr><td>弯曲</td></tr>
<tr><td rowspan="2">气压焊</td><td>抗拉强度</td><td></td></tr>
<tr><td>弯曲</td><td>适用于水平连接筋</td></tr>
<tr><td>电弧焊、电渣压力焊、预埋件钢筋T形接头</td><td>抗拉强度</td><td></td></tr>
<tr><td rowspan="3">网片焊接</td><td>抗剪力</td><td>热轧带肋钢筋</td></tr>
<tr><td>抗拉强度</td><td rowspan="2">冷轧带肋钢筋</td></tr>
<tr><td>抗剪力</td></tr>
</table>

续表

序号	类别	检测试验项目		主要检测试验参数	取样依据	备注
4	结构工程	混凝土	混凝土配合比设计	工作性	《普通混凝土配合比设计规程》（JGJ 55—2011）	指工作度、坍落度和坍落扩展度等
				强度等级		
			混凝土性能	标准养护试件强度		
				同条件试件强度*（受冻临界、拆模、张拉、放张和临时负荷等）	《混凝土结构工程施工质量验收规范》（GB 50204—2015）《混凝土外加剂应用技术规范》（GB 50119—2013）《建筑工程冬季施工规程》（JGJ 104—2011）	同条件养护 28 d 转标准养护 28 d 试件强度和受冻临界强度试件按冬期施工相关要求增设，其他同条件试件根据施工需要留置
				同条件养护 28 d 转标准养护 28 d 试件强度		
				抗渗性能	《地下防水工程质量验收规范》（GB 50208—2011）《混凝土结构工程施工质量验收规范》（GB 50204—2015）	有抗渗要求时
		砌筑砂浆	砂浆配合比设计	强度等级	《砌筑砂浆配合比设计规程》（JGJ/T 98—2010）	
				稠度		
			砂浆力学性能	标准养护试件强度	《砌体工程施工质量验收规范》（GB 50203—2001）	
				同条件养护试件强度		冬期施工时增设
		钢结构	网架结构焊接球节点、螺栓球节点	承载力	《钢结构工程施工质量验收规范》（GB 50205—2001）	安全等级一级、$L \geqslant 40$ m 且设计有要求时
			焊缝质量	焊缝探伤		
		后锚固（植筋、锚栓）		抗拔承载力	《混凝土结构后锚固技术规程》（JGJ 145—2013）	
5	装饰装修	饰面砖粘结		粘结强度	《建筑工程饰面砖粘结强度检验标准》（JGJ 110—2017）	

注：带有“*”标志的检测试验项目或检测试验参数可由企业试验室试验，其他检测试验项目或检测试验参数的检测应符合相关规定。

摘自《建筑工程检测试验技术管理规范》（JGJ 90—2010）第 4.2.2 条。

2. 主要试验控制流程（如图 9-1 所示）

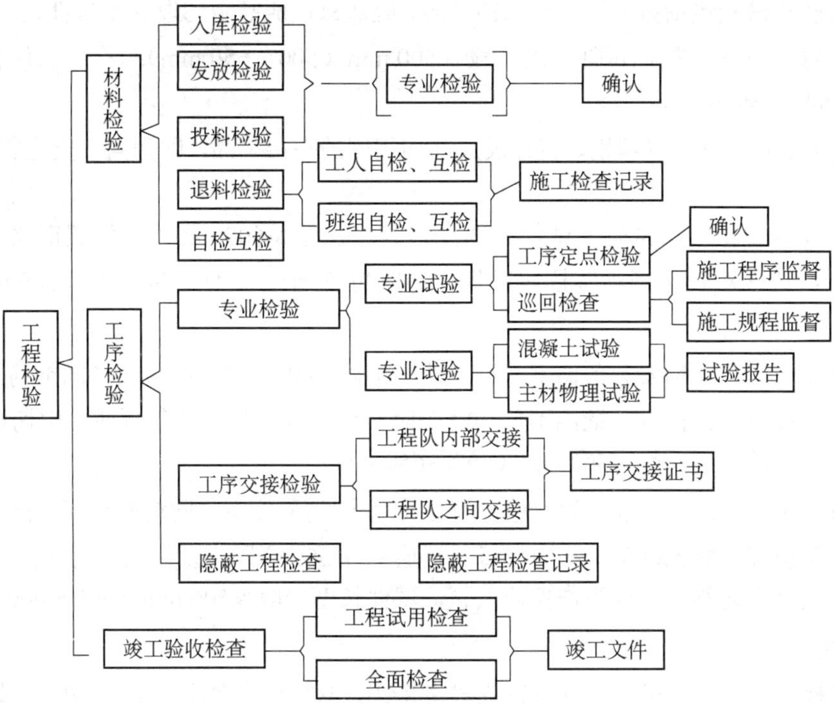

- 工程检验
  - 材料检验
    - 入库检验、发放检验、投料检验 → 专业检验 → 确认
    - 退料检验 → 工人自检、互检；班组自检、互检 → 施工检查记录
    - 自检互检
  - 工序检验
    - 专业检验
      - 专业试验 → 工序定点检验 → 确认；巡回检查 → 施工程序监督、施工规程监督
      - 专业试验 → 混凝土试验、主材物理试验 → 试验报告
    - 工序交接检验 → 工程队内部交接、工程队之间交接 → 工序交接证书
    - 隐蔽工程检查 → 隐蔽工程检查记录
  - 竣工验收检查 → 工程试用检查、全面检查 → 竣工文件

图 9-1　主要试验控制流程

二、施工主要项目的取样方法

取样和送样是工程质量检测的首要环节，其真实性和代表性会直接影响到检测数据的公正性，现场监理人员的见证取样能保证试件代表母体的质量状况和取样的真实性，保证建设工程质量检测的科学性、公正性和准确性，确保工程质量。下面介绍一些主要的取样方法：

1. 钢筋进场时的验收

取样方法：按照同一批量、同一规格、同一炉号、同一出厂日期、同一交货状态的钢筋，每批重量不大于 60 t 为一检验批，进行现场见证取样；当不足 60 t 也为一个检验批，进行现场见证取样。试样分为抗拉试件两根，冷弯试件两根。实验室进行检验时，每一检验批至少应检验一个拉伸试件，一个弯曲试件。

试件长度：冷拉试件长度一般≥500 mm（500～650 mm），冷弯试件长度一般≥250 mm（250～350 mm）。（备注：取样时，从任一钢筋端头，截取 500～1 000 mm 的钢筋，再进行取样）。

冷拉钢筋：应进行分批验收，每批重量不大于 20 t 的同等级、同直径的冷拉钢筋为一个检验批。

取样数量：两个拉伸试件、两个弯曲试件。

2. 钢筋焊接钢筋焊接

取样方法：

（1）闪光对焊：在同一工作班内，由同一焊工完成的 300 个同级别、同直径钢筋焊接接头应作为一检验批。当同一台班内不足300个接头时也作为一个检验批。

其机械性能试验包括拉伸试验和弯曲试验，应从每批成品中切取6个试件，3个作拉伸试验，3个作弯曲试验。拉伸试件长度一般≥500 mm（500～650 mm）；冷弯试件长度一般≥250 mm（250～350 mm）。

（2）电阻点焊：凡钢筋级别、直径及尺寸均相同的焊接制品，即为同一类型制品，每200件为一批。

热轧钢筋点焊做抗剪试验，试件为3个，长度一般≥600 mm；拔低碳钢丝焊点，除做抗剪试验外，还应对较小钢丝做拉伸试验，试件为3个，试件长度一般≥500 mm（500～650 mm）。

（3）电弧焊：在现场安装条件下，每一楼层中以300个同类型接头（同钢筋级别、同接头类型、同焊接位置）作为一批，不足300个时，仍作为一批。从每批成品中切取3个接头作拉伸试验，试件长度一般≥500 mm（500～650 mm）。

（4）电渣压力焊：在一般构筑物中，每300个同类型接头（同钢筋级别、同焊接位置）作为一批；在现浇混凝土框架结构中，每一楼层中以300个同类型接头作为一批。

从每批成品中切取3个接头作拉伸试验，试件长度一般≥500 mm（500～600 mm）。

3. 水泥

水泥试样必须在同一批号不同部位处等量采集，取样试点至少在20点以上，经混合均匀用防潮容器包装，重量不少于12 kg。

（备注：委托单位填写检验委托单时应逐项填写以下内容：水泥生产厂名、商标、水泥品种、强度等级、出厂编号或出厂日期、工程名称，全套物理检验项目等。水泥的强度报告一般先出3 d强度报告，但28 d强度报告，仍应要求施工单位报审，附在3 d强度报告后。）

4. 砂石

以400 m^3或600 t为一个检验批，每验收批至少应进行颗粒级配、含泥量和泥块含量检验。

取样方法：在料堆水取样时，取样部位应均匀分布。在料堆的顶部、中部、底部各均匀分布的5个不同部位取得，组成一组样品，砂子在各部位抽取大致相等的8份，石子在各部位抽取大致相等的15份。砂子为kg，石子为kg。

5. 建筑砂浆

取样方法：每一楼层或每250 m^3砌体中各种强度等级的砂浆，每台搅拌机至少应检查一次，每次至少应制作砂浆立方体（70.7 mm×70.7 mm×70.7 mm 立方体）抗压强度试块一组六块。当砂浆强度等级或配合比有变更时，还应另作试块。

做好的砂浆试块应在标准养护条件下进行“标养”（标养的条件是：水泥混合砂浆养护温度为20℃±3℃，相对湿度为60%～80%；水泥砂浆和微沫砂浆养护温度为20℃±3℃，相对湿度为90%以上；养护期间，试件彼此间隔不少于10 mm）。当工地现场无“标准养护”时，可采用自然养护，或及早地将试模送往实验室进行“标养”（试块不得受震动）。

6. 墙体材料

取样方法：

（1）蒸压灰砂砖。

每 10 万块为一批，不足 10 万块也为一批，但不得少于 2 万块。

强度检验的样品，从尺寸偏差、外观合格的样品中按随机抽样法抽取 3 组共 15 块（每组 5 块）。其中 2 组进行抗压强度和抗折强度检验，一组备用。

（2）烧结多孔砖每 5 万块为一批，不足该数量时仍按一批。

强度检验的样品，从尺寸偏差和外观质量检查合格中按随机抽样法抽取，共 15 块。抗压强度、抗折荷重检验各 5 块，备用 5 块。

7. 混凝土主控项目

取样方法：

（1）结构混凝土的强度等级必须符合设计要求。用于检查结构构件混凝土强度的试件，应在混凝土的浇筑地点随机抽取。取样与试件留置应符合下列规定：

1）每拌制 100 盘且不超过 100 m^3 的同配合比的混凝土，取样不得少于一次；

2）每工作班拌制的同一配合比的混凝土不足 100 盘时，取样不少于一次；

3）当一次连续浇筑超过 1 000 m^3 时，同一配合比的混凝土每 200 m^3 取样不少于一次；

4）每一楼层、同一配合比的混凝土，取样不少于一次；

5）每次取样应至少留置一组标准养护试件，同条件养护试件的留置组数应根据实际需要确定。

（2）对有抗渗要求的混凝土结构，其混凝土试件应在浇筑地点随机取样。同一工程、同一配合比的混凝土，取样不应少于一次，留置组数可根据实际需要确定。

8. 混凝土一般项目

（1）后浇带的留置位置应按设计要求和施工技术方案确定。后浇带混凝土浇筑应按施工技术方案进行。监理工程师应全数检查。

（2）混凝土浇筑完毕后，应按施工技术方案及时采取有效的养护措施，并应符合下列规定：

1）应在浇筑完毕后的 12 h 以内对混凝土加以覆盖并保湿养护；

2）混凝土浇水养护的时间：对采用硅酸盐水泥、普通硅酸盐水泥或矿渣硅酸盐水泥拌制的混凝土，不得少于 7 d，对掺用缓凝剂型外加剂或有抗渗要求的混凝土，不得少于 14 d；

3）浇水次数应能保持混凝土处于湿润状态；混凝土养护用水应与拌制用水相同；

4）采用塑料布覆盖养护的混凝土，其敞露的全部表面应覆盖严密，并应保持塑料布内有凝结水；

5）混凝土强度达到 1.2 N/mm^2 前，不得在其上踩踏或安装模板及支架。

9. 防水材料

（1）防水卷材：凡进入施工现场的防水卷材应附有出厂检验报告单及出厂合格证，并注明生产日期批号规格名称。同一品种牌号规格的卷材，抽样数量为大于 1 000 卷抽取 5 卷；

500～1 000 卷抽取 4 卷；100～499 卷抽取 3 卷；小于 100 卷抽取 2 卷，进行规格和外观质量检验。对于弹性体改性沥青防水卷材和塑性体改性沥青防水卷材，在外观质量达到合格的卷材中，将取样卷材切除距外层卷头 2 500 mm 后，顺纵向切取长度为 800 mm 的全幅卷材试样 2 块进行封扎，送检物理性能测定；对于氯化聚乙烯防水卷材和聚氯乙烯防水卷材，在外观质量达到合格的卷材中，在距端部 300 mm 处裁取约 3 m 长的卷材进行封扎，送检物理性能测定 5 胶结材料是防水卷材中不可缺少的配套材料，因此必须和卷材一并抽检抽样方法按卷材配比取样同一批出厂，同一规格标号的沥青以 20 t 为一个取样单位，不足 20 t 按一个取样单位从每个取样单位的不同部位取五处洁净试样，每处所取数量大致相等共 1 kg，作为平均试样。

（2）防水涂料：同一规格品种牌号的防水涂料，每 10 t 为一批，不足 10 t 者按一批进行抽检取 2 kg 样品，密封编号后送检双组分聚氨酯中甲组分 5 t 为一批，不足 5 t 也按一批计；乙组分按产品重量配比相应增加批量甲乙组分样品总量为 2 kg，封样编号后送检。

（3）建筑密封材料：单组分产品以同一等级同一类型的 3 000 支为一批，不足 3 000 支也作为一批双组分产品以同一等级同一类型的 1 t 为一批，不足 1 t 按一批进行检验；乙组分按产品重量比相应增加批量，样品密封编号后送检。

（4）进口密封材料：凡进入现场的进口防水材料应有该国国家标准出厂标准技术指标产品说明书以及我国有关部门的复检报告，现场抽检人员应分别按照上述对卷材涂料密封膏等规定的方法进行抽检抽检合格后方可使用，现场抽检必检项目应按我国国家标准或有关其他标准，在无标准参照的情况下，可按该国国家标准或其他标准执行，建筑幕墙用的建筑结构胶建筑密封胶绝大部分是采用进口密封材料，应按照《玻璃幕墙工程技术规范》（JGJ 102—2013）检验试验。

10. 节能材料取样要求

（1）墙体工程保温材料（EVB 保温砂浆）：每单位工程同一厂家同一品种的产品，当单位工程建筑面积在 20 000 m^2 以下时各检测不少于 3 组；当单位工程建筑面积在 20 000 m^2 以上时各检测不少于 6 组。

（2）网格布力学性能、抗腐蚀性能：每单位工程同一厂家同一品种的产品，当单位工程建筑面积在 20 000m^2 以下时各检测不少于 3 组；当单位工程建筑面积在 20 000m^2 以上时各检测不少于 6 组。

（3）抗裂砂浆：每单位工程同一厂家同一品种的产品，当单位工程建筑面积在 20 000m^2 以下时各检测不少于 3 组；当单位工程建筑面积在 20 000m^2 以上时各检测不少于 6 组。

（4）屋面工程保温材料（XPS 挤塑板）导热系数、抗压强度：每单位工程同一厂家同一品种同一类型的产品检测不少于 3 组。每组 2 块，规格为 300 mm×300 mm×实际厚度；抗压强度：每组 5 块，规格为 100 mm×100 mm×实际厚度。

（5）幕墙、门窗节能工程：每单位工程同一厂家同一品种同一类型的产品检测不少于 3 组；（幕墙节能工程）每单位工程同一厂家同一品种同一类型的产品检测不少于 1 组。

第三节　施工试验检测的判定标准

一、建筑施工试验检测的管理要求

1. 管理制度

施工现场应建立健全检测试验管理制度，施工项目技术负责人应组织检查检测试验管理制度的执行情况。

检测试验管理制度应包括以下内容：

（1）岗位职责；

（2）现场试样制取及养护管理制度；

（3）仪器设备管理制度；

（4）现场检测试验安全管理制度；

（5）检测试验报告管理制度。

2. 人员、设备、环境及设施

（1）现场试验人员应掌握相关标准，并经过技术培训、考核。

（2）施工现场配置的仪器、设备应建立管理台账，按有关规定进行计量检定或校准，并保持状态完好。

（3）施工现场试验环境及设施应满足检测试验工作的要求。

（4）单位工程建筑面积超过 10 000 m^2 或造价超过 1 000 万元人民币时，可设立现场试验站。现场试验站的基本条件应符合表 9-11 的规定。

表 9-11　现场试验站基本条件

项目	基本条件
现场试验人员	根据工程规模和试验工作的需要配备，宜为 1 人至 3 人
仪器设备	根据试验项目确定。一般应配备：天平、台（案）秤、温度计、湿度计、混凝土振动台、试模、坍落度筒、砂浆稠度仪、钢直（卷）尺、环刀、烘箱等
设施	工作间（操作间）面积不宜小于 15 m^2，温、湿度应满足有关规定
	对混凝土结构工程，宜设标准养护室，不具备条件时可采用养护箱或养护池。温、湿度应符合有关规定

3. 施工检测试验计划

施工检测试验计划应在工程施工前由施工项目技术负责人组织有关人员编制，并应报送监理单位进行审查和监督实施。根据施工检测试验计划，应制订相应的见证取样和送检计划。施工检测试验计划应按检测试验项目分别编制，并应包括以下内容：

（1）检测试验项目名称；

（2）检测试验参数；

（3）试样规格；

（4）代表批量；

（5）施工部位；

（6）计划检测试验时间。

施工检测试验计划编制应依据国家有关标准的规定和施工质量控制的需要，并应符合以下规定：

（1）材料和设备的检测试验应依据预算量、进场计划及相关标准规定的抽检率确定抽检频次；

（2）施工过程质量检测试验应依据施工流水段划分、工程量、施工环境及质量控制的需要确定抽检频次；

（3）工程实体质量与使用功能检测应按照相关标准的要求确定检测频次；

（4）计划检测试验时间应根据工程施工进度计划确定。

发生下列情况之一并影响施工检测试验计划实施时，应及时调整施工检测试验计划：

（1）设计变更；

（2）施工工艺改变；

（3）施工进度调整；

（4）材料和设备的规格、型号或数量变化。

4. 试样与标识

进场材料的检测试样，必须从施工现场随机抽取，严禁在现场外制取。施工过程质量检测试样，除确定工艺参数可制作模拟试样外，必须从现场相应的施工部位制取。工程实体质量与使用功能检测应依据相关标准抽取检测试样或确定检测部位。试样应有唯一性标识，并应符合下列规定：

（1）试样应按照取样时间顺序连续编号，不得空号、重号；

（2）试样标识的内容应根据试样的特性确定，宜包括：名称、规格（或强度等级）、制取日期等信息；

（3）试样标识应字迹清晰、附着牢固。试样的存放、搬运应符合相关标准的规定。试样交接时，应对试样的外观、数量等进行检查确认。

5. 试样台账

施工现场应按照单位工程分别建立的台账有钢筋试样台账；钢筋连接接头试样台账；混凝土试件台账；砂浆试件台账；需要建立的其他试样台账。

现场试验人员制取试样并做出标识后，应按试样编号顺序登记试样台账。检测试验结果为不合格或不符合要求时，应在试样台账中注明处置情况。试样台账应作为施工资料保存。试样台账的格式可按有关规定。

6. 试样送检

现场试验人员应根据施工需要及有关标准的规定，将标识后的试样及时送至检测单位进行检测试验。现场试验人员应正确填写委托单，有特殊要求时应注明。办理委托后，现场试验人员应将检测单位给定的委托编号在试样台账上登记。

7. 检测试验报告

现场试验人员应及时获取检测试验报告，核查报告内容。当检测试验结果为不合格或不符合要求时，应及时报告施工项目技术负责人、监理单位及有关单位的相关人员。检测试验报告的编号和检测试验结果应在试样台账上登记。现场试验人员应将登记后的检测试验报告移交有关人员。对检测试验结果不合格的报告严禁抽撤、替换或修改。检测试验报告中的送检信息需要修改时，应由现场试验人员提出申请，写明原因，并经施工项目技术负责人批准。涉及见证检测报告送检信息修改时，尚应经见证人员同意并签字。对检测试验结果不合格的材料、设备和工程实体等质量问题，施工单位应依据相关标准的规定进行处理，监理单位应对质量问题的处理情况进行监督。

8. 见证管理

见证检测的检测项目应按国家有关行政法规及标准的要求确定；见证人员应由具有建筑施工检测试验知识的专业技术人员担任。见证人员发生变化时，监理单位应通知相关单位，办理书面变更手续。需要见证检测的检测项目，施工单位应在取样及送检前通知见证人员。见证人员应对见证取样和送检的全过程进行见证并填写见证记录。检测机构接收试样时应核实见证人员及见证记录，见证人员与备案见证人员不符或见证记录无备案见证人员签字时不得接收试样。见证人员应核查见证检测的检测项目、数量和比例是否满足有关规定。

二、建筑施工试验检测的判定标准

施工现场原材料、现场检测等试验内容较多，取样方法、代表数量、检测项目、周期及试验依据更是纷繁复杂，让每一位从事施工技术和试验的一线管理人员眼花缭乱，即使一位从事试验岗位数年的技术人员也不敢保证把所有的检测内容说清楚。单单因为试验漏项、代表批不足、未考虑到试验周期导致现场进度受影响，对施工生产往往会造成不可弥补的损失。为此，根据一些施工经验和技术要求，将施工现场的试验检测的判定标准见表 9-12：

表 9-12 施工现场的试验检测的判定标准

样品名称	代表数量	取样规定	检测项目	周期	判定标准
水泥	散装：500 t 袋装：200 t	12 kg	胶砂强度、安定性、凝结时间	3 d 28 d	GB 175—2007
天然砂	400 或 600 t	22 kg	筛分析、含泥量、泥块含量	5 d	JGJ 52—2006 GB/T 14684—2011
人工砂			筛分析、石粉含量、泥块含量、压碎指标		GB/T 14684—2011
石子	400 或 600 t	40 kg	筛分析、泥含量、泥块含量、针状和片状颗粒的总含量	5 d	JGJ 52—2006 GB/T 14685—2011

续表

样品名称	代表数量	取样规定	检测项目	周期	判定标准
轻集料	400	80 L	堆积密度、筒压强度、吸水率、颗粒级配、粒型系数	7 d	GB/T 17431.1—2010 GB/T 17431.2—2010
混凝土	—	1 组，每组 3 块	抗压强度		GB/T 50081—2002
	—	2 组，每组 3 块（100 mm×100 mm×100 mm）	抗冻性能（慢冻法）	8 d	GB/T 50082—2009
	—	1 组，每组 3 块（100 mm×100 mm×100 mm）	抗冻性能（快冻法）	4 d	
	—	标准尺寸（150 mm×150 mm×150 mm/600 mm）非标准尺寸（100 mm×100 mm×400 mm）	抗折强度		GB/T 50081—2002 GB/T 50080—2016
	连续浇筑 500 m 取样一组，每个工程不少于 2 组	每组 6 块	抗渗性能	不超过 90 d	GB/T 50082—2009
			配合比	7 d	JGJ 55—2011
砂浆		1 组，每组 3 块	抗压强度		JGJ/T 70—2009
			配合比	7 d	JGJ/T 98—2010
热轧带肋钢筋	60 t	550～600 mm 5 根两头用无齿距切平（每组用铁丝打成一捆，并贴上标识，标识上注明工程代号、试件编号、钢筋直径）	拉伸试验、弯曲试验、重量偏差（如有要求做最大力总伸长率）	3 d	GB 1499.2—2018
热轧光圆钢筋					GB 1499.1—2017
冷轧带肋钢筋					GB 13788—2017
碳素结构钢		（500 mm×30 mm×厚）2 块	拉伸试验、弯曲试验		GB/T 700—2006
钢筋机械连接	500 个	550～600 mm 3 根	拉伸试验	3 d	JGJ 107—2016
钢筋焊接	300 个	550～600 mm 3 根	拉伸试验		JGJ 18—2012
钢筋焊接网	60 t	7 个	拉伸试验、弯曲试验、抗剪力		GB/T 1499.3—2010

续表

<table>
<tr><th>样品名称</th><th>代表数量</th><th>取样规定</th><th>检测项目</th><th>周期</th><th>判定标准</th></tr>
<tr><td>弹性体改性沥青防水卷材</td><td rowspan="8">1 000 m²</td><td rowspan="3">1 m　2 块</td><td rowspan="9">拉伸性能
低温柔性
耐热性
不透水性
可溶物含量
（如有要求做）</td><td rowspan="10">3 d</td><td>GB 18242—2008</td></tr>
<tr><td>塑性体改性沥青防水卷材</td><td>GB 18242—2008</td></tr>
<tr><td>沥青复合胎柔性防水卷材</td><td></td></tr>
<tr><td>改性沥青聚乙烯胎防水卷材</td><td rowspan="3">1.5 m</td><td>GB 18967—2009</td></tr>
<tr><td>自黏聚合物改性沥青防水卷材</td><td>GB 23441—2009</td></tr>
<tr><td>预铺、湿铺防水卷材</td><td>GB/T 23457—2017</td></tr>
<tr><td>聚氯乙烯防水卷材</td><td rowspan="2">3 m</td><td>GB 12952—2011</td></tr>
<tr><td>氯化聚乙烯防水卷材</td><td>GB 12953—2003</td></tr>
<tr><td>聚合物改性沥青复合胎防水卷材</td><td rowspan="2">5 000 m²</td><td>1 m　2 块</td><td>DBJ 01—53—2001</td></tr>
<tr><td>高分子片材</td><td>1.5 m　2 块</td><td>拉伸性能、低温柔性、不透水性</td><td>GB 18173.1—2012</td></tr>
<tr><td>聚氯酯防水涂料</td><td>15 t</td><td>3 kg</td><td rowspan="3">固体含量、拉伸性能、低温试验、不透水性</td><td rowspan="4">10 d</td><td>GB/T 19250—2013</td></tr>
<tr><td>聚合物水泥防水涂料</td><td>10 t</td><td>5 kg</td><td>GB/T 23445—2009</td></tr>
<tr><td>聚合物乳液建筑防水涂料</td><td rowspan="2">5 t</td><td>4 kg</td><td>JC/T 864—2008</td></tr>
<tr><td>水乳型沥青防水涂料</td><td>2 kg</td><td>耐热性、其余同上</td><td>JC/T 408—2005</td></tr>
<tr><td>止水带</td><td rowspan="2">每月同标记产量</td><td rowspan="3">1 m</td><td>拉伸性能、撕裂强度</td><td rowspan="2">5 d</td><td>GB 18173.2—2014</td></tr>
<tr><td>遇水膨胀橡胶</td><td rowspan="2">体积膨胀率
低温试验
高温流淌性</td><td>GB/T 18173.3—2014</td></tr>
<tr><td>膨润土橡胶遇水膨胀止水条</td><td>5 000 m</td><td>12 d</td><td>JG/T 141—2001</td></tr>
</table>

续表

样品名称	代表数量	取样规定	检测项目	周期	判定标准
水泥基渗透结晶型防水材料	50 t	10 kg	凝结时间、安定性、7 d、28 d 抗折、抗压强度、湿基面粘结强度、抗渗压力 28 d、二次抗渗压力 56 d	一次抗渗 33 d，二次抗渗 65 d	GB 18445—2012
无机防水堵漏材料	10 t	10 kg	凝结时间、7 d、抗折、抗压强度、7 d 抗渗压力、7 d 涂层抗渗压力、粘结强度、耐热性、抗冻性	25 d	GB 23440—2009
陶瓷砖（外墙）	5 000	20 块	吸水率、抗冻性	15 d	JGJ 126—2015
陶瓷砖（内墙）		10 块	吸水率	4 d	GB/T 4100—2015
土壤（土壤击实）	同种类土同压实系数取一组	轻型：20 kg 重型：50 kg	最大干密度 最佳含水率	5 d	GB/T 20123—1999 JTG E40—2007
土壤（回填土）	基坑 50～100 m不少于1个检验点，基槽 10～20 m 不少于1个检验点，每个独立性基础不少于1个检验点	一个检验点取两个环刀样（平行样），注明步号点号环刀号，且两个平行样的干密度相差不大于 10g	干密度、压实系数	5 d	GB/T 50123—1999
级配砂石（或碎石等粗粒土和巨粒土的最大干密度）	一个压实系数取一组	1 000 kg	最大干密度	4 d	JTG E40—2007
级配砂石（回填土）	同土壤回填土	一个检验点取一个，注明步号点号，注明每个检验点所对应的试坑所用标准砂重量级坑内挖出级配砂石的重量	干密度、压实系数	5 d	GB/T 50123—1999
电线、电缆	同厂家各种规格的 10%，不少于 2 中	1.5 m　3 根	每芯导体直流电阻截面积	5 d	GB 50411—2007 GB/T 3048.2—2007 GB/T 4909.2—2009 GB/T 3048.4—2007
烧结普通砖	3.5 万～15 万块	10 块	抗压强度	7 d	GB/T 5101—2017
烧结多孔砖					GB 13544—2011

续表

样品名称	代表数量	取样规定	检测项目	周期	判定标准
烧结空心砖和空心砌块			抗压强度（大条面）		GB 13545—2014
普通混凝土小型空心砌块	1 万块	5 块	抗压强度	7 d	GB 8239—2014
轻型料混凝土小型空心砌块	300	8 块	抗压强度、块体积密度		GB/T 15229—2011
蒸压加气混凝土砌块	1 万块	9 块 （100 mm×100 mm×100 mm）	立方体抗压强度 干体积密度		GB 11968—2006
蒸压灰砂砖	10 万块	10 块	抗压强度、抗折强度	3 d	GB 11945—1999
混凝土路面砖	2 万块	10 块	抗压强度 （边长/厚度＜5 mm） 抗折强度 （边长/厚度≧5 mm） 抗冻性（25 个循环）	7 d	JC/T 446—2000
石材	同一品种、类别、等级、同一供货商石材为一批（H 为厚度）	长：10×H+50 mm 宽：H⩽68 mm 取 100 mm H>68 mm，取 1.5 H 取 10 块	干燥、水饱和弯曲强度	4 d	GB/T 9966.2—2001
		（50 mm×50 mm×50 mm） 立方体取 10 块	体积密度、吸水率	4 d	GB/T 9966.3—2001
		（50 mm×50 mm×50 mm） 立方体取 5 块	干燥、水饱和压缩强度	4 d	GB/T 9966.1—2001
		同 1 取 10 块 （25 个循环）	抗折系数（冻融后的弯曲和水饱和弯曲强度的百分比）	13 d	GB/T 9966.1—2001
		5 块板材	平面度	2 d	
		（250 mm×40 mm） 取 5 块	剪切强度	4 d	
粉煤灰	200 t	3 kg	细度、烧失量、需水量比	7 d	GB/T 1596—2005
普通（高效）减水剂	掺量大于 1%的同品种同编号为 100 t，掺量小于 1%的同品种同编号为 50 t	不少于 0.5 t 水泥所需量	28 d 抗压强度比、减水率	35 d	GB 8087—1999
早强减水剂			1 d、28 d 抗压强度比、减水率		
缓凝减水剂			凝结时间差、28 d 抗压强度比、减水率		
引气减水剂			28 d 抗压强度比、减水率、含气量		

续表

样品名称	代表数量	取样规定	检测项目	周期	判定标准
缓凝高效减水剂	掺量大于1%的同品种同编号为100 t，掺量小于1%的同品种同编号为50 t	不少于0.5 t水泥所需量	28 d 抗压强度比、减水率、含气量、凝结时间差		
缓凝剂			28 d 抗压强度比、凝结时间差		
引气剂			28 d 抗压强度比、含气量		
早强剂			1 d、28 d 抗压强度比		
泵送剂	50 t	不少于0.2 t水泥所需量	28 d 抗压强度比、减水率	30 d	GB 8076—2008
防水剂	年产500 t以上为50 t 年产500 t以下为30 t	不少于0.2 t水泥所需量	28 d 抗压强度比、渗透高度比	30 d	JC 474—2008
防冻剂	50 t	不少于0.15 t水泥所需量	−7、28、−7+28 d 抗压强度比	35 d	JC 475—2004
膨胀剂	20 t	不少于0.5 t水泥所需量	28 d 抗压抗折强度、限制膨胀率	30 d	JC 476—2001
喷射用速凝剂	60 t	4 kg	凝结时间、1 d 抗压强度	3 d	JC 477—2005
散热器	同厂家同规格的1%但不少于2组	1组/组 每组散热器不小于700 W，不大于3 800 W，高度不小于2.5 m，不小于0.3 m，长度不应小于0.5 m	单位散热量 金属热强度	5 d	GB/T 13754—2017
建筑外窗（实验室检测）	单位工程建筑面积在5 000以下时，随机抽取同一生产厂家具有代表性的一组	3樘 （同厂家同品种同规格）	气密性能、水密性能 抗风压性能	4 d	GB/T 7106—2008
	单位工程不少于1樘	1樘 抗结露因子要求外窗≤1.8 m，≥1.0 m	传热系数		GB/T 8484—2008
			抗结露因子		
建筑外窗（实验室检测）		（510 mm×360 mm） 20块 与外窗要同材质的	中空玻璃露点	15 d	GB/T 11944—2012

续表

<table>
<tr><th>样品名称</th><th>代表数量</th><th>取样规定</th><th>检测项目</th><th>周期</th><th>判定标准</th></tr>
<tr><td>耐碱型玻纤网格布</td><td rowspan="11">同一厂家同一品种的产品，当单位工程建筑面积在 20 000 m^2 以下时各抽查不少于 3 次；当单位工程建筑面积在 20 000 m^2 以上时各抽查不少于6次
备注：燃烧性能 A_1：燃烧热值、不然性
A_2：燃烧热值或不燃性、单体燃烧
B：可燃性、单体燃烧
C：可燃性、单体燃烧
D：可燃性、单体燃烧
E：可燃性</td><td>5 m</td><td>拉伸断裂强力
耐碱断裂强度力保留率</td><td>40 d</td><td>JC/T 841—2007</td></tr>
<tr><td>镀锌钢丝网</td><td>1.5 m</td><td>网孔偏差、丝径、焊点抗拉力、锌层质量、镀锌层均匀性</td><td>7 d</td><td>QB/T 3897—1999</td></tr>
<tr><td>玻璃棉及其制品</td><td rowspan="3">尺度、密度、含水率、吸湿性 1 块常规板，导热系数（300 mm×300 mm×25 mm）两块板状，管壳偏心度 1 根常规管做单体，燃烧要 15 块常规板；柔性泡沫带 3 m 的管或板</td><td>尺寸稳定性、密度、管壳偏心度、含水率、吸湿性、导热系数、燃烧性能</td><td rowspan="5">7 d
燃烧试验另加
5 d</td><td>GB/T 13350—2017</td></tr>
<tr><td>岩棉、矿渣棉及其制品</td><td>尺寸稳定性、密度、管壳偏心度、含水率、吸湿性、导热系数、燃烧性能</td><td>GB/T 11835—2016</td></tr>
<tr><td>柔性泡沫橡塑绝热制品</td><td>表观密度、尺寸稳定性、导热系数、压缩回弹率、氧指数、真空吸水率</td><td>GB/T 17794—2008</td></tr>
<tr><td>模塑板</td><td rowspan="2">3 块
做单体燃烧带 15 块</td><td rowspan="2">表观密度、尺寸稳定性、压缩强度、抗拉强度、导热系数、燃烧性能</td><td>GB/T 10801.1—2002</td></tr>
<tr><td>挤塑板</td><td>GB/T 10801.2—2002</td></tr>
<tr><td rowspan="4">胶黏剂</td><td rowspan="4">一批中随意抽取 5 袋，每袋抽取 2 kg，总量≥10 kg</td><td>常温常态拉伸粘结强度（与聚苯板）</td><td rowspan="4">30 d</td><td rowspan="4">DBJ 01—63—2002</td></tr>
<tr><td>常温常态拉伸粘结强度（与水泥砂浆）</td></tr>
<tr><td>浸水拉伸粘结强度（与聚苯板）</td></tr>
<tr><td>浸水拉伸粘结强度（与水泥砂浆）</td></tr>
<tr><td rowspan="5">抹面抗裂砂浆</td><td rowspan="6">同一厂家同一品种的产品，当单位工程建筑面积在 20 000 以下时各抽查不少于 3 次；当单位工程建筑面积在 20 000 以上时各抽查不少于 6 次</td><td rowspan="5">一批中随意抽取 5 袋，每袋抽取 2 kg，总量≥10 kg</td><td>常温常态拉伸粘结强度（与聚苯板）</td><td rowspan="5">30 d</td><td rowspan="5"></td></tr>
<tr><td>常温常态拉伸粘结强度（水泥砂浆）</td></tr>
<tr><td>浸水拉伸粘结强度（与聚苯板）</td></tr>
<tr><td>浸水拉伸粘结强度（水泥砂浆）</td></tr>
<tr><td>柔韧性</td></tr>
<tr><td>瓷砖粘结剂</td><td>20 kg</td><td>拉伸胶粘原强度（与水泥基）浸水后的拉伸粘结强度</td><td>35 d</td><td>JC/T 547—2017</td></tr>
</table>

续表

<table>
<tr><th>样品名称</th><th>代表数量</th><th>取样规定</th><th>检测项目</th><th>周期</th><th>判定标准</th></tr>
<tr><td rowspan="8">粉刷石膏</td><td rowspan="8">60 t</td><td rowspan="8">从一批中随机抽取10袋，每袋抽取约3 L，总量不少于30 L（30 kg）</td><td>细度</td><td rowspan="8">15 d</td><td rowspan="8">JC/T 517—2004</td></tr>
<tr><td>凝结时间</td></tr>
<tr><td>可操作时间</td></tr>
<tr><td>保水率</td></tr>
<tr><td>抗折强度</td></tr>
<tr><td>抗压强度</td></tr>
<tr><td>剪切粘结强度</td></tr>
<tr><td>体积密度</td></tr>
<tr><td>胶合板、装饰单板贴面胶合板、细木工板等</td><td rowspan="3">细木工板：同生产厂、同类别批量≤1 200张；胶合板:10为一批；刨花板、饰面板、中密度纤维板：1 000张为一批。
注：如果（1 220 mm×2 440 mm）的板材面积总和超过500张的话必须见证，也就是使用板材超过167张</td><td rowspan="3">（500 mm×500 mm）两块
从一整张板材的两端各取一块</td><td rowspan="3">甲醇释放量</td><td rowspan="3">3 d</td><td rowspan="3">GB 18580—2017</td></tr>
<tr><td>中密度纤维板、高密度纤维板、刨花板、定向刨花板</td></tr>
<tr><td>饰面人造板（包括浸渍纸层压木质地板、实木复合地板、竹地板、浸渍胶膜纸饰面人造板等）</td></tr>
<tr><td>无机非金属建筑主体材料：砂石、砌块、水泥、混凝土、混凝土预制构件等</td><td rowspan="2">大理石：同产地、同品种、同等级规格100块为一批；
花岗岩：同产地、同品种、同等级规格200块为一批；其他材料去取样都以花岗岩为准；
注:天然花岗石或瓷质砖使用面积大于2 000 m²时必须见证</td><td rowspan="2">20 kg两块</td><td rowspan="2">内照射指数
外照射指数</td><td rowspan="2">8 d</td><td rowspan="2">GB 6566—2010</td></tr>
<tr><td>无机非金属装修材料：石材、建筑卫生陶瓷、石膏板、吊顶材料、无机瓷质砖粘结材料等</td></tr>
</table>

续表

样品名称	代表数量	取样规定	检测项目	周期	判定标准
土壤氢浓度测定		以间距 10 m 做网格，覆盖工程基础、各网格点即为检测点、但布点数不应少于 16 个	氢气（现场检测）	根据工程实际情况而定	GB 50325—2010
室内有害气体检测	1.验收时应抽取每个建筑单位有代表性的房间，不得少于房间总数的 5%，不得少于 3 间，当房间总数少于 3 间时，应全数检测 2.房间使用面积＜50 m^2时，取 1 个点；面积≥50 m^2、＜100 m^2时；取 2 个点；面积≥100 m^2、＜500 m^2时，取不少于 3 个点；面积≥500 m^2、＜1 000 m^2时，取不少于 5 个点；面积≥1 000 m^2、＜3 000 m^2时，取不少于 6 个点；面积≥3 000 m^2时，每 1 000 m^2不少于 3 个点		甲醇、氨、氢、苯、TVOC	根据工程实际情况而定	GB 50325—2010
钢筋保护层厚度	1. GB 50204 要求：对梁、板类构件，应各抽取构件数量的 2%且不少于 5 个进行试验，当有悬挑构件时，抽取的构件中悬挑梁、板构件所占比例均不宜少于 50% 2 .DBJ 01—82 要求：对非悬挑梁、板类构件应各抽取构件数量的 2%且不少于 5 个进行试验：对悬挑梁、板类构件应各抽取构件数量 10%且不少于 10 个构件		混凝土中钢筋位置保护层厚度	5 d	
混凝土结构后锚固试验	基材应不小于 C20 的混凝土同规格、同型号、基本相同部位的锚栓组成一个检验批。抽取数量按每批锚栓总数的 1%计算，且不少于 3 根		抗拉承载力	3 d	
回弹法检测混凝土强度	单个检测：适用于单独的结构或构件的检测。批量检测：适用于在相同的生产工艺条件下，混凝土强度等级相同，原材料、配合比、成型工艺、养护条件基本一致且龄期相近的同类构件。按批检测的构件，抽检数量不得少于同批构件总数的 30%且构件数量不得少于 10 个		回弹碳化	5 d	
钻芯法检测混凝土强度	按单个构件检测时，每个构件的钻芯数量不应少于 3 个； 对于较小构件，钻芯数量可取 2 个；按批量检测时，钻芯数量不应少于 15 个		混凝土抗压强度	5 d	

续表

样品名称	代表数量	取样规定	检测项目	周期	判定标准
砌体抗压强度检测	原位轴压法适用于推定240 mm厚普通砖砌体或多孔砖砌体的抗压强度		砌体抗压强度	5 d	
回弹法检测砌筑砂浆强度	适用于推定烧结普通砖砌体中的砌体砂浆强度。不适用于推定高温、长期浸水、化学侵蚀、火灾等情况下的砂浆抗压强度		砌筑砂浆抗压强度	5 d	
外墙饰面砖拉拔试验	现场粘贴饰面砖粘结强度检验应以1 000同类墙体饰面砖为一个检验批，不足1 000应按1 000计，每批应取一组3个试样，每相邻的3个楼层至少取一组试样		粘结强度	5 d	
粘结材料粘合加固材料与基材的正拉粘结强度现场检测	适用于现场条件下以结构胶黏剂或高强聚合物砂浆为粘结材料，黏合（包括浇注、喷抹）下列加固材料与基材的正拉粘结强度测定： 1. 结构胶黏剂黏合纤维复合材与基材混凝土 2. 结构胶黏剂黏合钢板与基材混凝土 3. 高强聚合物砂浆喷浆抹层黏合钢丝绳网片与基材混凝土 4. 界面胶黏（剂）黏合新旧混凝土			10 d	
保温板材与基层粘结强度检测	采用相同材料、工艺和施工做法的墙面，每500～1 000块为一个检验批，不足500块也为一个检验批，每个检验批抽查不少于3处		正拉粘结强度	7 d	
保温板后置锚固件拉拔力检测			承载力	57 d	
外墙节能构造现场实体检验	取样数量为一个单位工程每种节能保温做法至少取3个芯样，取样部位宜均匀分布，不宜在同一个房间外墙取2个或2个以上芯样		材料厚度保温系统构造做法保温材料种类	5 d	
建筑外窗现场检测	适用于已经安装于建筑工程的建筑外窗的现场取样验，检测对象包括外窗及安装部分。单位工程建筑面积5 000 m^2（含5 000 m^2）以下时，随机抽取同一生产厂家具有代表性的1组建筑外窗试件，试件数量为同一系列、同规格、同分格形式的3樘外窗。单位建筑面积5 000 m^2以上时，随机抽取同一生厂家具有代表性的2组建筑外窗，每组试件数量为同系列、同规格、同分格形式的3樘外窗		气密性能 水泥性能	5 d	

续表

样品名称	代表数量	取样规定	检测项目	周期	判定标准
脚手架扣件直角	281～500 个	16 个	抗滑、抗破坏、扭转刚度、扭力矩	7 d	
	501～1 200 个	26 个			
	1 201～10 000 个	40 个			
脚手架扣件旋转	280～500 个	8 个	抗滑、抗破坏、扭力矩		
	501～1 200 个	13 个			
	1 201～10 000 个	20 个			
脚手架扣件对接	281～500 个	8 个	抗拉扭力矩		
	501～1 200 个	13 个			
	1 201～10 000 个	20 个			
结构胶黏剂	加固工程使用的机构胶黏剂，应按工程用量一次进场到位。按进场批次取样，一个批次取样一次	按进场批次，每批号见证取样 3 件，每件每组分称取 500g，并按组分予以混匀后送独立检验机构复验。检验时，每项目每次的样品制作一组试件	钢—钢拉伸抗剪强度		GB/T 7124—2008 GB 50550—2010 GB 50367—2013
			钢—混凝土正拉粘结强度		
			耐湿热老化性能（本试验只能做湿热老化性能现场快速复验）		
			不挥发物含量		
			抗冲击剥离能力（对抗震设防烈度为 7 度及 7 度以上地区建筑加固用粘钢和粘贴纤维复合材的结构胶黏剂）		

第十章　施工测量

第一节　标高、直线、水平测量的基本知识

一、常用的施工测量仪器及用法

1. 常用的施工测量仪器简介

在施工测量的过程中，根据不同的需求，将会用到不同的测量仪器，且不同的仪器有不同的操作方法和应用范围和精度。常用到的有水准仪、经纬仪、全站仪、激光铅锤仪、钢尺及全球定位系统等。

（1）水准仪。

1）概念：水准仪是建立水平视线测定地面两点间高差的量测仪器。主要根据水准测量原理测量地面点间高差。同时用于国家各级控制网的水准测量和工程水准测量。

2）分类：根据不同的分类标准，水准仪可以分为不同的类型，按结构分为微倾水准仪、自动安平水准仪、激光水准仪和数字水准仪（又称电子水准仪）。按精度分为普通水准仪和精密水准仪。

3）构造：水准仪的型号均以 DS 作为开头，其中，大写的字母 D 和 S 分别代表了“大地”和“水准仪”汉语拼音的第一个字母，后面的数字代表了该水准仪的精度。表示 1 km 往返测量高差中的数据误差，以 mm 为单位。以水准仪的精度等级区分水准仪的型号，常用的水准仪的型号有：DS05（千米往返高差中数偶然中误差≤0.5 mm）、DS1、DS3、DS10。其中，DS05、DS1 是精密度水准仪，可用于中国国家一等、二等精密水准测量；DS3、DS10 是普通水准仪，用于中国国家三等、四等水准及普通水准测量。随着仪器设备的不断研发，不同类型和精度的仪器也不断地出现，如后面将要介绍的 DSZ2 自动安平水准仪，自动安平水准仪在 DS 后加 Z。不同类型的水准仪的组成部件有一定的差异，但是，水准仪一般包含望远镜、管水准器（自动安平水准仪中为补偿器）、垂直轴、基座、脚螺旋等部件。

在实际工程应用中，水准仪的使用从最初的普通水准仪转变为目前的自动安平水准仪。自动安平水准仪自 20 世纪 50 年代出现以来在工程中应用越来越广泛。自动安平水准仪是指在一定的竖轴倾斜范围内，利用补偿器自动获取视线水平时水准标尺读数的水

准仪。工程中常用的且精度较高的 DSZ2 自动安平水准仪的构造图及各部分的名称展示如图 10-1 所示。

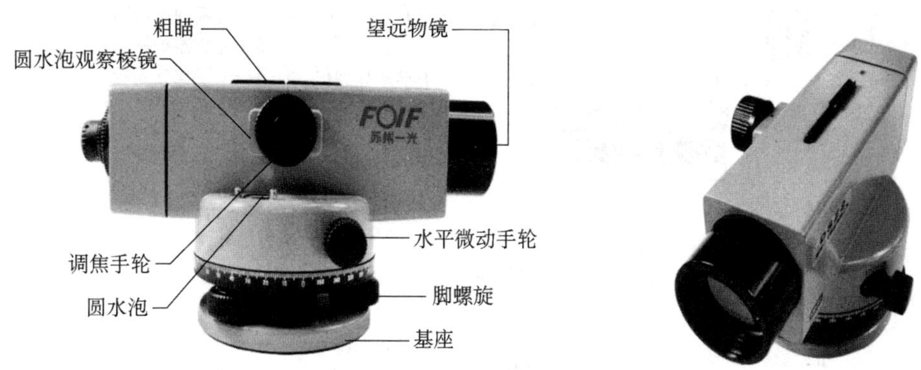

图 10-1　DSZ2 自动安平水准仪

在实际的测量中，自动安平水准仪借助自动安平补偿器获得水平视线。当望远镜视线有微量倾斜时，补偿器在重力作用下对望远镜做相对移动，从而迅速获得视线水平时的标尺读数，补偿器的构造如图 10-2 所示。自动安平水准仪的补偿设计原理如图 10-3 所示。自动安平的补偿可通过以下三种途径实现：

①通过悬吊卜字丝；

②在物镜至十字丝的光路中安置一个补偿器；

③在常规水准仪的物镜前安装单独的补偿附件。

采用此类水准仪观测时，当圆水准器气泡居中仪器放平之后，不需再经手工调整即可读得视线水平时的读数。它可简化操作手续，提高作业速度，以减少外界条件变化所引起的观测误差。

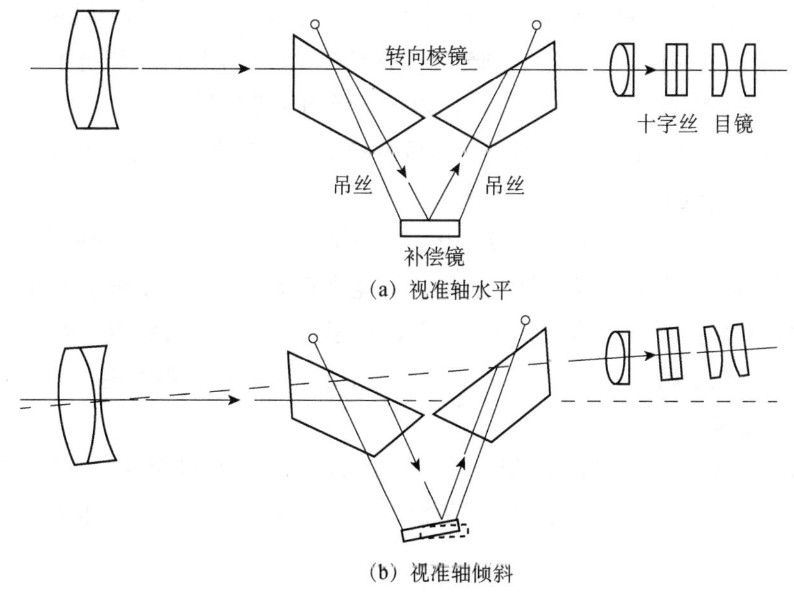

图 10-2　自动安平补偿器的构造

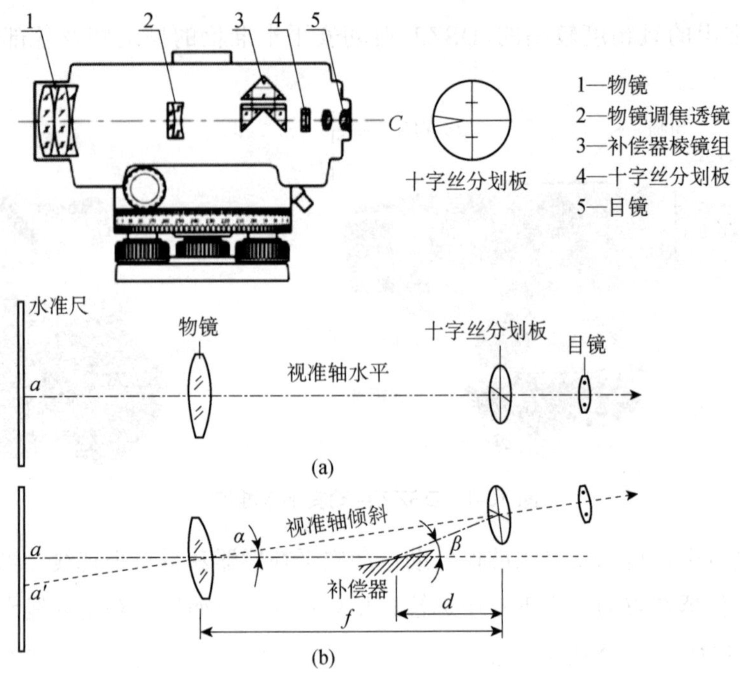

图 10-3 自动安平水准仪补偿原理

4）应用：

①在房屋建筑安装工程中，水准仪主要用来测量标高、高程和找水平线。主要应用于建筑工程测量控制网标高基准点的测设及厂房、大型设备基础沉降观察的测量。

②用于连续生产线设备测量控制网标高基准点的测设及安装过程中对设备安装标高的控制测量。

（2）经纬仪。

1）概念：经纬仪是一种根据测角原理设计的测量水平角和竖直角的测量仪器。

2）分类：根据经纬仪的物理特性划分为游标经纬仪、光学经纬仪和电子经纬仪三种，目前最常用的是光学经纬仪和电子经纬仪，而以电子经纬仪使用最广泛。

3）构造：光学经纬仪是水平度盘和竖直度盘均用光学玻璃制成的经纬仪。是用于测量学中测量地平和垂直角度的一种仪器。经纬仪在精度上会有一定的差别，据此，光学经纬仪具有 DJ07、DJ1、DJ2、DJ6、DJ30 等等级。电子经纬仪是集光、机、电、计算为一体的自动化、高精度的光学仪器，其在光学经纬仪的电子化智能化基础上，采用了电子细分、控制处理技术和滤波技术，实现测量读数的智能化，一般的电子经纬仪的主要的组成部件有：望远镜、照准部、光栅盘或光学码盘、测微器系统、轴系、水准器、基座及脚螺旋、光学对点器以及读数面板几大部分组成。

电子经纬仪常用的是 ET-02/05 型，一个测绘方向的误差可以控制在±2″，同时可以与光电测距仪和电子手簿连接，组成全站仪。功能可以扩展。ET-02 型电子经纬仪的外观及构造如图 10-4 所示。

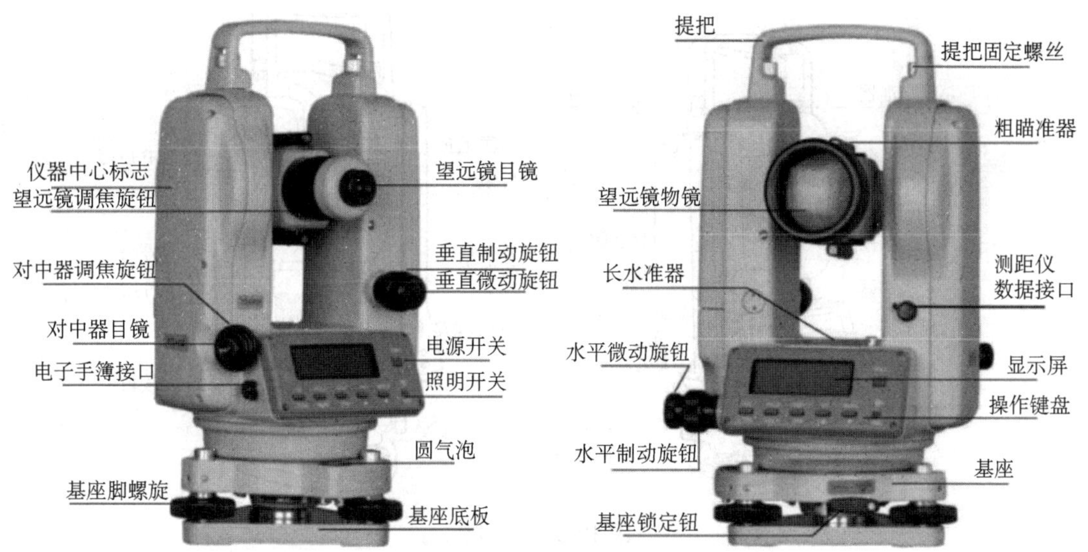

图 10-4　ET-02 型电子经纬仪

4）应用：电子经纬仪可广泛应用于国家和城市的三等、四等三角控制测量，用于铁路、公路、桥梁、水利、矿山等方面的工程测量，也可用于建筑、大型设备的安装，应用于地籍测量、地形测量和多种工程测量。具体可在以下方面应用：

①在室外工程中的不便于用线锤吊线检查的，容易受风力干扰的管沟和电缆沟的放线，垂直敷设的较高管道或者风管的垂直度控制是经纬仪在建筑安装工程中的主要应用。

②通过在经纬仪的水平度盘上的读数，确定有特殊要求的转角，如室外管沟及电缆沟的放线中的特殊转角确定。

③垂直而又较高的管道或者风管安装前要在上、中、下的中分线处做好垂直度检测标记，检查安装垂直度是否符合要求可以通过经纬仪望远镜在垂直方向转动观测。

（3）全站仪。

1）概念：全站仪即全站型电子测距仪，是一种集光、机、电为一体的高技术测量仪器，是集水平角、垂直角、距离（斜距、平距）、高差测量功能于一体的测绘仪器系统。

2）构造：全站仪是一种将光学度盘换为光电扫描度盘，将自动记录和显示读数代替人工光学测微读数的电子经纬仪，而又比电子和光学经纬仪多了很多特殊部件。电子全站仪由电源部分、测角系统、测距系统、数据处理部分、通信接口、显示屏、键盘等组成。名字来源于其设置一次仪器则可以完成测站上的全部测量工作。其具体构造如图 10-5 所示。全站仪的品牌主要有徕卡、拓普康、尼康、南方、索佳等。

3）分类：

①全站仪按其外观结构可分为两类：组合型（积木型）与整体型；

②全站仪按测量功能可分成四类：经典型全站仪、机动型全站仪、无合作目标性全站仪以及智能型全站仪；

③按测距仪测距分类可以分为三类：短距离测距全站仪、中测程全站仪及长测程全站仪。

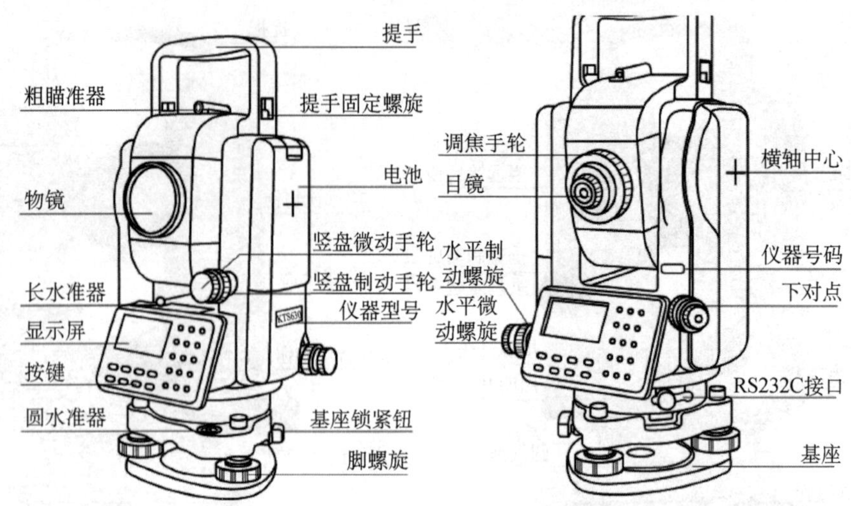

图 10-5 全站仪

4）应用：

①应用于地形测量中，可将控制测量和碎步测量同步进行。

②应用于施工放样测量（平面控制测量及高程控制测量）。可以将设计好的建筑物、管线、道路、构筑物等按照图纸数据测设到场地上，如应用在大型电站、大型化工厂、大型钢铁厂的角度（水平角、竖直角）、距离（斜距、平距、高差）的测量中，如这些工业设备的安装测量等。

③应用于导线测量、前方交会、后方交会等，操作简便速度快且精度高。

（4）激光铅锤仪。

1）概念：激光铅垂仪是指借助仪器中安置的高灵敏度水准管或水银盘反射系统，将激光束导致铅垂方向用于进行竖向准直的一种工程测量仪器。

2）构造：激光铅垂仪主要由氦氖激光管、精密竖轴、发射望远镜、水准器、基座、激光电源及接收屏等部分组成。其具体构造如图 10-6 所示。套筒内通过两组固定螺钉固定有激光器。激光铅垂仪的竖轴是空心筒轴，两端有螺扣，上端、下两端分别与发射望远镜和氦氖激光器套筒相连接，二者位置可互换，构成向上或向下发射激光束的铅垂仪。仪器上设置有两个互成 90° 的管水准器，且配有专用激光电源。

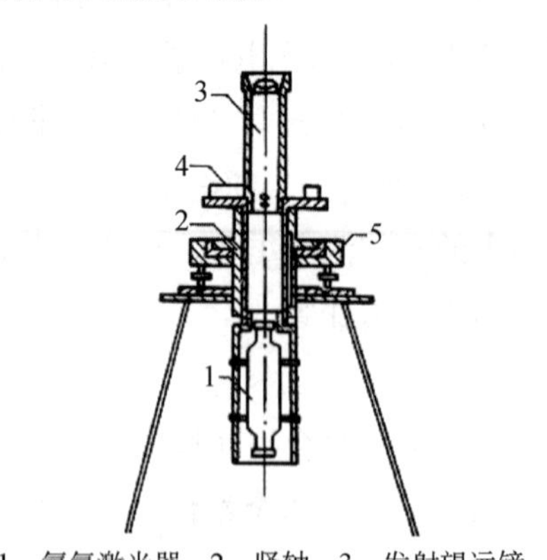

1—氦氖激光器；2—竖轴；3—发射望远镜；
4—水准管；5—基座

图 10-6 激光铅锤仪

3）应用：

①高层建筑施工，在高层建筑的施工过程中，需要定位基础，同时保证基础以上的楼层中心与基础的中心在同一条轴线上，且建筑物整体垂直度误差不能超过规范规定的误差范围，采用激光铅垂仪进行投测各层轴线，可收到良好效果。

②隧道施工。采用盾构法进行城市地铁隧道施工时，使用激光铅垂仪的主要目的是确定盾构掘进方位与高程，准确标定隧道轴线，使隧道沿着设计轴线延伸和贯通标定隧道轴线。隧道工程施工测量包括地面控制测量（平面及高程控制）、竖井联系测量、井上井下定向测量、地下控制测量（平面及高程控制）、盾构推进施工测量、隧道沉降测量、贯通测量以及竣工测量。从地面控制测量和地下控制测量的设计到进洞测量的各项工作，都必须保证贯通误差特别是横向误差和高程贯通误差应满足工程使用的要求。

（5）钢尺。

1）概念：钢尺是最常用的丈量工具，是用薄钢片制成的可卷入金属圆盒内的带状尺。

2）优缺点：钢尺抗拉强度高，不易拉伸，所以量距精度较高，在工程测量中常用钢尺量距。但是也有一定的缺点，如钢尺性脆、易折断、易生锈，使用时要避免扭折、防止受潮。

3）分类：

①根据形状分类：钢直尺、钢卷尺（如图 10-7 所示）；

②根据零点位置分类：端点尺、刻线尺。

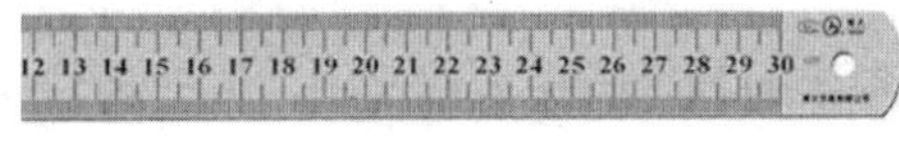

(a) 钢直尺

(b) 钢卷尺

图 10-7　钢尺

4）应用及使用注意：在工程测量中常用钢尺量距。在实际的测量中，钢尺由于其脆性，需要防止受压（注意在马路中量测距离时）、防扭、防潮，用完要擦油等。

（6）全球定位系统（GPS）。

1）概念：全球定位系统（以下简称 GPS），是一种全天候的、可满足位于全球任何地方或近地空间的军事用户连续地精确地确定三维位置和三维运动及时间的需要空间基准的中距离圆形轨道卫星导航系统。

2）构造：GPS 全球卫星定位系统（如图 10-8 所示）由三部分组成：空间部分——GPS 星座，由 24 颗工作卫星组成，它位于距地表 20 200 km 的上空，均匀分布在 6 个轨道面上（每个轨道面 4 颗），轨道倾角为 55°；地面控制部分——地面监控系统，由 1 个主控站，5 个全球监测站和 3 个地面控制站组成；用户设备部分——GPS 信号接收机。

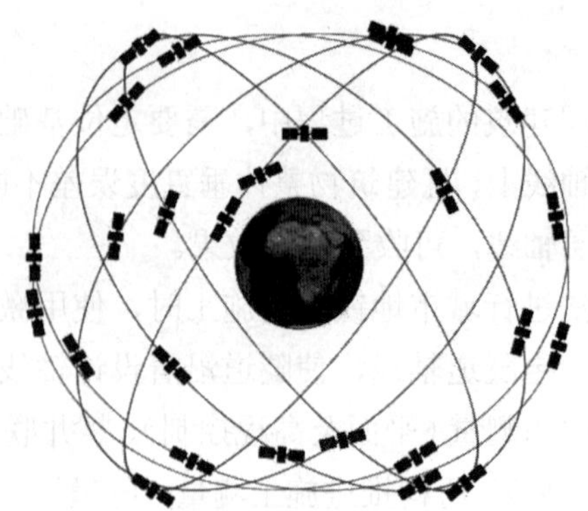

图 10-8　全球定位系统（GPS）

3）相似系统：目前世界上与全球定位系统功能类似的有俄罗斯的 GLONASS 系统、北斗星导航定位系统、欧洲伽利略卫星导航定位系统等。

4）特点及应用：

全球卫星定位系统（GPS）以全天候、全球覆盖、高精度、自动化、高效益、应用广泛、多功能及可移动定位等特点，在大地测量、工程测量（道路、桥梁、隧道的施工中大量采用 GPS 设备进行工程测量）、航空摄影、运载工具导航和管制、地壳运动测量、工程变形测量、资源勘察、地球动力学等多种学科中广泛的应用。

2. 仪器的使用方法

（1）水准仪。

1）使用步骤：安装三脚架—固定水准仪—仪器整平—瞄准水准尺—读数记录—计算。

2）自动安平水准仪使用方法。

①安装三脚架：将三脚架置于测点上方，三脚架的三个脚尖大致等距，同时要注意三脚架的张开角度和高度要适宜，且应保持架面尽量水平，顺时针转动脚架下端的翼形手把，可将伸缩腿固定在适当的位置。三脚架的脚尖要牢固地插入地面，保持三脚架在测量过程中稳定可靠。

②固定水准仪：从工具箱中取出仪器并将仪器小心地放置在三脚架上，然后用中心螺旋手把将仪器固定使之牢靠。

③仪器整平：转动望远镜，使视准轴平行（或垂直）于任意两个脚螺旋的连线，然后以相反方向同时旋转该两个脚螺旋，使气泡移至两螺旋的中心线上[如图 10-9（a）所示]，最后，转动第三个脚螺旋使圆水准器气泡居中[如图 10-9（b）所示]。完成仪器的调平。

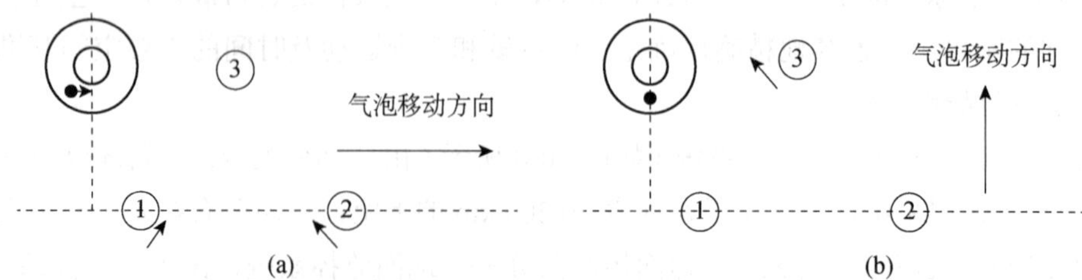

图 10-9　自动安平水准仪整平

④瞄准标尺：首先，调节视度，使望远镜对着亮处，逆时针旋转望远目镜，这时分划板变得模糊，然后慢慢顺时针转动望远镜，使分划板变得清晰可见时停止转动。其次，用光学粗瞄准器粗略地瞄准目标，注意瞄准时用双眼同时观测，一只眼睛用于注视瞄准口内的十字丝，另外一只眼睛注视目标，同时转动望远镜，使十字丝和目标重合。最后，调焦后，用望远镜精确瞄准目标，拧紧制动手轮，转动望远镜调焦手轮，使目标清晰地成像在分划板上。这时眼睛作上、下、左、右地移动，目标像与分划板刻线应无任何相对位移，即无视差存在。然后转动微动手轮，使望远镜精确瞄准目标。

⑤读数记录：当警告指示窗全部是绿色，才可以进行标尺读数。用十字丝，截读水准尺上的读数。水准仪多是倒像望远镜，读数时应由上而下进行。先估读毫米级读数，后报出全部读数（如图 10-10 所示，读数为 1.575）。

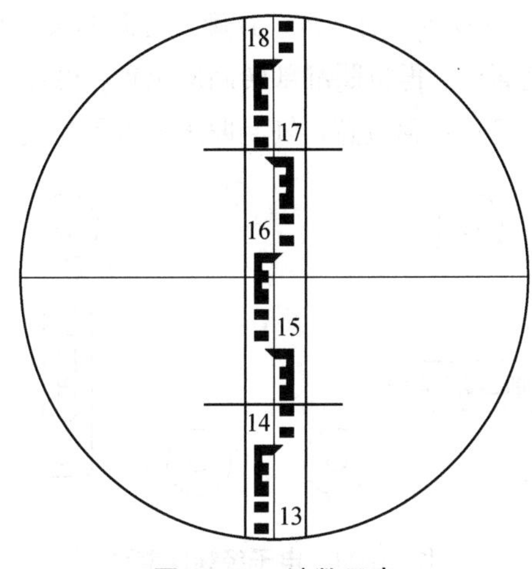

图 10-10　读数示意

3）使用时的注意事项。

①水准仪放置在三脚架上时，一定要用中心螺旋手把将水准仪固定，同时三脚架也应该安放稳；

②水准仪在工作的过程中，要尽量避免阳光直接照射；

③如果水准仪长时间没有使用，在测量前一定要检查一下补偿器是否失灵，是否可转动脚螺旋；

④观测过程中应随时注意望远镜视场中的警告颜色；

⑤测量结束后，用软毛刷除去水准仪上的灰尘，望远镜的光学零件表面不得用手或硬物直接触碰，以防油污或擦伤；

⑥运输水准仪要采用一定的防震防潮的措施，如果是长途运输仪器，最好是采用外包装箱。

（2）经纬仪。

1）使用步骤：仪器安置—仪器光学对中器对中—仪器整平—目镜调整—照准目标—读数记录。

2）电子经纬仪的使用方法：

①仪器安置：选择坚固地面放置三脚架，架设脚架头至适当高度，将垂球挂在三脚架的挂钩上，使脚架头尽量水平地移动脚架位置并让垂球粗略对准地面测量中心，然后将脚尖插入地

面使其稳固，检查脚架各固定螺丝固紧后，将仪器置于脚架头上并用中心联接螺丝联接固定。

②对中：使用光学对中器对中，调整仪器三个脚螺旋使圆水准器气泡居中。通过对中器目镜观察，调整目镜调焦旋钮，使对中分划标记清晰；调整对中器的调焦旋钮，直至地面测量标志中心清晰并与对中分划标记在同一成像平面内；松开脚架中心螺丝使仪器能移动，通过光学对中器观察地面标志，小心地平移仪器（勿旋转），直到对中十字丝（或圆点）中心与地面标志中心重合；再调整脚螺旋，使圆水准器的气泡居中；再通过光学对中器，观察在面标志中心是否与对中器中心重合，否则重复平移仪器和调整脚螺旋操作，直至重合为止。确认仪器对中后，将中心螺丝旋紧固定好仪器。

③整平：用长水准器精确整平仪器，先转动照准部，使水准管平行于任意两个脚螺旋的连线，两手同时向内或向外转动这两个脚螺旋，使长水准器气泡居中，在调整两个脚螺旋时，注意气泡移动方向始终与左手大拇指移动方向一致，且旋转方向相反；然后将照准部转动 90°，转动第三个脚螺旋，使水准管气泡居中。再将照准部转回原位置，检查气泡是否居中，若不居中，按上述步骤反复进行，直到水准管在任何位置，气泡偏离零点不超过一格为止（如图 10-11 所示）。

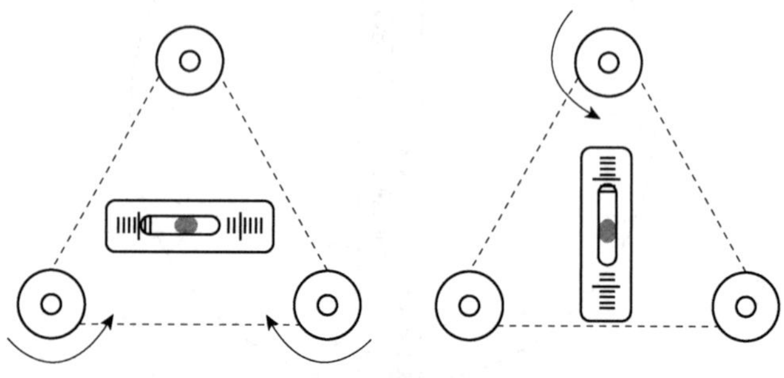

图 10-11 电子经纬仪整平

④目镜调整：取下望远镜的镜盖，将望远镜对准天空，观察望远镜，同时调整目镜对光旋钮，使十字丝处在清晰的位置。

⑤照准目标：以望远镜上的粗瞄准器的准心瞄准目标，调整望远镜调焦螺旋，使目标影像清晰；旋紧水平与垂直制动旋钮，将十字丝中心精确照准目标，上下左右轻微移动眼睛观察，若目标与十字丝两影像间有相对移位的情况，应再微调望远镜的调焦旋钮，使两影像保持相对静止为止（如图 10-12 所示）。

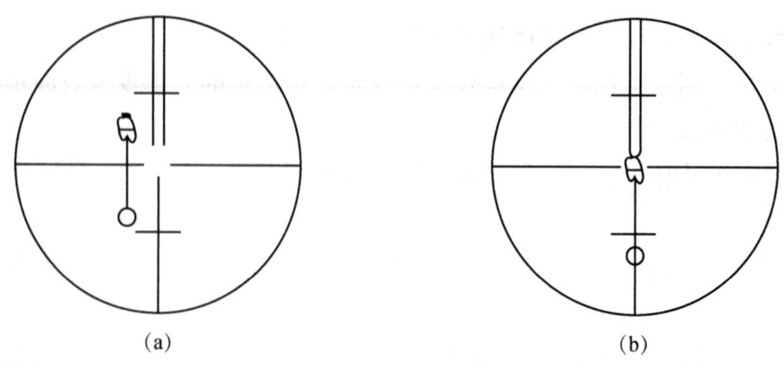

图 10-12 照准目标

⑥读数并记录：可以直接从显示屏上读取数据（如图 10-13 所示）。

测角	08-01-02	12:00 ⏻
垂直 补偿	08° 54′ 21″	自
水平右	157° 33′ 58″	⇧

图 10-13　电子经纬仪角度测量显示

（3）全站仪。

1）使用步骤：测前的准备工作（电池的维护）—仪器安置—仪器整平—仪器对中—仪器整平—竖直、水平度盘指标设置—照准目标—开机—测量或放样。

2）全站仪的使用方法：

①仪器安置：首先需要将仪器安放妥当，将三脚架 3 个架腿拉伸到合适位置上，紧固锁紧装置；取出仪器，把仪器放在三脚架上，通过拧紧三脚架上的中心螺旋使全站仪与三脚架联结紧固。

②仪器粗略整平：采用圆水准器粗略整平仪器，相向转动两只脚螺旋（如图 10-14 中的 A、B）使圆水准器气泡移至垂直于两只脚螺旋连线的圆水准器线上。转动另一只脚螺旋（如图 10-14 中的 C），使水泡居于圆水准器中心。

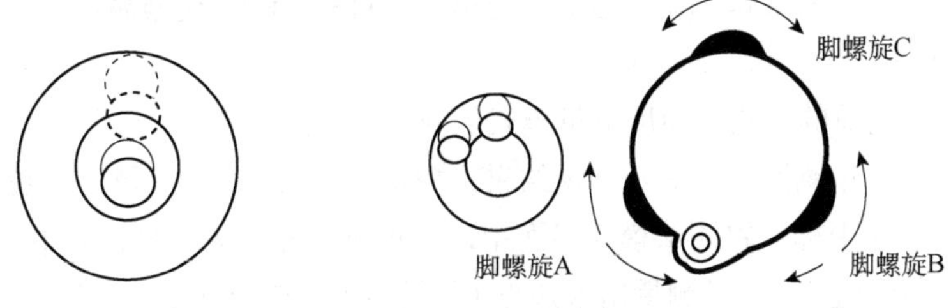

图 10-14　粗略整平

③仪器精确整平：利用长水准器精确整平仪器，松开水平制动螺旋，使仪器照准部上的管状水准器（或者称长气泡管）平行于任意一对脚螺旋，旋转两脚螺旋使气泡居中（最好采用左拇指法，即左右手同时转动两个脚螺旋，并且两拇指移动方向相向，左手大拇指方向与气泡管气泡移动方向相同）；然后，将照准部绕竖轴旋转 90°，旋转另外一个脚螺旋使长气泡管气泡居中。再次旋转照准部 90°，重复上述操作，直到四个位置处的长水准器管气泡始终居中为止（如图 10-15 所示）。

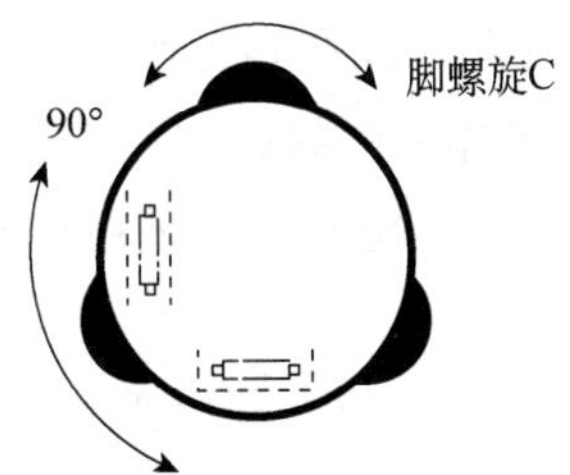

图 10-15　长水准器精确整平

④置中仪器：根据仪器使用者视力进行目镜视度调节区分板中心标志，然后对目标进行调焦，松开中心螺丝并平稳移动仪器，用光学对点器使地面的标志点在分划板上的成像居于目镜分划板中心，然后拧紧中心螺丝；重复上述步骤，直至仪器精确整平时，对点器分划板中心与地面标志点精确重合（用激光对点器置中仪器时步骤相同，但应在开机状态下进行。对点时宜采取先用脚螺旋对中，再用脚架粗整平的方法）。

⑤最终精确整平：重复③中的操作，直至仪器转动任意位置时，水泡都能居于长水准器的中心。

⑥望远镜屈光度、焦距的调节：将望远镜向着光亮均匀的背景（天空），但不要瞄向太阳，转动目镜使分划板十字丝清晰。将望远镜对准目标，转动调焦手轮，使目标的影像清晰；眼睛在目镜出瞳位置上下和左右移动，检查有无视差存在，若有，则继续进行调节，直到没有视差为止。

⑦开机：确认仪器已经对中整平，按开机键开机。按提示转动仪器测距头一周。听到“嘀”的一声响表示仪器初始化成功，可以正常使用。确认显示窗中的电池电量足够，当显示“电池电量不足”时，应及时更换电池或对电池进行充电。确认棱镜常数值（PSM）和大气改正值（PPM）。

⑧角度测量：包括水平角和垂直角测量，首先照准第一个目标（A）。设置目标 A 的水平角读数为 0° 00′00″。按置零键和确认键。照准第二个目标（B）。仪器显示目标 A 与 B 的水平夹角和 B 的垂直角。

⑨距离测量：当前的模式为角度测量模式的前提下，按切换键，进入斜距测量模式界面，然后照准棱镜中心，按测距键，显示测量结果，按退出（ESC）键，测距值被清空。

⑩坐标测量：在坐标位置测量模式界面中，通过键盘输入同一坐标系中测站点和定向点的坐标、仪器高和棱镜高，可以测量出未知点（棱镜点）在该坐标系中的坐标。全站仪同时也可以通过测站设置和后视设置来测量未知点的三维绝对坐标，所以，当需要做绝对坐标的简单测量时，可以在坐标测量模式中设置后视点来测量目标点的三维绝对坐标。可以通过三种方式来设置后视：直接输入坐标数据（NE）、调用内存里的坐标数据点、直接输入方位角（AZ）。当后视点设置完毕后，一般需要对后视点进行定测，确认仪器定向无误。后视点都已经设置完毕后，最终进行测量、记录。

⑪放样：放样程序可以帮助用户在工作现场根据点号和坐标值将该点定位到实地。如果放样点坐标数据未被存入仪器内存，则可以通过键盘输入到内存，坐标数据也可以在内业时通过通信电缆从计算机上传到仪器内存，以便到工作现场能快速调用。

放样可以通过 4 个步骤实现：选择坐标数据文件；进行测站坐标数据及后视坐标数据的调用；设置测站点；设置后视点，确定方位角；或调用待放样点坐标，开始放样。

（4）激光铅垂仪轴线投测使用方法。

1）在首层轴线控制点上安置激光铅垂仪，利用激光器底端（全反射棱镜端）所发射的激光束进行对中，通过调节基座整平螺旋，使管水准器气泡严格居中。

2）在上层施工楼面预留孔处，放置接收靶。

3）接通激光电源，启辉激光器发射铅直激光束，通过发射望远镜调焦，使激光束会聚成红色耀目光斑，投射到接收靶上。

4）移动接收靶，使靶心与红色光斑重合，固定接收靶，并在预留孔四周作出标记，此时，靶心位置即为轴线控制点在该楼面上的投测点。

（5）钢卷尺使用方法。

1）用卷尺测量长度时，将尺钩挂在被测件边缘即可。使用卷尺时不要前倾后仰、左右歪斜。同时，可通过测量圆周长来计算求得需要测量直径却无法直接量测的物体的直径。

2）用钢卷尺测量时，温度要适宜、拉力不宜过大。以温度20℃、拉力50 N作为测量的标准条件，其余的长度是以在标准状况下的测得值为依据。使用时，拉力要与检定时的拉力相一致，可使测量误差减小。

3）不同温度环境下使用钢卷尺时，应通过线膨胀公式将测量值换算成20℃的值。

（6）全球定位系统（GPS）的使用方法。

1）GPS定位方法。

①静态定位与动态定位；

②绝对定位于相对定位；

③差分定位。

2）使用方法步骤：

①开机，开机后应进行罗盘校正才能进行正确的方向显示。

②定位，打开GPS，前几分钟GPS已经完成了查找卫星，自动跳到了数据页面，这时，按一下MARK（定位或者小旗子），GPS提示默认号点，GPS自动顺序生成的航点，按确认保存该航点。

③确定离目标点的距离，先把目标点的坐标输入到GPS里，拿出GPS，开机后等待搜索卫星，几分钟后数据出来了，然后按导航，在点位表中找到“First END”点，按确认，这时屏幕将显示“距离目标点”还有多少距离。

④在GPS的指导下向正确的方向前进，手持GPS，将它的脑袋对着正北方，此时，GPS会有个指向Secong END的箭头，大约指向您的右手偏前一点。GPS的方位角是以正北为0°，正东为90°，正南为180°，正西为270°。让地图、GPS、指南针和您的脑袋都朝北方，看起来就会比较方便。

⑤GPS的典型参数设置，首先，要把GPS设置成公制；其次，把经纬度格式调整成"hddd*mm"ss"（度、分、秒）格式或者"hddd*mm.mmm"（度、分、分）格式。然后，确认地图投影时区。

二、建筑工程测量的主要对象及测量要点

1. 建筑施工的测量对象

（1）高程：高程可以分为绝对高程和相对高程。绝对高程是指某点沿铅垂线方向到绝对基面的距离，简称高程。某点沿铅垂线方向到某假定水准基面的距离，称相对高程，简

称标高。

（2）距离：是指（两物体）在空间或时间上相隔或间隔的长度。

（3）角度：表示角的大小的量，通常用度或弧度来表示。

2. 测量的要点

（1）高程测量。

主要是确定地面点高程的测量工作。高程测量的主要方法可以分为水准测量、三角高程测量、气压高程测量以及流体静力水准测量四类，其中的水准测量是工程测量中间测定两点之间的高差经常用到、且也是最精确的测量方法，在国家和地区的高程控制网的过程中发挥着重要作用。其基本原理如图 10-16 所示，高程的计算如式（10-1）、式（10-2）。在水准测量的误差分析中，需要考虑：

1）水准仪 i 角的误差，水准仪的视准轴与水准轴相互不平行，在垂直面上投影的交角称 i 角；

2）标尺不竖直的影响；

3）仪器、标尺点沉降的影响；

4）前后视标尺受热不均的影响；

5）大气折光的影响；

6）水准面曲率的影响。

$$H_B = H_A + h_{AB} \tag{10-1}$$

$$h_{AB} = a - b \tag{10-2}$$

式中，H_A 为后视点高程；H_B 为前视点高程；a 为后视读数；b 为前视读数。

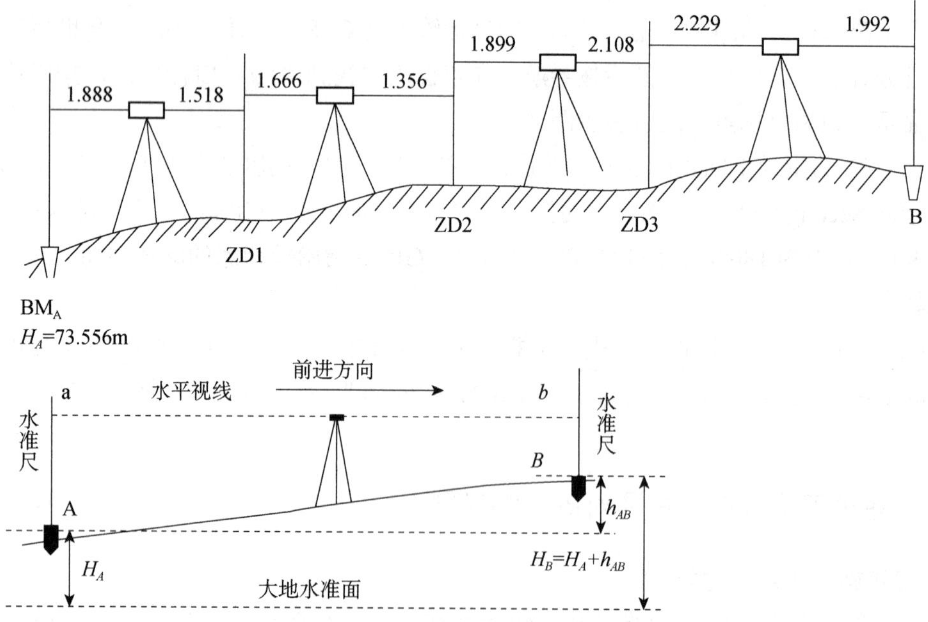

图 10-16　水准测量的基本原理示意

三角高程测量是一种不受地形限制的高差测量方法，其传递高程快，简便灵活，在精度上要略微低于水准测量，如在山区地形起伏较大时，水准测量难以进行时采用。在大地点高程中应用较广；三角高程测量的基本原理是根据由测站向照准点所观测的垂直角（或天顶距）以及它们之间的水平距离，计算测站点与照准点之间的高差，如图 10-17 所示，其高差的计算如式（10-3）、式（10-4）。在误差分析中要考虑：

1）边长误差；

2）垂直角误差；

3）大气垂直折光误差；

4）丈量仪器高和觇标高的误差。

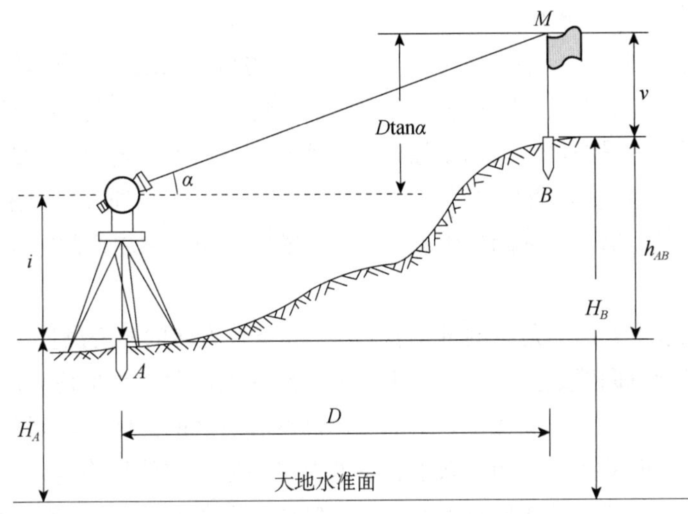

图 10-17　三角高程测量的基本原理

$$H_B = H_A + h_{AB} = H_A + D\tan\alpha \qquad (10\text{-}3)$$

$$h_{AB} = D\tan\alpha + i - v \qquad (10\text{-}4)$$

式中，H_A 为后视点高程；H_B 为前视点高程；$h_{AB}=a-b$；D 为 A、B 两点的水平距离；i 为仪器高；v 为觇高；α 为竖直角。

气压高程测量是一种推算高程的方法，以大气压力随高度变化的规律为基础，采用气压计测量两点的气压差来推算高程，在丘陵和山区的勘察工作中发挥重要作用，其精度低于前两种测量方法；流体静力水准测量应用较少，偶尔在穿越海峡的高程传递中应用。

（2）距离测量。

距离测量主要是指测量地面上两点连线长度的工作。通常指水平距离，即两点连线投影于某一水准面上的长度，是确定地面点的位置坐标的重要要素，也是工程测量中的基本测量任务之一。在工程测量中经常使用的方法有量尺量距、视距测量、视差法测距和电磁波测距。

其中，量尺测距方便直接，应用中成本较低，采用的工具钢尺最普遍。在平坦的场地上测量水平距离可以采用目估定向，进行整尺段丈量，然后量最后的零尺段。为了保证精度一般需要往返测量。在平坦地区量距，其精度一般要求达到 1/2 000 以上，在困难的山地要求在

1/1 000 以上；在倾斜坡地上测量水平距离可以采用平量法和斜量法两种方式，通过经纬仪定线后用钢尺进行距离测量。

视距测量中，一般利用经纬仪或水准仪望远镜中的视距丝（在十字丝分划板上）在视距尺（水准尺）上读数，按几何和光学原理进行测量，获得水平距离和高差的方式。测量过程中需要注意：

1）观测时应尽可能使视线离地面 1 m 以上，以便减少垂直折光影响；

2）测量过程中，要将视距尺竖直，并尽量采用带有水准器的视距尺；

3）要严格测定视距常数，扩值应在 100±0.1 之内；

4）视距尺一般应是厘米刻划的整体尺。塔尺应检查各节尺的接头是否准确；

5）要在成像稳定的情况下进行观测。

视差法测距是在测线的一端安置经纬仪，在测线的另一端水平安置基线横尺或者布设短基线，用经纬仪测取基线横尺或短基线所对应的水平角（视差角），再利用平面三角公式推求测线水平距离的距离测量方法。常用于较精密的距离测量，而在电磁波测距仪出现后则有所改变。电磁波测距是用仪器发射及接收红外光，激光或微波等，通过发射出去的波反射回来后的时间间隔，考虑传播速度来确定距离。可分为脉冲测距法和相位测距法。

（3）角度测量。

角度的测量有水平方向的角度测量（水平角）和竖直方向的角度测量（竖直角），可归结为一个点到两个目标方向线之间的夹角，主要采用经纬仪测角。水平角测量用于确定地面点的平面位置，竖直角测量用于间接确定地面点的高程和点之间的距离。测角的方法中，测回法适用于两个方向之间的水平夹角，取上、下两个半测回角值的平均值为一测回的角值。按精度要求可观测若干测回，取其平均值为最终的观测角值（如图 10-18 所示）。测回法具体测量角度的步骤可以表示如下：

①将仪器安置在观测角的顶点 O，进行对中，整平，并在观测两个竖立标杆作为照准标志，分别位于 A、B 两点；

②盘左位置，照准左边目标 A，将水平读盘拨置略大于零度，将读数（$a_{左}$）记录到观测数据记录簿的记录表中（见表 10-1）；

③顺时针方向旋转照准部，照准右边目标 B。读取水平度盘上的读数（$b_{左}$）并记录到观测数据记录簿的记录表中。上半测回观测完毕，观测角的值为：$\beta_{左}=b_{左}-a_{左}$；

④盘右位置，先照准右边的目标 B，读取水平度盘读数（$b_{右}$），记录到观测数据记录簿的记录表中；

⑤逆时针方向转动照准部。照准左边目标 A，读取水平度盘上的读数（$a_{右}$），记录到观测数据记录簿的记录表中。下半测回观测完毕。观测角的值为：$\beta_{右}=b_{右}-a_{右}$；

⑥上下半测回组合在一起称为一测回，取上下半测回的水平角的平均值作为一测回的水平角值，即 $\beta=1/2（\beta_{左}+\beta_{右}）$。

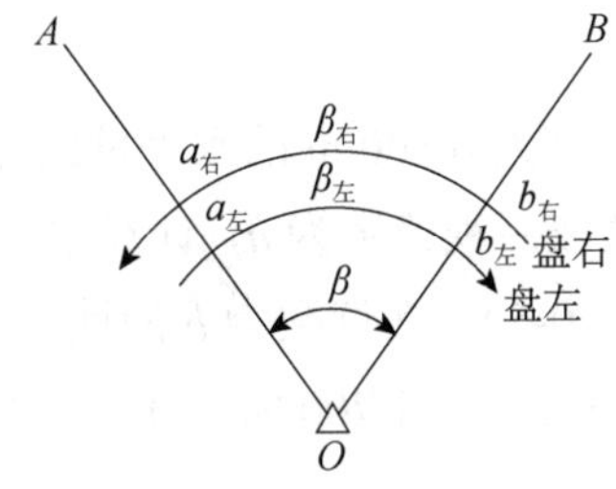

图 10-18　测回法示意

表 10-1　水平角观测数据记录

测站	竖盘位置	目标	读数	半测回角	一测回均值	均值
O（1）	左	A	0 01 06	85 35 12	85 35 09	
		B	85 36 18			
	右	A	180 01 24	85 35 06		
		B	265 36 30			
O（2）	左	A	90 00 36	85 35 06	85 35 03	
		B	175 35 42			
	右	A	270 00 48	85 35 00		
		B	355 35 48			

注：对于 6″的经纬仪上半测回与下半测回所测水平角之差不超过±36″。

而 3 个及 3 个以上的方向的角度测量的方法可以采用方向观测法或全组合测角法。方向观测法中按精度需要测若干测回，可得各方向观测值的平均值，所需角度值由相应方向值相减即得。全组合测角法中，如测站上有几个观测目标，先在盘左依次观测各目标，再在盘右依相反顺序进行观测。读数前，必须使竖盘指标水准气泡严格居中。

第二节　建筑工程测量的基本要点

一、建筑工程测量的基本要点

1. 基础施工测量

（1）基槽抄平。

抄平是建筑工程施工中高程的测设，建筑的基槽和基坑的抄平的常用仪器设备是水准仪。为了控制基槽的开挖深度，当基槽快挖到槽底的设计标高时，应用水准仪根据地面的±0.000 点（±0.000 标高线的测定对确保槽底标高控制至关重要），在基槽壁上测设一些水平的小木桩（如图 10-19 所示），使木桩的上表面离槽底的设计标高为某一固定值。

同时，为施工时使用方便，一般在槽壁各拐角处和基槽壁每隔 3～4 m 均测设一个水平桩，最好沿水平桩的上表面拉上线绳，以便于清理槽底和浇筑基础垫层时控制高程。标高点的测量允许偏差为±10 mm。

基槽底标高为−1.700 m 时，标高为 0.500 m 的水平桩的测设：在适当的地方设置水准仪，在±0.000 的位置上竖立水准尺，读取后视读数为 a，计算水平桩的前视读数为 b，则 b 的计算公式根据图 10-19 可以表示为式（10-5），在读数为 b 的地方打下水平小木桩。

$$b=a-h=a-(-1.700+0.500)=a+1.200 \quad (10\text{-}5)$$

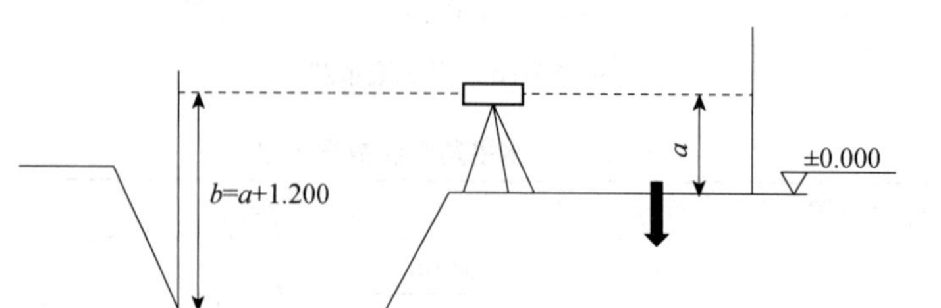

图 10-19 水平桩的设置

（2）垫层中线投测。

在垫层施工完毕后，根据龙门板上的轴线钉或轴线控制桩，用经纬仪或者拉线挂锤球的方法（如图 10-20 所示），将基础以上建筑墙体的轴线投测到基底的垫层上，并用墨线弹出基础的中线和边线。整个墙身砌筑中，已弹出的中线和边线作为控制线，是确定建筑为的位置的关键所在，以弹出的边线和中线为依据，以便于基础墙体的砌筑。

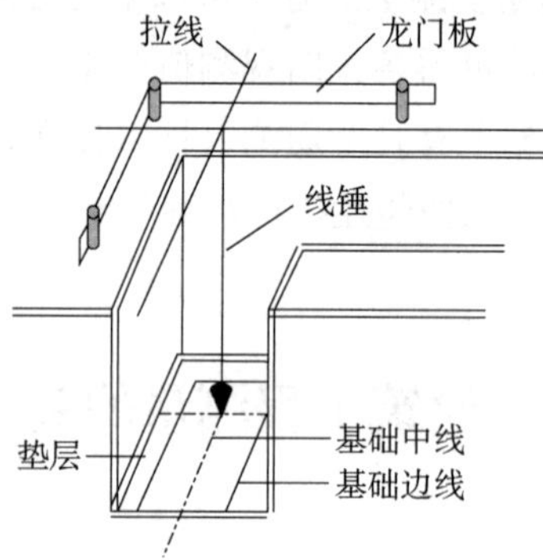

图 10-20 拉线挂锤球投测中线

（3）基础墙标高控制。

测量放线后的紧接工序就是基础墙体的标高控制，采用的方法就是立皮数杆（一根木桩）。基础墙体控制主要是指立皮数杆后从皮数杆上的±0.000 的地方往下标记设计的砖的尺寸和灰缝的厚度，以及各种构造做法（防潮层）和预留的洞口等的标高位置（如图 10-21 所示）。

（4）基础面标高检查。

基础施工完毕均要进行标高检查，需要检查基础面标高是否符合原设计要求，防潮层的标高是否符合设计要求，并可将基础上的高程与设计高程进行比较，将其误差控制在容许值的范围内，一般误差容许最大值为 10 mm。

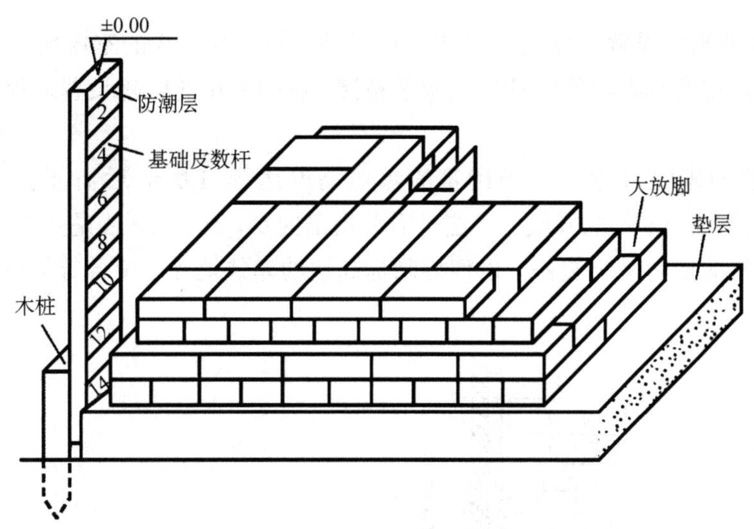

图 10-21 基础墙体标高控制示意

2. 墙体施工测量的要点

（1）首层墙体轴线定位测量。

墙体的定位与基础垫层中轴线定位的原理相似。墙体定位中一般是墙中线作为定位轴线，也可以用轴线控制桩或龙门板上的轴线标志和墙边线标记，采用经纬仪或者拉细绳悬挂锤球的方式将轴线往上引测到基础面上或者防潮层上，然后用墨弹中心线以及墙边线。其中要保证外墙轴线垂直相交（两外墙轴线成 90° 角），检查合格后，将墙轴线延伸到基础外墙侧面上并做好标记。同时，应将门窗洞口等的尺寸、位置做好标记和测定，如图 10-22 所示。

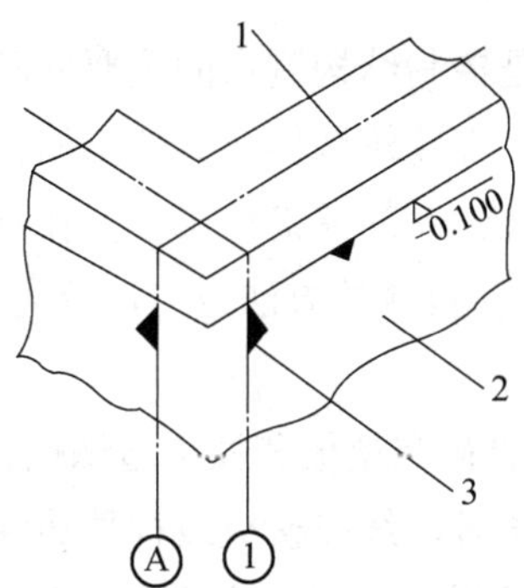

图 10-22 墙体纵轴线定位示意

1—墙身中线；2—外墙基础；3—轴线

（2）首层墙体标高测设。

将首层墙体轴线测设完毕，将对墙体标高进行测设。其与基础墙体标高控制相似，皮数杆在基础以上的上部墙体的标高控制中也适用，一般可以从以下几个步骤来确定各部分的标高（如图 10-23 所示）：

1）在墙身上，按照设计尺寸标记的皮数杆，上面刻画出砖线和砂浆的水平灰缝厚度线，标记±0.000 标高，从±0.000 标高往上标记门、窗、其他洞口以及楼板等的标高位置。

2）皮数杆的相关设置：皮数杆的±0.000 标高应该与建筑物的室内地坪的±0.000 标高处在同一高度，皮数杆在建筑物的转角部位按照 10～15 m 的间隔设置，保证标高控制的准确性。

3）在砖墙的砌筑过程中，当砌筑的墙体高度达到 1.0 m 后需要在墙身上引测出+0.500 m 的标高线，俗称“50 线”。这里需要指出的是，这个 50 线是建筑的 50 线。主要是为了方便建筑的室内装饰装修，以便控制标高层的建筑地面、窗台等的标高，方便施工和定位。

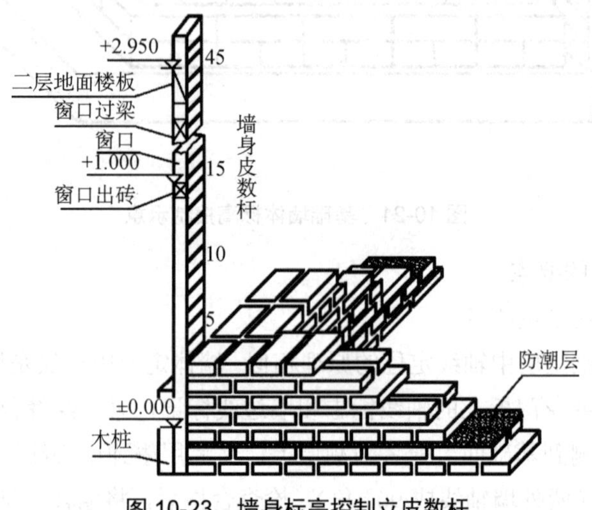

图 10-23　墙身标高控制立皮数杆

（3）二层以上墙体轴线定位测设。

随着建筑的高层化，垂直度是控制结构测量的重要问题。多层和高层建筑的墙体砌筑过程中，轴线位置的正确性是保证上部建筑墙体及其他结构构件位置正确的重要保证，与首层的轴线定位对应也是保证建筑垂直偏差的关键性工序。在轴线的定位测设中可以采用吊锤球和经纬仪两类工具进行投测。据此，投测的方法也可以分为：吊锤球法、经纬仪投测法、光学垂准仪法以及激光铅垂仪法。

1）吊锤球法：将较重的锤球悬吊在楼板和柱顶边缘位置，即楼层轴线端点位置，当锤球的尖点对准基础墙面上的轴线标志时，线在楼板或柱顶边缘的位置即为楼层轴线端点位置，画短线做好标志，各轴线的端点投测完后，连接各端点之间的线即是轴线。并用钢尺检核各轴线的间距，满足要求后，继续轴线逐层自下向上传递工作。

吊锤球法的特点是简便易行，不受施工场地限制，一般的工程中能保证施工质量。但当在有风的环境或在高层建筑物轴线的投测中有一定的局限性，投测误差较大。

2）经纬仪投测法：吊锤球法在楼层较多不方便操作时，可以应用经纬仪逐层投测中心轴线。原理如图 10-24 所示，通过将经纬仪安置在轴线控制桩上（A、A'、B、B'），调整经纬仪满足测量需求。用正倒镜投点法将轴线端点向上投测到每层楼面上，取上述测点的平均位置作为测量层中心轴线的投影点，如图 10-24 中的 a_1 、 a_1' ， b_1 、 b_1' ， a_1a_1' 和 b_1b_1' 的交点 o' 即为测量层中心点。该测量层细部放样的依据就是轴线 $a_1o'a_1'$ 、 $b_1o'b_1'$ 。

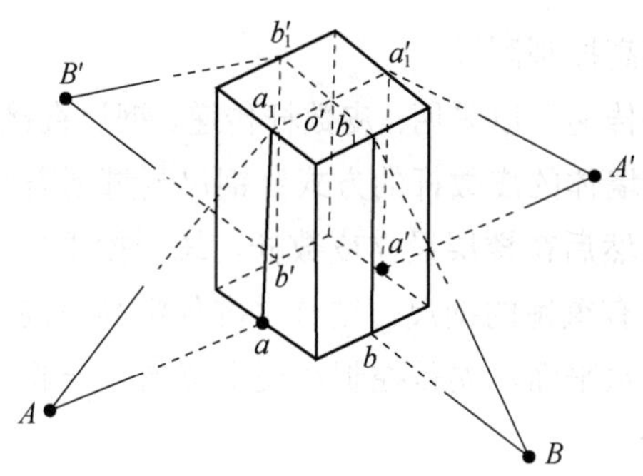

图 10-24　经纬仪投测法

同理，可以随着建筑物的不断升高逐层向上投测轴线。而上述方法在十层以上的建筑高度的投测时具有明显的不足。如原轴线控制桩（如 A、A'）距建筑物较近，投测时望远镜的仰角较大影响操作，降低投测精度，为了改善这种情况，可以将原轴线控制桩引测到远方的安全点（A_1、A_1'），或引测到附近高楼屋顶上，如图 10-25 所示。

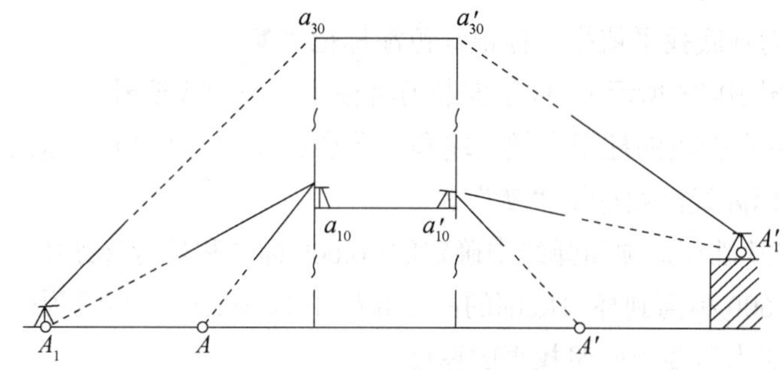

图 10-25　高层建筑投测

3）激光铅垂仪投测法：激光铅垂仪投测法原理如图 10-26 所示，在建筑物的底层的测站点（c_0）安置激光铅锤仪，并对仪器进行严格对中和整平，在高层建筑的楼板孔上水平放置绘有坐标网的接收靶 c，用激光照射，形成激光斑，则激光光斑所指示的位置，即为测设站点（c_0）的铅直投影位置（c）。两个投测中心相连接即可构成一条轴线。光学垂准仪投测法于激光铅垂仪投测法原理相近。

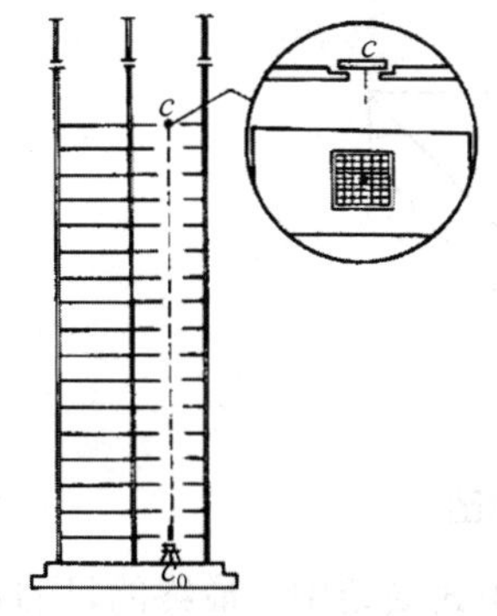

图 10-26　激光铅垂仪投测轴线

（4）上部墙体各部位标高控制测设。

二层以上的楼层标高的传递可以采用：皮数杆传递、钢尺直接量测、悬吊钢尺等方法。皮数杆可以采用接长下部楼层墙体的皮数杆的方式；钢尺测量则需要从建筑的±0.000 标高处向上引测，把高程往上传递，然后在楼层设立皮数杆，统一抄平来控制标高；悬吊钢尺法则是在楼梯间或者楼面上悬吊挂有重锤的钢尺，结合水准仪将高程向上传递，同时用水准仪验证各传递的高程点是否在同一水平面，误差控制在规定范围（一般±3 mm）。

3. 构件安装测量的要点

（1）柱子安装。

1）安装前准备：柱子的安装前需要做一些准备，如基础杯口顶面弹线（如图 10-27 所示）、柱身弹线（如图 10-28 所示）、杯底找平等，首先是定位柱列轴线的控制桩，此过程可以采用经纬仪。如在杯型基础中，当轴线通过柱子的中线时，可以将柱列轴线投测到杯口顶面上，并做好定位点的弹线和用画出“▸”红色漆标记，来确定柱子安装时的轴线位置。当轴线不通过柱子中线时，则在杯型基础的顶面弹出柱中心线，结合水准仪在杯口内壁测设一条−0.600 的水平标高线，作为杯底找平依据，标记红色漆标记“▼”。

柱身弹线（如图 10-28 所示）：柱子安装前将柱子按照轴线编号，在柱子的四个面中的三个面上弹中心线，并在弹出的柱子中线上端和下端靠近杯口处做“▸”标记。同时用钢尺向下量测处于−0.600 的标高线，做标记“▼”。

杯底找平：根据基础杯口顶面弹线中确定的−0.600 标高和柱身弹线中确定的−0.600 标高，分别量测出杯口−0.600 标高到杯口底部的高度和柱子的−0.600 标高线到柱底截面的长度。计算它们之间的差值即为需要用砂浆找平的厚度。

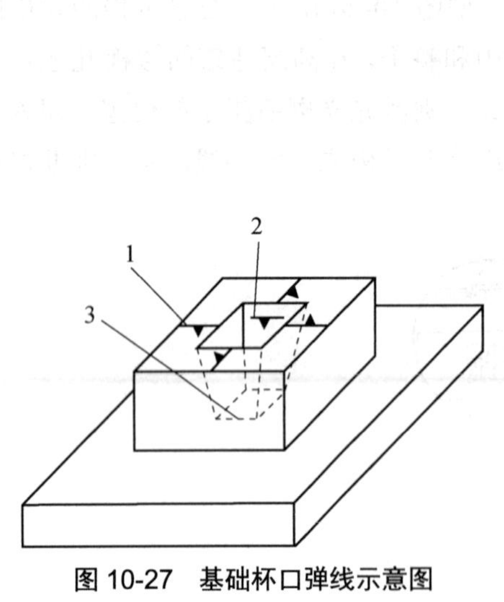

图 10-27　基础杯口弹线示意图

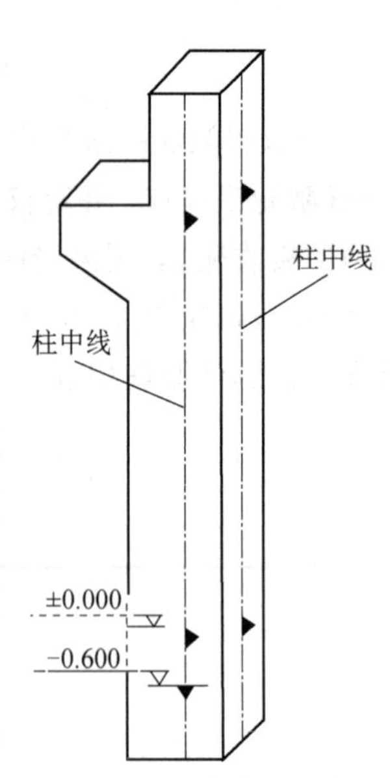

图 10-28　柱身弹线示意图

2）柱子安装测量：在柱子的正式安装中，最终的目的是保持柱子的水平位置、垂直度以及标高等控制性参数满足要求。柱子吊入杯口后不能直接浇筑混凝土固定，需要进行调整。首先要将准备工作中画好的柱子上面的三面中心线与杯口中心线对齐，然后用木楔和钢楔进行柱子固定，调整柱子平面位置，最终用水准仪校核已标标高线，完成柱子水平位置的调整，如图 10-29（a）所示。在柱子的垂直度的调整时，需要两台经纬仪，安装在柱子的纵向和横向轴线上且离柱子基础不小于柱子高度 1.5 倍的位置，通过先照准柱子底部中心线，固定照准部，抬高望远镜使柱身双向中心线与望远镜的十字竖丝重合，完成垂直度的调整，然后分两次浇筑混凝土，完成柱子固定。工程中为了加快施工速度，一般先吊装多根柱子，统一进行垂直度的调整校核，如图 10-29（b）所示。

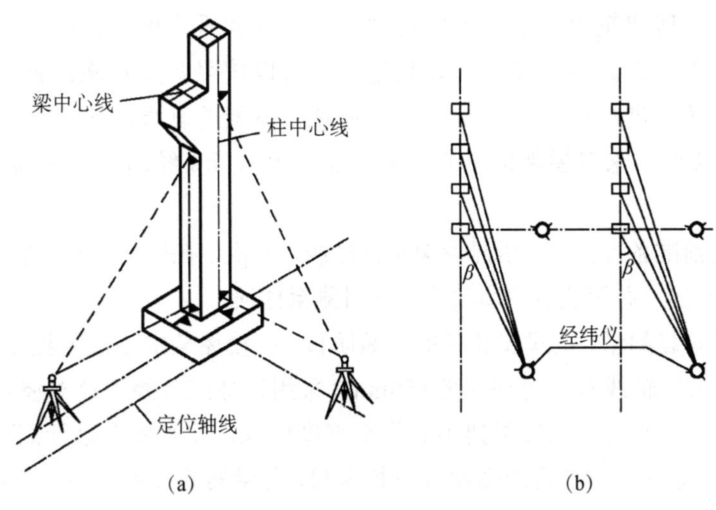

图 10-29　柱子的安装与校正

（2）吊车梁安装。

吊车梁安装测量主要是保证吊车梁平面位置和吊车梁的标高符合设计要求。可以按照以下两个部分实施：安装前的准备工作与吊车梁的安装测量。

1）吊车梁安装前准备：根据准备工作的需求，吊车梁的安装测量首先要量测吊车梁安装时的中线。即在吊车梁顶面和两端面弹中心线，作为吊车梁安装定位的依据（如图 10-30 所示）。其次根据控制网或柱中心轴线端点，在地面上定出吊车梁轨道中心线控制桩，然后用经纬仪将吊车梁端面中心线投测在每根柱子牛腿上，并弹墨线。吊装时使吊车梁端面中心线与牛腿上中心线对齐。最后还需要确定吊车梁安装时的高程，吊车梁顶面标高，应符合设计和使用要求。根据±0.000 标高线，沿柱子侧面向上在柱身上定出牛腿面的设计标高点，为整平牛腿面及加垫板提供依据。同时，在柱子上端比梁顶面高 5～10 cm 处测设一标高点，据此修平梁面。

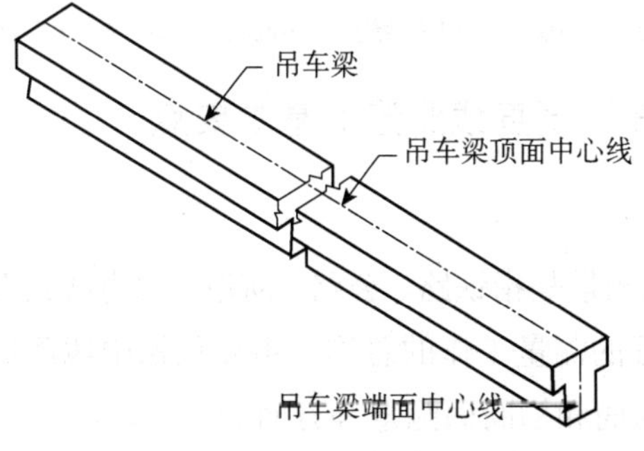

图 10-30　吊车梁的弹线示意

2）吊车梁正式安装测量：吊车梁安装时，吊车梁两端截面的中心线应与牛腿面上的梁的中线重合。进行吊车梁的初步定位。然后采用平行线法对吊车梁的中线进行检查和校正，吊车梁最终定位后，应置水准仪于吊车梁上，根据柱面上定出的吊车梁的标高线检查吊车梁顶面的标高是否符合设计要求，误差应不超过±3～±5 mm。同时还要检查吊车梁的垂直度。

（3）屋架安装。

屋架是工业厂房建筑中重要的组成构件，其标高和垂直度的把握，事关整个建筑物的安全，不能掉以轻心。对屋架的安装测量主要可以按照两步实施：首先是屋架的安装前的准备工作，然后进行屋架的安装测量。特别是屋架的垂直度将影响屋架的平面外稳定，锤球或经纬仪可用来对屋架的垂直度进行检查和校正。经纬仪安装与测量如图 10-31 所示。

1）屋架安装前准备：首先，引测屋架定位轴线，其次，在屋架正式吊装前，在屋架的两端弹出屋架的中心线，并用仪器将屋架的轴线引测至柱顶。

2）屋架正式安装测量：正式安装时的吊装阶段，应使屋架中心线与柱顶定位轴线对准。误差符合相关要求，轴线对位允许误差±5 mm。采用锤球或者经纬仪对屋架的垂直度进行检查校核。在固定屋架前，如果屋架不满足垂直度要求，要对屋架进行调整。调整一般采用经纬仪，在屋架上弦杆中部及两端摆放三把卡尺，自屋架的几何中心向外伸出 500 mm 左右的长度。在地面上的距离屋架相同长度的地点安装经纬仪，结合卡尺校正屋架，最终固定屋架。

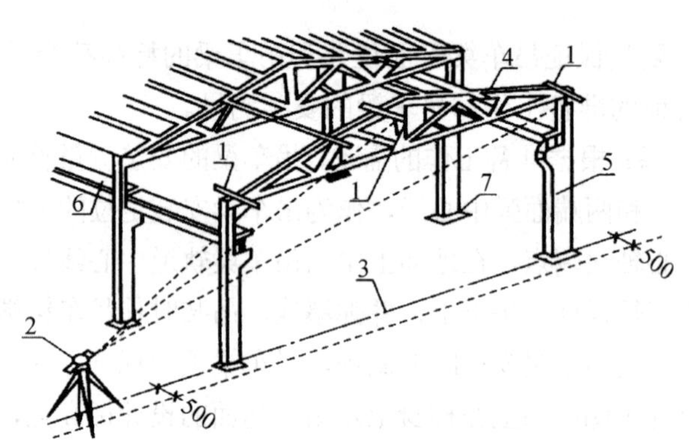

图 10-31　屋架的安装测量示意图

1—卡尺；2—经纬仪；3—定位轴线；4—屋架；5—柱；6—吊车梁；7—柱基

二、线路测量、已知坡度直线测量的基本要点

1. 线路测量的基本要点

（1）概念及内容：线路测量是指铁路、公路、河道、输电线路及管道等线形工程在勘测设计和施工、管理阶段所进行的测量工作的总称。主要包括中线测量、圆曲线测设、缓和曲线测设、复曲线测设以及纵断面和横断面测量等方面的内容。

（2）线路测量根据其所处的阶段不同，具有不同的任务：在勘察设计阶段主要是为线路工程的各个设计阶段提供充分、详细的地形资料；在施工建造阶段，主要是在施工开始之前和整个施工过程中，配合工程施工进度，将线路中线及其构筑物按照设计文件的要求，位置、形状和规格正确放样在地面上；在运营管理阶段主要检查检测线路的运营状态，并为线路上的各种构筑物维修、养护、改建及扩建提供资料。

（3）中线测量：

①根据定线设计把线路中心线上的各类点位测设到实地，称为中线测量。中线测量的主要工作包括测设线路的交点、测定转向角、测设直线段的转点桩和中桩曲线测设等。

②交点的测设主要指线路上两相邻直线方向交点称为交点或者转向点的测设如图 10-32 所示，可以采用导线点测设、原有地物测设以及穿线交点法测设。

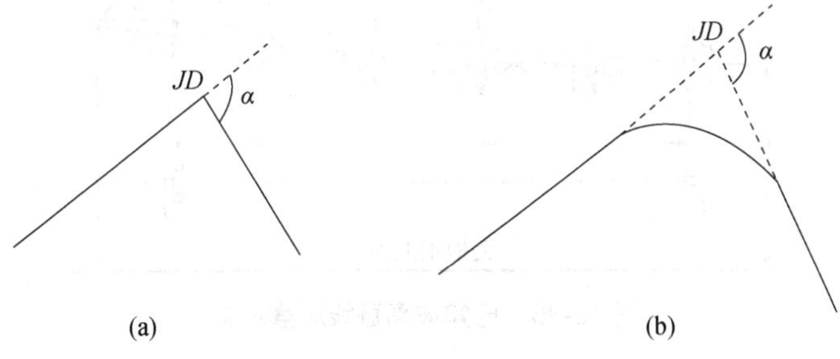

图 10-32　交点测设示意

③转点：当相邻两交点互相不通视或者直线较长时，在其连线方向上测定一个或几个转点，以便在交点上测量转向角及在直线上量距时作为照准和定线的目标（如图 10-33 所示）。

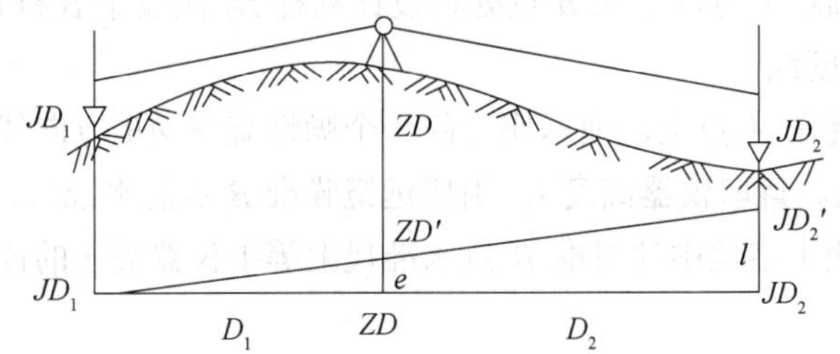

图 10-33　转点设置示意

④路线转向角的测定：在转向角的测定中，通常先测出线路的转折角，转折角一般是测定线路前进方向的右角，可以用 DJ6 光学经纬仪按照测回法观测（如图 10-34 所示）。

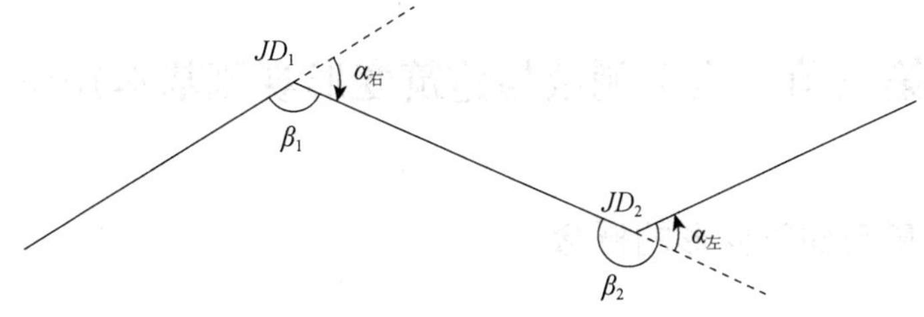

图 10-34　路线转向角的测定示意

⑤里程桩的设置。里程桩又称中线桩或者中桩，在线路上测设中线桩的工作称为中桩测设。中桩标定了中线位置、路线形状和里程。中桩包括起点站桩、千米桩、百米桩、平曲线控制桩、桥梁或者隧道轴线控制桩、转点桩和断链桩，且可以根据竖向曲线的变化适当加桩。

2. 已知坡度直线测量的基本要点

已知坡度直线的测设是根据设计坡度和坡度端点的设计高程，用水准测量的方法将坡度线上各点的设计高程标定在地面上。测量的基本原理如图 10-35 所示，图中 A、B 为坡度线的两端点，其水平距离为 D，设 A 点的高程为 H_A，要沿 AB 方向测设一条坡度为 i_{AB} 的坡度线。测量的步骤如下：

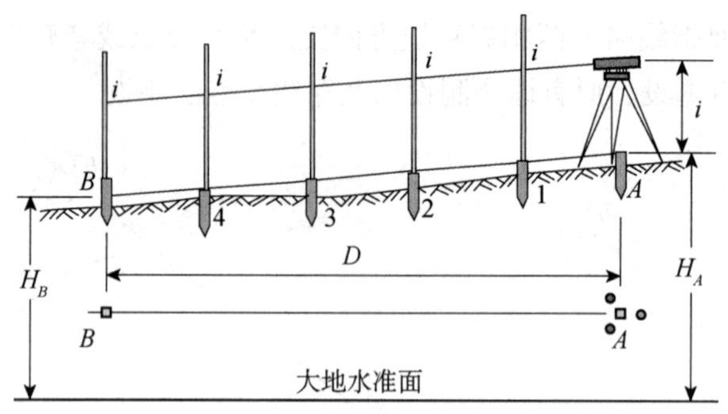

图 10-35　已知坡高直线测量示意

（1）根据 A 点的高程、坡度 i_{AB} 和 A、B 两点间的水平距离 D，计算出 B 点的设计高程，其公式如式（10-6）。

$$H_B = H_A + i_{AB}D \tag{10-6}$$

（2）按测设已知高程的方法，在 B 点处将设计高程 H_B 测设于 B 桩顶上，此时，AB 直线即构成坡度为 i_{AB} 的坡度线。

（3）将水准仪安置在 A 点上，使基座上的一个脚螺旋在 AB 方向线上，其余两个脚螺旋的连线与 AB 方向垂直。量取仪器高度 i，用望远镜瞄准 B 点的水准尺，转动在 AB 方向上的脚螺旋或微倾螺旋，使十字丝中丝对准 B 点水准尺上等于仪器高 i 的读数，此时，仪器的视线与设计坡度线平行。

（4）在 AB 方向线上测设中间点，分别在 1、2、3……处打下木桩，使各木桩上水准尺的读数均为仪器高 i，这样各桩顶的连线就是欲测设的坡度线。如果设计坡度较大，超出水准仪脚螺旋所能调节的范围，则可用经纬仪测设，其测设方法相同。

第三节　竣工测量与建筑变形观测基本知识

一、竣工测量与建筑变形的概念

1. 工程竣工测量

（1）概念：在建（构）筑物竣工验收时，以获得工程建成后的建（构）筑物以及地下管网的平面位置和高程等资料为目的而进行的测量工作。根据《建筑施工测量标准》(JGJT—408—2017)第 14.1.1 条中的规定，竣工测量与竣工图的编绘应当包括竣工测量、竣工图的编绘以及地下管线工程竣工测量，其最终成果展现在竣工总平面图，其能详细反映工程完工后的地形、地上和地下建筑物以及各类管线平面位置与高程等。

（2）工作要点：

1）从工程施工准备开始积累各种资料是做好竣工测量的关键和前提。在累积各种施工资料时要做到有序、完整的收集和保存各种预检资料、施工图纸、设计变更以及相关的洽商记录等。其中的隐蔽工程的竣工测量需要在下一步工序前及时的测出竣工位置，防止部分隐蔽工程的资料漏项。

2）做好竣工测量的第一份资料是后续竣工测量展开的依据和基础。在工程施工中最开始的资料应该是场地平面控制网和标高控制网的相关资料，首先可以依据其可以进行竣工中的坐标与标高的测量（竣工位置）；计算实际土方量和确定基础实际挖深可以根据原地面的实测标高与基坑开挖后的坑底标高控制；确定建筑物的位置与绘制竣工总平面图均需要依据定位放线的验收资料、垫层上撂底线的验收资料和±0.000 首层平面放线验收资料；管线与构筑物的验收资料，在总图的绘制中也是最根本的参考资料。

（3）竣工测量内容。

在实际的竣工测量工作中，主要包括室外测量和竣工总平面图编绘这两部分内容：

1）室外测量从以下几方面展开：

①测量主要厂房及一般建（构）筑物墙角和厂区边界围墙角；

②测量架空管线支架；

③测量电信线路；

④测量地下管线；

⑤测量交通运输线路。

2）编绘竣工总平面图。编绘竣工总平面图的目的：

①通过竣工总平面图反映施工中未考虑到的问题而出现的临时的设计变更；

②通过竣工总平面图反映工程中的地下管道等隐蔽工程的状况，方便日后各种设施的维修与检查；

③通过竣工总平面图反映原有各项建（构）筑物、地上和地下各种管线及交通线路的坐标、高程等资料。为后续项目的改建和扩建提供依据。

编绘竣工总平面图的编绘方法：

①在图纸上绘制坐标方格网；

②根据坐标方格网展绘控制点；

③根据坐标方格网展绘设计总平面图；

④根据设计坐标（或相对尺寸）和标高展绘竣工总平面图（如图 10-36 所示）。

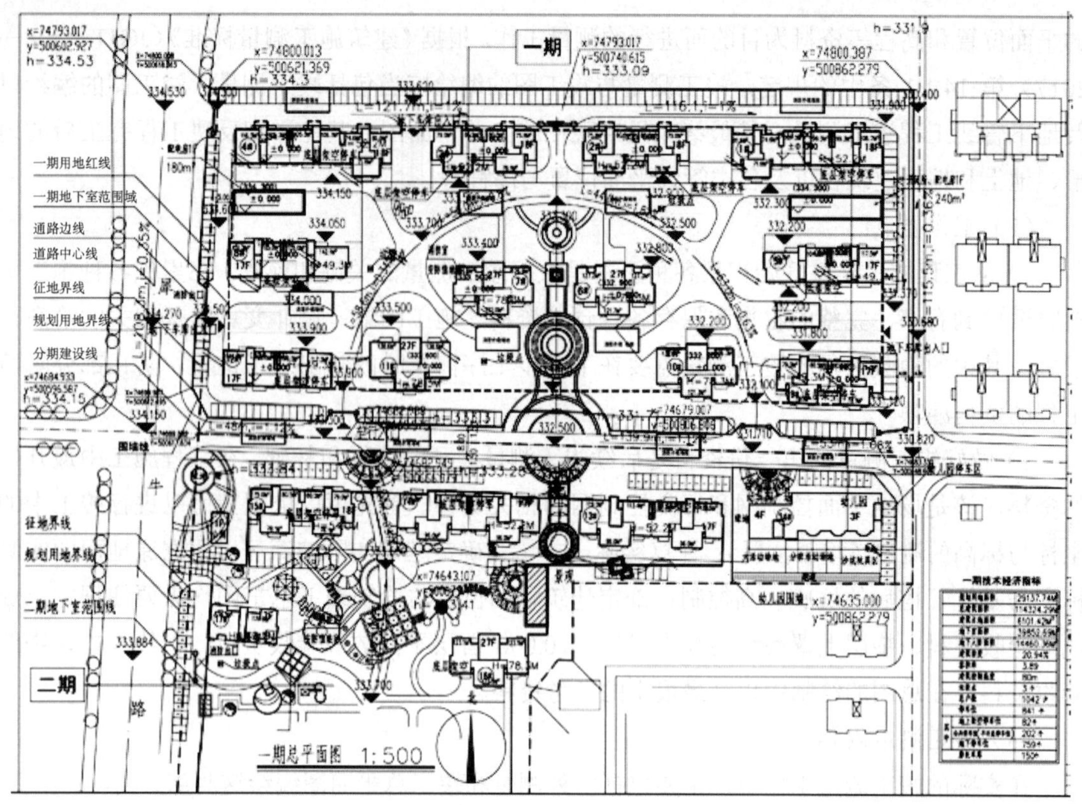

图 10-36 某项目竣工总平面

2. 建筑变形观测的概念

建筑物的变形观测目前已经引起广泛的重视，建筑物中变形的基础沉降是引起建筑开裂和倾覆的重要原因，建筑物倾斜影响建筑物的使用，裂缝的产生和大小也是基于不同的原因，水平位移反映建筑的刚性特性。建筑的变形观测在控制建筑的变形及进行变形修正中发挥着不可忽略的作用。

建筑变形观测是利用观测设备对建筑物在外部、内部荷载和各种环境影响因素作用下产生的结构位置和总体形状的变化所展开的长期测量工作。变形观测的主要内容就是长期的观测建筑物的沉降、倾斜、水平位移、裂缝以及建筑构件的挠度等，其中沉降对建筑物的影响最大。

二、建筑变形观测

1. 建筑沉降观测的要点

（1）设置水准点。

无论是何种变形的观测均要基于稳固的基准点，基准点一般要选在变形区域之外的地质条件稳定且远离震源的区域。除了上述概念性的设置要求，水准点的设置还具体应满足下列基本要求：

1）为了方便校核，水准点的数目应保证 3 个以上。

2）在观测方便和不影响施工的前提下，水准点应设置在沉降变形区以外，距离沉降观测点不应大于 100 m。

3）水准点埋设深度要在冰冻线以下 0.5 m 来防止冰冻影响。

（2）布设观测点。

观测建筑物的沉降不可能对所有点都进行观测，在实际的观测工作中，选择比较有代表性的点，这些点应能全面反映建筑及地基变形特征，并顾及建筑场地的地质情况及建筑结构本身的特点，整体上是对建筑的质量起控制作用的点。在这些大的方针的指导下选择观的具体测点的位置：

1）建筑物的四角、核心筒四角、大转角处及沿外墙每 10～20 m 处或每隔 2～3 根柱基上；

2）新旧建筑物、高低层建筑物、纵横墙交接处的两侧；

3）裂缝、沉降缝、伸缩缝或后浇带两侧、基础埋深相差悬殊处、人工地基与天然地基接壤处、不同结构的分界处及填挖方分界处；

4）宽度大于等于 15 m 或小于 15 m 而地质复杂以及膨胀土地区的建筑物，应在承重内隔墙中部设内墙点，并在室内地面中心及四周设地面点；

5）邻近堆置重物处、受振动有显著影响的部位及基础下的暗浜（沟）处；

6）框架结构建筑物的每个或部分柱基上或沿纵横轴线上设点；

7）筏片基础、箱形基础底板或接近基础的结构部分的四角处及其中部位置；

8）重型设备基础和动力设备基础的四角处、基础形式改变处、埋深改变处以及地质条件变化处两侧；

9）电视塔、烟囱、水塔、油罐、炼油塔、高炉等高耸构筑物，沿周边与基础轴线相交的对称位置，不得少于 4 个点。

（3）观测时间与周期。

在不同的建筑结构、不同的场地地质情况、施工进度中基础的荷载也在不断地发生变化，其观测的时间长短和观测周期也需要不断调整。基本上需要满足下面一些大的控制要求并结合实际情况确定：

1）大型、高层建筑可在基础垫层或基础底部完成后开始观测。普通建筑可在基础完工后或地下室砌完后开始观测。

2）观测次数与间隔时间应视地基与加荷情况而定。民用高层建筑可每加高 1～5 层观测一次；工业建筑可按回填基坑、安装柱子和屋架、砌筑墙体、设备安装等不同施工阶段分别进行观测。若建筑施工均匀增高，应至少在增加荷载的 25%、50%、75%和 100%时各测一次。

3）施工过程中若暂停工，在停工时及重新开工时应各观测一次。停工期间可每隔 2～3 个月观测一次。

4）在观测过程中，若有基础附近地面荷载突然增减、基础四周大量积水、长时间连续降雨等情况均应及时增加观测次数。当建筑突然发生大量沉降、不均匀沉降或严重裂缝时，应立即进行逐日或 2～3 天一次的连续观测。

5）建筑使用阶段的观测次数，应视地基土类型和沉降速率大小而定。除有特殊要求外，可在第一年观测 3～4 次，第二年观测 2～3 次，第三年后每年观测 1 次，直至稳定为止。

6）建筑沉降是否进入稳定阶段，应由沉降量与时间关系曲线判定。当最后 100 d 的沉降速率小于 0.01～0.04 mm/d 时可认为已进入稳定阶段。具体取值宜根据各地区地基土的压缩性能确定。

（4）观测方法。

沉降观测的观测方法视沉降观测的精度而定，有一等、二等、三等水准测量、三角高程测量等方法。常用的是水准测量方法。

（5）沉降观测的有关资料。

1）沉降观测形成的各种成果表（见表 10-2）；

2）沉降观测点位分布图及各周期沉降展开图；

3）荷载、时间、沉降量曲线图（如图 10-37 所示）；

4）建筑物等沉降曲线图（如图 10-38 所示）；

5）沉降观测分析报告。

表 10-2　沉降观测成果

工程名称××楼　　　　仪器 N_3No128544　　　　观测×××

点号	首期成果 1995.3.4	第二期成果 1995.5.8			第三期成果 1995.7.2						备注
	H_0/m	H/m	S/mm	∑S/mm	H/m	S/mm	∑S/mm				
1	17.595	17.590	5	5	17.588	2	7				
2	17.555	17.549	6	6	17.546	3	9				第二期观测为暴雨后
3	17.571	17.565	6	6	17.563	2	8				
4	17.604	17.601	3	3	17.600	1	4				
……	……	……			……						
静荷载 P	3.0 t/m²	4.5 t/m²			8.1 t/m²						
平均沉降量		5.0 mm			2.0 mm						
平均沉降速度		0.078 mm/d			0.037 mm/d						

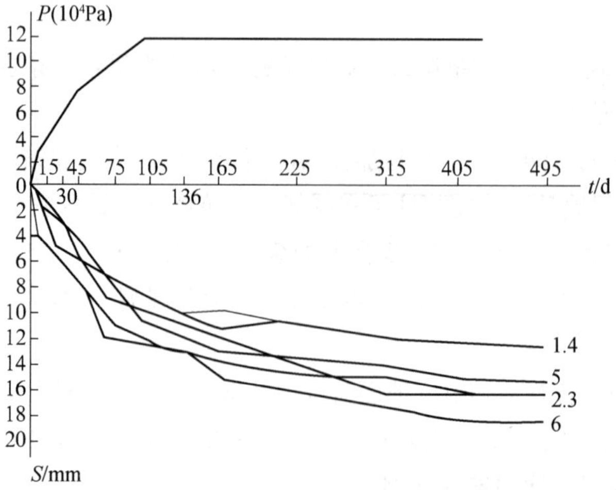

图 10-37　某建筑荷载、时间、沉降量曲线

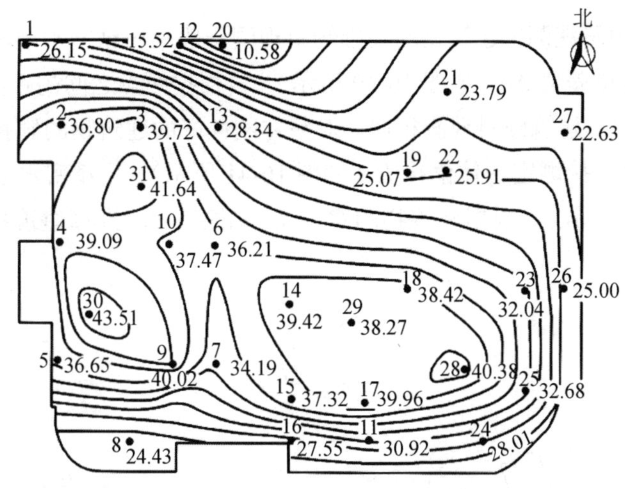

图 10-38　建筑物等沉降曲线

2. 倾斜观测的要点

（1）建筑物倾斜。

对建（构）筑物等的中心线、基础及墙体、柱子等竖向构件在竖直方向上相对于底部基准点的偏移进行观测和测量称为倾斜观测。主要包括建筑物基础倾斜观测、主体倾斜观测两方面。

1）一般建筑物倾斜观测。不同的建（构）筑结构形式，产生倾斜的影响因素均有差异，各种引起建筑倾斜的因素可以综合为：地基情况差异（地基承载力不均匀）；建筑物体型复杂以及不规则（有部分高重、部分低轻、部分凹进、部分突出），导致荷载不均匀；在实际的施工不能达到设计要求，地基或者结构承载力不够；在外力作用下引起倾斜（风荷、地下水抽取、地震）。

建筑物倾斜的观测基于不同的仪器采用不同的观测方法，实际工程中一般用水准仪、经纬仪或其他专用仪器，采用前方交会法、激光垂准法、经纬仪投测法及全站仪免棱镜法来测量建筑物的倾斜度，图 10-39 为经纬仪投测法测量倾斜度，计算公式见式（10-7）、式（10-8）。对具有整体刚性较好的建筑物的整体倾斜，亦可通过测量顶面或基础的相对沉降间接测定。

$$\Delta D=\sqrt{\Delta A^2+\Delta B^2} \tag{10-7}$$

$$i=\frac{\Delta D}{H} \tag{10-8}$$

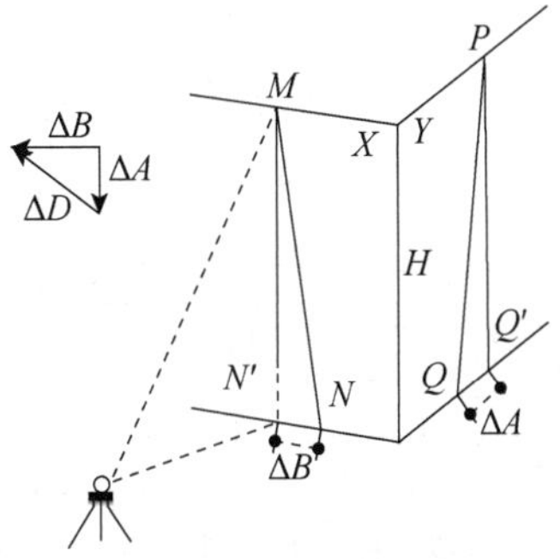

图 10-39　建筑物的倾斜观测

2）建筑物基础倾斜观测。建筑物的基础倾斜观测一般采用精密水准测量的方法，定期测出基础两端点的沉降量差值 Δh（如图 10-40 所示），再根据两点之间的距离 L，则能计算出倾斜度式（10-9）。与主体建筑倾斜观测相似，对整体刚性好的建筑物的倾斜观测，可以通过测量基础的沉降量差值间接测定主体偏移值（如图 10-41 所示）。用精密水准仪测定建筑物基础两端点的沉降量差值 Δh，再根据建筑物的宽度 L 和高度 H，推算建筑物主体的偏移值 ΔD 式（10-10）。

$$i=\frac{\Delta h}{L} \tag{10-9}$$

$$\Delta D=\frac{\Delta h}{L}H \tag{10-10}$$

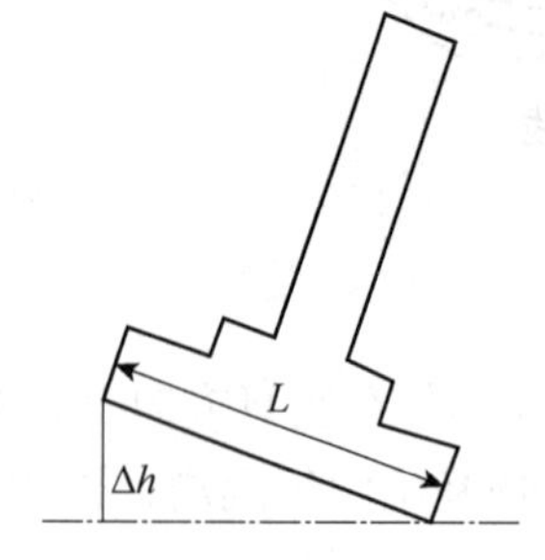

图 10-40　建筑物偏移值测定图

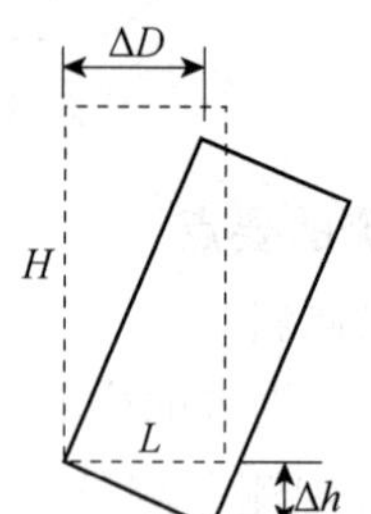

图 10-41　观测基础倾斜

3. 裂缝观测的要点

建筑物开裂有时候用肉眼不容易判断，可以借助于一定的工具来测量裂缝，如采用石膏板和白钢板等。

（1）石膏板标志法：用厚度为 10 mm、宽度为 50～80 mm 的石膏板固定在建筑物的两侧，当建筑物的裂缝持续发展时，石膏板也跟着开裂，观察石膏板裂缝的发展和开裂情况来判断建筑裂缝的大小及发展状态。

（2）白钢板标志法：与石膏板标志法相似，采用两块白钢板，一片的形状和尺寸为正方形 150 mm×150 mm，另一片的形状和尺寸为矩形 50 mm×200 mm，分别固定在墙面的两侧，再在白钢板的表面标记红色的油漆，当裂缝开展，将两块钢板拉开露出的没有油漆的白色部分可以判断裂缝的开展情况，可以用尺子量出这部分宽度即为裂缝的宽度，如图 10-42 所示。

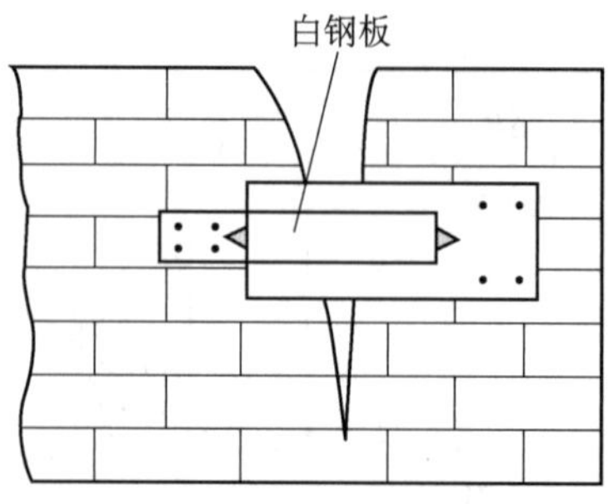

图 10-42　白光板标志法观测裂缝

4. 水平位移观测的要点

建筑的水平位移观测主要有特殊性土地区建筑物地基基础水平位移、受高层建筑基础施工影响的建筑物及工程设施水平位移、挡土墙及大面积堆载工程中的地基土深层侧向位移观测等。主要测量对象是规定平面位置上随时间变化的位移量和位移速度。采用的方法基于不同的工具有多种，经常采用的是角度前方交会法、基准线法。

（1）角度前方交会法。

角度前方交会法是一种经常采用的加密控制点的方法。主要是利用角度前方交会法，对观测点进行角度观测，计算观测点的坐标，利用两点间坐标差值计算该点的水平位移量，常用的几种方法有：前方交会、侧方交会、后方交会。以前方交会法为例，如图 10-43 所示，前方交会如果已知 A、B 两点的坐标，为了计算未知点 P 的坐标，只要观测 $\angle A$ 和 $\angle B$ 即可。

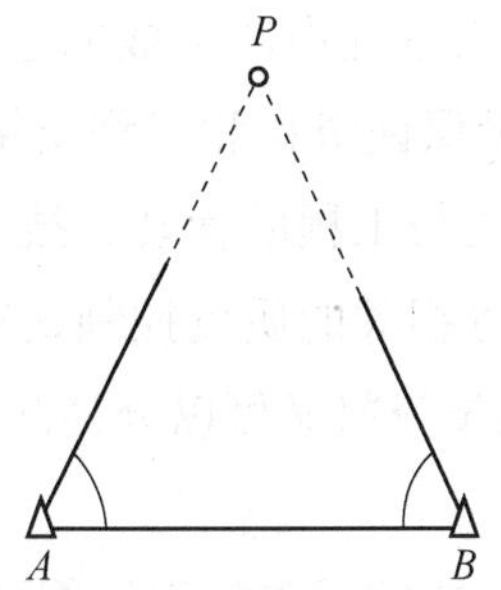

图 10-43　角度前方交会法

（2）基准线法。

基准线法也称准直法，是变形观测中测定水平位移的常用方法，原理如图 10-44 所示。首先在建筑物发生位移方向的垂直方向上确定一条基准线 AB，A，B 为基准线的两个控制端点，通过它们的铅直平面称基准面，视准线法是将经纬仪安置在 A 点，标牌安放在 B 点，定期观测 P 点与基准线 AB 的角度变化 $\Delta\beta$ 即可以测定建筑物的水平位移量 δ。其中 $\Delta\beta$ 是第一次观测水平角 $\angle BAP=\beta_1$ 与第二次观测水平角 $\angle BAP'=\beta_2$ 的差值。

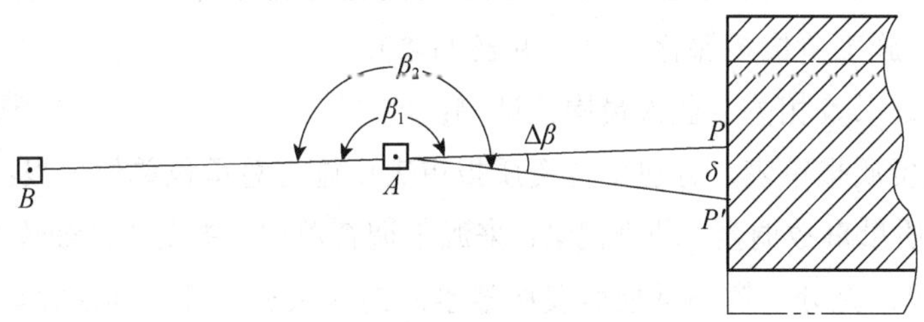

图 10-44　基准线法观测水平位移

第十一章　施工质量资料管理

一、施工质量资料的分类

施工资料是施工单位在工程施工过程中所形成的全部资料。建筑工程施工质量资料可以分为工程技术管理资料、工程质量保证资料和工程质量验收资料三大类。施工质量资料具体反映施工企业在施工过程中形成的与工程的管理、技术、进度及造价、物资、施工记录、试验与检测、质量验收、竣工验收等相关的质量控制资料。根据《建筑工程资料管理规程》（JGJ/T 185—2009）的规定，施工质量资料又可以分为八小类，具体分类如下：

1. 施工管理资料（C1 类）

施工管理资料是在施工过程中形成的反映施工组织及监理审批等情况资料的统称。资料的主要形式是文字材料、图纸、图表以及声像材料等。其主要内容包括：

1）工程概况表：施工单位在施工过程中要填写包括建筑的一般情况和构造特征、机电系统等的工程概况表。施工单位填写的工程概况表应一式四份，并应由建设单位、监理单位、施工单位、城建档案馆各保存一份（见表 11-1）；

2）施工现场质量管理检查记录：施工现场质量管理检查记录应由施工单位填写报项目总监理工程师（或建设单位项目负责人）审查，并做出结论。根据《建筑工程施工质量验收统一标准》（GB 50300—2013）的规定：施工单位填写的施工现场质量管理检查记录应一式两份，并应由监理单位、施工单位各保存一份（见表 11-2）；

3）企业资质证书及相关专业人员岗位证书；

4）分包单位资质报审表，分包单位资质报审表由施工总承包单位填报；

5）建设工程质量事故调查、勘查记录：来源于调查单位，首先通过细致的现场调查研究，观察记录全部实况，充分了解与掌握引发质量事故的现象和特征；其次收集调查与质量事故有关的全部设计和施工资料，分析摸清工程在施工或使用过程中所处的环境及面临的各种条件和情况；

6）建设工程质量事故报告书：来源于调查单位，主要描述工程的相关概况以及质量事故的后果与原因分析，事故发生后采取的措施，以及对事故的处理意见等；

7）施工检测计划：单位工程施工前，施工单位应科学、合理地编制施工试验计划并报送监理单位；

8）见证记录：记录施工中试验取样的见证情况的资料，主要记录取样的部位、样品的名称、取样地点及取样的见证记录等；

9）见证试验检测汇总表：记录在施工过程中试验检测见证取样的参与单位、人员、试验项目以及测试的数目和合格情况；

10）施工日志：施工日志应以单位工程为记载对象，从工程开工起至工程竣工止，按专业指定专人负责逐日记载，其内容应真实。施工单位填写的施工日志应一式一份，并应自行保存（见表 11-3）；

11）监理工程师通知回复单：主要针对《监理通知》的要求，简要说明落实过程、结果及自检情况，并附有关证明资料。

表 11-1 工程概况

<table>
<tr><td colspan="6">建设工程概况（建筑工程类）表 A8-1</td><td colspan="3">档号（由档案馆填写）</td><td colspan="2"></td></tr>
<tr><td colspan="3">建筑工程名称</td><td colspan="3"></td><td colspan="3">工程曾用名</td><td colspan="2"></td></tr>
<tr><td colspan="3">建筑工程地址</td><td colspan="8"></td></tr>
<tr><td colspan="3">规划用地许可证号</td><td colspan="3"></td><td colspan="3">规划许可证号</td><td colspan="2"></td></tr>
<tr><td colspan="3">施工许可证号</td><td colspan="3"></td><td colspan="3">工程设计号</td><td colspan="2"></td></tr>
<tr><td colspan="3">工程档案登记号</td><td colspan="3"></td><td colspan="3">工程决算/元</td><td colspan="2"></td></tr>
<tr><td colspan="3">开工日期</td><td colspan="3"></td><td colspan="3">竣工日期</td><td colspan="2"></td></tr>
<tr><td rowspan="4">建设单位</td><td colspan="2">单位名称</td><td colspan="3"></td><td colspan="3">单位代码</td><td colspan="2"></td></tr>
<tr><td colspan="2">单位地址</td><td colspan="3"></td><td colspan="3">邮政编码</td><td colspan="2"></td></tr>
<tr><td colspan="2">联系人</td><td colspan="3"></td><td colspan="3">电话</td><td colspan="2"></td></tr>
<tr><td colspan="3">建设单位上级主管</td><td colspan="7"></td></tr>
<tr><td colspan="4">与本工程有关单位</td><td colspan="4">单位名称</td><td colspan="3">单位代码</td></tr>
<tr><td colspan="4">产权单位</td><td colspan="4"></td><td colspan="3"></td></tr>
<tr><td colspan="4">规划批准单位</td><td colspan="4"></td><td colspan="3"></td></tr>
<tr><td colspan="4">设计单位</td><td colspan="4"></td><td colspan="3"></td></tr>
<tr><td colspan="4">施工单位</td><td colspan="4"></td><td colspan="3"></td></tr>
<tr><td colspan="4">监理单位</td><td colspan="4"></td><td colspan="3"></td></tr>
<tr><td colspan="4">勘察单位</td><td colspan="4"></td><td colspan="3"></td></tr>
<tr><td colspan="4">管理单位</td><td colspan="4"></td><td colspan="3"></td></tr>
<tr><td colspan="4">使用单位</td><td colspan="4"></td><td colspan="3"></td></tr>
<tr><td colspan="2">总建筑面积/m^2</td><td colspan="2"></td><td colspan="2">总占地面积/m^2</td><td colspan="2"></td><td colspan="2">主要建筑物最高高度</td><td></td></tr>
<tr><td colspan="2">填表单位</td><td colspan="5"></td><td>填表人</td><td colspan="3"></td></tr>
<tr><td colspan="2">审核人</td><td colspan="5"></td><td>填表日期</td><td colspan="3"></td></tr>
</table>

表 11-2　施工现场质量管理检查记录

<table>
<tr><td colspan="4">施工现场质量管理检查记录
表 C1-1</td><td>资料编号</td><td colspan="2"></td></tr>
<tr><td colspan="2">工程名称</td><td colspan="2"></td><td>施工许可证
（开工证）</td><td colspan="2"></td></tr>
<tr><td colspan="2">建设单位</td><td colspan="2"></td><td>项目负责人</td><td colspan="2"></td></tr>
<tr><td colspan="2">设计单位</td><td colspan="2"></td><td>项目负责人</td><td colspan="2"></td></tr>
<tr><td colspan="2">监理单位</td><td colspan="2"></td><td>总监理工程师</td><td colspan="2"></td></tr>
<tr><td colspan="2">施工单位</td><td></td><td>项目经理</td><td></td><td>项目技术
负责人</td><td></td></tr>
<tr><td>序号</td><td colspan="3">项目</td><td colspan="3">内容</td></tr>
<tr><td>1</td><td colspan="3">现场质量管理制度</td><td colspan="3"></td></tr>
<tr><td>2</td><td colspan="3">质量责任制</td><td colspan="3"></td></tr>
<tr><td>3</td><td colspan="3">主要专业工种操作上岗证书</td><td colspan="3"></td></tr>
<tr><td>4</td><td colspan="3">分包方资质与分包单位的管理制度</td><td colspan="3"></td></tr>
<tr><td>5</td><td colspan="3">施工图审查情况</td><td colspan="3"></td></tr>
<tr><td>6</td><td colspan="3">地质勘察资料</td><td colspan="3"></td></tr>
<tr><td>7</td><td colspan="3">施工组织设计、施工方案及审批</td><td colspan="3"></td></tr>
<tr><td>8</td><td colspan="3">施工技术标准</td><td colspan="3"></td></tr>
<tr><td>9</td><td colspan="3">工程质量检验制度</td><td colspan="3"></td></tr>
<tr><td>10</td><td colspan="3">搅拌站及计量设置</td><td colspan="3"></td></tr>
<tr><td>11</td><td colspan="3">现场资料、设备存放与管理</td><td colspan="3"></td></tr>
<tr><td>12</td><td colspan="3"></td><td colspan="3"></td></tr>
</table>

检查结论：

总监理工程师
（建设单位项目负责人）　　　　　　　　　　　　　　　　　　　年　月　日

表 11-3　施工日志

<table>
<tr><td colspan="3">施工日志
表 C1-2</td><td colspan="2">资料编号</td></tr>
<tr><td></td><td>天气状况</td><td>风力</td><td>最高/最低温度</td><td>备注</td></tr>
<tr><td>白天</td><td></td><td></td><td></td><td></td></tr>
<tr><td>夜间</td><td></td><td></td><td></td><td></td></tr>
<tr><td colspan="5">生产情况记录：（施工部位、施工内容、机械作业、班组工作，生产存在问题等）</td></tr>
<tr><td colspan="5">技术质量安全工作记录：（技术质量安全活动、检查评定验收、技术质量安全问题等）</td></tr>
</table>

记录人		日期	年　　月　　日

2. 施工技术资料（C2类）

施工技术资料是在施工过程中形成的，来指导正确、规范、科学施工的技术文件及反映工程变更情况的各种资料的总称。内容主要包括：

1）工程技术文件报审表：工程技术文件报审表由施工单位填报，专业监理工程师审核并由总监理工程师审定后分发建设单位、监理单位及施工单位各一份；

2）施工组织设计及施工方案：施工组织设计由施工单位编制完成，经企业技术负责人审批并填写工程技术文件报审表报监理单位批准实施。施工方案编制内容应齐全有针对性，可根据工程规模大小、技术复杂程度、施工重点部位及施工季节变化等情况分别编制。施工方案应经项目部技术负责人或公司技术部门负责人审批，并填写工程技术文件报审表报请监理单位批准实施；

3）危险性较大分部分项工程施工方案专家论证表：主要记录施工方案论证专家的相关信息以及其对危险性较大工程的施工方案的论证意见，同时需要专家的签字确认；

4）技术交底记录表：施工组织设计应由施工单位的技术负责人组织交底；“四新”（新材料、新产品、新技术、新工艺）技术应用及专项施工方案应由项目技术负责人组织交底；分项工程施工方案应由专业工长组织交底，各项交底应有文字记录并有交底双方人员的签字（见表11-4）；

5）图纸会审记录表：图纸会审应由建设单位组织，设计、监理和施工单位技术负责人及有关人员参加。设计单位对各专业问题进行交底，施工单位负责将设计交底内容按专业汇总、整理形成图纸会审记录，设计单位项目专业设计负责人、建设单位、监理单位、施工单位的项目技术负责人或相关专业负责人签字确认（见表11-5）；

6）设计变更通知单：由变更提出单位填写（见表11-6），设计变更通知单是对已经批准的初步设计文件、技术设计文件或者施工图设计文件所进行的修改和完善和优化活动等设计变更的一种表现形式；

7）工程洽商记录（技术核定单）：由变更提出单位填写，当工程施工过程中出现了与施工图纸不一致的施工内容时，为了结算时有依据，施工单位必须与建设单位并与设计单位联合签署一份变更的协议，用专用的洽商表格记录下来，就叫作工程洽商记录。

3. 施工进度及造价资料（C3类）

施工进度及造价资料主要是关于施工过程中的施工进展以及工程造价费用及费用索赔等各种资料的总称。其主要内容包括：

1）工程开工报审表：当现场具备开工条件且已做好各项施工准备后，施工单位应及时填写工程开工报审表报项目监理部审批、总监理工程师审批后报建设单位。整个项目开工一次，则只填报一次，如工程项目中含有多个单位工程且开工时间不同，则每个单位工程都应填报一次。必须由项目经理签字并加盖施工单位公章。

表 11-4　技术交底记录

技术交底记录 表 C2-1		资料编号	
工程名称		交底日期	
施工单位		分项工程名称	
交底提要			

交底内容：

审核人		交底人		接受交底人	

表 11-5　图纸会审记录

<table>
<tr><td colspan="4">图纸会审记录
表 C2-2</td><td>资料编号</td><td></td></tr>
<tr><td>工程名称</td><td colspan="3"></td><td>日期</td><td></td></tr>
<tr><td>地点</td><td colspan="3"></td><td>专业名称</td><td></td></tr>
<tr><td>序号</td><td>图号</td><td colspan="2">图纸问题</td><td colspan="2">图纸问题交底</td></tr>
<tr><td></td><td></td><td colspan="2"></td><td colspan="2"></td></tr>
<tr><td rowspan="2">签字栏</td><td>建设单位</td><td>监理单位</td><td>设计单位</td><td colspan="2">施工单位</td></tr>
<tr><td></td><td></td><td></td><td colspan="2"></td></tr>
</table>

表 11-6　设计变更通知单

<table>
<tr><td colspan="3">设计变更通知单
表 C2-3</td><td>资料编号</td><td></td></tr>
<tr><td>工程名称</td><td colspan="2"></td><td>专业名称</td><td></td></tr>
<tr><td>设计单位名称</td><td colspan="2"></td><td>日期</td><td></td></tr>
<tr><td>序号</td><td>图号</td><td colspan="3">变更内容</td></tr>
<tr><td></td><td></td><td colspan="3"></td></tr>
<tr><td rowspan="2">签字栏</td><td>建设（监理）单位</td><td colspan="2">设计单位</td><td>施工单位</td></tr>
<tr><td></td><td colspan="2"></td><td></td></tr>
</table>

2）工程复工报审表：工程复工报审表用于因各种原因导致的工程暂停，停工原因消失后，施工单位准备恢复施工，向监理单位提出复工申请时的用表。工程复工报审时，应附有能够证明已具备复工条件的相关文件资料，包括相关检查记录、有针对性的整改措施及其落实情况、会议纪要、影像资料等。

3）施工进度计划报审表（见表 11-7）：施工进度计划报验申请是承包单位根据已批准的施工总进度计划，按施工合同约定或监理工程师要求，编制施工进度计划报项目监理机构审查、确认和批准。工程进度计划的种类有总进度计划，年、季、月、周进度计划及关键工程进度计划等，报审时均可使用本表。施工单位填报的施工进度计划报审表应一式三份，由项目监理机构、建设单位和施工单位各保存一份。

4）施工进度计划：施工进度计划是施工组织设计的中心内容，分为施工总进度计划、单位工程施工进度计划、分部分项工程进度计划和季度（月、旬、周）进度计划四个层次。

5）确定时间的人、机、料动态表：人、机、料动态表应由施工单位填报，一式两份，监理单位、施工单位各保存一份。

6）工程延期申请表：工程延期申请表是依据合同规定，非施工单位原因造成的工期延期，导致工期补偿时采用的申请用表。施工单位填报的工程延期申请表应一式三份，由项目监理机构、建设单位和施工单位各保存一份。

7）工程款支付申请表：申请支付工程款金额包括合同内工程款、工程变更增减的费用、批准的索赔费用，扣除应扣预付款、保留金及施工合同中约定的其他费用。承包单位（施工单位）根据施工合同中工程款支付约定，向项目监理机构申请。施工单位填报的工程支付申请表应一式三份，并应由建设单位，监理单位，施工单位各保存一份。

8）工程变更费用报审表（见表 11-8）：工程变更，一般是指施工条件和设计的变更，可以是业主单位提出的变更或者是双方协商同意的工程变更。施工单位根据工程变更单完成的工程量，填写工程变更费用报审表并报项目监理部审查。施工单位填报的工程变更费用报审表应当一式三份，并应由建设单位、监理单位和施工单位各保存一份。根据国际咨询工程师联合会（FIDIC）制定的土木工程施工合同条件，变更工程通常有下列几种情况：

①合同中所包括的任何工作数量的增加或减少。

②任何这类工作的省略（但被省略的工作由业主或其他承包商实施者除外）。

③任何这类工作的性质或质量、或类型的改变。

④工程任何部分的标高、基线、位置或尺寸的改变。

⑤实施工程竣工所必需的任何种类工作的附加。

⑥工程任何部分的任何规定的施工顺序或时间安排的改变。

9）费用索赔申请表（见表 11-9）：费用索赔申请是由承包单位向建设单位提出费用索赔，报项目监理机构审查、确认和批复。施工单位在费用索赔事件结束后的规定时间内，填报费用索赔申请表，向项目监理机构提出费用索赔。表中应详细说明索赔事件的经过、索赔理由、索赔金额的计算，并附上证明材料。施工单位填报的费用索赔申请表应一式三份，并由建设单位、监理单位和施工单位各保存一份。

表 11-7　施工进度计划报审

<table>
<tr><td colspan="2">施工进度计划报审表
表 C1-4</td><td>资料编号</td><td></td></tr>
<tr><td>工程名称</td><td></td><td>日期</td><td></td></tr>
<tr><td colspan="4">致____（监理单位）：

现报上____年____季____月工程施工进度计划，请予以审查和批准。

附件：1. □ 施工进度计划（说明、图表、工程量、工作量、资源配备）
________份
2. □

施工单位名称：　　　　　　　　　　　　　项目经理（签字）：</td></tr>
<tr><td colspan="4">审查意见：

监理工程师（签字）：　　　　日期：</td></tr>
<tr><td colspan="4">审批结论：□ 同意　　　□ 修改后再报　　　□ 重新编制

监理单位名称：　　　　　　总监理工程师（签字）：　　　　　　日期：</td></tr>
</table>

表 11-8 工程变更费用报审

工程变更费用报审表 表 C1-10		资料编号	
工程名称		日期	

致________________________________（监理单位）：

根据第（　　　）号工程变更单，申请费用如下表，请审核。

项目名称	变更前			变更后			工程款 增（+）减（-）
	工程量	单价	合价	工程量	单价	合价	

施工单位名称：　　　　　　　　　　　　　　　项目经理（签字）：

监理工程师审核意见：

监理工程师（签字）：　　　　　　日期：

监理单位名称：　　　　　　　　　　　　　　　总监理工程师（签字）：　　　　　　日期：

表 11-9　费用索赔申请

费用索赔申请表 表 C1-11		资料编号	
工程名称		日期	

致＿＿＿＿＿＿＿＿＿＿＿＿＿＿＿＿（监理单位）：

根据施工合同第＿＿＿条款的规定，由于＿＿的原因，我方要求索赔金额共计人民币（大写）＿＿＿＿＿＿＿＿＿＿＿＿元，请批准。

索赔的详细理由及经过：

索赔金额的计算：

附件：证明材料

施工单位名称：　　　　　　　　　　　　项目经理（签字）：

4. 施工物资资料（C4类）

施工物资资料是指反映工程施工所用物资质量和性能是否满足设计和使用要求的各种质量证明文件及相关配套文件的统称。其包含的主要内容：

1）各种出厂质量证明文件及检测报告：建筑工程使用的各种主要物资应有质量证明文件。质量证明文件如：

①砂、石、砖、水泥、钢筋、隔热保温、防腐材料、轻集料等的出厂质量证明文件；

②其他物资出厂合格证、质量保证书、检测报告和报关单或商检证等；

③材料、设备的相关检验报告、型式检测报告、3C强制认证合格证书或3C标志；

④主要设备、器具的安装使用说明书；

⑤进口的主要材料设备的商检证明文件、中文安装使用说明书及性能检测报告；

⑥涉及消防、安全、卫生、环境、节能对的材料、设备的检测报告或法定机构出具的有效证明文件。

2）材料、构配件进场检验记录表（见表11-10）：施工物资进场后，施工单位应对进场物资数量、型号和外观等进行检查：

①材料、构配件进场检验记录；

②设备开箱记录；

③设备及管道附件试验记录。

3）进场复试报告：施工单位应按国家有关规范、标准的规定对进场物资进行复试或试验，没有专用试验表格的可用材料通用试验表格进行记录；规范、标准要求实行见证时，应按规定进行有见证取样和送检。施工物资进场后施工单位应报监理单位查验并签字：

①钢材、水泥、砂、碎（卵）石及外加剂试验报告（见表11-11）；

②防水涂料和卷材试验报告；

③砖（砌块）试验报告；

④预应力筋、预应力锚具、夹具和连接器复试报告；

⑤装饰装修用门窗、人造木板、花岗石、安全玻璃及外墙面砖复试报告；

⑥钢结构用钢材、防火涂料、焊接材料、高强度大六角头螺栓连接副、扭剪型高强螺栓连接副复试报告；

⑦幕墙用铝塑板、石材、玻璃、结构胶复试报告；

⑧散热器、采暖系统保温材料、通风与空调工程绝热材料、风机盘管机组、低压配电系统电缆的见证取样复试报告；

⑨节能工程材料复试报告。

4）预拌混凝土：预拌混凝土供应单位需向施工单位提供以下资料：

①预拌混凝土运输单；

②预拌混凝土出厂合格证（32 d内提供）（见表11-12）；

③混凝土氯化物和碱总量计算书（配合工程结构的需求）；

④砂石碱活性试验报告（配合工程结构的需求）。

表 11-10 材料、构配件进场检验记录

<table>
<tr><td colspan="5">材料、构配件进场检验记录
表 C4-17</td><td>资料编号</td><td colspan="2"></td></tr>
<tr><td colspan="2">工程名称</td><td colspan="3"></td><td>检验日期</td><td colspan="2"></td></tr>
<tr><td rowspan="2">序号</td><td rowspan="2">名称</td><td rowspan="2">规格型号</td><td rowspan="2">进场数量</td><td>生产厂家</td><td rowspan="2">检验项目</td><td rowspan="2">检验结果</td><td rowspan="2">备注</td></tr>
<tr><td>合格证号</td></tr>
<tr><td></td><td></td><td></td><td></td><td></td><td></td><td></td><td></td></tr>
<tr><td></td><td></td><td></td><td></td><td></td><td></td><td></td><td></td></tr>
<tr><td></td><td></td><td></td><td></td><td></td><td></td><td></td><td></td></tr>
<tr><td></td><td></td><td></td><td></td><td></td><td></td><td></td><td></td></tr>
<tr><td></td><td></td><td></td><td></td><td></td><td></td><td></td><td></td></tr>
<tr><td></td><td></td><td></td><td></td><td></td><td></td><td></td><td></td></tr>
<tr><td></td><td></td><td></td><td></td><td></td><td></td><td></td><td></td></tr>
<tr><td></td><td></td><td></td><td></td><td></td><td></td><td></td><td></td></tr>
<tr><td></td><td></td><td></td><td></td><td></td><td></td><td></td><td></td></tr>
<tr><td></td><td></td><td></td><td></td><td></td><td></td><td></td><td></td></tr>
<tr><td></td><td></td><td></td><td></td><td></td><td></td><td></td><td></td></tr>
</table>

检验结论：

<table>
<tr><td rowspan="3">签字栏</td><td rowspan="2">施工单位</td><td rowspan="2"></td><td>专业质检员</td><td>专业工长</td><td>检验员</td></tr>
<tr><td></td><td></td><td></td></tr>
<tr><td>监理（建设）单位</td><td colspan="2"></td><td>专业工程师</td><td></td></tr>
</table>

表 11-11　水泥试验报告

<table>
<tr><td colspan="6" rowspan="3">水泥试验报告
表 C4-7</td><td>资料编号</td><td colspan="2"></td></tr>
<tr><td>试验编号</td><td colspan="2"></td></tr>
<tr><td>委托编号</td><td colspan="2"></td></tr>
<tr><td colspan="2">工程名称</td><td colspan="4"></td><td>试样编号</td><td colspan="2"></td></tr>
<tr><td colspan="2">委托单位</td><td colspan="4"></td><td>试验委托人</td><td colspan="2"></td></tr>
<tr><td colspan="2">品种及强度等级</td><td></td><td colspan="2">出厂编号及日期</td><td></td><td>厂别牌号</td><td colspan="2"></td></tr>
<tr><td colspan="2">代表数量</td><td></td><td colspan="2">来样日期</td><td></td><td>试验日期</td><td colspan="2"></td></tr>
<tr><td rowspan="16">试验结果</td><td colspan="2" rowspan="2">一、细度</td><td colspan="2">1. 80 μm 方孔筛余量/%</td><td colspan="4"></td></tr>
<tr><td colspan="2">2. 比表面积/（m^2/kg）</td><td colspan="4"></td></tr>
<tr><td colspan="2">二、标准稠度用水量（P）/%</td><td colspan="6"></td></tr>
<tr><td colspan="2">三、凝结时间</td><td>初凝</td><td colspan="2"></td><td colspan="2">终凝</td><td></td></tr>
<tr><td colspan="2">四、安定性</td><td>雷氏法</td><td colspan="2"></td><td colspan="2">饼法</td><td></td></tr>
<tr><td colspan="2">五、其他</td><td colspan="6"></td></tr>
<tr><td colspan="2">六、强度/MPa</td><td colspan="6"></td></tr>
<tr><td colspan="4">抗折强度</td><td colspan="4">抗压强度</td></tr>
<tr><td colspan="2">3 d</td><td colspan="2">28 d</td><td colspan="2">3 d</td><td colspan="2">28 d</td></tr>
<tr><td>单块值</td><td>平均值</td><td>单块值</td><td>平均值</td><td>单块值</td><td>平均值</td><td>单块值</td><td>平均值</td></tr>
<tr><td></td><td></td><td></td><td></td><td></td><td></td><td></td><td></td></tr>
<tr><td></td><td></td><td></td><td></td><td></td><td></td><td></td><td></td></tr>
<tr><td></td><td></td><td></td><td></td><td></td><td></td><td></td><td></td></tr>
<tr><td></td><td></td><td></td><td></td><td></td><td></td><td></td><td></td></tr>
<tr><td></td><td></td><td></td><td></td><td></td><td></td><td></td><td></td></tr>
<tr><td></td><td></td><td></td><td></td><td></td><td></td><td></td><td></td></tr>
<tr><td colspan="9">结论：</td></tr>
<tr><td colspan="2">批准</td><td></td><td colspan="2">审核</td><td></td><td>试验</td><td colspan="2"></td></tr>
<tr><td colspan="2">试验单位</td><td colspan="7"></td></tr>
<tr><td colspan="2">报告日期</td><td colspan="7"></td></tr>
</table>

表 11-12 预拌混凝土出厂合格证

<table>
<tr><td colspan="5">预拌混凝土出厂合格证
表 C4-4</td><td>资料编号</td><td colspan="2"></td></tr>
<tr><td>使用单位</td><td colspan="4"></td><td>合格证编号</td><td colspan="2"></td></tr>
<tr><td>工程名称与
浇筑部位</td><td colspan="7"></td></tr>
<tr><td>强度等级</td><td colspan="2"></td><td>抗渗等级</td><td colspan="2"></td><td>供应数量/m³</td><td></td></tr>
<tr><td>供应日期</td><td colspan="3"></td><td>至</td><td colspan="3"></td></tr>
<tr><td>配合比编号</td><td colspan="7"></td></tr>
<tr><td>原材料名称</td><td>水泥</td><td>砂</td><td>石</td><td colspan="2">掺合料</td><td colspan="2">外加剂</td></tr>
<tr><td>品种与规格</td><td></td><td></td><td></td><td></td><td></td><td></td><td></td></tr>
<tr><td>试验编号</td><td></td><td></td><td></td><td></td><td></td><td></td><td></td></tr>
</table>

<table>
<tr><td rowspan="7">每组
抗压
强度
值/MPa</td><td>试验编号</td><td>强度值</td><td>试验编号</td><td>强度值</td><td>备注</td></tr>
<tr><td></td><td></td><td></td><td></td><td rowspan="6"></td></tr>
<tr><td></td><td></td><td></td><td></td></tr>
<tr><td></td><td></td><td></td><td></td></tr>
<tr><td></td><td></td><td></td><td></td></tr>
<tr><td></td><td></td><td></td><td></td></tr>
<tr><td></td><td></td><td></td><td></td></tr>
<tr><td rowspan="3">抗渗
试验</td><td>试验编号</td><td>指标</td><td>试验编号</td><td>指标</td><td rowspan="3"></td></tr>
<tr><td></td><td></td><td></td><td></td></tr>
<tr><td></td><td></td><td></td><td></td></tr>
</table>

<table>
<tr><td colspan="3">抗压强度统计结果</td><td>结论</td></tr>
<tr><td>组数 n</td><td>平均值</td><td>最小值</td><td rowspan="2"></td></tr>
<tr><td></td><td></td><td></td></tr>
</table>

<table>
<tr><td>供应单位技术负责人</td><td>填表人</td><td>供应单位名称（盖章）</td></tr>
<tr><td></td><td></td><td rowspan="2"></td></tr>
<tr><td colspan="2">填表日期：　　年　　月　　日</td></tr>
</table>

5. 施工记录（C5 类）

施工记录是施工单位在施工过程中形成的，为保证工程质量和安全的各种内部检查记录的统称。施工记录可以通过通用表格和专用表格来描述，可以区分施工记录的主要内容：

（1）通用记录资料。

1）隐蔽工程验收记录表（见表 11-13）：凡国家规范标准规定隐蔽工程检查项目的，应做隐蔽工程检查验收并填写隐蔽工程验收记录，涉及结构安全的重要部位应留置隐蔽前的影像资料。如在确定地下基础的承载能力和断面尺寸、打桩数量和位置；确认钢筋混凝土工程的钢筋的数量与强度等级；各种暗装的水、暖、电、卫管道和线路定位的施工过程中，而在下一道工序施工前，由单位工程技术负责人或施工队邀请建设单位、设计单位三方共同对隐蔽工程进行检查和验收，同时绘制隐蔽工程竣工图，办理隐蔽工程验收签证手续而留下的施工记录资料。

2）交接检查记录：同一单位（子单位）工程，不同专业施工单位之间应进行工程交接检查并填写交接检查记录。移交单位、接收单位共同对移交工程进行验收，并对质量情况、遗留问题、工序要求、注意事项、成品保护等进行记录。

3）施工检查记录：单位（子单位）工程的土方开挖分项工程完工后需要地基验槽，地基验槽应由建设、勘察、设计、监理和施工单位共同进行，并填写地基验槽检查记录表。检查内容包括基坑位置、平面尺寸、持力层核查、基底绝对高程和相对标高、基坑土质及地下水位等，在有桩支护、桩基的工程中还应进行桩的检查。当地基需进行处理时，应由勘察、设计单位提出处理意见。如勘察设计单位对地基进行处理提出要求时，地基处理完后应填写地基处理记录表，报请勘察、设计、监理单位复查。在智能建筑工程中应对设备安装工程质量及观感质量进行检查，并有质量检查记录。在钢筋的连接工程中，如采用机械连接，应对钢筋机械连接质量进行检查，并有检查记录。

（2）专用记录资料。

1）施工测量资料：施工测量资料是在施工过程中形成的确保建筑物位置、尺寸、标高和变形量等满足设计要求和规范规定的各种测量成果记录的统称。主要包括：

①工程定位测量、楼层平面放线及标高抄测、建筑物垂直度、标高及沉降观测记录：施工单位应依据由建设单位提供的有相应测绘资质等级部门出具的测绘成果、单位工程楼座桩及场地控制网（或建筑物控制网），对建筑工程的平面位置坐标、高程（±0.000 标高）、建筑外轮廓垂直度及建筑沉降等进行测量，确定各平面的位置和高程，弹出平面控制线（楼层+0.500 m 或+1.000 m 标高线），控制建筑外轮廓垂直误差以及测量过程中产生的误差，做测量记录、并经监理单位、施工单位技术负责人及相关操作人员签字确认。设计和规范有要求的或施工需进行变形（沉降）观测的工程，应有施工过程中及竣工后的变形观测记录，记录的内容包括：变形观测点布置图、变形量、时间荷载关系曲线图并形成报告。

②基坑支护水平位移监测、桩基和支护测量放线以及地基验槽（见表 11-14）和钎探检查记录：在桩基施工过程中应检查孔位、孔径、孔深、桩体垂直度、桩顶标高、桩位偏差、桩顶完整性和接桩质量等内容，并按规定做好桩施工记录；如果勘察设计要求对基槽浅层土质的

均匀性和承载力进行钎探，钎探前首先应绘制钎探点平面布置图，确定钎探点布置及顺序编号，按照钎探图及有关规定进行钎探并填写地基钎探记录表。施工单位应在完成各种施工测量成果的同时，应报监理单位查验并签字确认。

2）混凝土浇灌申请书、预拌混凝土运输单、大体积混凝土养护测温记录、混凝土开盘鉴定、拆模申请单（见表 11-15）、预拌测温记录及养护测温记录：混凝土正式浇筑前，应检查各项准备工作（如钢筋、模板、水电预埋、设备材料准备情况等），自检合格填写混凝土浇灌申请书，并告知监理单位；在现浇混凝土结构板、梁、悬臂构件等底模及冬季施工的柱、墙侧模的拆除工作中，首先应填写混凝土拆模申请单，报给项目专业技术负责人审批，通过后方可拆模；冬季混凝土施工时应进行温度测定并填写测温记录表。冬施混凝土养护测温应绘制测温点布置图，确定测温点的部位和深度等；大体积混凝土施工时应进行测温记录，填写大体积混凝土测温记录表并附温度测点布置图。

3）大型构件吊装记录：在大型混凝土构件、钢构件安装时，应对吊装构件的类型、型号进行确定，对安装的位置和标高，就位情况，所采用的固定方法和接缝方法等确认。保证满足质量要求，并应填写构件吊装记录表。经施工单位项目专业技术负责人、项目专业质量检查员及监理单位的见证人签字确认。

4）焊接材料烘焙记录：按照相关规范和工艺文件等规定要求，在焊接施工中须烘焙的焊接材料应进行烘焙，并填写焊接材料烘焙记录表。

5）地下工程防水效果及防水工程试水检查记录：地下工程验收时，应对地下工程有无渗漏现象进行检查，内容包括：裂缝、渗漏部位、大小、渗漏情况等。如需处理则需检查处理意见，填写地下工程防水效果检查记录表；有防水要求的房间和屋面工程完工后应按标准规定进行蓄水或淋水防水性能试验，填写防水工程试水检查记录表。淋水试验持续时间不得少于 2 h；蓄水试验时间不得少于 24 h。屋面工程应对细部构造（屋面天沟、檐沟、檐口、泛水、水落口、变形缝、伸出屋面管道等）重点检查。

6）通风（烟）道、垃圾道检查记录：建筑通风道（烟道）应全数做通（抽）风和漏风、串风试验，并填写通风（烟）道检查记录表。

7）预应力筋张拉及有粘结预应力结构灌浆记录：预应力工程施加预应力时应填写预应力筋张拉记录表；孔道灌浆时应填写预应力结构灌浆记录表。

8）钢结构、网架（索膜）及木结构施工记录：钢结构（网架、索膜结构）及木结构在主体结构形成空间刚度单元并连接固定后，应检查整体垂直度、挠度值变形值及安装偏差，并做施工记录。

9）幕墙注胶检查记录：幕墙工程施工应有幕墙注胶检查记录和幕墙淋水检查记录。幕墙注胶应记录内容包括宽度、厚度、连续性、均匀性、密实度和饱满度等；淋水检查应在易渗漏部位进行并填写《防水工程试水检查记录》。

10）自动扶梯、自动人行道的相邻区域、电气装置及整机安装质量检查，电梯电气装置安装检查记录。

表 11-13　隐蔽工程检查记录

<table>
<tr><td colspan="2">隐蔽工程检查记录
表 C5-1</td><td>资料编号</td><td></td></tr>
<tr><td>工程名称</td><td colspan="3"></td></tr>
<tr><td>隐检项目</td><td></td><td>隐检日期</td><td></td></tr>
<tr><td>隐检部位</td><td colspan="3">层　　　　　　轴线　　　　　　标高</td></tr>
<tr><td colspan="4">隐检依据：施工图图号________________，设计变更/洽商（编号________________）及有关国家现行标准等。
主要材料名称及规格/型号：________________
________________</td></tr>
<tr><td colspan="4">隐检内容：

申报人：</td></tr>
<tr><td colspan="4">检查意见：

检查结论：□同意隐蔽　　　　□不同意，修改后进行复查</td></tr>
<tr><td colspan="4">复查结论：

复查人：　　　　　　复查日期：</td></tr>
</table>

<table>
<tr><td rowspan="3">签字栏</td><td rowspan="2">施工单位</td><td rowspan="2"></td><td>专业技术负责人</td><td>专业质检员</td><td>专业工长</td></tr>
<tr><td></td><td></td><td></td></tr>
<tr><td>监理（建设）单位</td><td colspan="2"></td><td>专业工程师</td><td></td></tr>
</table>

表 11-14　地基验槽检查记录

地基验槽检查记录 表 C5-3		资料编号	
工程名称		验槽日期	
验槽部位			

依据：施工图纸（施工图纸号____）、
设计变更/洽商（编号______________________________）及有关规范、规程。

验槽内容：

1. 基槽开挖至勘探报告第________层，持力层为______________层。
2. 基底绝对高程和相对标高________________________________。
3. 土质情况____。
（附：□ 钎探记录及钎探点平面布置图）
4. 桩位置__________、桩类型__________、数量__________，承载力满足设计要求。
（附：□ 施工记录、□ 桩检测报告）

注：若建筑工程无桩基或人工支护，则相应在第 4 条填写处画“/”。　申报人：

检查意见：

检查结论：□无异常，可进行下道工序　　　　□需要地基处理

	建设单位	监理单位	设计单位	勘察单位	施工单位
签字 公章栏					

表 11-15　混凝土拆模申请单

<table>
<tr><td colspan="4">混凝土拆模申请单
表 C5-7</td><td>资料编号</td><td></td></tr>
<tr><td>工程名称</td><td colspan="5"></td></tr>
<tr><td>申请
拆模部位</td><td colspan="5"></td></tr>
<tr><td>混凝土
强度等级</td><td></td><td>混凝土浇筑
完成时间</td><td></td><td>申请
拆模日期</td><td></td></tr>
<tr><td colspan="6">构件类型
（注：在所选择构件类型的□内画“√”）</td></tr>
<tr><td>□ 墙</td><td>□ 柱</td><td>板
□ 跨度≤2 m
□ 2 m<跨度≤8 m
□ 跨度>8 m</td><td>梁
□ 跨度≤8 m
□ 跨度>8 m</td><td>□ 悬臂构件</td><td>________
____
________</td></tr>
<tr><td colspan="2">拆模时混凝土强度要求</td><td>龄期/d</td><td>同条件混凝土
抗压强度/MPa</td><td>达到设计
强度等级/%</td><td>强度报告
编号</td></tr>
<tr><td colspan="2">应达到设计强度的_____%
（或_____MPa）</td><td></td><td></td><td></td><td></td></tr>
<tr><td colspan="6">审批意见：

批准拆模日期：</td></tr>
</table>

施工单位		
专业技术负责人	专业质检员	申请人

6. 施工试验记录及检测报告（C6 类）

国家规范标准中要求进行的各种施工试验应有施工试验报告，没有专用试验报告表格的可使用通用试验表格替代。施工试验资料是指按照设计及国家规范标准的要求，在施工过程中所进行的各种检测及测试资料的统称。主要内容包括：通用记录资料与专用施工记录资料两方面。

（1）通用记录资料。

1）设备单机试运转记录：设备的单机试运转试验中，对某种确定的生产厂家生产的具有对应规格型号的设备，针对不同的试验项目进行固定时间的试运转测试，得到试运转的结论，建设单位或者代表建设单位的监理单位和施工单位的相关人员签字。施工单位填写的设备单机试运转记录应一式四份，并应由建设单位、监理单位、施工单位、城建档案馆各保存一份。

2）系统试运转调试记录：系统试运转调试记录中应包含试运转的项目、时间及部位，进行运转调试的内容及试运转的结论，建设单位或者代表建设单位的监理单位和施工单位的相关人员签字。施工单位填写的系统试运转调试记录应一式四份，并应由建设单位、监理单位、施工单位及城建档案馆各保存一份。

3）接地电阻测试记录：接地电阻测试记录应符合《建筑电气工程施工质量验收规范》（GB 50303—2015）的有关规定。对接地电阻测试的仪表型号、接地类型以及设计的电阻要求进行描述，选择测试部位给出测试结论，建设单位或者代表建设单位的监理单位和施工单位的相关人员签字。施工单位填写的接地电阻测试记录应一式四份，并应由建设单位、监理单位、施工单位、城建档案馆各保存一份。

4）绝缘电阻测试记录：绝缘电阻测试记录应符合《建筑电气工程施工质量验收规范》的相关规定。对采用的仪表的型号、电压以及测量的层数的相关参数进行测试，给出测试结论，并经施工单位及监理或建设单位相关人员签字。施工单位填写的绝缘电阻测试记录应一式三份，并应由建设单位、监理单位、施工单位各保存一份。

（2）专用记录资料。

1）建筑与结构工程试验记录。

①土方回填工程以土工击实试验测定回填土质的最大干密度和最佳含水量，回填过程中应按规范要求分段、分层（步），并取样对回填质量进行检验。

②钢筋的焊接、机械连接应满足相关技术规程中的力学要求，并有力学性能试验报告。机械连接开始前及施工过程中，每批进场钢筋在现场条件下进行工艺检验并合格是进行机械连接的施工的前提条件。每台班钢筋先制作班前焊试件，确定焊接工艺参数后再焊接。

③砌筑砂浆应有配合比申请单和试验室签发的配合比通知单（现场搅拌时）（见表 11-16、表 11-17）；并有按规定留置的龄期为 28 d 标准养护试块的抗压强度试验报告。单位工程应有砌筑砂浆试块抗压强度统计、评定记录。施工单位填写的砌筑砂浆试块强度统计、评定记录应一式三份，并应由建设单位、施工单位、城建档案馆各保存一份。

④与砌筑砂浆相似，混凝土也应有配合比申请单和试验室签发的配合比通知单（现场搅拌时）；有按规定留的 28 d 标准养护、同条件养护、拆模强度、受冻临界强度、预应力张拉强

度等试件的抗压强度试验报告（见表 11-18）及抗渗、抗冻性能试验报告。单位工程应有混凝土试块抗压强度统计、评定记录。混凝土子分部工程应有结构实体检验的混凝土强度试件报告。在混凝土施工资料的保存中，施工单位填写的混凝土试块强度统计、评定记录应一式三份，并应由建设单位、施工单位、城建档案馆各保存一份。结构实体混凝土强度检验记录应符合《混凝土结构工程施工质量验收规范》（GB 50204—2015）的有关规定。施工单位填写的结构实体混凝土强度检验记录应一式四份，建设单位、监理单位、施工单位、城建档案馆各保存一份。

表 11-16　砌筑砂浆配合比申请单

砂浆配合比申请单 表 C6-4				资料编号	
				委托编号	
工程名称及部位					
委托单位				试验委托人	
砂浆种类				强度等级	
水泥品种				厂别	
水泥进场日期				试验编号	
砂产地		粗细级别		试验编号	
掺合料种类				外加剂种类	
申请日期				要求使用日期	

表 11-17　砌筑砂浆配合比通知单

砂浆配合比通知单 表 C6-4					配合比编号		
					试配编号		
强度等级					试验日期		
配合比							
材料名称	水泥	砂	白灰膏	掺合料		外加剂	
每立方米用量/（kg/m³）							
比例							
注：砂浆稠度为 70～100 mm，白灰膏稠度为 120±5 mm							
批准		审核			试验		
试验单位							
报告日期							

表 11-18　混凝土抗压强度试验报告

<table>
<tr><td colspan="2" rowspan="3">混凝土抗压强度试验报告
表 C6-8</td><td>资料编号</td><td></td></tr>
<tr><td>试验编号</td><td></td></tr>
<tr><td>委托编号</td><td></td></tr>
<tr><td>工程名称及部位</td><td></td><td>试件编号</td><td></td></tr>
<tr><td>委托单位</td><td></td><td>试验委托人</td><td></td></tr>
<tr><td>设计强度等级</td><td></td><td>实测坍落度
扩展度</td><td></td></tr>
<tr><td>水泥品种及
强度等级</td><td></td><td>试验编号</td><td></td></tr>
<tr><td>砂种类</td><td></td><td>试验编号</td><td></td></tr>
<tr><td>石种类、公称
直径</td><td></td><td>试验编号</td><td></td></tr>
<tr><td>外加剂名称</td><td></td><td>试验编号</td><td></td></tr>
<tr><td>掺合料名称</td><td></td><td>试验编号</td><td></td></tr>
<tr><td>配合比编号</td><td></td><td>混凝土生产
企业名称</td><td></td></tr>
</table>

<table>
<tr><td>成型日期</td><td></td><td>要求龄期/d</td><td></td><td>要求试验日期</td><td></td></tr>
<tr><td>养护方法</td><td></td><td>收到日期</td><td></td><td>试块制作人</td><td></td></tr>
</table>

<table>
<tr><td rowspan="5">试
验
结
果</td><td rowspan="2">试验日期</td><td rowspan="2">实际
龄期/d</td><td rowspan="2">试件
边长/mm</td><td rowspan="2">受压
面积/mm²</td><td colspan="2">荷载/kN</td><td rowspan="2">平均抗压
强度/MPa</td><td rowspan="2">折合 150 mm
立方体抗压
强度/MPa</td><td rowspan="2">达到设
计强度
等级/%</td></tr>
<tr><td>单块值</td><td>平均值</td></tr>
<tr><td rowspan="3"></td><td rowspan="3"></td><td rowspan="3"></td><td rowspan="3"></td><td></td><td rowspan="3"></td><td rowspan="3"></td><td rowspan="3"></td><td rowspan="3"></td></tr>
<tr><td></td></tr>
<tr><td></td></tr>
</table>

备注：

<table>
<tr><td>批准</td><td></td><td>审核</td><td></td><td>试验</td><td></td></tr>
<tr><td>试验单位</td><td colspan="5"></td></tr>
<tr><td>报告日期</td><td colspan="5"></td></tr>
</table>

⑤建筑物外墙饰面砖装饰工程中，应具有饰面砖粘结强度检验报告；节能工程外墙保温板材与基层采用粘结或连接时应有保温板材与基层的现场粘结强度试验报告；墙体保温砂浆应有强度试验报告。外墙采用保温浆料做保温层时，应在施工中制作同条件养护试件，检测其导热系数、干密度和压缩强度；幕墙面积大于 3 000 m^2 或超过建筑外墙面积 50%时，应现场抽取材料和配件，在试验室安装制作试件进行气密性能检测。

⑥后置埋件、化学植筋、膨胀螺栓等应用于承重结构时，应有满足设计要求的承载力拉拔试验报告；设计没有要求时，应满足《混凝土结构后锚固技术规程》（JGJ 145—2013）的要求。

⑦锚杆和土钉墙技术在基坑支护工程中应用时，应有满足支护设计要求的锚杆、土钉抗拔力试验报告。

⑧地基应满足设计承载力要求，应有地基承载力检测报告；桩基础的设计应满足相关规范、标准的承载力要求和桩身完整性要求，并应有检测报告。

⑨水泥浆应用于后张法有粘结预应力灌浆时，应有性能试验报告。

⑩一级、二级焊缝应用于钢结构子分部工程中时，应用满足设计要求的超声波或射线探伤检验报告。钢结构子分部工程所使用的防腐、防火涂料应有涂层厚度检测报告。建筑安全等级为一级、跨度 40 m 及以上的公共建筑钢网架结构及设计有要求的，应有焊（螺栓）球节点承载力试验报告。

⑪门窗子分部工程应有外门窗气密、水密性能试验报告。

2）给排水及采暖工程试验记录。

①给排水采暖工程、通风空调工程中的各类水泵、风机、冷水机组、冷却塔、空调机组、新风机组等设备应有单机试运转记录。采暖系统、消防系统、通风空调系统等应有系统试运转及调试记录。

②非承压管道、设备，包括开式水箱、卫生洁具、安装在室内的雨水管道等，以及暗装、埋地、有绝热层的排水管道应有灌（满）水试验记录。非承压管道系统和设备，在安装完毕后，以及暗装、埋地、有绝热层的室内外排水管道进行隐蔽前，应进行灌水、满水试验。试验记录资料的保存中，施工单位填写的灌水、满水试验记录应一式三份，并应由建设单位、监理单位、施工单位各保存一份。

③承压管道、设备应有强度试验记录；自动喷水灭火系统、气体灭火系统管道应有严密性试验记录。强度严密性试验记录应符合《建筑给水排水及采暖工程施工质量验收规范》（GB 50242—2016）、《通风与空调工程施工质量验收规范》（GB 50243—2016）的有关规定。室内外输送各种介质的承压管道、承压设备在安装完毕后，进行隐蔽之前，应进行强度严密性试验。试验记录资料的保存中，施工单位填写的强度严密性试验记录应一式四份，并应由建设单位、监理单位、施工单位、城建档案馆各保存一份。

④给排水系统及游泳池水系统应有通水试验记录。通水试验记录应符合现行国家标准的有关规定。室内外给水、中水及游泳池水系统、卫生洁具、地漏及地面清扫口及室内外排水系统在安装完毕后，应进行通水试验。试验记录资料的保存中，施工单位填写的通水试验记录应一式三份，并应由建设单位、监理单位、施工单位各保存一份。

⑤给水系统、自动喷水灭火系统、固定消防炮灭火系统、空调水系统等及设计有要求的管道应有冲洗试验记录；介质为气体的管道系统应有吹洗试验记录。冲洗、吹洗试验记录应符合现行国家标准的有关规定。室内外给水、中水及游泳池水系统、采暖、空调水、消火栓、自动喷水等系统管道，以及设计有要求的管道在使用前做冲洗试验及介质为气体的管道系统做吹洗试验时，应填写冲洗、吹洗试验记录。室内消火栓系统应有消火栓试射试验记录。自动喷水灭火系统应有验收缺陷项目划分记录。施工单位填写的冲洗、吹洗试验记录应一式三份，并应由建设单位、监理单位、施工单位各保存一份。

⑥排水水平干管、主立管应有通球试验记录。

⑦补偿器安装应有补偿器安装记录。

⑧锅炉安装应有按相关规范和职能管理部门要求的安装记录。

3）建筑电气工程试验记录。

①建筑工程中的主要设备、系统的防雷接地、保护接地、工作接地、防静电接地以及设计有要求的接地电阻应有电阻测试记录，《电气防雷接地装置隐检与平面示意图》说明须附在后面。

②建筑工程中的主要电气设备和动力、照明线路及其他必须摇测绝缘电阻，分项质量验收前和单位工程质量竣工验收前，配管及管内穿线应分别按系统回路进行测试，不能遗漏。

③按层、按部位（户）对安装完的电气器具全数进行通电及通电安全检查，并记录，其内容包括接线情况、电气器具开关情况等。

④电气设备应有空载试运行记录，空载试运行应符合安装工艺、产品技术条件及相关规范标准的要求。在试验资料的保存中，施工单位填写的电气设备空载试运行记录应一式四份，并应由建设单位、监理单位、施工单位、城建档案馆各保存一份。

⑤建筑物照明应有通电试运行记录。公用建筑照明系统通电连续试运行时间为 24 h，民用住宅照明系统通电连续试运行时间为 8 h。所有照明灯具均应开启，且每 2 h 记录运行状态 1 次，并且连续试运行时间内无故障。

⑥漏电开关应有模拟试验记录，动力和照明工程的漏电保护装置应全数做模拟动作试验，并符合设计要求的额定值。

⑦630 A 及以上大容量导线、母线连接处或开关，在设计计算负荷运行情况下应做温度抽测记录，温升值稳定且不大于设计值。

⑧避雷带的每个支持件应做垂直拉力试验，支持件的承受垂直拉力应大于 49 N。

⑨逆变应急电源安装完毕后应全数做测试试验，并应符合设计要求的额定值和相关标准的规定。

⑩柴油发电机安装完毕后应全数做测试试验，并应符合设计要求的额定值和国家相应的规范标准的规定。

⑪电气工程施工完毕后应对低压配电系统进行调试，调试合格后应对低压配电电源质量进行检测，并应符合设计要求的额定值和《建筑节能工程施工质量验收规范》(GB 50411—2007）的规定。

⑫建筑安装工程施工完毕后各系统进行联合调试时，应全数检查监测与控制节能工程的设备是否齐全，使用功能是否达到设计要求和《建筑节能工程施工质量验收规范》的规定。

⑬建筑物照明系通电试运行中，应测试并记录照明系统的照度和功率密度值，并应符合设计要求的额定值和《建筑节能工程施工质量验收规范》的规定。

4）智能建筑工程试验记录。

①智能建筑各系统在安装调试完成后，应对设备及系统逐项进行自检，并填写自检测记录。智能建筑工程各子系统检测记录应符合《智能建筑工程施工质量验收规范》(GB 50339—2017）的有关规定。施工单位填写的智能建筑工程子系统检测记录应一式四份，并应由建设单位、监理单位、施工单位、城建档案馆各保存一份。

②规范要求，智能建筑各系统应进行不中断试运行，填写试运行记录并提供试运行报告。

5）通风与空调工程试验记录。

①风管系统应有风管漏光或漏风测试记录。风管漏光或漏风检测记录应符合《通风与空调工程施工质量验收规范》的有关规定。施工单位填写的风管漏光或漏风检测记录应一式三份，并应由建设单位、监理单位、施工单位各保存一份。

②现场组装的除尘器壳体、组合式空气调节机组应有漏风量检测记录。

③通风与空调工程无生产负荷联合试运转应有管网风量平衡记录、空调系统试运转调试记录、空调水系统试运转调试记录及各房间室内风量温度测量记录。

④组装式的制冷机组和现场充注制冷剂的机组应有制冷系统气密性试验记录。

⑤净化空调系统无生产负荷试运转应有净化空调系统测试记录。

⑥防排烟系统联合试运行和调试应有防排烟系统联合试运行记录。

6）电梯工程试验记录。

①电梯工程试验记录主要包含：电梯轿厢平层准确度测量、电梯层门安全装置检测、电梯电气安全装置检测、电梯整机功能检测、电梯主要功能检测、电梯负荷运行试验、电梯噪

声测试等过程中产生的试验记录资料以及电梯负荷运行试验曲线图表。

②自动扶梯试验记录主要包含：自动扶梯、自动人行道安全装置检测、自动扶梯、自动人行道整机性能、运行试验记录资料。

7. 施工质量验收记录（C7类）

施工过程验收资料指是参与工程建设的有关单位根据相关标准、规范对工程质量是否达到合格做出确认的各种文件的统称。主要内容有检验批质量验收、分项工程质量验收、分部（子分部）工程质量验收三大方面。

其他内容还应有土工、基桩性能、钢筋连接、埋件（植筋）拉拔、混凝土（砂浆）性能、施工工艺参数、饰面砖拉拔、钢结构焊缝质量检测及水暖、机电系统运转测试报告或测试记录。

（1）检验批质量验收记录（见表11-19）：检验批是检测项目相同，质量要求和生产工艺等基本相同，由一定数量构件等构成的检测对象，是工程质量验收的基本单元。施工单位在完成分项工程检验批施工，自检合格后，由项目专业质量检查员填写检验批质量验收记录表，报请项目专业监理工程师组织质量检查员等进行验收确认。施工单位填写的检验批质量验收记录应一式三份，并应由建设单位、监理单位、施工单位各保存一份。

（2）分项工程质量验收记录：分项工程又称为工程子目或子目，是构成分部工程的基本项目，一般是按照选用的施工方法、所使用的材料、结构构件规格等不同因素划分施工分项。如在土石方工程中可划分为挖土方、回填土、余土外运等分项工程。分项工程所包含的检验批全部完工并验收合格后，由施工单位技术负责人填写分项工程质量验收记录表，报请项目专业监理工程师组织有关人员验收确认。施工单位填写的分项工程质量验收记录应一式三份，并应由建设单位、监理单位、施工单位各保存一份。

（3）分部（子分部）工程质量验收记录（见表11-20）：分部工程是单位工程的细分是指不能独立发挥能力或效益，也不具备独立施工条件，但具有结算工程价款条件的工程。单位工程，可按其工程实体的各部位划分为若干个分部工程，如房屋建筑单位工程，可按其部位划分为土石方工程、砖石工程、混凝土及钢筋混凝土工程、屋面工程、装饰工程等。分部（子分部）工程所包含的全部分项工程完工并验收合格后，由建设、监理、勘察、设计和施工单位进行分部工程验收并加盖公章。由施工单位技术负责人填写分部（子分部）工程质量验收记录表，报请项目总监理工程师组织有关人员验收确认。施工单位填写的分部（子分部）工程质量验收记录应一式四份，并应由建设单位、监理单位、施工单位、城建档案馆各保存一份。

表 11-19 ________检验批质量验收记录

<table>
<tr><td colspan="3">单位（子单位）工程名称</td><td colspan="4"></td></tr>
<tr><td colspan="3">分部、子分部（分项）工程名称</td><td></td><td>验收部位</td><td colspan="2"></td></tr>
<tr><td colspan="2">施工单位</td><td colspan="2"></td><td>项目经理</td><td colspan="2"></td></tr>
<tr><td colspan="2">分包单位</td><td colspan="2"></td><td>分包项目经理</td><td colspan="2"></td></tr>
<tr><td colspan="3">施工执行标准名称及编号</td><td colspan="4"></td></tr>
<tr><td colspan="4">施工质量验收规范的规定</td><td>施工单位检查评定记录</td><td colspan="2">监理（建设）单位验收记录</td></tr>
<tr><td rowspan="9">主控项目</td><td></td><td></td><td></td><td></td><td colspan="2" rowspan="9"></td></tr>
<tr><td></td><td></td><td></td><td></td></tr>
<tr><td></td><td></td><td></td><td></td></tr>
<tr><td></td><td></td><td></td><td></td></tr>
<tr><td></td><td></td><td></td><td></td></tr>
<tr><td></td><td></td><td></td><td></td></tr>
<tr><td></td><td></td><td></td><td></td></tr>
<tr><td></td><td></td><td></td><td></td></tr>
<tr><td></td><td></td><td></td><td></td></tr>
<tr><td rowspan="9">一般项目</td><td></td><td></td><td></td><td></td><td colspan="2" rowspan="9"></td></tr>
<tr><td></td><td></td><td></td><td></td></tr>
<tr><td></td><td></td><td></td><td></td></tr>
<tr><td></td><td></td><td></td><td></td></tr>
<tr><td></td><td></td><td></td><td></td></tr>
<tr><td></td><td></td><td></td><td></td></tr>
<tr><td></td><td></td><td></td><td></td></tr>
<tr><td></td><td></td><td></td><td></td></tr>
<tr><td></td><td></td><td></td><td></td></tr>
<tr><td colspan="2" rowspan="2">施工单位检查评定结果</td><td>专业工长（施工员）</td><td></td><td>施工班组长</td><td colspan="2"></td></tr>
<tr><td colspan="5">项目、专业质量检查员：　　　　年　月　日</td></tr>
<tr><td colspan="2">监理（建设）单位验收结论</td><td colspan="5">专业监理工程师：
（建设单位项目专业技术负责人）：　　　　年　月　日</td></tr>
</table>

表 11-20　______分部（子分部）工程质量验收记录

<table>
<tr><td colspan="2">单位（子单位）
工程名称</td><td colspan="2"></td><td>结构类型及层数</td><td colspan="2"></td></tr>
<tr><td colspan="2">施工单位</td><td></td><td>技术部门
负责人</td><td></td><td>质量部门
负责人</td><td></td></tr>
<tr><td colspan="2">分包单位</td><td></td><td>分包单位
负责人</td><td></td><td>分包技术
负责人</td><td></td></tr>
<tr><td>序号</td><td>子分部（分项）
工程名称</td><td>分项工程
（检验批）数</td><td colspan="3">施工单位检查评定</td><td>验收意见</td></tr>
<tr><td rowspan="8">1</td><td></td><td></td><td colspan="3"></td><td rowspan="8"></td></tr>
<tr><td></td><td></td><td colspan="3"></td></tr>
<tr><td></td><td></td><td colspan="3"></td></tr>
<tr><td></td><td></td><td colspan="3"></td></tr>
<tr><td></td><td></td><td colspan="3"></td></tr>
<tr><td></td><td></td><td colspan="3"></td></tr>
<tr><td></td><td></td><td colspan="3"></td></tr>
<tr><td></td><td></td><td colspan="3"></td></tr>
<tr><td>2</td><td>质量控制资料</td><td colspan="4"></td><td></td></tr>
<tr><td>3</td><td>安全和功能检验
（检测）报告</td><td colspan="4"></td><td></td></tr>
<tr><td>4</td><td>观感质量验收</td><td colspan="4"></td><td></td></tr>
<tr><td rowspan="5">验收单位</td><td>分包单位</td><td colspan="5">项目经理　　　　年　月　日</td></tr>
<tr><td>施工单位</td><td colspan="5">项目经理　　　　年　月　日</td></tr>
<tr><td>勘察单位</td><td colspan="5">项目负责人　　　　年　月　日</td></tr>
<tr><td>设计单位</td><td colspan="5">项目负责人　　　　年　月　日</td></tr>
<tr><td>监理（建设）单位</td><td colspan="5">总监理工程师
（建设单位项目专业负责人）　　　　年　月　日</td></tr>
</table>

（4）与结构安全相关的重要部位的结构实体检验记录：涉及混凝土结构安全的重要部位应进行结构实体检验，并实行有见证取样和送检。结构实体混凝土应有同条件混凝土强度验收记录；结构实体重要部位的钢筋应有钢筋保护层厚度验收记录。

（5）建筑节能分部工程质量验收记录：节能分部工程主要包括墙体节能工程、幕墙节能工程、门窗节能工程、屋面节能工程、地面节能工程、采暖节能工程、通风与空气调节节能工程、空调与采暖系统冷热源及管网节能工程、配电与照明节能工程以及监测与控制节能工程等。在上述节能分项工程验收合格的基础上施工单位填写的建筑节能分部工程质量验收记录应一式五份，并应由建设单位、监理单位、设计单位、施工单位、城建档案馆各保存一份。

8. 竣工质量验收资料（C8 类）

工程竣工质量验收资料是指工程竣工时必须具备的各种质量验收资料。竣工质量验收资料的主要内容有以下几点：

（1）工程竣工报告：单位工程完工后施工单位应编写工程竣工报告，竣工报告是建筑工程单位在工程完成以后，向工程建设单位提交的材料；其主要的内容包含：工程概况及实际完成情况、工程实体质量、施工资料、主要建筑设备、系统调试、安全和功能检测、主要功能抽查等。

（2）单位（子单位）工程竣工预验收报验表（见表 11-21）、质量竣工验收记录（见表 11-22）、质量控制资料核查记录、安全和功能检验资料核查及主要功能抽查记录、观感质量检查记录：

单位（子单位）工程完工后，由施工单位填写单位工程竣工预验收报验表报项目监理部，申请工程竣工预验收。总监理工程师组织项目监理部人员与施工单位进行检查预验收，合格后总监理工程师签署单位工程竣工预验收报验表、单位（子单位）工程质量控制资料核查记录、单位（子单位）工程安全和功能检查资料核查及主要功能抽查记录和单位（子单位）工程观感质量检查记录等并报建设单位，申请竣工验收；单位（子单位）工程的室内环境、建筑工程节能性能应检测合格并有检测报告；在预验收完成申请竣工验收后，建设单位应组织设计、监理、施工等单位对工程进行竣工验收，各单位应在单位（子单位）工程质量竣工验收记录上签字并加盖公章。

（3）施工决算资料：施工决算是国家工程建设中的一个重要程序，是对所完成的各类工程在竣工验收后的最后经济审核，包括各类工料、机械设备及管理费用等。其内容应包括从项目策划到竣工投产全过程的全部实际费用。在施工决算中产生的各种关于工料、机械设备使用的资料以及管理资料等。

（4）施工资料移交书：是施工单位向相关其他单位移交建筑工程资料的书面资料，移交人以及接收人均应签字确认。

（5）房屋建筑工程质量保修书：房屋建筑工程质量保修书是施工单位向建设单位提交的关于工程质量保修范围和内容、保修期限、保修责任及保修费用等方面的资料。

表 11-21　单位（子单位）工程竣工预验收报验

单位工程竣工预验收报验表 表 C8-5		资料编号	
工程名称		日期	

致＿＿＿＿＿＿＿＿＿＿＿＿＿＿＿＿＿＿（监理单位）：

我方已按合同要求完成了＿＿＿＿＿＿＿＿＿＿＿＿＿＿＿＿＿＿＿＿工程，经自检合格，请予以检查和验收。

附件：

施工单位名称：　　　　　　　　　　　　　　项目经理（签字）：

审查意见：

经预验收，该工程：

1. □ 符合　□ 不符合　我国现行法律、法规要求；
2. □ 符合　□ 不符合　我国现行工程建设标准；
3. □ 符合　□ 不符合　设计文件要求；
4. □ 符合　□ 不符合　施工合同要求。

综上所述，该工程预验收结论：□ 合格　　□ 不合格

可否组织正式验收：　　　　□ 可　　　□ 否

监理单位名称：　　　　　　　总监理工程师（签字）：　　　　　　日期：

表 11-22　单位（子单位）工程质量竣工验收记录

<table>
<tr><td colspan="2">工程名称</td><td colspan="2"></td><td>结构类型</td><td></td><td>层数/建筑面积</td><td></td></tr>
<tr><td colspan="2">施工单位</td><td colspan="2"></td><td>技术负责人</td><td></td><td>开工日期</td><td></td></tr>
<tr><td colspan="2">项目经理</td><td colspan="2"></td><td>项目技术负责人</td><td></td><td>竣工日期</td><td></td></tr>
<tr><td>序号</td><td>项目</td><td colspan="4">验收记录</td><td colspan="2">验收结论</td></tr>
<tr><td>1</td><td>分部工程</td><td colspan="4">共　　　分部，经查　　　分部
符合标准及设计要求　　　分部</td><td colspan="2"></td></tr>
<tr><td>2</td><td>质量控制资料核查</td><td colspan="4">共　　　项，经审查符合要求　　　项，
经核定符合规范要求　　　项</td><td colspan="2"></td></tr>
<tr><td>3</td><td>安全和主要使用功能核查及抽查结果</td><td colspan="4">共核查　　　项，符合要求　　　项，
共抽查　　　项，符合要求　　　项，
经返工处理符合要求　　　项</td><td colspan="2"></td></tr>
<tr><td>4</td><td>观感质量验收</td><td colspan="4">共抽查　　　项，符合要求　　　项，
不符合要求　　　项</td><td colspan="2"></td></tr>
<tr><td>5</td><td>综合验收结论</td><td colspan="4"></td><td colspan="2"></td></tr>
<tr><td rowspan="2">参加验收单位</td><td>建设单位（公章）</td><td colspan="2">监理单位（公章）</td><td colspan="2">施工单位（公章）</td><td colspan="2">设计单位（公章）</td></tr>
<tr><td>单位（项目）负责人：
年　月　日</td><td colspan="2">总监理工程师：
年　月　日</td><td colspan="2">单位负责人：
年　月　日</td><td colspan="2">单位（项目）负责人：
年　月　日</td></tr>
</table>

二、施工质量资料的收集

建筑工程施工资料的收集可以执行《建筑工程资料管理规程》（JGJ/T 185—2009）与《建设工程文件归档规范》（GB/T 50328—2014）的相关规定。采用合适的方法将相互关联的施工资料收集，并按照一定的顺序、类别、原则和方法进行收集，收集的质量资料应满足一定的要求，有利于施工资料的管理和查询、利用。

1. 施工质量资料的收集要求

凡是与建筑工程建设有关的，反映工程质量的所有技术管理资料、质量管理与控制资料，在收集过程中均需满足以下要求：

（1）施工质量资料应真实反映工程质量的实际情况，有检查评定结论或结果要求的，其结论或结果必须真实可靠、语言规范，所有资料应签证、盖章手续齐全。综合可表述为施工质量资料应真实、有效、及时、完整、齐全、准确，要具有可追溯性，并与工程进度同步形成、收集和整理，不得事后补编。

（2）施工资料的收集、整理应纳入工程建设管理的各个环节和有关人员的职责范围，应配备有专人（专职资料员）负责，资料管理人员应经过相应的培训；施工资料的收集、整理需要配备相关仪器设备（电脑、打印机、扫描仪等）。

（3）施工资料应由施工单位负责收集；建设工程项目实行总承包管理的，总包单位应负责收集、汇总各分包单位形成的工程档案，并应及时向建设单位移交；各分包单位应将本单位形成的工程文件整理、立卷后及时移交总包单位。建设工程项目由几个单位承包的，各承包单位应负责收集、整理立卷其承包项目的工程文件，并应及时向建设单位移交。

（4）施工资料的填写、编制、审核及审批应符合国家现行有关标准的规定；不得随意修改；当需修改时，应实行划改，并由划改人签署，施工资料的文字、图表、印章应清晰。施工资料用表宜符合《建筑工程资料管理规程》附录 C 中的规定；其中未规定的，可自行确定。

（5）工程施工资料的形成和收集应采用计算机管理。每项建设工程应编制一套电子档案，随纸质档案一并移交城建档案管理机构。

（6）竣工图的编制及审核应符合下列规定：

1）新建、改建、扩建的建筑工程均应编制竣工图；竣工图应真实反映竣工工程的实际情况。

2）竣工图的专业类别应与施工图对应。

3）竣工图应依据施工图、图纸会审记录、设计变更通知单、工程洽商记录（包括技术核定单）等绘制。

4）当施工图没有变更时，可直接在施工图上加盖竣工图章形成竣工图。

5）竣工图的绘制应符合国家现行有关标准的规定。

6）竣工图应有竣工图章及相关责任人签字。

7）竣工图应按《建筑工程资料管理规程》附录 D 的方法绘制，并应按附录 E 的方法折叠。

2. 收集工程施工资料的原则

（1）及时参与原则：施工质量资料的收集需要资料员参加工程的技术、质量、安全及协调等方面的会议，深入工程施工现场，了解施工动态，及时准确地掌控施工管理方面的全面信息，便于资料的及时收集整理、核对。

（2）保持同步原则：施工资料的收集工作与施工的每一道工序紧密相关，必须与施工同时进行，保证施工质量资料的准确性与时效性。

（3）认真把关原则：应与项目经理以及施工技术负责人密切配合，严格把控施工资料的质量关。

（4）资料完整性原则：完整性是做好工程技术资料的基础，完整的资料是后续的维修、改建及扩建的依据。

3. 工程施工资料编号

（1）施工资料编号可由分部、子分部、分类、顺序号 4 组代号组成，组与组之间应用横线隔开（如图 11-1 所示）：

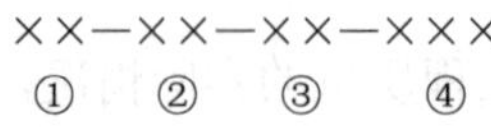

图 11-1 施工资料编号

1）图 11-1 中代号①为分部工程代号（两位数），可按照《建筑工程资料管理规程》附录 A.3.1 的规定执行。

2）代号②为子分部工程代号（两位数），可按照《建筑工程资料管理规程》附录 A.3.1 的规定执行。

3）代号③为资料的类别编号（两位数），可按照《建筑工程资料管理规程》附录 A.2.1 的规定执行。

4）代号④为顺序号（三位数），可根据相同表格、相同检查项目，按形成时间的先后顺序从 001 开始填写。

（2）对按单位工程管理，属于单位工程整体管理内容的资料，编号中的分部、子分部工程代号可用“00”代替。

（3）同一厂家、同一品种、同一批次的施工物资用在两个分部、子分部工程中时，其资料编号中的分部、子分部工程代号可按主要使用部位的分部、子分部工程代号填写。

（4）工程资料的编号应及时填写，资料编号应填写在资料专用表格的右上角的资料编号栏中（如图 11-2 所示）；非专用表格应在资料右上角的适当位置注明资料编号。

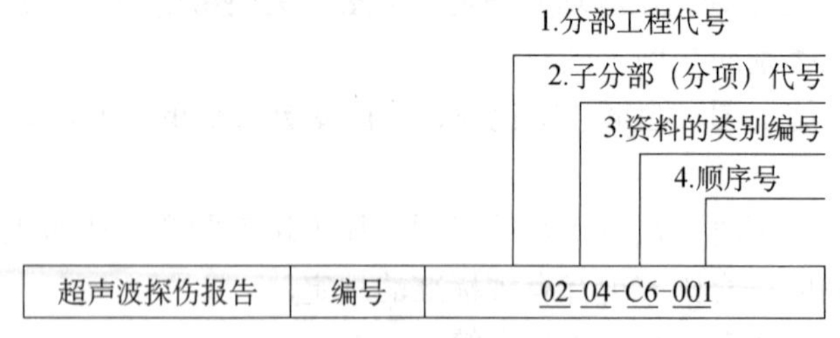

图 11-2 施工资料编号示例

（5）分部工程中每个子分部工程，应根据资料属性不同按资料形成的先后顺序分别编号；使用表格相同，但检查项目不同时应按资料形成的先后顺序分别编号。

（6）由施工单位形成的资料，其编号应与资料的形成同步编写；由施工单位收集的资料，其编号应在收集的同时进行编写。

（7）类别及属性相同的施工资料，数量较多时宜建立资料管理目录。管理目录分为通用管理目录和专项管理目录。

（8）竣工图宜按《建筑工程资料管理规程》附录 A 表 A.2.1 中规定的类别和形成时间顺序编号。

三、施工质量资料的收集方法流程

施工质量资料的收集包含了工程立项到竣工备案整个过程中的资料，可以按照从施工资料的分类顺序分专业整理，同类资料按时间先后顺序整理。具体的流程为：

（1）建设前期法定建设程序资料：资料员协同项目经理及办事人员向建设单位索要立项、土地、规划、报建、工程监理以及工程督导等依据性文件，并整理。

（2）施工过程质量控制技术资料：施工过程质量控制技术资料是施工质量资料的主体，主要包含了试验报告、检验报告、施工管理记录、施工过程记录、各检验批质量验收记录、分项分部（子分部）质量验收记录等部分。

1）试（检）验报告：在实际的施工过程中，各种原材料的试验均要求有试验报告，有关构件需要试验或者检验，施工员或相关办事人员需要参与试件的制作、送检与取回报告这些过程，资料员协助，其收集流程如图 11-3 所示。

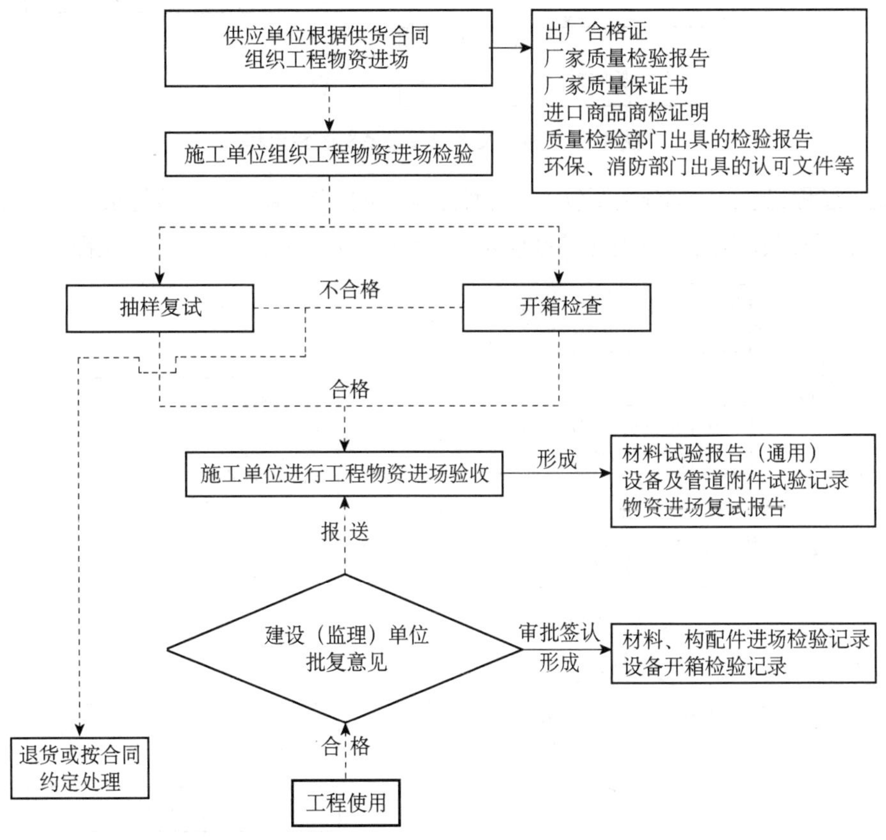

图 11-3　施工物资及管理资料收集流程

2）施工管理记录：主要包含有开工前的施工组织设计、图纸的会审、开工申请报告等施工文件以及管理记录等施工过程文件，主要的收集和整理人员有资料员、施工员、质量员和项目经理及相关的办事人员，资料员协助，此类管理资料应与施工进度同步进行，其收集流程如图 11-4 所示。

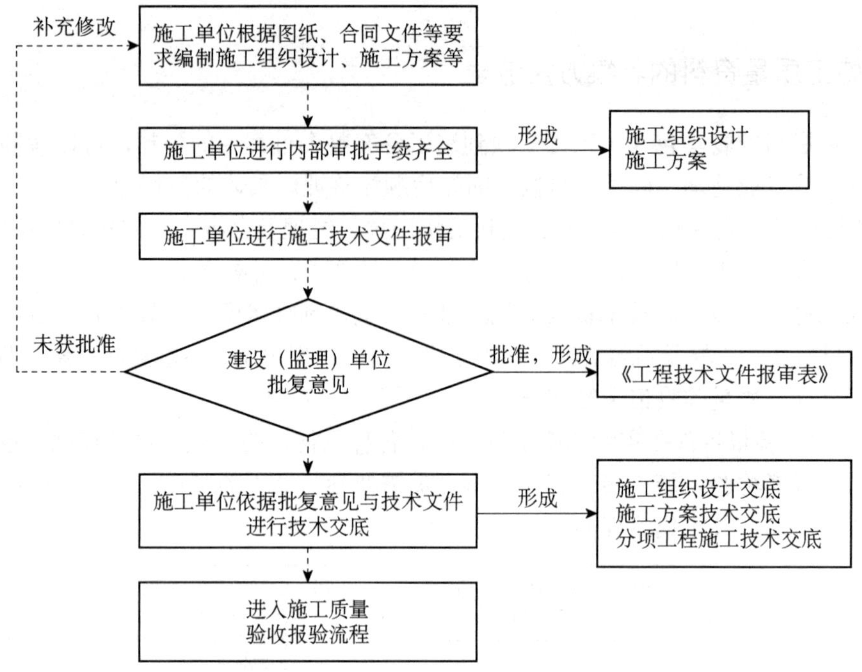

图 11-4　施工技术及管理资料收集流程

3）施工过程记录：这部分主要包含有各种测量、测试及隐蔽工程验收记录。参与人员有资料员、施工员、质量员、项目经理及相关办事人员，也应与工程进展同步，收集流程如图 11-5 所示。

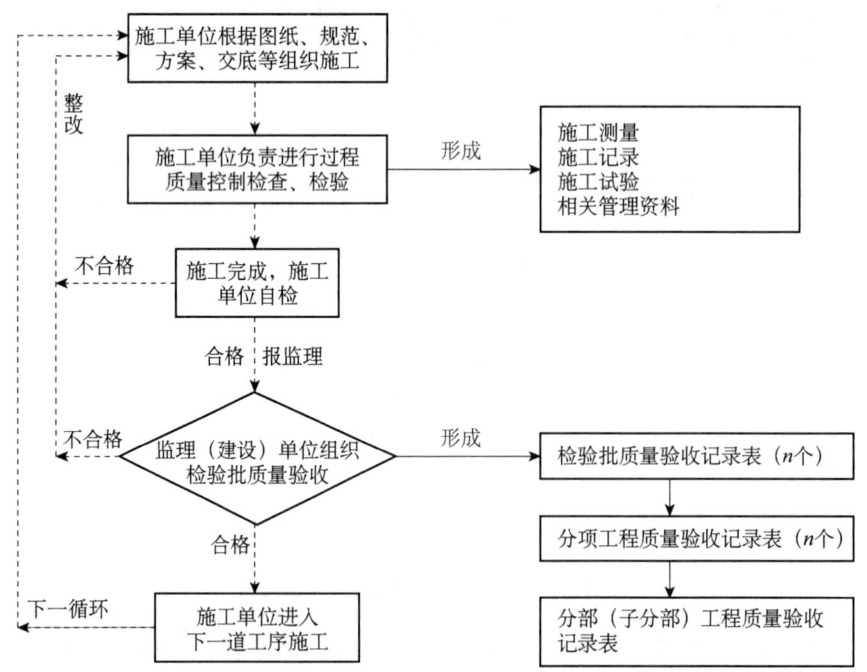

图 11-5　施工测量、施工记录、施工试验、过程验收及管理资料收集流程

4）各检验批质量验收记录：包含划分的检验批的质量自检及验收记录，也由资料员协调施工员、质量员以及项目经理和相关板式人员完成，与工程进度同步进行收集流程如图 11-5 所示。

5）分项分部（子分部）质量验收记录：由资料员协助项目经理及相关部门办理各类验收和签证手续，收集流程如图 11-5 所示。

（3）工程验收及备案资料：包括办理竣工验收与备案的相关资料表格，其收集流程如图 11-6 所示。

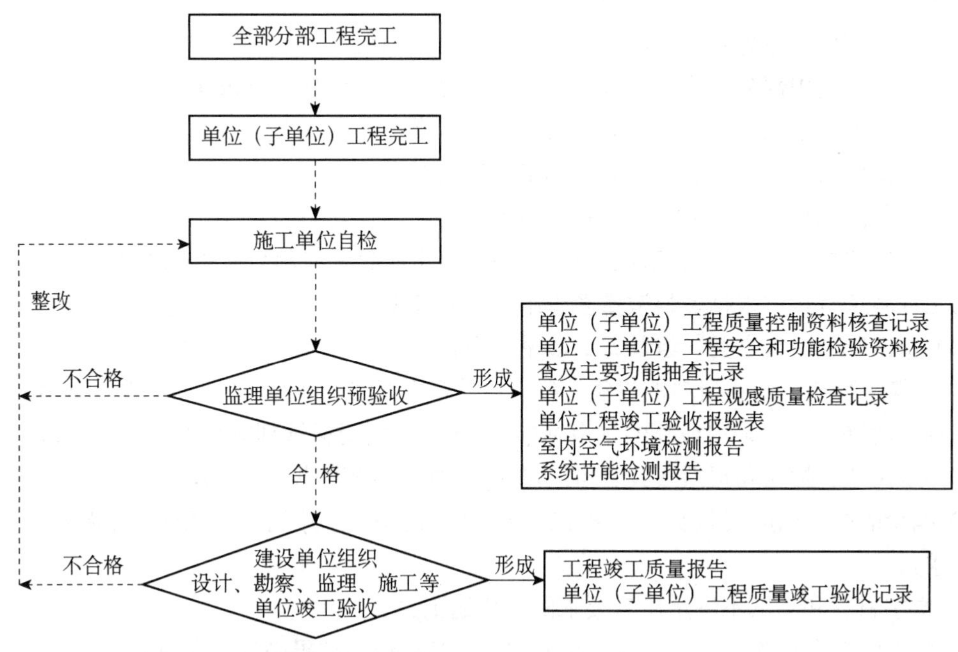

图 11-6　工程竣工质量验收资料收集流程

（4）安全生产和文明施工资料：包含在整个施工过程中的及时、真实的安全生产状况和文明施工记录，主要由资料员协调施工员、安全员、项目经理及相关办事人员在工程的实际进展中同步完成。

四、施工质量资料的整理方法

立卷与归档是施工质量资料的整理中的重要内容，建筑工程施工质量资料的立卷、归档整理可执行《建筑工程资料管理规程》与《建设工程文件归档规范》的相关规定。当没有规定时，也可以按照合同的约定进行归档。施工质量资料做到分类整理、按序排列、目录清晰、层次清楚、内容齐全、管理有序。

1. 施工质量资料的整理、组卷

（1）施工质量资料整理、组卷原则。

工程竣工后，施工单位应对工程的施工质量资料编制组卷，建筑工程施工资料的组卷主要是为了归档保存以及查询利用，因此，组卷的最主要的原则是遵循工程文件资料的形成规律，保持卷内文件资料的内在联系，工程资料整理、组卷的原则可以归纳为：

1）具备独立使用功能的建筑物按一个单位工程组卷，组卷应遵循工程文件资料的自然形成规律，保持卷内文件、资料的特征、分类、系统等内在联系，方便保管与利用。

2）一项建设工程由多个单位工程组成时，工程资料文件应按单位工程立卷。

3）施工资料应按单位工程进行组卷，可根据工程大小及资料的多少等具体情况选择按专业或按分部、分项等进行整理和组卷，并具体应符合下列原则：

①专业承包工程形成的施工资料应由专业承包单位负责，并应单独组卷。

②电梯应按不同型号每台电梯单独组卷。

③室外工程应按室外建筑环境、室外安装工程单独组卷。

④当施工资料中部分内容不能按一个单位工程分类组卷时，可按建设项目组卷。

⑤施工资料目录应与其对应的施工资料一起组卷。

⑥竣工图应按设计单位提供的施工图专业序列组卷。

⑦建筑节能工程现场实体检验资料应单独组卷。

⑧移交城建档案馆保存的工程资料案卷中，施工验收资料部分应单独组成一卷。

⑨工程施工资料可根据资料数量多少组成一卷或多卷。

（2）施工质量资料立卷（组卷）的质量要求。

1）建筑工程施工质量资料的收集、整理、组卷应真实、有效、及时、完整、齐全、准确，并与工程进度同步；应采用最新的规范标准（《建筑工程资料管理规程》）及软件进行资料的管理；不得伪造、抽撤和损毁（具有可追溯性），并符合相关规范标准要求。

2）编绘的竣工图应反差明显、图面整洁、线条清晰、字迹清楚，能满足缩微和计算机扫描的要求。

3）文字材料和图纸不满足质量要求的一律返工。

4）施工资料有检查评定结论或结果要求的，其结论或结果必须真实可靠、语言规范；所有资料应签证、盖章手续齐全。

5）工程资料案卷应有案卷封面、卷内目录（见表 11-22）、内容、备考表及封底，其格式及填写要求可按《建设工程文件归档规范》的有关规定执行。案卷不宜过厚，一般不宜超过 40 mm，同一案卷内不应该存在重复的资料，且案卷应美观整齐。

6）工程施工资料组卷内容宜符合《建筑工程资料管理规程》附录 A 中表 A.2.1 的规定。

（3）施工质量资料组卷（立卷）的流程和方法。

1）组卷（立卷）的流程：

①对属于归档范围的工程文件进行分类，确定归入案卷的文件材料。

②对卷内文件材料进行排列、编目、装订（或装盒）。

③排列所有案卷，形成案卷目录。

2）组卷（立卷）应采用的方法：

①工程准备阶段文件应按建设程序、形成单位等进行立卷。

②监理文件应按单位工程、分部工程或专业、阶段等进行立卷。

③施工文件应按单位工程、分部（分项）工程进行立卷。

④竣工图应按单位工程分专业进行立卷。

⑤竣工验收文件应按单位工程分专业进行立卷。

⑥电子文件立卷时，每个工程（项目）应建立多级文件夹，应与纸质文件在案卷设置上一致，并应建立相应的标识关系。

⑦声像资料应按建设工程各阶段立卷，重大事件及重要活动的声像资料应按专题立卷，声像档案与纸质档案应建立相应的标识关系。

（4）卷内文件排列。

1）文字材料按事项、专业顺序排列。同一事项请示与批复、同一文件的印本与定稿、主件与附件不能分开，并按批复在前、请示在后；印本在前、定稿在后；主件在前、附件在后的顺序排列。

2）图纸按专业排列，同专业图纸按图号顺序排列。

3）既有文字材料又有图纸的案卷，文字材料在前、图纸在后。

表 11-23　城建档案卷内目录

城建档案卷内目录						
序号	文件材料题名	原编字号	编制单位	编制日期	页次	备注

（5）案卷编目。

1）编制卷内文件页号应符合下列规定：

①卷内文件均按有书写内容的页面编号。每卷单独编号，页号从“1”开始。

②页号编写的位置：单面书写的文件在右下角；双面书写的文件，正面在右下角，背面在

左下角。折叠后的图纸一律在右下角。

③成套图纸或印刷成册的科技文件材料，自成一卷的，原目录可代替卷内目录，不必重新编写页码。

④案卷封面、卷内目录、卷内备考表不编写页号。

2）卷内目录编制应符合下列规定：

①卷内目录式样宜符合表 11-23 的要求。

②序号：以一份文件为单位，用阿拉伯数字从“1”依次标注。

③责任者：填写文件直接形成的单位和个人。有多个责任者时，选择两个主要责任者，其余用“等”代替。

④文件编号：填写工程文件原有的文号或图号。

⑤文件题名：填写工程文件标题的全称。

⑥日期：填写文件形成的日期。

⑦页次：填写文件在卷内所排的起始页号。最后一份文件填写起止页号。

⑧卷内目录排列在卷内文件首页之前。

3）卷内备考表的编制应符合下列规定：

①卷内备考表的式样宜符合《建设工程文件归档规范》附录 D 的要求。

②卷内备考表主要标明卷内文件的总页数，各类文件的页数（照片张数），以及立卷单位对案卷情况说明。

③卷内备考表排列在卷内文件的尾页之后。

4）案卷封面的编制应符合下列规定：

①案卷封面印刷在卷盒、卷夹的正表面，也可采用内封面形式。案卷封面的式样宜符合《建设工程文件归档规范》附录 E 的要求。

②案卷封面的内容应包括：档号、档案馆代号、案卷题名、编制单位、起止日期、密级、保管期限、共____卷、第____卷。

③档号应由分类号、项目号和案卷号组成。档号由档案保管单位填写。

④档案馆代号应填写国家给定的本档案馆的编号。档案馆代号由档案馆填写。

⑤案卷题名应简明、准确地揭示卷内文件的内容。案卷题名应包括工程名称、专业名称、卷内文件的内容。

⑥编制单位应填写案卷内文件的形成单位或主要责任人。

⑦起止日期应填写案卷内全部文件形成的起止日期。

⑧保管期限分为永久、长期、短期三种。

a. 永久是指工程档案需永久保存。

b. 长期是指工程档案保存期限等于该工程的使用寿命。

c. 短期是指工程档案保存 20 年以下。同一案卷内有不同保管期限的文件，该案卷报告期限应从长。

5）密级分为绝密、机密、保密三种。同一案卷有不同密级的文件，应以高密级为本卷密级。

6）卷内目录、卷内备考表、案卷内封面应采用 70g 以上的白色书写纸制作，幅面统一采用 A4 幅面。

7）案卷装订与装具。

①案卷可采用装订与不装订两种形式。文件材料必须装订。既有文字材料又有图纸的案卷应装订。装订应采用线绳三孔左侧装订法；要整齐、牢固，便于保管和利用。装订时必须剔除金属物。

②案卷装具一般采用卷盒、卷夹两种形式，应用无酸纸制作卷盒和卷夹。卷盒和卷夹的外表尺寸为 310 mm×220 mm，卷盒的厚度一般为 20 mm、30 mm、40 mm、50 mm。卷夹厚度一般为 20～30 mm。

2. 归档资料文件质量的要求

（1）建筑工程资料文件中的内容及其深度应当符合国家现行有关工程勘察、设计、施工、监理等方面的规范标准的规定，不满足规范标准要求的资料不能归档。

（2）建筑工程资料文件的内容必须真实、准确地反映工程的实际情况。

（3）归档纸质工程资料文件应为原件，工程文件的书写材料需要采用耐久性强的材料，如碳素墨水、蓝黑墨水等，不得使用易褪色的书写材料，如红色墨水、纯蓝墨水、圆珠笔、复写纸、铅笔等。计算机输出文字和图件选择的打印机应满足一定的要求，如应使用激光打印机，不应使用色带式打印机、水性墨打印机和热敏打印机。

（4）工程文件应字迹清楚，图样清晰，图表整洁，签字盖章手续应完备。

（5）工程文件中文字材料幅面尺寸规格宜为 297 mm×210 mm 的 A4 幅面，图纸宜采用国家标准图幅（A0～A4）。

（6）工程文件的纸张应采用能长期保存的韧力大、耐久性强的纸张。

（7）所有竣工图均应加盖竣工图章（如图 11-7 所示），竣工图章的基本内容应包括：“竣工图”字样、施工单位、编制人、审核人、技术负责人、编制日期、监理单位、现场监理、总监。尺寸为 50 mm×80 mm，加盖的位置为图签附近的空白处，且应该清晰明了，采用的印泥应不易褪色。

（8）竣工图的绘制与改绘，应符合国家现行有关制图标准的规定。利用施工图改编绘制竣工图时，要表明变更的依据；当施工图的结构、工艺及平面布置等有较大的变化，或者整个图面的 1/3 发生了变化，竣工图需要重新绘制。

（9）不同幅面的图纸要用一块尺寸略小于 A4 的模板按照折叠方法的编号顺序依次折叠，统一折叠成 A4 幅面，图标栏如在外面，方便装盒与查询，以 $3^{\#}$图纸示意，如图 11-8 所示。

（10）建筑工程的资料可以选择装订或者不装订。在只有文字材料，或者有文字材料和图纸的案卷必须采用线绳三孔左侧装订法整齐、牢固的装订，装订时要清除金属物，以便保管利用。

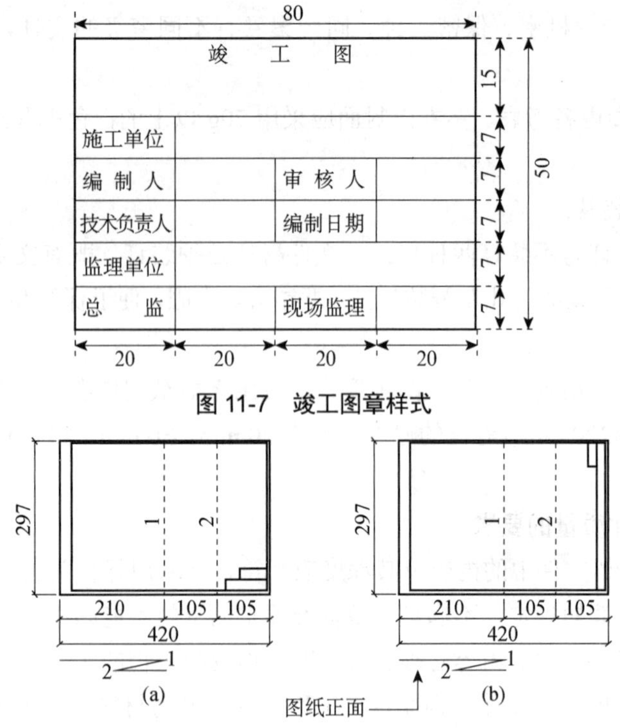

图 11-7　竣工图章样式

图 11-8　3#图纸的折叠示意

3. 施工质量资料的归档

《建筑工程质量管理条例》（2017 版）中强调建设单位应当严格按照国家有关档案管理的规定，及时收集、整理建设项目各环节的文件资料，建立、健全建设项目档案，并在建设工程竣工验收后，及时向建设行政主管部门或者其他有关部门移交建设项目档案。《建设工程文件归档规范》制定的目的就是为加强建设工程文件归档工作，统一建设工程档案的验收标准，建立真实、完整、准确的工程档案。在工程施工资料的归档中应该了解。

（1）施工质量资料归档保存的范围、内容：

1）收集齐全。在建筑工程的建设活动中，对与建筑工程建设有关的重要活动、记载建筑工程建设主要过程和现状、具有保存价值的各种载体的文件，并整理立卷后归档。

2）建筑工程的参与。建设的各方宜按《建设工程文件归档规范》中附录 A 中表 A.0.1 规定的内容和范围将工程资料归档保存。

（2）施工质量资料归档保存的期限：

1）工程资料归档保存期限应符合国家现行有关标准的规定；当无规定时，不宜少于 5 年。

2）在大规模的城市化进程中，长期保存工程资料对于施工单位来说是不合理也不现实的，在实际操作中，施工单位应根据有关规定合理确定工程档案的保存期限，施工单位工程资料归档保存期限应满足工程质量保修及质量追溯的需要。

3）基于建设单位是工程的管理者和使用者的角度，建设单位工程档案的保存期限应考虑工程维护、修缮、改造、加固的需要而与工程使用年限相同。

（3）施工质量资料归档的规定：

1）归档文件范围和质量应符合归档资料文件质量的要求。

2）归档的文件必须经过分类整理和组卷，并应符合规范中关于文件组卷（立卷）的规定。

3）根据建筑工程建设程序和工程特点，工程资料归档既可分阶段、分期进行，又可在单位或分部工程通过竣工验收后进行。

4）勘察、设计单位应在任务完成后，施工、监理单位应在工程竣工验收前，将各自形成的有关工程档案向建设单位归档。

5）建设单位、监理单位应根据城建档案管理机构的要求对勘察、设计、施工单位收齐并整理立卷后工程文件的完整、准确、系统情况和案卷质量进行审查。审查合格后方可向建设单位移交。

6）编制不少于两套工程档案：一套应由建设单位保管，另一套档案原件应移交当地城建档案管理机构保存。

7）勘察、设计、施工、监理等单位向建设单位移交档案时，应编制移交清单，双方签字、盖章后方可交接。

主要参考文献

[1] 合肥工业大学，重庆建筑大学，天津大学，哈尔滨建筑大学. 测量学[M]. 北京：中国建筑工业出版社，2003.

[2] 建筑与市政工程施工现场专业职业标准培训教材编审委员会. 施工员通用与基础知识（设备方向）[M]. 北京：中国建筑工业出版社，2015.

[3] 江苏省教育协会. 施工员专业知识（土建施工）[M]. 北京：中国建筑工业出版社，2014.

[4] 朱良，韩雪培. 新编地图学教程[M]. 北京：高等教育出版社，2008.

[5] 蓝善勇，王万喜，鲁有柱. 工程测量[M]. 北京：中国水利水电出版社，2009.

[6] 中华人民共和国住房和城乡建设部. 建筑施工测量标准（JGJ/T 408—2017）[S]. 北京：中国建筑工业出版社，2017.

[7] 张悠荣. 质量员岗位知识与专业技能（土建方向）[M]. 北京：中国建筑工业出版社，2014.

[8] 筑龙网. 建设工程质量计划编制实践与范例精选[M]. 北京：中国电力出版社，2010.

[9] 中国建设教育协会. 资料员专业管理实务[M]. 北京：中国建筑工业出版社，2007.

[10] 王辉，蔡冬华. 建筑工程质量验收与资料管理[M]. 北京：化学工业出版社，2015.

[11] 胡新萍. 工程造价管理[M]. 武汉：华中科技大学出版社，2013.

[12] 建筑施工企业管理人员岗位资格培训教材编委会. 土建质量员岗位实务知识[M]. 北京：中国建筑工业出版社，2007.

[13] 杨松森，王东升，徐希庆. 建筑工程常见质量问题分析与防治[M]. 北京：中国矿业大学出版社，2016.

[14] 赵志刚. 施工质量问题预防与处理[M]. 北京：中国建筑工业出版社，2016.

附录 1　土建质量员专业知识测试模拟试卷

试卷一

一、单选题（每题 1 分，共 40 分）

1. 质量策划的首要结果及其规定的作业过程和相关资源用书面形式表示出来，就是（　　）。

A. 质量方案　　B. 质量计划　　C. 质量方针　　D. 质量目标

2. 以下（　　）不是施工准备阶段质量控制的内容。

A. 设计交底和图纸会审　　B. （质量计划）的审查

C. 施工组织设计生产要素配置质量审查　　D. 隐蔽工程质量控制

3. 下面（　　）不是工程概况所需简要描述的。

A. 建设工程的工程总体概况　　B. 建筑设计概况

C. 勘察设计概况　　D. 专业设计概况

4. 实施过程建设性标准监督检查不采取（　　）。

A. 重点检查　　B. 抽查　　C. 随机检查　　D. 专项检查

5. 建设单位有下列行为（　　）责令改正，并处以 20 万元以上 50 万元以下的罚款。

A. 明示或者暗示施工单位使用不合格的建筑材料、建筑构配件和设备的

B. 明示或者暗示设计单位或者施工单位违反工程建设强制性标准、降低工程质量的

C. 对发现的安全生产违章违规行为或安全隐患，未予以纠正或作出处理决定

D. 对施工现场存在的重大安全隐患未向建设主管部门报告

6. 建设单位在工程竣工验收合格之日起（　　）内未办理工程竣工验收备案的，备案机关责令限期修正，处 20 万～50 万元罚款。

A. 15 日　　B. 25 日　　C. 30 日　　D. 一个月

7. 建筑工程的质量保修范围与最低期限由（　　）决定。

A. 建设行政主管部门　　B. 建设单位

C. 监理单位　　D. 国务院

8. 违反《建设工程质量管理条例》的规定，建设单位未取得施工许可证或者开工报告未经批准，擅自施工的，责令停止施工，期限改正，出工程合同价款（　　）的罚款。

A. 0.5%以上 1%以下　　B. 1%以上 2%以下

C. 1%以上 3%以下　　D. 2%以上 4%以下

9. 设计交底与图纸会审通常由（　　）来组织。

A. 设计单位　　B. 施工单位　　C. 监理单位　　D. 上级主管部门

10. 按国家建设行政主管部门规定建设工程重大事故分为（　　）等级。

A. 3 个　　B. 4 个　　C. 5 个　　D. 6 个

11. 样本数据特征值是由样本数据计算的描述样本（　　）规律的指标。

A. 质量数据波动　　B. 产品规律

C. 质量特性　　D. 质量内在

12. 把总体按照研究目的的某些特性分组，然后在每一组中随机抽取样品组成样本的方法叫作（　　）。

A. 等距抽样　　B. 分层抽样　　C. 整群抽样　　D. 多阶段抽样

13. 管理图又叫控制图，它是反映生产工序随时间变化而发生的（　　），即反映生产过程中各个阶段质量波动状态的图形。

A. 质量的稳定阶段　　B. 质量的形成过程

C. 质量的控制阶段　　D. 质量变动的状态

14. 在三投影面体系中，形体的（　　）是指形体上最左和最右两点之间平行于 *OX* 轴方向的距离。

A. 长度　　B. 宽度　　C. 高度　　D. 大小

15. 平行于 H 投影面而倾斜于 V 和 W 投影面的直线称为（　　）。

A. 正平线　　B. 水平线　　C. 侧平线　　D. 一般位置线

16. 建筑平面图一般都是（　　）。

A. 全剖面图　　B. 阶梯剖面图　　C. 半剖面图　　D. 分层剖面图

17. 详图符号的圆的直径应为（　　）mm。

A. 6　　B. 8　　C. 14　　D. 24

18. 总平面图图例中，原有建筑物采用（　　）绘制。

A. 粗实线　　B. 细实线　　C. 粗虚线　　D. 细虚线

19. 施工图设计文件审查合格后，（　　）应及时主持召开图纸会审会议，与会各方会签会议纪要

A. 建设单位　　B. 施工单位

C. 项目监理机构　　D. 设计单位

20. 按国家建设行政主管部门规定建设工程重大事故分为 4 个等级，下列说法中错误的是（　　）。

A. 凡造成死亡 30 人以上或直接经济损失 300 万元为一级

B. 凡造成死亡 10 人以上、29 人以下或直接经济损失 100 万元以上不满 300 万元为二级

C. 凡造成死亡 3 人以上、9 人以下或重伤 20 人以上或直接经济损失 30 万元以上，不满 100 万元为三级

D. 凡造成死亡 2 人以下，或重伤 3 人以上、19 人以下或直接经济损失 10 万元以上，不满 30 万元为四级

21. 对涉及施工作业技术活动的基准和依据的技术工作，应由（　　）进行技术复核。

A. 监理工程师　　B. 现场监理员　　C. 承包单位　　D. 建设单位

22. 施工承包单位按照监理工程师审查批准的配合比进行现场拌和材料的加工。如果现场作业条件发生变化需要对配合比进行调整时，则应执行（　　）程序。

A. 质量预控　　B. 承包商自检　　C. 质量检验　　D. 技术复核

23. 产品质量产生、形成和实现的最后一个过程是（　　）。

A. 设计过程　　B. 销售过程　　C. 运输过程　　D. 使用过程

24. 衡量产品质量和各项工作的尺度是（　　）。

A. 计量　　B. 标准　　C. 质量　　D. 技术监督

25. 质量计划需要回答的是如何通过各种质量相关活动来保证项目达到预期的（　　）。

A. 质量规划　　B. 质量目标　　C. 质量要求　　D. 质量标准

26. 在保证质量达到要求的过程中，（　　）是监控特定项目的执行结果，以确定它们是否符合有关的质量标准，并确定适当方式消除导致项目绩效令人不满意的原因。

A. 质量保证　　B. 质量计划　　C. 质量目标　　D. 质量控制

27. 质量记录是指企业已经进行过的（　　）所留下的记录。

A. 施工活动　　B. 质量活动　　C. 检验活动　　D. 验收活动

28. 事前控制是在正式（　　）开始前进行的质量控制，事前控制是先导。

A. 施工活动　　B. 签订合同　　C. 开工报告　　D. 施工期间

29. 采用质量控制点的方式进行（　　）是目前施工质量管理比较成熟的经验。

A. 质量管理　　B. 质量活动　　C. 质量控制　　D. 质量验评

30. 威胁到结构的承载力和稳定性，如不及时消除，可能导致结构的局部或整体的破坏。此质量缺陷属于（　　）。

A. 轻微缺陷　　B. 使用缺陷

C. 危及承载力缺陷　　D. 质量事故

31. 质量问题按严重程度分类，没有造成人员伤亡，直接经济损失没有达到 100 万元的为（　　）。

A. 重大事故　　B. 较大事故

C. 一般事故　　D. 工程质量问题

32. 在试验检测中，（　　）的试验检测是施工全过程的最后一道程序。

A. 施工开工后　　B. 施工过程中　　C. 施工完成后　　D. 平行检验

33. 外墙节能构造的现场实体检验采用（　　）。

A. 观察法　　B. 回弹法　　C. 拉拔法　　D. 钻芯法

34. 桩基钻孔抽芯法的检测数量不少于总桩数的（　　），且不少于 5 根。

A. 10%　　B. 12%　　C. 14%　　D. 16%

35. 在质量的管理中，应当明确（　　）应当是对工程承包合同条款的承诺和现企业的管理水平体现。

A. 工程质量好坏　　B. 工程建设总目标

C. 工程质量验收　　D. 工程质量策划

36. 已知 A 点的绝对高程为 H_A=72.455 m，高差 h_{BA}=2.324 m，则 B 点的高程 H_B 为（　　）。

A. 74.769 m　　B. 70.131 m　　C. −74.769 m　　D. −70.131 m

37. 引起测量误差的因素有很多，概括起来有（　　）三个方面。

A. 观测者、观测方法、观测仪器　　B. 观测仪器、观测者、外界因素

C. 观测方法、外界因素、观测者　　D. 观测仪器、观测方法、外界因素

38. 施工现场质量管理检查记录应由施工单位填写报（　　）审查，并做出结论。

A. 项目总监理工程师（或建设单位项目负责人）

B. 项目技术负责人

C. 施工员

D. 资料员

39. 建筑工程施工资料可以分为（　　）类。

A. 5　　B. 7

C. 6　　D. 8

40. 《建设工程文件归档整理规范》规定：案卷不宜过厚，一般不宜超过（　　）mm，同一案卷内不应该存在重复的资料，且案卷应美观整齐。

A. 50　　B. 70

C. 40　　D. 30

二、多选题（至少有 2 个及以上正确答案。每题 2 分，共 20 分）

1. 质量管理体系的优越性体现在（　　）。

A. 提高了内部管理的严肃性和有效性

B. 有助于项目部加强现场监控、控制工程成本

C. 提供有利的施工环境

D. 有利于提高企业自身的技术水平和管理水平，增强企业的竞争力

E. 为索赔工作提供最有力的支持

2. 下列属于施工管理措施的是（　　）。

A. 施工成本控制　　B. 季节性施工措施

C. 工期保证措施　　D. 信息管理措施

E. 文明施工管理措施

3. 分部工程的划分应按（　　）来确定。

A. 专业性质　　B. 主要工种　　C. 建筑材料　　D. 设备类别

E. 工程部位

4. 工程质量事故处理方案类型可分为（　　）。

A. 修补处理　　B. 返工处理　　C. 限制使用　　D. 观察研究

E. 不做处理

5. 常用的数据特征值有（　　）和变异系数等。

A. 算术平均数　　B. 中位数　　C. 极差　　D. 标准偏差

E. 再生系数

6. 下列（　　）应采用细实线绘制。

A. 尺寸界限　　B. 尺寸线　　C. 尺寸起止符号　　D. 剖切位置线

E. 箭头

7. 一般来说，施工阶段的测量控制网具有（　　）的特点。

A. 控制的范围小　　B. 测量精度要求高

C. 控制点使用频繁　　D. 控制点的密度小

E. 不易受施工干扰

8. 质量计划应从（　　）的过程控制体现，且应体现从资源投入到完成工程质量最终检验和试验的全过程管理与控制要求。

A. 工序　　B. 分项工程　　C. 分部工程　　D. 单位工程

E. 整体项目

9. 属于危及承载力缺陷的有（　　）。

A. 材料的强度不足　　B. 结构构件截面尺寸不够

C. 连接构造质量低劣　　D. 屋面渗漏

E. 梁的挠度偏大

10. 建筑工程资料的内容主要包括（　　）。

A. 工程准备阶段文件　　B. 监理资料

C. 施工资料　　D. 竣工图

E. 工程竣工文件

三、判断题（每题 0.5 分，共 10 分）

1. 只有做出精确标准的质量计划，才能指导项目的实施、做好质量控。（　　）

A. 正确　　B. 错误

2. 总承包单位依法将建设工程分包给其他单位的，总承包单位与分包单位对分包工程的质量承担连带责任。（　　）

A. 正确　　B. 错误

3. 建设工程的保修期，自竣工验收之日起计算。（　　）

A. 正确　　B. 错误

4. 样本统计量是由抽样总体各单位标志值计算出来反映样本特征的，主要是用来估计总体的综合指标，又称为抽样指标。是样本的函数，它是一个随机变量。（　　）

A. 正确　　B. 错误

5. 平行于某一投影面，同时倾斜于另两个投影面的平面称为某投影面的平行面。（　　）

A. 正确　　B. 错误

6. 垂直于某一投影面而与其余两个投影面倾斜的平面称为某投影面的垂直面。（　　）

A. 正确　　B. 错误

7. 衡量产品质量和各项工作的尺度是计量。（　　）

A. 正确　　B. 错误

8. 质量目标的分解方法根据有关的要求进行分解。（　　）

A. 正确　　B. 错误

9. 建筑工程施工质量验收应划分为单位工程、分部工程、分项工程和检验批 4 个层次。（　　）

A. 正确　　B. 错误

10. 在三投影面体系中，投影面展开后，V 投影与 H 投影左右对正，都反映形体的长度，通常称为“长对正”。（　　）

A. 正确　　B. 错误

11. 管理标准体系是企业标准体系的子体系，是保证技术标准化体系有效实施运作的重要支撑。（　　）

A. 正确　　B. 错误

12. 进场的钢筋、钢板，应按现行国家标准的有关规定进行力学性能等检验。（　　）

A. 正确　　B. 错误

13. 影响质量控制的因素主要有人、材料、方法、机械和环境五大方面。因此，对这五方面因素严格控制，是保证工程质量的关键。（　　）

A. 正确　　B. 错误

14. 对于小蜂窝的治理，洗刷干净后用 1∶2 或 1∶2.5 水泥砂浆抹平压实。（　　）

A. 正确　　B. 错误

15. 水准面与大地水准面的特性相同。（　　）

A. 正确　　B. 错误

16. 观测竖直角时经纬仪不需要对中。（　　）

A. 正确　　B. 错误

17. 水准仪能测出高差和平距。（　　）

A. 正确　　B. 错误

18. 视距测量不能测定仪器至立尺点间的平距和高差。（　　）

A. 正确　　B. 错误

19. 工程质量监督机构应当在工程竣工验收之日起 5 日内，向备案机关提交工程质量监督报告。（　　）

A. 正确　　B. 错误

20. 建筑工程质量形成过程中，质量保修是关键。（　　）

A. 正确　　B. 错误

四、综合题（每题含判断题 2 题，单选题 2 题，多选题 1 题，共 30 分）

1. [背景资料]2010 年 7 月 18 日，某市政道路排水工程在施工过程中，施工单位未上报专项施工方案；由于工期较紧，建设单位要求立即施工，监理顾及上级口头指示未阻止施工单位施工，导致发生一起边坡坍塌事故，造成 4 人死亡、2 人重伤，直接经济损失约 300 万元。

根据背景资料，解答下列问题。

（1）该起事故应由施工单位负主要责任。（　　）

A. 正确　　B. 错误

（2）施工单位未上报施工方案就施工，监理单位应下发工程暂停令。（　　）

A. 正确　　B. 错误

（3）该起安全事故的事故等级是（　　）。

A. 特别重大事故　　B. 重大事故

C. 较大事故　　D. 一般事故

（4）施工单位在该起事故中应该承担的责任是（　　）。

A. 全部责任　　B. 部分责任

C. 连带责任　　D. 主要责任

（5）下列说法正确的是（　　）。

A. 施工单位未上报专项施工方案开始施工不妥

B. 监理单位未采取阻止施工的措施做法不妥

C. 施工单位听从建设单位口头指示做法不妥

D. 监理单位做法正确

E. 救援采取的措施妥当

2. [背景资料]某临海建筑工程为钢筋混凝土剪力墙结构，地下 2 层，地上 32 层，建筑面积 30 000 m^2。基坑开挖过程中对局部漏水处用混凝土进行了封堵处理，筏板基础垫层的混凝土强度等级为 C20，楼面浇筑有一层轻混凝土。

根据背景资料，回答下列问题。

（1）本工程临海，可用海水拌制钢筋混凝土。（　　）

A. 正确　　B. 错误

（2）对本基坑漏水处堵漏的混凝土中可加入速凝剂。（　　）

A. 正确　　B. 错误

（3）本工程垫层混凝土最适宜选用强度等级为（　　）水泥配制。

A. 32.5　　B. 42.5　　C. 52.5　　D. 62.5

（4）拌制混凝土最优选用（　　）砂。

A. 粗　　B. 中　　C. 细　　D. 特细

（5）轻混凝土的主要特性有（　　）。

A. 表观密度小　　B. 保温性能好　　C. 耐火性能好　　D. 力学性能差

E. 易于施工

3. [背景资料]某地工程开工前进行了图纸会审，目的是发现并解决设计中存在的差错、矛盾及易在施工中产生模糊概念及在将来施工中可能存在的困难等问题，以避免施工中造成不必要的损失。

根据背景资料，解答下列问题。

（1）图纸综合会审会上，首先由设计单位进行设计交底，然后由各专业施工单位将自审中整理归纳出的问题提出来，与设计、建设单位进行协商，专业之间的施工技术配合问题一并在会上予以研究解决（　　）。

A. 正确　　B. 错误

（2）图纸会审纪要是施工图的补充、修改和说明，它同施工图一样，是施工的主要依据，纪要中议定的问题，不得在施工过程中随意改动和变更，工程交验收时，图纸会审纪要应归入工程技术档案（　　）。

A. 正确　　B. 错误

（3）当施工单位接到新工程的施工图纸后，及时组织各类专业技术人员，仔细阅读，全面熟悉图纸。其中不包括（　　）。

A. 施工员　　B. 质量员　　C. 预算员　　D. 监理员

（4）图纸会审由（　　）负责组织并记录。

A. 建设单位　　B. 施工单位　　C. 设计单位　　D. 质检站

（5）一般工程开工前，（　　）等都要参加图纸会审。

A. 建设单位　　B. 设计单位　　C. 施工单位　　D. 材料供应单位

E. 监理单位

4. [背景资料]在测量学科里有自己的测量坐标系，并且在施工的时候，为了便于现场控制，也会布设相应的施工控制网和施工坐标系。

根据测量的基本知识回答以下问题。

（1）为了保证施工精度高，则采用精度越高的仪器越好，务必做到精度越高越好（　　）。

A. 正确　　B. 错误

（2）测量的平面坐标系和数学的坐标系只是叫法不一样（　　）。

A. 正确　　B. 错误

（3）测量的本质是（　　）。

A. 确定空间点的点位　　B. 测角度

C. 测距离　　D. 测高程

（4）施工平面控制测量属于（　　）。

A. 测定　　B. 测高程　　C. 测设　　D. 测图

（5）测量的基本工作包括（　　）。

A. 测角度　　B. 测距离　　C. 测高程　　D. 海洋测量

E. 摄影测量

5. [背景资料]城建档案是指过去和现在在城乡规划、建设、管理活动中直接形成的对国家和社会具有保存价值的文字、图纸、图表、声像、电子文件等不同形式的历史记录。

根据背景资料，解答下列问题。

（1）城建档案的归档原则是将有用的文件材料保存。

A. 正确　　B. 错误

（2）城建档案的载体形式只能是纸质载体。

A. 正确　　B. 错误

（3）城建档案应该是规划、建设、管理活动记录的（　　）。

A. 复印件　　B. 第一手材料

C. 间接材料　　D. 第二手材料

（4）所有需要签章、签字的文件材料，都必须在该项活动完成以后，及时、工整、齐全地完成（　　）。

A. 盖私章　　B. 盖手印

C. 签章或签字　　D. 签姓名

（5）城建档案的内容包含（　　）。

A. 规划　　B. 风俗　　C. 建设　　D. 管理

E. 风土人情

试卷二

一、单选题（每题1分，共40分）

1. 下列（　　）不属于安全施工技术措施。

A. 对达到一定规模的危险性较大的分部分项工程编制专项安全施工方案，并附安全验算结果

B. 预防自然灾害的措施

C. 防灾防爆及消防措施

D. 冬期室内装修工程施工封闭、供热、采暖措施及有关质量、安全消防措施等

2. 质量策划的首要结果是设定（　　）。

A. 质量方案　　B. 质量计划　　C. 质量方针　　D. 质量目标

3. 施工项目质量计划应由（　　）主持编制。

A. 施工工长　　B. 技术负责人　　C. 质检员　　D. 项目经理

4. 工程监理单位违反强制性标准规定，将不合格的建设工程以及建筑材料、建筑构配件和设备按照合格签字的，应责令改正，处50万元以上（　　）万元以下的罚款，降低资质等级或吊销资质证书。

A. 30　　B. 50　　C. 100　　D. 150

5. 装修施工过程中，当确需变更防火设计时，应经（　　）按有关规定进行。

A. 监理单位或具有相关资质的设计单位　　B. 施工单位或监理单位

C. 施工单位或具有相关资质的施工单位　　D. 原设计单位或具有相关资质的设计单位

6. 违反《建设工程质量管理条例》规定，注册建筑师、注册结构工程师、监理工程师等注册执业人员因过错造成质量事故的，责令停止执业1年；造成重大质量事故的，吊销执业资格证书，（　　）以内不予注册；情节特别恶劣的，吊销执业资格证书终身不予注册。

A. 2年　　B. 4年　　C. 5年　　D. 35年

7. 依照《建设工程质量管理条例》的规定，电气管线、给排水管道、设备安装和装修工程的最低保修期为（　　）。

A. 2年　　B. 4年　　C. 5年　　D. 35年

8. 在进行样本数据分析中，（　　）可分为计量值和计数值两类，计数值又可分为计点值和计件值。

A. 质量特征　　B. 质量目标　　C. 质量控制　　D. 质量管理

9. 当样本数 n 为奇数时，数列（　　）的一位数即为中位数。

A. 最大　　B. 最小　　C. 居中　　D. 首位

10. 在直方图的图形分析中，直方图的特点是中间高、两边低，并呈左右基本对称，说明相应工序处于稳定状态，这是属于（　　）

A. 孤岛型　　B. 双峰型　　C. 偏向型　　D. 正常型

11. 平行于 H 面，同时垂直于 V 和 W 投影面的平面称为（　　）。

A. 水平面　　B. 正平面　　C. 侧平面　　D. 投影面平行面

12. 图样上的尺寸单位，标高和总平面图是以（　　）为单位。

A. mm　　B. cm　　C. dm　　D. m

13. 楼梯的梯段长度是指（　　）。

A. 梯段倾斜的长度　　B. 梯段水平投影的长度

C. 梯间净空长度　　D. 梯段踏步宽的总和

14. 总平面图图例中，原有建筑物采用（　　）绘制。

A. 粗实线　　B. 细实线　　C. 粗虚线　　D. 细虚线

15. 对于重要的关键性大型设备，应由（　　）组织鉴定小组进行检验。

A. 专业工程师　　B. 监理工程师　　C. 公司经理　　D. 建设单位

16. 在质量控制中，寻找影响质量问题主次因素应采用（　　）。

A. 直方图法　　B. 因果分析图法　　C. 排列图法　　D. 控制图法

17. 质量事故调查组提出的质量事故处理意见经相关单位研究并完成技术处理方案后由（　　）审核签认。

A. 调查组负责人　　B. 监理工程师

C. 设计单位技术负责人　　D. 施工单位技术负责人

18. 编制建筑施工质量计划时应针对（　　）的要求分析施工条件对竞争及施工管理，特别是对质量的影响做客观的分析与评价，以便于制定相应的管理措施，施工各种影响因素始终处于受控状态。

A. 招标文件　　B. 合同条款　　C. 质量规范　　D. 业主要求

19. 施工质量计划涵盖的范围，按整个工程项目质量控制的要求，应与建筑安装工程（　　）的实施范围相一致。

A. 施工合同　　B. 施工主体　　C. 预算内容　　D. 施工任务

20. 质量标杆法是指利用（　　）的实际或计划质量结果作为新项目的质量比照目标，通过对照比较这些质量标杆去制订出新项目质量计划的方法，它也是最常用的项目质量计划方法之一。

A. 未来项目　　B. 其他项目　　C. 计划项目　　D. 合同项目

21. 以下（　　）不属于劳动主体质量。

A. 生产技能　　B. 人际关系　　C. 文化素养　　D. 心理行为

22. 建筑工程完成全部主体结构施工后，应对（　　）进行结构检测。

A. 各分部分项　　B. 关键部位　　C. 有争议的部位　　D. 主体结构

23. 不影响结构的承载力、刚度及其完整性，也不影响结构的近期使用，但有碍观瞻或影响耐久性。这种质量缺陷属于（　　）。

A. 轻微缺陷　　B. 使用缺陷

C. 危及承载力缺陷　　D. 质量事故

24. 根据《关于做好房屋建筑和市政基础设施工程质量事故报告和调查处理工作的通知》（建质〔2010〕111 号）的规定，造成 10 人以上 30 人以下死亡，或者 50 人以上 100 人以下重伤，或者 5 000 万元以上 1 亿元以下直接经济损失的事故，是（　　）。

A. 重大事故　　B. 较大事故　　C. 一般事故　　D. 工程质量问题

25. 不会使基坑（槽）土方回填出现沉陷的是（　　）。

A. 大量采用淤泥作回填土　　B. 按规定的厚度分层回填、夯实

C. 底部松填，表面夯实　　D. 水泡法沉实

26. 根据《关于做好房屋建筑和市政基础设施工程质量事故报告和调查处理工作的通知》（建质〔2010〕111 号）的规定，成 3 人以下死亡，或者 10 人以下重伤，或者 100 万元以上 1 000 万元以下直接经济损失的事故，是（　　）。

A. 重大事故　　B. 较大事故　　C. 一般事故　　D. 工程质量问题

27. 有防水要求的建筑地面子分部工程的分项工程施工质量每检验批抽查数量应按其房间总数随机检验不应少于（　　）间，不足此数的，应全数检查。

A. 3　　B. 4　　C. 5　　D. 6

28. 进场材料的检测试样，必须从（　　）随机抽取，严禁在现场外制取。

A. 材料生产地　　B. 施工现场　　C. 材料出售地　　D. 材料仓储地

29. 结构混凝土的强度等级必须符合设计要求。用于检查结构构件混凝土强度的试件，应在混凝土的（　　）随机抽取。

A. 任意地点　　B. 搅拌地点　　C. 使用场地　　D. 浇筑地点

30. 用回弹仪检测混凝土强度时，每一测区应记取（　　）个回弹值，每一测点的回弹值读数估读至 1。

A. 14　　B. 16　　C. 18　　D. 20

31. 从水准测量的原理中可以看出，水准测量必需的仪器和工具是（　　）。

A. 水准仪、垂球　　B. 经纬仪、觇牌

C. 水准仪、水准尺　　D. 经纬仪、钢尺

32. 下列关于测量记录的要求，叙述错误的是（　　）。

A. 测量记录应保证原始真实，不得擦拭涂改

B. 测量记录应做到内容完整，应填项目不能空缺

C. 为保证测量记录表格的清洁，应先在稿纸上记录，确保无误后再填写

D. 在测量记录时，记错或算错的数字，只能用细斜线划去，并在错数上方写正确数字

33. 用光学经纬仪测量水平角与竖直角时，度盘与读数指标的关系是（　　）。

A. 水平盘转动，读数指标不动；竖盘不动，读数指标转动

B. 水平盘转动，读数指标不动；竖盘转动，读数指标不动

C. 水平盘不动，读数指标随照准部转动；竖盘随望远镜转动，读数指标不动

D. 水平盘不动，读数指标随照准部转动；竖盘不动，读数指标转动

34. 根据《建设工程质量管理条例》，有关施工单位的质量责任和义务的说法正确的是（　　）。

A. 经过建设单位批准，施工单位可以将工程转包

B. 建设工程实行总承包的，各个分包单位应当对全部建设工程质量负责

C. 施工单位在施工过程中发现设计文件和图纸有差错的，应当及时提出意见和建议

D. 使用未经检验的建筑材料，必须现场取样送具有相应资质等级的质量检测单位进行检测

35. 建设工程质量验收划分的单位顺序是（　）。

A. 单位工程、分项工程、分部工程和检验批

B. 单位工程、分部工程、分项工程和检验批

C. 检验批、分项工程、分部工程和单位工程

D. 单位工程、检验批、分项工程和分部工程

36. 混凝土应有按规定留的（　）标准养护、同条件养护、拆模强度、受冻临界强度、预应力张拉强度等试件的抗压强度试验报告及抗渗、抗冻性能试验报告。

A. 7 d　　B. 14 d　　C. 28 d　　D. 0 d

37. 对于关键部位或技术难度大、施工复杂的检验批，在分项工程施工前，承包单位的技术交底书（作业指导书）要报（　）审批。

A. 质量检查员　　B. 监理工程师　　C. 技术负责人　　D. 建设单位

38. 工程资料归档保存期限应符合国家现行有关标准的规定；当无规定时，不宜少于（　）年。

A. 5　　B. 7　　C. 4　　D. 3

39. 建筑物的定位是指（　）。

A. 进行细部定位　　B. 将地面上点的平面位置确定在图纸上

C. 将建筑物外廓的轴线交点测设在地面上　　D. 在设计图上找到建筑物的位置

40. 全站仪主要是由（　）两部分组成。

A. 测角设备和测距仪　　B. 电子经纬仪和光电测距仪

C. 仪器和脚架　　D. 经纬仪和激光测距仪

二、多选题（至少有 2 个及以上正确答案。每题 2 分，共 20 分）

1. 质量管理通常包括（　）。

A. 质量策划　　B. 质量保证　　C. 质量检验　　D. 质量控制

E. 质量改进

2. 以下属于施工过程阶段质量控制的内容是（　）。

A. 作业技术交底　　B. 施工组织设计（质量计划）的审查

C. 中间产品质量控制　　D. 分部、分项工程质量验收

E. 工程变更的审查

3. 房屋建设工程质量保修范围、保修期限说法正确的是（　）。

A. 房屋建筑工程保修期从工程开工之日算起

B. 地基基础工程和主体结构工程，为设计文件规定的该工程的合理使用年限

C. 屋面防水工程、有防水要求的卫生间、房间和外墙面的防渗漏，为 3 年

D. 供热与供冷系统，为 2 个采暖期、供冷期

E. 电气管线、给排水管道、设备安装为两年；装修工程为 2 年；保温工程为 5 年

4. 质量控制的静态分析法有（　）。

A. 分层法　　B. 排列图法　　C. 因果分析图法　　D. 直方图法

E. 控制图法

5. 质量数据的收集方法主要有（ ）的方式。

A. 经验统计法 B. 全数检验 C. 随机抽样检验 D. 数理统计

E. 实地调查法

6. 施工图一般按专业进行分类，土建可分为（ ）。

A. 建施 B. 结施 C. 设施 D. 水施

E. 电施

7. 关于服务质量特性的五种类型，下列论述正确的有（ ）。

A. 可靠性，是指帮助顾客并迅速提供服务的愿望

B. 保证性，是指员工具有的知识，礼节以及表达出自信与可信的能力

C. 移情性，是指设身处地地为顾客着想和对顾客给予特别的关注

D. 有形性，是指有形的设备，设施，人员和沟通材料的外表

E. 响应性，是指准确地履行服务承诺的能力

8. 全站仪在使用时，应进行必要的准备工作，即完成一些必要的设置。下列选项属于全站仪的必要设置的有（ ）。

A. 仪器参数和使用单位的设置 B. 棱镜常数的设置

C. 气象改正值的设置 D. 水平度盘及竖直度盘指标设置

E. 视准轴的设置

9. 建设工程承包单位在向建设单位提交工程竣工验收报告时，应当向建设单位出具质量保修书，质量保修书中应当明确建设工程的（ ）等。

A. 保修范围 B. 保修期限 C. 保修责任 D. 保修内容

E. 保修质量

10. 质量记录资料是施工承包单位进行工程施工或安装期间，实施质量控制活动的记录，主要包括（ ）。

A. 施工现场质量管理检查记录资料 B. 施工过程中需注意的问题

C. 工程材料质量记录 D. 施工过程作业活动质量记录资料

E. 施工方法、质量要求和验收标准

三、判断题（每题 0.5 分，共 10 分）

1. 在质量管理中，质量策划的地位低于质量方针的建立，是设定质量目标的前提，高于质量控制和质量保证。（ ）

A. 正确 B. 错误

2. 有效的决策应建立在数据和信息分析的基础上，数据和信息分析是事实的高度提炼。（ ）

A. 正确 B. 错误

3. 施工单位对施工中出现质量问题的建设工程或者竣工验收不合格的建设工程，应当负责返工。（ ）

A. 正确 B. 错误

4. 未经监理工程师签字，建设单位不拨付工程款，不进行竣工验收。（　　）

A. 正确　　B. 错误

5. 建设工程发生质量事故，有关单位应当在 48 h 内向当地建设行政主管部门和其他有关部门报告。（　　）

A. 正确　　B. 错误

6. 随机抽样的方法具有省时、省力、省钱的优势，可以适应产品生产过程中及破坏性检测的要求，具有较好的可操作性。（　　）

A. 正确　　B. 错误

7. 极差是数据中最大值与最小值之差，是用数据变动的幅度来反映其分散状况的特征值。（　　）

A. 正确　　B. 错误

8. 质量计划可以作为项目实施规划的一部分，但不能单独成文。（　　）

A. 正确　　B. 错误

9. 对达到一定规模的工程编制专项安全施工方案，应附安全验算结果。（　　）

A. 正确　　B. 错误

10 价格是价值的体现。工程建设的造价、工期和质量三者之间存在相互依存与相互制约的关系。（　　）

A. 正确　　B. 错误

11. 湿作业成孔灌注桩，水下浇筑混凝土时，导管提升出混凝土面或导管埋入混凝土深度不足，容易造成孔壁坍塌。（　　）

A. 正确　　B. 错误

12. 干作业成孔灌注桩钻孔时，钻杆不直或使用过程中变形，在钻进过程中晃动造成孔径扩大，容易造成孔底虚土过多。（　　）

A. 正确　　B. 错误

13. 进场水泥，应按现行国家标准的规定进行标准稠度、安定性和凝结时间及胶砂强度的检验。（　　）

A. 正确　　B. 错误

14. 通过角度和距离的测设来实现点的平面位置的测设。（　　）

A. 正确　　B. 错误

15. 角度交会法是精度最高、用途最广的一种点位测设方法。（　　）

A. 正确　　B. 错误

16. 当在建筑物密集的城市市区建造高层建筑，轴线的投测宜使用外控法。（　　）

A. 正确　　B. 错误

17. 施工单位在工程完工后对工程质量进行了检查，确认工程质量符合有关法律、法规和工程建设强制性标准，符合设计文件及合同要求，并提出工程竣工报告。工程竣工报告应经项目经理和施工单位有关负责人审核签字。（　　）

A. 正确　　B. 错误

18. 分项工程应由专业监理工程师组织施工单位项目专业技术负责人等进行验收。（　　）

A. 正确　　B. 错误

19. 单位工程质量竣工验收记录表中综合验收结论由参加验收各方共同商定，由施工单位填写，应对工

程质量是否符合设计和相关标准的规定及总体质量水平做出评价。（　　）

A. 正确　　B. 错误

20. 质量员应在项目技术负责人的指导下负责质量的具体实施工作。（　　）

A. 正确　　B. 错误

四、综合题（每题含判断题 2 题，单选题 2 题，多选题 1 题，共 30 分）

1. [背景资料]某土方开挖工程，基坑开挖深度 4.5 m，边坡坡度较陡，并且预留土堆积在坑边 0.5 m 处。遇突降暴雨，导致边坡坍塌，造成数台设备损坏，价值达 150 万元，幸无人员伤亡。

根据背景资料，解答下列问题。

（1）在有地表水、地下水作用的情况下，未采取有效的降排水措施，致使土体自重增加，土的内聚力降低，抗滑力下降，在重力作用下容易失去稳定而引起边坡塌方。（　　）

A. 正确　　B. 错误

（2）边坡坡顶不适当的堆置弃土容易导致边坡坍塌，但较重的施工机械离坡顶很近施工，则不会。（　　）

A. 正确　　B. 错误

（3）按质量问题的严重程度分类，此事故属于（　　）。

A. 重大事故　　B. 较大事故

C. 一般事故　　D. 工程质量问题

（4）能作为基坑回填土的是（　　）。

A. 含大量干土块的土　　B. 含有大量的有机杂质的土

C. 含大量采用淤泥的土　　D. 含水量适中的黏土

（5）土方施工中，引起土方开挖塌方或滑坡的主要原因有（　　）。

A. 边坡坡度太陡　　B. 坡顶堆放土方

C. 边坡附近机械振动影响　　D. 雨水浸入土方内

E. 按设计要求放坡

2. [背景资料]某根灌注桩长 27 m，钢筋笼分段加工吊放，受力钢筋（$\phi 25$）搭接连接采用双面电弧焊，钢筋笼内侧对称安装超声波检测管。

情形 1：施工过程发现其中一根桩沉桩困难，压载力达到设计要求，桩顶标高未达到，质量员取得现场监理认可后可以验收。

情形 2：有 5 根桩的混凝土标准养护试块强度不合格，经对桩体钻芯取样检测，桩体混凝土实际强度均满足要求。

根据背景资料，解答下列问题。

（1）情形 2 可以验收（　　）。

A. 正确　　B. 错误

（2）情形 1 的做法是否正确（　　）。

A. 正确　　B. 错误

（3）情形 1 中，预制的预应力管桩，混凝土强度至少应达到（　　）设计强度等级才能运输。

A. 100%　　B. 150%　　C. 200%　　D. 250%

（4）对地质条件复杂、成桩质量可靠性低的灌注桩应采用（　　）试验方法进行承载力检测。

A. 动荷载　　B. 组合荷载　　C. 静荷载　　D. 极限荷载

（5）泥浆护壁钻孔灌注桩，下列说法妥当的有（　　）。

A. 泥浆具有排渣作用　　B. 冷却钻机的作用

C. 提高钻进行速度　　D. 泥浆具有护壁作用

E. 防止孔壁坍塌

3. [背景资料]某工程位于某市的东二环和三环之间，建筑面积 4 万余 m^2，由 30 层塔楼及裙房组成，箱形基础，地下 3 层，基础埋深为 12.8 m。该业主在群房施工竣工后，具备使用功能，就计划先投入使用，主体结构自市建筑公司施工，混凝土基础工程则分包给某专业基础公司组织施工，装饰装修工程分包给市装饰公司施工。其中基础工程于 2008 年 8 月开工建设，同年 10 月基础完工。混凝土强度等级为 35 级，在施工过程中，发现部分试块混凝土强度达不到设计要求，但对实际强度经测试论证，能够达到设计要求。主体和装修于 2008 年 12 月工程竣工。

根据背景资料，解答下列问题。

（1）隐蔽工程验收是施工质量验收层次划分中的最小单元。（　　）

A. 正确　　B. 错误

（2）可将能形成独立使用功能的裙房作为一个子单位工程，并且裙房可以先行完工验收单独办理竣工备案手续，先投入使用。（　　）

A. 正确　　B. 错误

（3）该工程在施工过程中发现部分试块混凝土强度达不到设计要求，但对实际强度经测试论证，能够达到设计要求，对该问题的处理方法为（　　）。

A. 应予以验收　　B. 不予以验收

C. 请求设计院　　D. 请示上级有关部门

（4）分包工程完工后，基础公司和装饰公司应将工程资料交给（　　），自请进行质量验收。

A. 城建档案馆　　B. 市建筑公司　　C. 基础公司　　D. 装饰公司

（5）在工程质量验收的各层级中，有感观验收要求的属于（　　）的质量验收。

A. 整体项目　　B. 分项工程　　C. 分部工程　　D. 单位工程

E. 装饰工程

4. [背景资料]各级城建档案管理机构要对城建档案工作进行监督，对产生城建档案的单位和个人的技术业务进行具体的指导，开展业务学习，以保证归档的城建档案质量，提高城建档案从业人员的水平。

根据背景资料，解答下列问题。

（1）各级城建档案管理机构要对建筑工程质量进行监督。（　　）

A. 正确　　B. 错误

（2）城建档案不需要相关指导，自己按规范整理就可以了。（　　）

A. 正确　　B. 错误

（3）城建档案的监督工作具有（　　）。

A. 行政性　　B. 不可持续性　　C. 随意性　　D. 强制性

（4）城建档案业务指导工作是各级（　　）的一项主要工作。

A. 施工单位　　B. 建设单位

C. 城建档案管理机构　　D. 监理单位

（5）城建档案的监督工作是（　　）的一项主要工作和职责。

A. 施工单位　　B. 档案行政主管部门

C. 建设单位　　D. 监理单位

E. 城市建设行政主管部门

5. [背景资料]在测量学科里有自己的测量坐标系，并且在施工的时候，为了便于现场控制，也会布设相应的施工控制网和施工坐标系。

根据测量的基本知识回答以下问题。

（1）为保证施工精度高，则采用精度越高的仪器越好，务必做到精度越高越好（　　）。

A. 正确　　B. 错误

（2）测量的平面坐标系和数学的坐标系只是叫法不一样（　　）。

A. 正确　　B. 错误

（3）测量的本质是（　　）。

A. 确定空间点的点位　　B. 测角度

C. 测距离　　D. 测高程

（4）（单选题）施工平面控制测量属于（　　）。

A. 测定　　B. 测高程　　C. 测设　　D. 测图

（5）测量的基本工作包括（　　）。

A. 测角度　　B. 测距离　　C. 测高程　　D. 海洋测量

E. 摄影测量

附录2　土建质量员专业知识测试模拟试卷参考答案

试卷一

一、单选题

1. B	2. D	3. C	4. C	5. A	6. A	7. D	8. B	9. C	10. B
11. A	12. B	13. D	14. A	15. B	16. A	17. C	18. B	19. A	20. A
21. C	22. D	23. D	24. B	25. B	26. D	27. B	28. A	29. C	30. C
31. D	32. C	33. D	34. A	35. B	36. B	37. B	38. A	39. D	40. C

二、多选题

1. ABCE　2. ABCE　3. AE　4. ABE　5. ABCD　6. AB　7. ABC　8. ABCD　9. ABC　10. ABDE

三、判断题

1. A	2. A	3. B	4. A	5. B	6. A	7. B	8. B	9. A	10. A
11. A	12. A	13. A	14. A	15. A	16. B	17. A	18. B	19. A	20. B

四、综合题

1. A、A、C、D、ABC　　2. B、A、A、B、ABCE　　3. A、A、D、A、A

4. A、B、A、B、B　　5. B、B、B、C、ACD

试卷二

一、单选题

1. D	2. D	3. D	4. C	5. D	6. C	7. A	8. A	9. C	10. D
11. A	12. D	13. B	14. B	15. D	16. C	17. B	18. A	19. D	20. B
21. B	22. A	23. A	24. A	25. A	26. B	27. C	28. B	29. D	30. B
31. C	32. C	33. A	34. C	35. B	36. C	37. B	38. A	39. C	40. B

二、多选题

1. ABDE　2. ACDE　3. BDE　4. ABCD　5. BC　6. ABC　7. BCD　8. ABCD　9. ABC　10. ACD

三、判断题

1. A　2. A　3. B　4. B　5. B　6. A　7. A　8. B　9. B　10. A

11. B　12. A　13. A　14. A　15. B　16. B　17. B　18. B　19. B　20. A

四、综合题

1. A、B、C、D、ABCD　2. A、B、A、C、AD　3. B、A、A、A、CD

4. A、B、D、C、BE　5. A、B、A、B、ABC